제 2 판

# 기계안전공학

김 의 수 지음

## Mechanical Safety Engineering

도서출판 동화기술

# 머리말

기계의 발전과 다양화는 인간이 살아가는데 필수적인 재화를 대량 생산하게 되었고 이는 인간의 삶을 풍요롭게 하는 계기가 되었으나 기계 발달과 더불어 기계재해로 인한 인적 및 물적 피해 또한 더욱 증가하게 되어 생산 기술의 발전과 동시에 해결해야 하는 숙제로 떠오르게 되었다. 이런 의미에서 안전공학은 산업에 수반하는 재해의 발생원인과 그 경과의 규명 및 방지에 필요한 과학과 기술에 관한 지식체계라 정의할 수 있으며 특히, 기계안전공학은 기계 설비 및 작업과 관련된 재해유형 및 재해 예방에 필요한 기술적 지식을 총체적으로 다루는 학문이라 할 수 있다.

이런 맥락에서 기계안전공학의 목적은 재해 발생의 주요 원인인 불안전한 상태를 제거하기 위해 기계 설비의 본질적 안전 성능을 향상시키고 재해 예방을 위해 풀 프루프 및 페일 세이프 관점에서 기계 장치 및 설비를 이용하여 불안전한 상태 및 행동에 대응하기 위한 방호장치 및 작업대책을 제시함과 동시에 궁극적으로는 생산성 향상에 이바지하는 것이라 할 수 있다. 본 서적은 이런 목적을 달성하기 위해 필수적으로 습득해야 하는 기계안전관련 종합적인 전문 지식을 안전관련 학생, 안전관리인과 안전사고 조사자, 안전 관련 종사자에게 명확히 전달하고 함양시키고자 총 14장으로 다음과 같이 다양한 내용으로 구성하였다.

제1장에서는 기계안전공학에 관한 전반적인 개론에 관해 기술하였으며, 제2장에서는 기계 위험 및 안전조건, 제3장에서는 기계 위험에 대한 방호대책에 관한 내용으로 구성하였다. 제4장부터 제6장까지는 기계 작업을 소성가공, 절삭가공, 연삭가공 등으로 나누어 각각의 작업 방법과 관련 이론, 작업 시 안전대책 등에 관해 기술하였다. 제7장은 화재, 폭발 사고와 밀접한 관련을 가지고 있는 용접장치의 구조, 재해유형, 재해대책에 관해, 제8장은 톱날에 신체의 일부가 직접 접촉하여 생길 수 있는 재해와 관련된 목재가공기계의 구조, 재해유형, 재해대책 등에 관한 내용으로 구성하였다. 제9장과 제10장은 고온고압으로 인해 폭발 시 큰 피해를 초래할 수 있는 보일러

와 압력용기, 그 외 기타기계 등의 구조, 재해유형, 방호장치 등에 관해 기술하였으며, 제11장과 제12장은 산업재해의 가장 많은 점유율을 차지하고 있는 운반기계 및 공장자동화에 대한 개념, 구조, 재해유형, 방호장치, 작업안전수칙 등에 관한 내용으로 구성하였다. 마지막으로 기계안전성 진단을 위한 설비진단, 비파괴검사, 파괴검사에 관한 내용을 제13장에 기술하였고 제14장에는 기계안전공학의 가장 기초가 되는 재료역학 및 기초역학에 관한 내용으로 구성하였다.

본 저자는 국립과학수사연구원, 삼성전자, 엘지전자 등에서 공정엔지니어 및 기계장치 관련 설계, 제작, 사고 조사관 등의 실제 경험을 바탕으로 하여 기계 작업별 장치 및 구조, 작동 메커니즘, 재해유형, 방호대책 등에 관한 종합적인 지식을 전달하고 특히, 학생들의 이해를 돕고자 각 장별로 실제 출제되었던 산업안전기사 문제를 토대로 연습문제를 본 서적에 최대한 담아 기술하는데 노력하였으며 기존 기계안전공학 관련 전문서적 및 문제집 등에서 언급된 내용을 핵심종합 집필하는데 그 차별성을 도모하였다.

본 서적을 집필하는데 기계안전공학 관련 국내외 문헌, 관련 기관 내 공유 자료, 언론 보도 자료, 인터넷 자료 등을 일부 활용하였으며 이에 관해 저자들에게 감사드리며 원고 집필을 위해 자료 발췌 등에 힘써 준 한국교통대학교 안전공학과 학생들과 특히, 원고 정리를 위해 노력해 준 기계안전공학연구실 학생들에게 감사드리고 마지막으로 책의 출판을 위해 물심양면 도와준 아내와 동화기술 직원분들께 감사드리오며 본 서적을 통해 안전관련 종사인 뿐만 아니라 국내외 공학도 및 특히 안전공학과 학생들이 기계안전공학을 이해하는데 많은 도움이 되길 소망해 본다.

충주캠 테크노관에서

저자 김의수 올림

# 목 차


## 제 1 장 기계안전공학개론

1.1 생산과 안전 ........ 11
1.2 재해발생 메커니즘 ........ 14
1.3 산업재해의 원인 ........ 18
1.4 기계설비에 의한 재해 ........ 20
1.5 기계설비별 위험성 및 방호장치 종류 ........ 22
1장 연습문제 ........ 23

## 제 2 장 기계 위험 및 안전조건

2.1 기계설비의 위험성 ........ 25
2.2 기계설비의 위험점 ........ 28
2.3 위험점의 5요소 ........ 31
2.4 기계설비의 본질적 안전화 ........ 33
2.5 기계설비의 안전조건 ........ 37
2장 연습문제 ........ 42

## 제 3 장 기계설비의 방호

3.1 기계재해 발생과 방지 ........ 49
3.2 방호의 원리 ........ 51
3.3 방호장치 ........ 53
3.4 가드 ........ 59

3.5 방호울 ··· 61
3장 연습문제 ··· 63

## 제 4 장 프레스와 롤러 가공

4.1 소성가공의 개요 ··· 67
4.2 단조가공 ··· 69
4.3 압출가공 ··· 71
4.4 인발가공 ··· 72
4.5 압연가공 ··· 72
4.6 전조가공 ··· 73
4.7 프레스 가공의 개요 ··· 74
4.8 프레스의 분류와 구조 ··· 75
4.9 프레스 가공의 종류 ··· 77
4.10 프레스 재해의 특징 ··· 79
4.11 프레스에 대한 방호대책 ··· 81
4.12 금형의 안전화 ··· 88
4.13 프레스 작업의 안전수칙 ··· 89
4.14 롤러 작업의 개요 ··· 91
4.15 롤러기의 종류 ··· 92
4.16 롤러기의 방호장치 ··· 93
4.17 롤러기의 작업안전수칙 ··· 98
4장 연습문제 ··· 99

## 제 5 장 절삭가공

5.1 개요 ··· 111
5.2 공작기계의 기본운동 ··· 112
5.3 절삭칩의 형태 ··· 113
5.4 절삭가공의 종류 ··· 115
5장 연습문제 ··· 126

## 제 6 장 연삭가공


6.1 개유 ······ 129
6.2 연삭기의 종류 ······ 129
6.3 연삭숫돌 ······ 135
6.4 재래식과 초연마연삭재 연삭숫돌 ······ 137
6.5 결합제 ······ 140
6.6 숫돌의 마멸 및 자생작용 ······ 141
6.7 연삭저항과 강도 ······ 141
6.8 숫돌의 트루잉 및 드레싱 ······ 142
6.9 연삭기의 재해유형 ······ 143
6.10 연삭숫돌의 파괴원인 ······ 143
6.11 방호장치 ······ 145
6.12 연삭기의 방호대책 ······ 147
6장 연습문제 ······ 150


## 제 7 장 용접장치


7.1 개요 ······ 153
7.2 접합의 분류 ······ 155
7.3 용접부 구조 ······ 156
7.4 아크용접 ······ 157
7.5 가스용접 ······ 163
7.6 용접부의 결함 ······ 174
7장 연습문제 ······ 176


## 제 8 장 목재가공기계


8.1 목재가공기계 ······ 181
8.2 둥근톱기계 ······ 181
8.3 동력식 수동대패기계 ······ 190

8.4 띠톱기계 ········· 193
8장 연습문제 ········· 196

제 9 장 보일러

9.1 개요 ········· 199
9.2 보일러의 구조 및 용어 ········· 199
9.3 보일러의 종류 ········· 202
9.4 보일러의 장애 및 사고원인 ········· 203
9.5 보일러의 방호장치 ········· 206
9.6 작업안전수칙 ········· 208
9.7 보일러 손상 형태와 대책 ········· 209
9장 연습문제 ········· 218

제 10 장 기타기계

10.1 압력용기 및 공기압축기 ········· 221
10.2 섬유기계 ········· 230
10.3 기타기계 ········· 231
10장 연습문제 ········· 234

제 11 장 운반기계

11.1 개요 ········· 237
11.2 와이어로프와 체인 ········· 239
11.3 양중기 ········· 248
11.4 지게차 ········· 272
11.5 컨베이어 ········· 278
11.6 에스컬레이터 ········· 281

11.7 기계식 주차장 ···· 285
11장 연습문제 ···· 291

## 제 12 장 공장자동화와 산업용 로봇

12.1 공장자동화의 개요 ···· 297
12.2 설비의 분류 ···· 299
12.3 공장자동화의 안전 ···· 318
12.4 산업용 로봇의 안전 ···· 320
12장 연습문제 ···· 327

## 제 13 장 설비진단 및 비파괴검사

13.1 설비진단 개요 ···· 331
13.2 설비보전 ···· 333
13.3 설비진단 ···· 334
13.4 비파괴검사 ···· 339
13.5 안전검사 ···· 347
13장 연습문제 ···· 353

## 제 14 장 파괴검사 및 기초역학

14.1 파괴 개요 ···· 357
14.2 파괴 기구 ···· 358
14.3 파괴검사의 개요 ···· 360
14.4 인장시험과 응력 ···· 361
14.5 굽힘시험과 응력 ···· 364
14.6 전단시험과 응력 ···· 365
14.7 피로파괴시험과 응력 ···· 367

14.8 충격시험과 응력 ........ 368
14.9 비틀림시험과 응력 ........ 370
14.10 기초역학 ........ 371
14.11 재료의 기계적 성질 ........ 374
14.12 탄성, 소성 및 크리프 ........ 380
14.13 훅의 법칙 및 푸아송 비 ........ 381
14.14 허용응력과 허용하중 ........ 384
14장 연습문제 ........ 387

**참고문헌** ........ 391
**찾아보기** ........ 392

제1장

# 기계안전공학개론

## 1.1 생산과 안전

1784년 증기기관의 발명으로 제1차 산업혁명이 시작된 이래 전기가 중요한 에너지원으로 등장함에 따라 제2차 산업혁명으로 이어졌고 그 결과 기존의 생산시스템이 소품종 소량 생산의 가내 수공업제도에서 분업화·대형화로 인해 대형 공장제도로 급속히 바뀌게 되었다. 이런 변화로 노동자들은 빠른 속도로 대형공장으로 몰려들었고 산업 생산량이 크게 늘어나게 되었다. 현대사회에 접어들면서는 소품종 대량생산에서 다품종 소량 생산으로 발전하게 되었으며 이는 생산기계의 다양화를 가져오는 결과를 낳았다. 이러한 기계의 발전과 다양화는 인간이 살아가는데 필수적인 재화를 대량 생산하게 되었고 이는 인간의 삶을 풍요롭게 하는 계기가 되었다. 하지만 기계 발달과 더불어 기계재해로 인한 인적 및 물적 피해가 더욱 증가하게 되었으며 생산 기술의 발전과 동시에 해결해야 하는 숙제로 떠오르게 되었다. 즉, 산업혁명 이후 기술혁신은 편리하고 풍요로운 사회를 만들었지만 새로운 위험요인도 이에 비례하여 생성되기 시작하였는데 이러한 위험요인을 기술에 의해 해결할 수 있을 것이라는 발상에서 안전공학이라는 새로운 기술체계가 만들어졌다. 이런 의미에서 안전공학은 산업에 수반하는 재해의 발생원인과 그 경과의 규명 및 방지에 필요한 과학과 기술에 관한 지식체계라 정의할 수 있다.

좀 더 자세히 말하면, 안전공학은 시스템 및 공정에 따라 발생하는 재해 및 환경에 미치는 영향 등을 과학적으로 규명하고 인간과의 관계를 고려한 시스템의 안전성과 건전성을 향상시키기 위한 학문으로서 수학, 물리, 화학 등의 기초과목을 바탕으로 하여 기계·메카트로닉스, 화공·시뮬레이션, 전기안전 및 융합공학·안전관리 등의 체계적인 이론을 필요로 하며 직접 현장에서 활용할 수 있는 실용주의 학문이라 할 수 있다. 생산이란 사람이 그의 정신적·육체적 노동을 직접 또는 간접으로 노동대상에 투입시킴으로써 새로운 효용가치를 창출해내는 경제적인 활동을 가리킨다. 이러한 생산 활동은 구성요소 측면에서 유해 및 위험요인을 내재하고 있으며 재해 없이 생산 효율성을 높이기 위해서는 각 구성요소 측면에서 안전공학적 고려가 반드시 요구되어진다. 생산은 4M (Man, Machine, Media, Management)의 4요소가 제대로 결합된 시스템이다. 구성요소 측면에서 안전공학적 고려사항을 정리하면 다음과 같다.

① Man(인적)은 인간이 에러를 일으키는 휴먼요소를 가리킨다. 지휘, 명령, 작업지시, 연락 등이 불안전한 행동에 영향을 미치고 작업정보의 부적절함과 작업을 행하는 자세 등의 문제를 말한다.
② Machine(기계적)은 기계 설비의 물적 조건을 말하지만 기계 설비의 방호설비, 본질적 안전화, 기계 인터페이스의 인간공학적 설계 등이 포함된다.
③ Media(물질, 환경적)는 물질, 환경적 상태를 가리키며 작업공간의 불량, 산소결핍, 유해위해물질, 소음 진동 등의 환경이나 물질적 문제를 말한다.
④ Management(관리적)은 사고를 유발시키는 관리적 결함, 교육 및 훈련의 미흡, 규정 및 매뉴얼 등의 미작성, 수칙 및 각종 표지판 등의 누락 등을 포함하는 사항을 평가하는 것을 말한다.

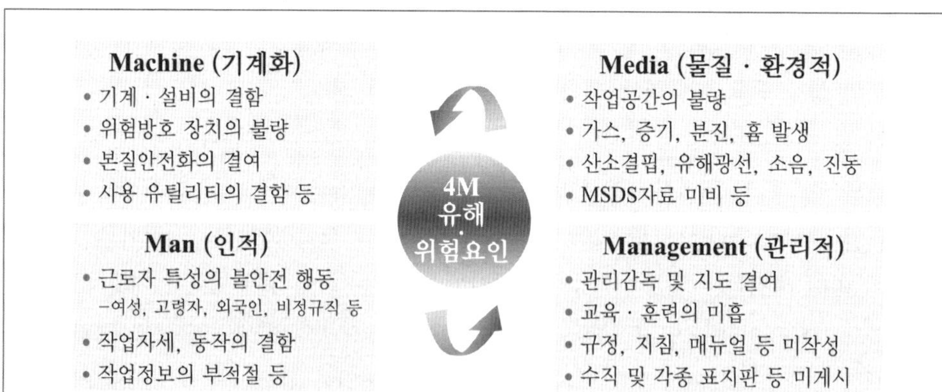


**그림 1.1** 4M 유해·위험요인

이러한 안전공학적 고려를 살펴보았을 때, 인간의 능력만으로 생산 활동에 필요한 안전을 확보할 수 있는 것이 아니기 때문에 여러 가지 형태의 위험을 예측하고 그것으로부터 벗어날 수 있는 기술 개발이 불가피하다. 이렇듯 기계안전공학은 생산 활동으로 인해 내재되어 있는 유해 및 위험요인을 기술에 의해 해결할 수 있다는 발상에서 대두되었고 기계 설비와 관련된 재해 발생의 원인 규명과 기계 설비를 통한 재해 방지에 필요한 기술적 지식을 총체적으로 다루는 학문이라 할 수 있다. 이런 맥락에서 기계안전공학의 목적은 재해 발생의 주요 원인인 불안전한 상태를 제거하기 위해 기계 설비의 본질적 안전 성능을 향상시키고 재해 예방을 위해 풀 프루프 및 페일 세이프 관점에서 기계 장치 및 설비를 이용하여 불안전한 상태 및 행동에 대응하기 위한 방호장치 및 작업대책을 제시함과 동시에 궁극적으로는 생산성 향상에 이바지하는 것이다.

안전관리는 산업재해를 방지하기 위해 사업주가 실시하는 조직적인 일련의 조치로 정의하고 있으며 쉽게 말해서 위험이나 잠재적인 위험성이 없는 상태 또는 조건을 확립하는 것으로써 근로자들이 편안한 마음으로 일을 할 수 있는 환경을 조성하는 것을 말한다. 안전관리 활동을 통한 안전한 환경에서의 작업은 근로자의 사기를 올리며 신뢰감을 주고 생산성 향상이 이루어진다. 그러므로 생산성 향상을 위해서는 안전관리가 선행되어야 하며 설계·설치·사용의 각 단계에서 일관성 있는 안전관리가 필요하다. 이러한 **안전관리를 달성하기 위해서는** 여러 가지 요건이 필요한데, 그 중 기본적인 요건이라 생각되어지는 것은 다음과 같다.

**첫째** 설비의 계획과 설계단계에서부터 안전공학을 고려한다. 생산설비가 안전해지려면 설비계획과 설계단계에서 안전공학적인 방법이 적용되어야 한다. 경험적 사례를 충분히 활용해서 재해가 반복되지 않도록 기계 설비의 본질적 안전 성능 향상을 위해 설비 기초단계에서부터 안전공학 시스템이 고려될 수 있도록 동시공학(Concurrent Engineering)적인 사고가 필요하다.

**둘째** 설비를 지속적으로 점검해야 한다. 생산설비가 초기에 안전을 고려하여 설치되었다 하더라도 그 상태가 영원히 지속될 수는 없다. 설비는 시간이 지날수록 노후화로 인해 마모, 파열, 부식 등이 발생하고 결국 과도한 응력 및 사용 중 결함 등으로 인해 예측 수명에 도달하기 전 또는 도달함으로써 설비 파손을 유발시킨다. 이런 상황이 발생하면 즉시 재해가 발생될 위험성이 있으므로 생산설비에 대한 안전성 확보하기 위해 안전인증과 안전검사 대상품의 합리적 개선을 통하여 안전을 확보하고 정기적인 안전검사를 통한 예방정비 뿐만 아니라 더 나아가서는 예지정비(Predictive Maintenance)입장에서 설비 안전이 유지될 수 있도록 해야 한다.

**셋째** 설비의 문제점을 실시간 모니터링 하고 이상상태 발견 시 즉시 시정한다. 설비의 계획과 설계단계에서 안전공학을 고려하였고 지속적인 점검과 관리를 한다 하더라도 생산설비를 제작하는 과정에서 작업 불량 및 동작 미숙 등에 의해 기계 결함 등이 내재되거나 생산 작업 중 작업 불량 및 동작 미숙 등에 의해 그 생산 설비를 사용 중에도 사고가 발생할 수 있다. 따라서 이러한 불안전한 행동이 제작 및 생산과정에서 문제를 발생할 수 있는가의 여부를 실시간으로 확인하고 이상상태 발견 시 시정할 필요가 있다.

**넷째** 안전기준을 설정해야 한다. 작업이 진행될 때 인간의 행동과 작업 속도를 규제할 안전기준이 필요하며 직무 활동에 있어서 준수하게 될 표준 작업 기준을 만들고 관리업무를 평가해야 한다. 이러한 규제는 설비안전성을 유지시키는데 크게 도움을 준다. 이와 같이 안전설계 및 제작, 보전관리, 안전작업방법의 설정을 상호보완적으로 행함으로써 총체적 안전관리를 이룰 수 있을 것이다.

## 1.2 재해발생 메커니즘

### 1.2.1 하인리히 이론

재해 발생은 근로자가 작업을 시작하여 시간이 경과함에 따라 재해 발생의 3대 요소인 인간과 환경 및 기계 중 어느 하나가 잘못되어 일어나는 현상으로 재해 발생에 관한 가장 대표적인 이론으로는 **하인리히(Heinrich) 이론**을 들 수 있다. 하인리히 이론은 재해 발생 원인의 연쇄반응이 어떻게 일어나는가를 도미노 이론을 통해 설명한다. 우선 재해는 여러 사건들이 연속적 작용으로 나타나는 것으로 이러한 연속적 작용 중 사회적 환경과 유전적 요소에 문제가 재해 발생의 최초 원인이라고 설명하고 있다. 이러한 원인이 개인결함으로 연결되고 이것에 의해 불안전한 상태 및 불안전한 행동으로 나타날 때 사고가 발생하게 되며 재해로 연결될 수 있다. 하인리히는 처음으로 사고와 재해의 발생과정이 연쇄적 원인에 의해 나타난다는 것을 가정하였다. 그 중 산업재해에 가장 큰 요소가 바로 개인의 불안전한 상태와 행동이라고 주장하였다. 하인리히의 도미노 이론의 5가지 사고발생 단계는 다음과 같다.

① 제1단계 : 사회적 환경과 유전적 요소(가정 및 사회적 환경의 결함)
② 제2단계 : 개인적 결함
③ 제3단계 : 불안전 상태 및 불안전 행동
④ 제4단계 : 사고
⑤ 제5단계 : 재해

**그림 1.2** Heinrich 도미노 이론

[표 1.1] Heinrich 이론에서의 재해요인 및 설명

| 재해요인 | 요인설명 |
|---|---|
| **사회적 환경과 유전적 요소** (Social or family defects) | 바람직하지 못한 사회적 또는 가정환경에 의한 결함으로서 공중 도덕이나 준법정신의 결여, 인명경시 풍조 등이다.<br>- 무모, 완고, 탐욕 등 성격상 바람직하지 못한 특징은 유전적 가능성<br>- 환경은 성격의 잘못을 조장하고 교육을 방해<br>- 유전 및 환경은 인적 결함의 원인 |
| **개인적 결함** (Personal defects) | 개인적으로 신체적 또는 정신적으로 결함이 있다던가, 안전에 대한 의식이 미흡하다거나, 기능이 부족한 경우 등이다.<br>- 무모함, 신경질, 흥분성, 안전수단에 대한 무지 등과 같은 선천적, 후천적인 인적 결함은 불안전 행동 유발<br>- 기계적, 물리적 위험성의 존재에 따른 인적 결함 |
| **불안전한 행동 및 상태** (Unsafe behavior or conditions) | 안전하지 못한 행동이라고 하는 것은 안전수칙을 지키지 않거나 기계 등을 잘못 사용하는 경우 등을 말하고 안전하지 못한 상태라고 하는 것은 위험물이 제대로 정리 정돈되지 않고 방치되어 있다든가, 방호 및 안전장치가 구비되어 있지 않다든가 하는 상태를 말한다.<br>- 위험한 기계나 설비에 함부로 접근하거나 안전장치의 기능을 제거하는 것과 같은 불안전한 행동<br>- 부적당한 방호상태, 불충분한 조명 등과 같은 불안전 상태는 직접사고의 원인 |
| **사고** (Accidents) | - 불안전한 행동이나 상태가 선행되어 작업능률 저하<br>- 직접 또는 간접적으로 인명, 재산 손실을 가져옴 |
| **재해** (Disaster) | - 직접적으로 사고로부터 생기는 재해<br>- 사고의 최종 결과로 인적, 물적 손실을 가져옴 |

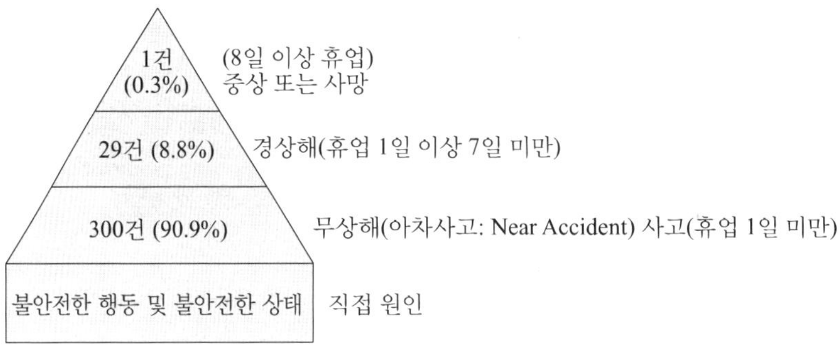


재해의 발생＝물적 불안전 상태＋인적 불안전 행동＋$\alpha$

$$\alpha = \frac{1}{1+29+300} = \frac{1}{330}$$

$\alpha$ : 숨은 위험한 요인(잠재위험요인)건

**그림 1.3** 1 : 29 : 300의 법칙

하인리히 이론에 의하면 재해 방지를 위해서는 5가지 사고발생 단계 중 어느 하나라도 제거하면 사고까지 연결되지 않는다는 것이다. 하인리히는 약 5,000건의 사고 데이터를 분석하여 중상과 경상, 그리고 재해로 이어지지 않은 무재해 사고로 분류한 결과, 그 비율이 '1 : 29 : 300'이 되는 것을 파악했다. 이것의 의미는 경상과 중상 등 재해 사고와 무재해 사고의 비율이 약 1 : 10으로, 재해 사고 1건의 배후에는 10배나 되는 무재해 사고가 있다는 것을 의미한다. 즉, 대형 재해와 작은 재해, 그리고 사소한 사고의 발생 비율이 1 : 29 : 300이라는 것이다.

하인리히는 사고는 우연히 또는 어느 순간 갑작스럽게 발생하는 것이 아니라 그 이전에 반드시 경미한 사고들이 반복되는 과정 속에서 발생한다는 것을 실증적으로 밝힌 것으로 큰 사고가 일어나기 전 일정 기간 동안 여러 번의 경고성 징후와 전조들이 있다는 사실을 입증하였다. 즉, 큰 재해는 항상 사소한 것들을 방치할 때 발생한다는 것이다. 사소한 문제가 발생하였을 때 이를 면밀히 살펴 그 원인을 파악하고 잘못된 점을 시정하면 대형사고나 실패를 방지할 수 있지만, 징후가 있음에도 이를 무시하고 방치하면 돌이킬 수 없는 대형사고로 번질 수 있다는 것을 경고한다. 특히 사고예방 중심문제로서 불안전한 상태와 불안전한 행동을 중점을 두어야 한다는 것이 안전관리의 핵심이다.

### 1.2.2 프랭크 버드 이론

프랭크 버드(Frank Bird)는 하인리히의 도미노 이론을 변형한 이론을 제안하였다. 이 이론에 의하면 재해는 근본적으로 관리의 문제이고 사고 전에는 항상 사고가 발생할 전조(직접원인)가 나타난다고 보고 있다. 사고의 발생 가능성은 사회구조적인 요인은 물론, 개인적인 건강, 기능 수준 및 정서상태의 불안정에 따른 개인적 요인들에 의해 일어나는 경향이 크다는 점을 감안하여 개인적인 위험 요인을 미리 예방하거나 제거하면 사고를 효율적으로 예방할 수 있음을 말하고 있다. 버드의 최신 연쇄성 이론에 관한 **사고 발생 5가지 단계**는 다음과 같다.

① 제1단계 : 관리 부족(제어 부족)
② 제2단계 : 기본원인(기원)
③ 제3단계 : 직접원인(징후) : 인적 원인 + 물적 원인
④ 제4단계 : 사고(접촉)
⑤ 제5단계 : 재해

또한 사고는 인간의 과오 때문에 발생하므로 사고 발생 5단계 중 어느 단계라도 잘못되면 재해와 손실이 발생한다는 것이다. 버드도 하인리히와 같이 사고 데이터를 분석하였는데 중상 또는 폐질, 무재해 사고, 그리고 무재해 무사고 고장이 '1 : 10 : 30 : 600'의 비율로 발생한다고 주장하였다. 하인리히가 인적 재해만 다룬 것과 달리 버드는 인적 재해 이전에 물적 재해가 먼저 발생하고 개인적 결함으로 인해 사고의 직접 원인인 불안전한 행동과 상태가 발생한 것이 아니라, 사업주의 통제 관리의 부족에서 기인한 4M (Material, Machine, Method, Man)이 기본 원인이라고 주장했다.

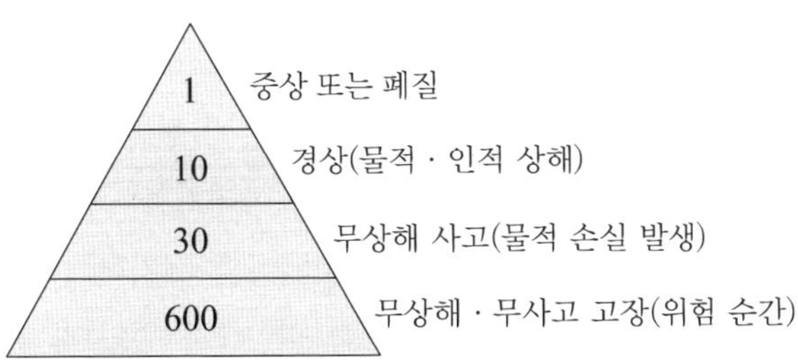


**그림 1.4** Frank Bird 이론

### 1.2.3 깨진 유리창 이론

깨진 유리창이론은 원래 범죄심리학에서 비롯된 이론이나, 안전에도 적용이 가능한 이론이다. 깨진 유리창 하나를 방치해두면 그 지점을 중심으로 범죄가 확산된다는 이론으로 사소한 무질서 혹은 결함을 방치하게 되면 나중에는 더 큰 피해나 피해의 확대가 일어날 수 있다는 개념이다. 1969년 미국 스탠퍼드 대학교 필립 짐바들로 교수는 차량 두 대로 실험을 실시하였다. 치안이 허술한 골목에 동일한 차량 두 대를 보닛을 열어둔 채로 방치하되, 그 중 한 대는 창문을 깨뜨린 상태였다. 일주일 후 확인해보니 보닛만 열어둔 차는 상태가 그대로였으나, 보닛을 열어두고 창문이 깨진 차량이 더 많은 범죄행위를 유발한다는 사실을 확인 할 수 있었다. 이러한 상황을 방지하기 위해서는 작은 문제점이나 허술함을 방치해서는 안 된다는 의미로 볼 수 있다. 이와 같은 현상은 우리 일상에서도 흔히 찾아볼 수 있는데 깨끗하게 유지되는 벽에는 낙서가 없는 반면, 일단 그 벽에 낙서가 하나 생기게 되면, 이후 급속하게 낙서가 늘어난다.

또 다른 예로 깨끗하게 청소된 길을 지나는 사람들은 쓰레기를 버리지 않게 되지만, 일단 쓰레기가 방치되면 사람들은 쓰레기를 버려도 된다고 생각하여 하나둘 쓰레기를 버리게 되어 쓰레기가 쌓이게 된다. 결국 정상상태 또는 문제가 드러나지 않은 상태에서는 위험요소가 적지만, 일단 사소한 결함이나 문제점이 발생하기 시작했을 때 대처하지 않거나 방치하면 그 이후에는 돌이킬 수 없는 위험이나 피해가 발생할 수 있다는 것이 깨진 유리창 이론의 핵심으로, 안전측면에서는 위험요소가 발견되거나 확인되었을 때 그 즉시 보완하고 대처해야 이후 큰 사고를 막을 수 있다는 개념으로 해석할 수 있다.

## 1.3 산업재해의 원인

산업 현장에서는 해마다 많은 재해가 일어나고 있다. 이러한 재해는 주로 노동자 당사자의 과로나 기기 상태의 불량 등 불안전한 상태와 불안전한 행동으로 인해 발생하고 있다. 산업현장에서는 산업재해 발생원인인 불안전한 상태가 왜 항상 존재하고 근로자가 불안전한 행동을 왜 하는지에 대한 원인을 찾아야 이를 제거하기 위한 해결 방안을 제시할 수 있다. 사고 원인에 대해서는 크게 직접적 원인(1차 원인)과 간접적 원인(2차 원인)으로 구분하여 생각되고 있으며 직접적 원인은 직접적으로 사고를 유발시키는 원인으로 크게 물적 원인과 인적 원인으로 구분하여 생각해 볼 수 있다.

① 물적 원인은 기계 자체의 결함, 방호장치의 결함, 복장보호구의 결함, 작업 장소, 환경, 공정의 결함, 작업안전수칙의 부재 등이다.

② 인적 요인은 위험장소의 접근, 방호장치이 기능제거, 운전 중인 기계장치의 손질, 불안전한 자세 및 동작 등이다.

[표 1.2] 물적, 인적 원인에 해당되는 상태 및 행동

| 물적 원인(불안전한 상태) | 인적 원인(불안전한 행동) |
|---|---|
| ▪ 물질 자체의 결함<br>▪ 안전방호장치의 결함<br>▪ 복장 보호구의 결함<br>▪ 기계의 배치 및 작업장소의 결함<br>▪ 작업환경의 결함 :<br>- 부적당한 조명, 온도, 습도, 배기<br>- 과다한 소음 발산<br>▪ 생산 공정의 결함 :<br>- 위험 작업임에도 안전장치 미설치<br>- 부적절한 기계장치, 공구, 용구의 사용<br>- 작업순서의 잘못 등 | ▪ 위험장소 접근<br>▪ 안전장치의 기능 제거<br>▪ 복장 보호구의 잘못 사용<br>▪ 기계 기구의 잘못 사용<br>▪ 운전 중인 기계 장치<br>▪ 접촉 불안전한 속도 조작<br>▪ 위험물 취급 부주의<br>▪ 불안전한 상태 방치 |

간적접인 원인은 불충분한 안전교육, 작업자나 안전관리자의 무관심, 작업자의 육체적인 피로 등 여러 이유가 있지만 크게 기술적 요인, 관리적인 요인, 인간적인 요인 3가지로 나눈다. 이러한 간접적인 문제는 공학적, 규제적, 교육적 대책으로 나누어 문제를 해결할 수 있다.

[표 1.3] 기술적 요인과 공학적 대책

| 기술적 요인 | 공학적 대책 |
|---|---|
| 기술적 원인은 장치, 기계, 건물 등의 설계, 그 후의 점검, 보전 등 기술상의 미비에 의한 것이다. 특히 직접적 원인의 물적 요인과 간접적 원인의 기술적 요인이 서로 크게 영향을 미친다.<br>- 부적합한 작업환경에서 전기 및 용접작업 등을 실시<br>- 안전장치를 임의 제거하고 작업을 실시 | 기계의 설계, 공장의 설계 등을 하는데 있어서 잠재하는 위험요인을 잘 검토하여 발생의 가능성이 있는 여러 가지의 위험을 예측하고 이들 위험방지에 대한 대책을 기술적으로 해결하여 이것을 청사진 속에 처음부터 짜 넣어 두는 일이다. 또 이와 같이 안전설계가 된 기계장치 또는 시설을 점검과 보전의 기술을 통하여 안전하게 유지해가는 일이다. |

[표 1.4] 관리적 요인과 규제적 대책

| 관리적 요인 | 규제적 대책 |
| --- | --- |
| 최고관리자의 안전에 대한 책임감의 부족으로 인하여 작업기준의 불명확, 점검보전제도의 결함, 인사적성배치의 불비, 근로의욕의 침체 등 관리상의 결함이 이에 포함된다.<br>- 안전통로 및 위험구역에 대한 안전표지판 설치 여부<br>- 운행하는 지게차 및 레미콘 차량 제한속도 관리 | 규제적 대책이란 여러 가지 기준에 따르게 하는 일이다. 법률규제 뿐만 아니라 안전지침, 공업규격, 사업장 내의 작업 기준 등이 있다. 이 중 강제적인 것을 명령적 기준, 권고적인 것을 권고적 기준이라고 한다. |

[표 1.5] 인간적 요인과 교육적 대책

| 인간적 요인 | 교육적 대책 |
| --- | --- |
| 태만, 반항, 불만 등 태도와 불안, 외고집 등의 성격상의 결함, 백치와 같은 지능적인 결함과 두통, 현기증, 간질 등의 질병, 근시, 난청 등의 신체적인 결함과 불구, 수면부족 등으로 인한 피로 등 신체적 결함으로 나누어진다.<br>- 작업 시 착각, 판단 오류<br>- 신규현장 투입 시 가지고 있는 지병<br>- 정신적 고통을 받고 있는 상태로 작업을 실시 | 교육적 대책으로서는 안전교육과 훈련을 실시하는 일이 필요하게 된다. 안전교육은 어릴 때 가정교육부터 시작해서 학교에서 교육과정을 통해서 구체적인 안전교육과 훈련을 실시하지 않으면 안 된다.<br>그리고 직장에서는 기초교육에서부터 지식교육, 기능교육, 태도교육 등 안전하고 능률적인 업무를 수행할 수 있도록 해야 하며 정기적인 안전교육 외에 사고사례교육, 특별교육, 교정교육, 새로운 시설장비에 적응교육, 전직 및 승진에 대한 적응교육 등 때때로 부족하고 필요한 교육훈련이 이루어져야 한다. |

## 1.4 기계설비에 의한 재해

근대의 기계설비에 의해 재해는 18세기 말 산업혁명과 함께 발생하게 된다. 기존의 재래식 기계들이 자취를 감춰감에 따라 재해율은 감소하는 것처럼 보였으나, 한편으로는 기계의 대형화, 고압화 등으로 중대재해가 많이 발생되고 있다. 산업 재해율은 1998년 이후 전반적으로 증가추세를 보이다 2004년부터 감소추세에 있으며 2018년 6월 말 기준 재해율은 0.26%이다. 300인 미만 사업장 재해율은 증가와 감소를 반복하다가 2004년부터 감소추세에 있으며 2018년 6월 말 기준 300인 미만 사업장 재해율은 0.29%이고 업무상 사고 사망만인율은 2012년 이후 계속 감소추세를 보였으나, 2018년 6월 말 기준 0.27%이다. 재해 변동요인을 분석해 보면, 외환위기 이후 경기회복세로 인한 제조업 가동률과 건설 수주액 증가, 안전보건규제 완화, 사업장내 안전보건관리조직의 약화, 2003년부터 5인 미만 사업장 산업안전보건법 적용 확대와 고용환경 변화에 따른 비정규직, 외국인, 고령근로자 등 산재취약계층의 증가 등에 기인하여 1998년 이후 2004년까지 증가하였으나, 2001년부터 실시한 50인 미만 제조사업장에 대한 클린사업 등 재정기술지원사업과 2004년부터 실시한 사망재해예방대책 등의 효과가 나타나면서 2004년 이후 감소추세로 반전하였음을 알 수 있다. 향후 산업구조 및 고용환경의 변화 등으로 비정규직, 외국인, 고령, 여성 등 산재취약계층 근로자의 증가와 소규모사업장에 대한 대기업의 하도급 증가 등 재해유발 요인은 지속적으로 증가할 것으로 전망된다.

2018년 6월 기준 산업재해 현황을 살펴보면, 재해유형으로는 넘어짐(9,672명, 22.6%), 떨어짐(7,000명, 16.3%), 끼임(6,526명, 15.2%), 절단·베임·찔림(4,266명, 10.0%), 부딪힘(3,438명, 8.0%) 순으로 많이 발생하였고 업종별로는 기타의 사업(29,734명)이 가장 높은 비율을 차지하는데 기타의 사업에는 통상 서비스업으로 지칭되는 도·소매업, 보건 및 사회복지사업, 음식·숙박업 등이 포함되어 있다. 재해자는 기타의 사업(37.0%), 제조업(27.7%), 건설업(25.5%)에서 대부분 발생하고 있다. 기타의 사업은 음식 및 숙박업 등 기타의 각종 사업(6,002명), 도소매 및 소비자용품수리업(3,340명), 건물 등의 종합관리사업(2,132명) 순으로 나타났으며 제조업의 경우 기계기구·비금속광물제품·금속제품제조업 또는 금속가공업(4,650명), 수송용기계기구제조업·자동차 및 모터사이클수리업(1,492명), 식료품제조업(1,225명)으로 나타났다.

[표 1.6] 재해유형별 산업재해 현황 (단위 : 명)

| 구 분 | | 총계 | 떨어짐 | 넘어짐 | 깔림 뒤집힘 | 부딪힘 | 물체에 맞음 | 무너짐 | 끼임 | 절단 베임 찔림 | 화재 폭발 파열 | 교통 사고 | 무리한 동작 | 기타 |
|---|---|---|---|---|---|---|---|---|---|---|---|---|---|---|
| 2018년 1~6월 | 재해자 | 42,845 | 7,000 | 9,672 | 1,030 | 3,438 | 3,272 | 216 | 6,526 | 4,266 | 311 | 2,350 | 1,695 | 3,069 |
| | 사망자 | 503 | 173 | 15 | 38 | 50 | 36 | 25 | 72 | 0 | 23 | 39 | 0 | 32 |
| 전년 동기 | 재해자 | 38,919 | 6,824 | 8,205 | 1,117 | 3,231 | 3,134 | 191 | 6,232 | 4,006 | 247 | 1,839 | 1,259 | 2,634 |
| | 사망자 | 494 | 194 | 13 | 32 | 54 | 25 | 27 | 56 | 2 | 22 | 37 | 0 | 32 |
| 증감 | 재해자 | 3,926 | 176 | 1,467 | -87 | 207 | 138 | 25 | 294 | 260 | 64 | 511 | 436 | 435 |
| | 사망자 | 9 | -21 | 2 | 6 | -4 | 11 | -2 | 16 | -2 | 1 | 2 | 0 | 0 |
| 증감률 | 재해자 | 10.09 | 2.58 | 17.88 | -7.79 | 6.41 | 4.40 | 13.09 | 4.72 | 6.49 | 25.91 | 27.79 | 34.63 | 16.51 |
| | 사망자 | 1.82 | -10.82 | 15.38 | 18.75 | -7.41 | 44.00 | -7.41 | 28.57 | -100.00 | 4.55 | 5.41 | 0.00 | 0.00 |

## 1.5 기계설비별 위험성 및 방호장치 종류

기계설비별 위험성 및 방호장치의 종류에 관해서는 산업안전보건법에서 규정하고 있는 유해위험기계기구를 중심으로 각 장에서 설비별로 상세히 다루어지고 특히, 지게차, 크레인, 공작기계, 압력용기, 용접장치 등 결함 발생 시 큰 인적 및 물적 피해를 초래하며 근로자의 안전에 중대한 영향을 미치는 대상물에 대해서는 위험성을 주의 깊게 인지하고 적정한 방호조치를 하여야 한다.

[표 1.7] 기계설비별 위험성 및 방호장치 종류

| 종류 | 위험성 | 방호장치 |
|---|---|---|
| 프레스, 전단기 | 협착 | 양수조작식, 광전자식 |
| 가스용접장치 | 폭발 | 안전기 |
| 전기용접장치 | 감전 | 자동전격방지기 |
| 크레인, 리프트, 승강기, 곤돌라 | 낙하, 붕괴, 협착 | 과부하방지장치 |
| 압력용기, 보일러 | 폭발, 과열 | 릴리프밸브, 압력스위치 |
| 연삭기 | 접촉, 비래 | 덮개 |
| 롤러 | 협착, 물림 | 급정지장치 |
| 산업용 로봇 | 충격, 충돌 | 안전매트 및 방호울타리 |

# 1장 연습문제

**01** 생산 활동은 구성요소 측면에서 유해 및 위험요인을 내재하고 있으며 재해 없이 생산 효율성을 높이기 위해서는 각 구성요소 측면에서 안전공학적 고려가 반드시 요구되어진다. 생산 활동에 효율성을 높이기 위해서는 4M의 4요소가 제대로 결합된 시스템을 만들어야 한다. 다음 중 4M에 해당되지 않는 것은?

① Material
② Machine
③ Method
④ Media

**02** 다음 지문이 설명하고 있는 이론을 주장한 사람은?

> 이 법칙은 산업재해 중에서도 큰 재해가 발생했다면 그전에 같은 원인으로 29번의 작은 재해가 발생했고, 또 운 좋게 재난은 피했지만 같은 원인으로 부상을 당할 뻔한 사건이 300번 있었을 것이라는 사실을 밝혀냈다. 이를 확률로 환산하면, 재해가 발생하지 않은 사고(No-Injury Accident)의 발생 확률은 90.9%, 경미한 재해(Minor Injury)의 발생 확률은 8.8%, 큰 재해(Major Injury)의 발생 확률은 0.3%라는 것이다.

① 프랑크 버드
② 하인리히
③ 아담스
④ 워버

**03** 직접적 원인은 직접적으로 사고를 유발시키는 원인으로 크게 물적 원인과 인적 원인으로 구분하여 생각해 볼 수 있는데 물적 원인에 해당되지 않는 사항은?

① 안전방호장치의 결함
② 복장 보호구의 결함
③ 기계의 배치 및 작업장소의 결함
④ 기계 기구의 잘못 사용

## 해답

1. ③

생산은 4M(Man, Machine, Media, Management)의 4요소가 제대로 결합된 시스템이다.

2. ②

Heinrich 법칙은 약 5,000건의 사고 데이터를 분석하여, 중상과 경상, 그리고 재해로 이어지지 않은 무재해 사고로 분류한 결과, 그 비율이 '1 : 29 : 300'이 되는 것을 파악했다. 이것의 의미는 경상과 중상 등 재해 사고와 무재해 사고의 비율이 약 1 : 10으로, 재해 사고 1건의 배후에는 10배나 되는 무재해 사고가 있다는 것을 말한다.

3. ④

물적 원인으로는 물질 자체의 결함, 안전방호장치의 결함, 복장 보호구의 결함, 기계의 배치 및 작업장소의 결함, 작업환경의 결함, 생산 공정의 결함 등이 있으며 인적 원인으로는 위험장소 접근, 안전장치의 기능 제거, 복장 보호구의 잘못 사용, 기계 기구의 잘못 사용, 운전 중인 기계 장치, 접촉 불안전한 속도 조작, 위험물 취급 부주의, 불안전한 상태 방치 등이 있다.

# 제2장
# 기계 위험 및 안전조건

## 2.1 기계설비의 위험성

기계설비란 생산 작업을 하기 위해 필요한 동력 발생 장치, 동력 전달 장치, 윤활유 공급 장치, 전력 공급 장치, 센싱 장치, 기타 부속 장치 등이 모두 합쳐진 기계 동작을 위한 하나의 시스템으로 볼 수 있다. 이러한 방식으로 만들어진 기계들은 각각 기능과 용도가 다르고 모양도 다르지만 기본적인 기계설비는 원동기, 동력전달장치, 작업점 및 부속장치로 구성되어 있으며 이들은 원칙적으로 기본 운동 및 동작 형태로 에너지를 전달하여 작업을 하게 된다. 이러한 생산과정에서 가동되는 기계설비는 많은 운동부를 갖고 있어서 작업하는 근로자가 기계에 밀려들거나 협착, 충돌 등에 의해 사고를 당할 위험이 매우 높다. 따라서 안전공학적 측면에서 그 위험점을 분석하고 안전대책을 세우는 것이 반드시 필요하며 이를 위해서는 기계에 운동에 따른 위험요소들을 알아야할 필요가 있다. 기계의 운동은 형태에 따라 분류하면 회전운동, 왕복운동, 직선운동으로 이루어져 있으며 이런 운동들이 복합적으로 작용하는 복합운동 형태가 있다.

① **직선운동**

외부로부터 얻은 힘을 물체 한쪽 방향으로 움직이게 하는 운동을 말한다. 예를 들어 전기드릴이 구멍을 뚫기 위해 바이스로 가공물을 회전하면서 상하직선 운동을 하며 지하철 휠체어 리프트가 계단 난간에 설치된 레일을 따라 평행하게 운동하는 것을 말한다.

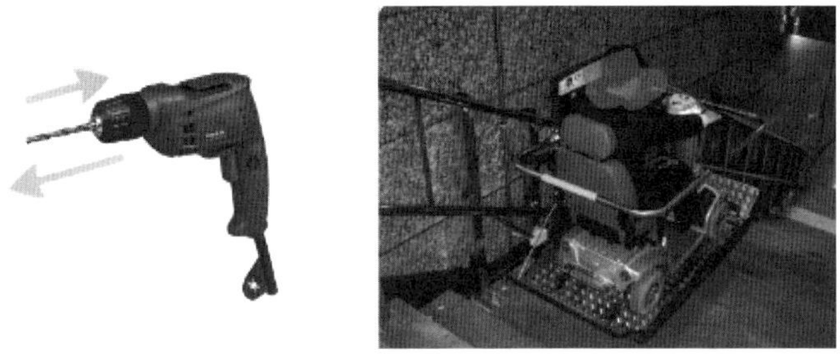

**그림 2.1** 직선운동 예시

② 왕복운동

외부로부터 얻은 힘으로 물체가 특정한 움직임을 계속 반복하는 주기적인 운동 형태를 말한다. 예를 들어 재봉틀 바늘이 위아래로 왕복운동을 하는 것과 바이킹에 하단부 모터가 좌우로 돌면서 놀이기구가 움직이는 것을 말한다.

**그림 2.2** 왕복운동 예시

③ 회전운동

물체가 외부로부터 얻은 힘을 이용하여 회전축을 중심으로 일정한 거리를 두고 도는 운동 형태를 말한다. 예를 들면 자전거에 스프로킷이 페달의 힘을 이용하여 크랭크 축 및 허브축을 중심으로 회전운동을 하는 것이 있다.

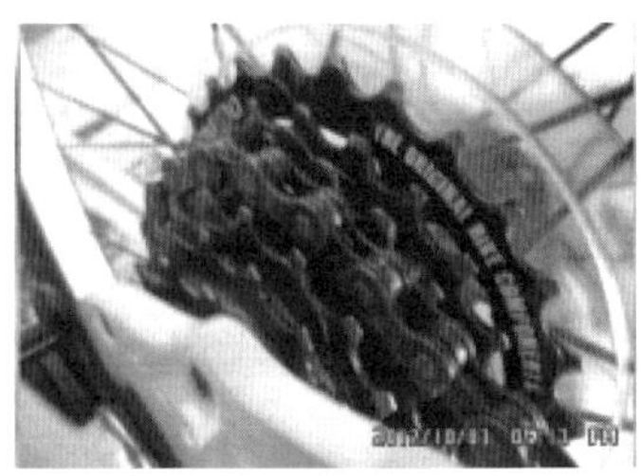

**그림 2.3** 회전운동 예시

④ **복합운동**

기본운동이 복합적으로 작용하여 작동하는 형태를 말한다. 예를 들면 굴삭기의 버킷은 직선운동과 링크상치에 의해 왕복 운동을 하며 몸체에 작업위치를 변경하거나 이동하는 베어링 장치는 회전운동을 한다.

**그림 2.4** 복합운동 예시

이러한 운동을 하고 있는 기계는 작업점을 가지고 있으며 그 작업점에서 큰 힘이 발생된다. 따라서 그 위험성을 충분히 분석한 후에 안전공학적인 견지에서 필요한 안전대책을 강구하는 것이 반드시 필요하다.

## 2.2 기계설비의 위험점

기계의 운동을 형태에 따라 분류하면 회전운동, 왕복운동, 직선운동, 복합운동으로 나눌 수 있다.

① **협착점(Squeeze point) : 왕복운동+고정부**

협착점이란 왕복운동을 하는 운동부와 고정부 사이에 형성되는 위험점을 말하며 예를 들어 프레스의 상부금형과 하부금형 사이 등이 있다.

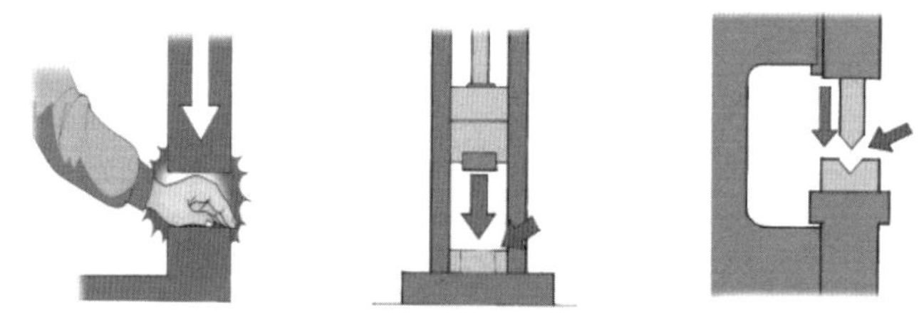


**그림 2.5 협착점**

② **끼임점(Shear-point) : 회전, 직선운동 + 고정부**

끼임점이란 기계의 고정부분과 회전운동부분이 함께 형성하는 위험점을 말하며 예를 들어 연삭숫돌과 작업대 사이, 회전하는 풀리와 베드 사이 등이 있다.

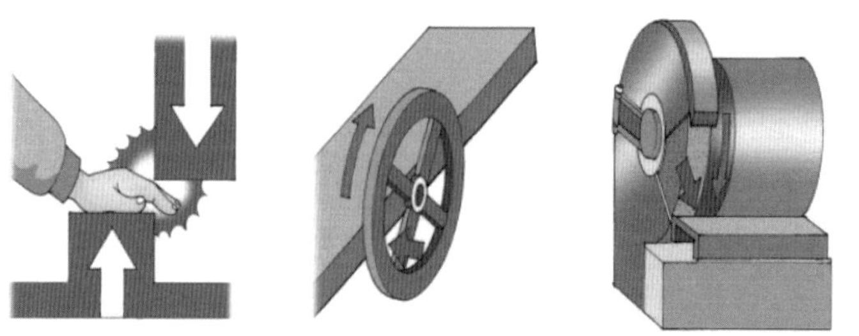


**그림 2.6 끼임점**

③ **절단점(Cutting-point) : 회전운동 자체**

절단점이란 회전하는 운동부분과 고정되어 있는 기계 자체에 의해 형성되는 위험점을 말하며 예를 들어 목재 가공용 둥근톱날, 목공용 띠톱날, 밀링커터 등이 있다.

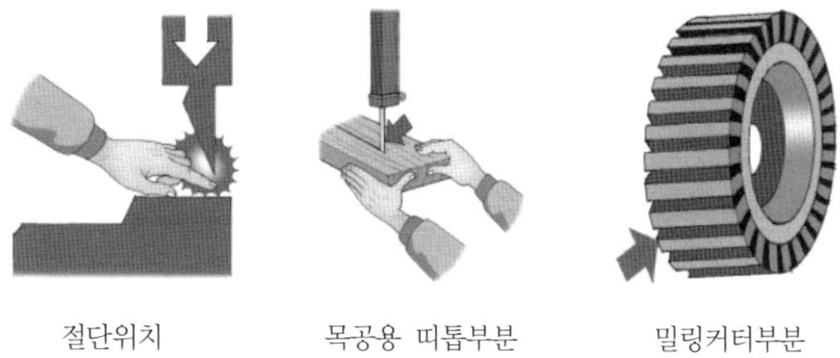


**그림 2.7 절단점**

④ **물림점(Nip-point) : 회전운동+회전운동**

물림점이란 회전하는 두개의 회전체가 서로 반대방향으로 맞물려 회전하는 부위에 발생하는 위험점을 말하며 예를 들어 롤러의 물림이나 기어물림 등이 있다.

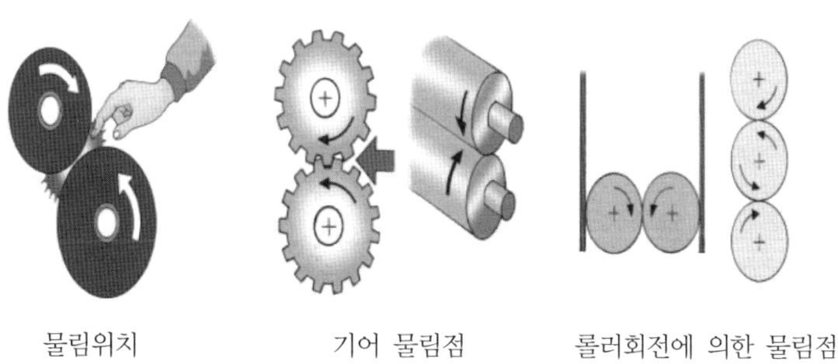


**그림 2.8 물림점**

⑤ **접선 물림점(Tangential Nip-point) : 회전운동 + 접선부**

회전하는 부분이 접선방향으로 물려 들어가는 부위에서 발생하는 위험점을 말하며 예를 들어 V-벨트, 체인벨트, 평벨트의 물림 등이 있다.

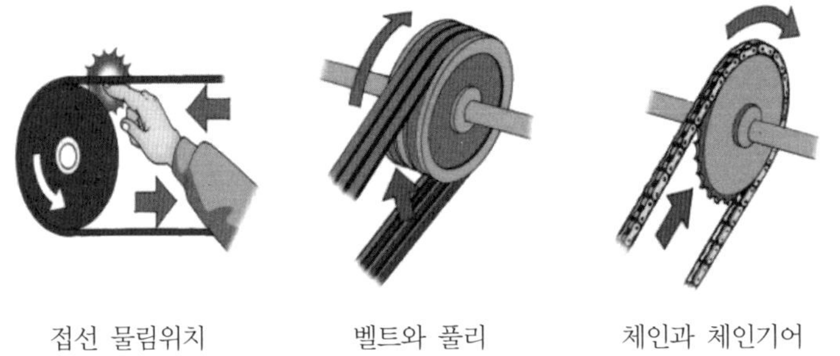


**그림 2.9** 접선 물림점

⑥ **회전 말림점(Trapping-point) : 돌기회전부**

회전하는 물체에 작업복, 머리카락 등이 말려드는 위험이 있는 부분을 말하며 회전하는 축, 커플링, 또는 회전하는 드릴기 등이 있다.

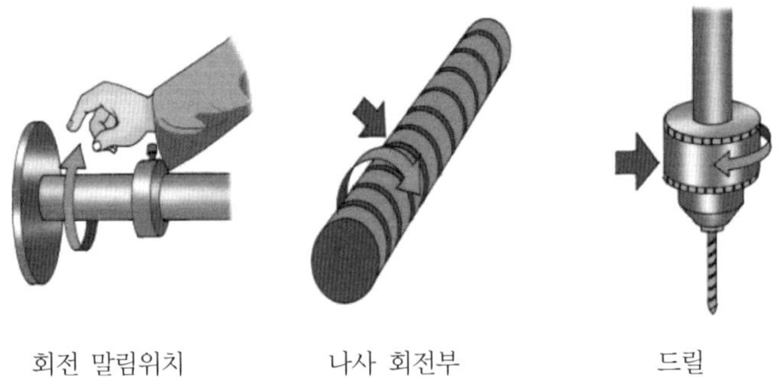


**그림 2.10** 회전 말림점

## 2.3 위험점의 5요소

새해가 발생되는 위험상태를 요소별로 나누어보면 위험점은 5요소로 분류할 수 있다.

① 1요소 : 함정(Trap)

닫힘운동이나 이송운동에 의해 손과 발이 끌려 들어가는 위험이 발생할 수 있다.

(a) 닫힘운동의 트랩 (b) 회전이송운동 트랩 (c) 닙(nip)점의 트랩

그림 2.11 함정(Trap)

② 2요소 : 충격(Impact)

운동하는 어떤 기계요소들과 사람이 부딪혀 그 요소의 운동에너지에 의한 위험이 발생할 수 있다.

그림 2.12 충격(Impact)

③ 3요소 : 접촉(Contact)

날카롭거나 차갑거나 또는 전류가 흐름으로서 접촉 시 상해가 일어날 요소들에 의한 위험이 발생할 수 있다.

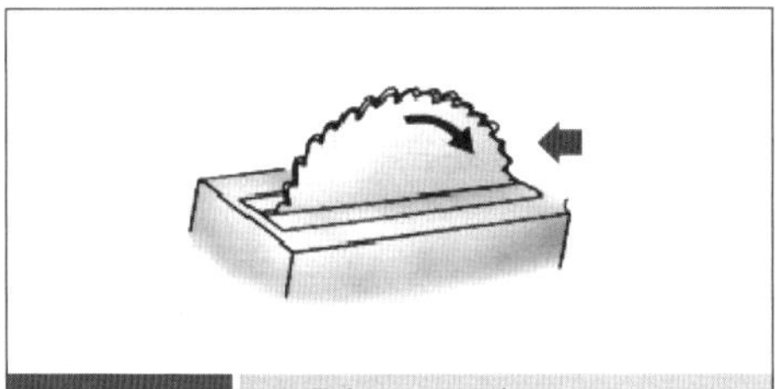

그림 2.13 접촉(Contact)

④ 4요소 : 말림, 얽힘(Entanglement)

작업자의 머리카락, 옷 ,넥타이 등이 말려들어가는 위험이 발생할 수 있다.

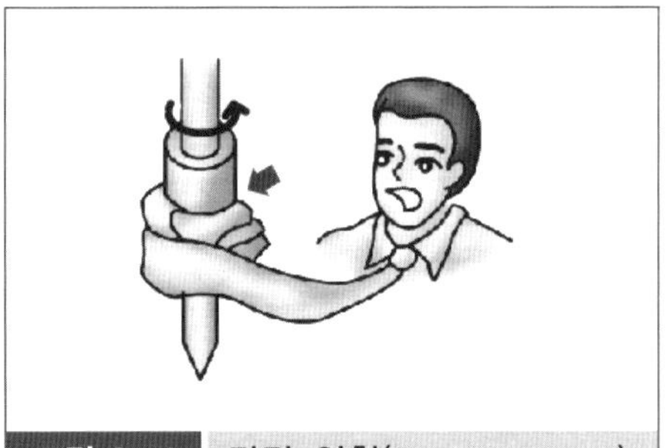

그림 2.14 말림, 얽힘(Entanglement)

⑤ 5요소 : 튀어나옴(Ejection)

기계부품이나 피가공재가 기계로부터 튀어나올 위험이 발생할 수 있다.

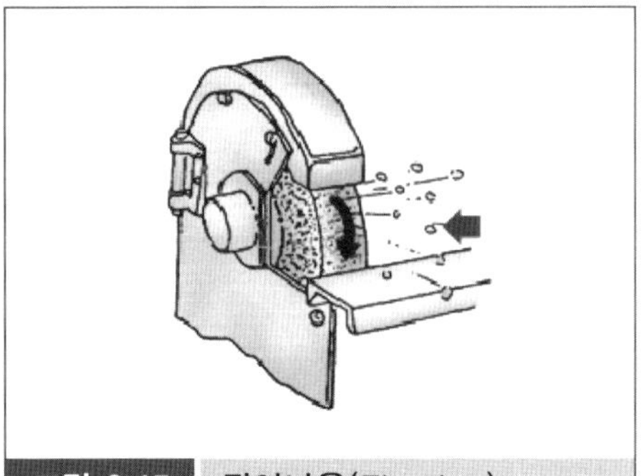

그림 2.15 튀어나옴(Ejection)

# 2.4 기계설비의 본질적 안전화

생산시설은 생산성 향상을 위해 다양한 기술이 빠르게 도입되는 곳이나. 생산 품질과 효율성을 높이기 위한 노력은 계속됐지만 그 안에서 일하는 사람에 대한 고려는 이루어지지 않았다. 전문가들은 여전히 산업현장에서 사람의 역할이 중요하다고 말한다. 바로, 휴먼에러(Human Error) 때문이다. 사람은 여러 가지 상황에 따라 옳은 시도를 했지만 결과적으로 잘못된 행동을 수행하기도 하고 틀린 행동을 옳다고 생각하고 수행할 때도 있다. 그리고 하지 말아야 할 행동을 하는 규칙 위반을 할 때도 있다. 이러한 실수가 생산 현장에서 일어나는 사고의 원인으로 80~90%를 차지한다. 그렇기 때문에 우리는 기계설비 본질적 안전화를 도모하고 인간 조작상의 착오를 기계·설비 면에서 보완해야 한다.

## 2.4.1 기계·설비의 본질 안전조건

① 안전 기능이 기계 설비에 내장되어 있거나 짜 넣어져 있다.

② 기계 설비의 조작이나 취급을 잘못하더라도 사고나 재해로 연결되지 않도록 풀 프루프 기능을 가지고 있다.

③ 기계 설비나 그 부품이 파손 고장이 나더라도 안전 쪽으로 작동하도록 페일 세이프 기능을 가지고 있다.

## 2.4.2 풀 프루프(Fool Proof)

### (1) 정의

사람의 잘못된 행동을 미연에 방지하고 사람의 실수에 의한 사고를 막기 위한 시스템이 바로 풀 프루프 시스템이다. 풀 프루프는 고장이나 실수가 다른 재해나 불이익 또는 과실이 발생하지 않도록 해주는 동시에 품질불량방지나 신뢰성 향상 면에서도 사람의 실수로 인한 불이익을 완전히 없앨 수 있다. 예를 들면, 공장 내에 밸브 하나가 있다. 평소에 가로로 잠겨 있지만 필요할 때 위로 돌려서 열어야 한다. 만약에 밸브를 반대로 내려서 열거나 열리지 않아야 하는 상황에 열린다면 바로 휴먼에러, 즉 인간의 실수가 되는 것이다. 이런 실수자체를 막거나 실수가 재해로 연결되지 않게 하는 것이 풀 프루프다.

① 실수 자체를 막기 위해 미리 정보를 제공한다.
공장 내 부착된 감지기를 통해 기계의 가동 상태나 오류 발생을 실시간으로 알려 줌으로써 열리지 않아야할 상황을 인지시키는 것이다. 이러한 정보를 바탕으로 작업자는 문제가 발생했을 때는 원인을 파악하여 해결할 수 있고 문제 발생 전 예방이 가능해 생산 지연 시간을 최소화 할 수 있다.

② 실수를 해도 재해로 이루어지지 않게 한다.
예를 들어 밸브가 아예 반대 방향으로 움직이면 밸브에 유입되는 물질이 자동적으로 정지되는 시스템을 구축하는 것이다. 이 시스템으로 하여금 작업자는 자신의 실수를 깨닫게 되고 재해발생을 방지할 수 있다.

#### (2) 풀 프루프의 예

① 자동차가 기어 D 위치에서 시동이 걸리지 않는다.
② 프레스의 경우 실수로 손이 금형 사이로 들어갔을 때 슬라이드의 하강이 자동적으로 정지된다.
③ 세탁기 구동 시에 상단 뚜껑을 열면 동작이 자동으로 멈추고 경고음이 발생한다.
④ 프린터에 종이가 없는 경우 경고메시지를 보내며 동작이 멈춰서 잉크가 종이출구에 뿌려지는 오작동을 막는다.
⑤ 전자석 자물쇠로 잠기는 보안 문들은 전원이 끊기면 저절로 열리도록 되어 있다.
⑥ 전기세탁기의 탈수기가 돌아가는 도중에 뚜껑을 열면 탈수기가 정지한다. 또한 탈수기의 정지스위치를 누른 후 정지가 될 때까지는 뚜껑이 열리지 않는다.

한편 인간이 실수를 일으키기 어렵게 하는 구조나 기능도 넓은 의미의 풀 프루프라고 할 수 있는 것이다. 계기판을 통해 정보를 제공하는 것, 카메라가 두 번 연속으로 찍히지 않는 것, 이른바 인간공학적인 설계 역시 넓은 의미에서 풀 프루프에 관련이 있다.

[표 2.1] 풀 프루프의 종류

| 종류 | 형식 | 기능 |
|---|---|---|
| 가드 (Guard) | 고정가드 | 개구부로부터 가공물과 공구 등을 넣어도 손은 위험영역에 머무르지 않는다. |
| | 조절가드 | 가공물과 공구에 맞도록 형상과 크기를 조절한다. |
| | 경고가드 | 손이 위험영역에 들어가기 전에 경고한다. |
| | 인터록가드 | 기계가 작동 중에 개폐되는 경우 기계가 정지한다. |
| 조작기구 | 양수조작식 | 양손으로 동시에 조작하지 않으면 기계가 작동하지 않고, 손을 떼면 정지 또는 역전 복귀한다. |
| | 인터록가드 | 조작기구를 겸한 가드로서 가드를 닫으면 기계가 작동하고 열면 정지한다. |
| Lock기구 | 인터록 | 기계식, 전기식, 유공압입식 또는 이들의 조합으로 2개 이상의 부분이 상호 구속된다. |
| | 키식 인터록 | 열쇠를 사용하여 한쪽을 잠그지 않으면 다른 쪽이 열리지 않는다. |
| | 키록 | 1개 또는 상호 다른 여러 개의 열쇠를 사용한다. 전체의 열쇠가 열리지 않으면 기계가 조작되지 않는다. |
| Trip기구 | 접촉식 | 접촉판, 접촉봉 등으로 신체의 일부가 위험영역에 접근하면 기계가 정지 또는 역전 복귀한다. 신체의 일부가 위험영역에 들어가면 기계는 기동하지 않는다. |
| | 비접촉식 | 광선식, 정전용량식 등으로 신체의 일부가 위험영역에 접근하면 기계가 정지 또는 역전 복귀한다. 신체의 일부가 위험영역에 들어가면 기계가 기동하지 않는다. |
| Overrun기구 | 검출식 | 스위치를 끈 후 관성운동과 잔류전하를 검지하여 위험이 있는 동안은 가드가 열리지 않는다. |
| | 타이밍식 | 기계식 또는 타이머 등을 이용하여 스위치를 끈 후 일정시간이 지나지 않으면 가드가 열리지 않는다. |
| 밀어내기 기구 | 자동가드 | 가드의 가동부문이 열렸을 때 자동적으로 위험영역으로부터 신체를 밀어낸다. |
| | 손을 밀어냄<br>손을 끌어당김 | 위험한 상태가 되기 전에 손을 위험지역으로부터 밀어내거나 끌어당겨 제자리로 온다. |
| 기동방지기구 | 안전블록 | 기계의 기동을 기계적으로 방해하는 스토퍼 등으로써 통상 안전블록과 같이 쓴다. |
| | 안전플러그 | 제어회로 등으로 설계된 접점을 차단하는 것으로 불의의 기동을 방지한다. |
| | 레버 록 | 조작레버를 중립위치에 놓으면 자동적으로 잠긴다. |

### 2.4.3 페일 세이프(Fail Safe)

#### (1) 정의

본질 안전화의 또 하나의 요건인 페일 세이프 뜻에 페일(Fail)이란 영어에서 실패를 의미하지만 이 경우에는 사람의 실패가 아니고 기계가 잘 작동하지 않는 것, 결국 고장으로 한정해서 사용한다. 결국 페일 세이프란 기계가 고장 났을 경우 그대로 사고재해로 연결되는 일이 없이 안전을 확보하는 기능을 말한다. 그림 2.16은 압력 조절 장치로써 압력 이상에서 생겼을 때 밸브가 작동하여 용기의 고압에 의한 이상발생을 방지하는 페일 세이프 적용 예시이다.

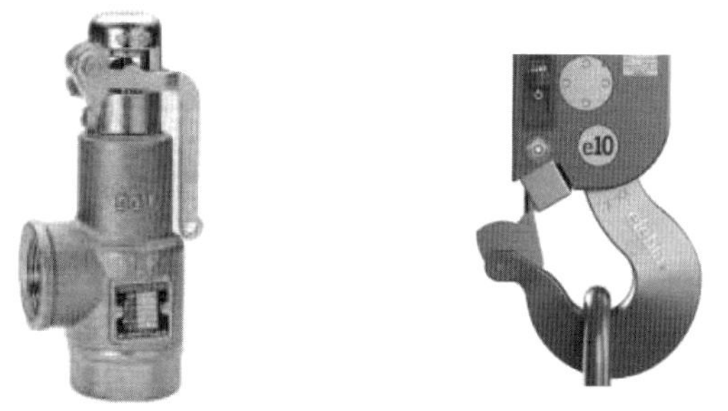

**그림 2.16** 페일 세이프 예시

#### (2) 구조적 페일 세이프

구조적 페일 세이프의 대표적인 예는 항공기이다. 항공기의 페일 세이프 대책은 항공기의 엔진이 고장 났을 때 나머지 엔진으로 날 수 있게 하는 것이다. 이러한 구조적 페일 세이프는 다음의 그림에서 보는 바와 같이 구조상으로 검토가 이루어진다.

① 다중구조 : 여러 개의 하중경로를 두어 하나의 부재 손상 시 다른 부재가 하중을 분담하여 지지한다.

② 분할구조 : 하나의 큰 부재 대신 두 개 이상의 작은 부재를 조립형으로 설계하여 하나의 부재에 발상한 균형이 타부재로 전파하여 지지한다.

③ 대치구조 : 한 부재가 전체하중을 감당하다 파손 시 대신할 예비부재를 보유한다.

④ 경감구조 : 다경로 구조에서 주 구조부재가 손상 시 강성저하로 하중지지 기능이 약화되면 하중이 상대적으로 강한 강성을 가진 다른 구조부재로 이동되어 전체구조의 안전성을 유지한다.

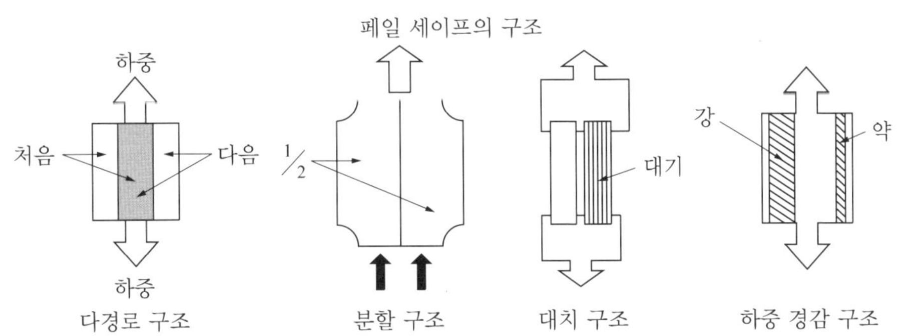


**그림 2.17** 페일 세이프의 구조

### (3) 기능적 페일 세이프

기능적 페일 세이프를 설명하는 대표적인 예로는 철도신호가 있는데 철도신호는 고장이 발생했을 때 청색신호가 반드시 적색신호가 되어 열차가 정지하는 것으로 끝나지만, 만일 적색신호로 있어야 할 신호가 청색으로 된다면 중대재해가 발생하게 된다. 이처럼 철도신호는 고장이 났을 때는 반드시 적색신호로 되는데 이것이 기능적 페일 세이프이다.

## 2.5 기계설비의 안전조건

### 2.5.1 외형의 안전화

기계설비의 외형 안전화는 기계 외부에 나타나는 직선운동, 회전운동, 왕복운동이라든가 그것들을 결합한 위험부분, 또는 날카로운 부분이 노출되지 않아야 한다는 것이다. 최근에 만들어지는 기계설비에서는 방호장치가 내장되어 있는 것도 많지만, 아직도 개선되어야 할 부분이 많이 있다. 이러한 안전화 방법으로는 기계 외형부분에 커버 설치, 가공 중 발생한 예리한 모서리 및 버(Burr) 등을 연삭기로 라운딩처리, 안전 색채조절 등을 들 수 있다.

### 2.5.2 기능의 안전화

현대의 생산시설은 점차 자동화 설비가 주를 이루고 있다. 이러한 자동화설비는 재래식 기계보다 능률적이어서 도입이 점차 늘어나고 있지만 이에 비례하여 재해발생 또한 늘어나고 있는 추세이다. 따라서 자동화설비를 구입하거나 사용하고자 할 경우에는 다음과 같은 점들을 검토해야 한다.

① 단락 또는 스위치나 릴레이 고장시의 오동작
② 전압 강하 및 정전에 따른 오동작
③ 밸브계통의 고장에 따른 오동작
④ 사용압력 변동시의 오동작

기능의 안전화 방법은 이상시 급정지나 방호장치가 작동하는 소극적 대책이 있지만 회로 개선을 통한 오작동 방지, 정상복구 등의 적극적 대책도 활용되고 있다.

### 2.5.3 구조의 안전화

기계설비의 파괴는 물적 손해를 초래하는 것은 물론이고 때로는 중대한 재해를 일으키는 경우가 있으며 구조의 안전화를 위해서는 재료, 설계, 가공 등의 결함에 유의해야 한다.

① 재료의 결함 : 조직 및 성분결함, 미세한 가공 등이 있는 경우 필요한 강도 불만족
② 설계상의 결함 : 강도 계산상의 착오, 최대 부하 추정의 부정확성과 사용 중 재료의 강도 열화를 고려하여 적절한 안전 계수 도입
③ 가공결함 : 가공경화, 응력집중, 피로 등으로 인하여 예기치 못한 파괴 초래

#### (1) 허용응력과 안전계수

기계 등은 사용 중 여러 가지 외력을 받게 되며 외력에 의하여 기계의 내부에는 응력이 발생한다. 이 응력이 재료 기타에 의해서 정해지는 어떤 값 이상이 되면 영구변형을 일으키거나 파괴된다. 그래서 기계를 설계할 경우는 외력에 의해서 생기는 응력을 외력의 종류, 재료의 성질, 기타 사용상황에 따라서 정해지는 어떤 한도 이하의 값으로 해야 한다. 즉, 허용응력을 정하여 어떤 경우라도 이 응력 이상으로는 되지 않게 하는 것이다. 이러한 허용응력을 결정할 때 기초강도로서 크게 3가지의 경우가 고려된다.

**① 정하중 작용 시**

- 연성재료 : 탄성파손이 발생하는 항복응력
- 취성재료 : 취성파괴가 발생하는 극한강도

② **반복하중 작용 시**

- 무한 수명이 요구될 때 ; 피로한도
- 유한 수명이 요구될 때 ; 시간강도

③ **고온에서 정하중 작용 시**

- 크리프 한도

기초강도와 허용응력과의 비를 안전율(Safety Factor)이라 부르며 안전계수라고도 한다. 안전율은 응력설정의 부정확, 재료의 불균일에 대한 신뢰성 결여를 충분히 보충하고 각 부분이 필요로 하는 충분한 안전도를 갖게 하기 위한 숫자이며 항상 1보다 크게 된다.

$$\text{안전율} = \frac{\text{기초강도}}{\text{허용응력}} = \frac{\text{극한강도}}{\text{최대설계응력}} = \frac{\text{파괴하중}}{\text{최대사용하중}} = \frac{\text{파단하중}}{\text{안전하중}}$$

여기서, 기초강도는 사용조건 및 하중의 종류에 따라 극한강도(인장강도, 파단강도, 최대강도), 항복점, 크리프강도, 피로한도 등이 있다. 이러한 안전계수는 여러 성질과 환경에 영향을 받게 된다. 안전율에 선정하는데 영향을 미치는 요소는 다음과 같다.

① **하중의 종류와 성질**

동하중 특히 충격하중의 경우 정하중에 비해 안전율을 크게 하고 기계적 성질이 잘 알려져 있는 인장, 굽힘에 비해 압축, 전단, 비틀림 응력이 작용할 때는 안전율을 크게 한다.

② **재질 및 그 균일성에 대한 신뢰성**

연성재료는 결함에 의한 강도손실이 작고 탄성파손 후라도 바로 파괴가 발생하지 않으므로 취성재료보다 안전계수율을 작게 한다.

③ **하중계산, 응력계산의 정확성**

가정 및 생략항의 고려, 관성력의 무시 여부, 잔류응력의 유무, 유도적 하중의 무시 여부 등이 있다.

④ **사용조건의 영향**

마모, 부식, 열팽창 등 사용 중 예상하지 못한 변화발생 가능성이 있다.

### 2.5.4 작업점의 안전화

인간공학적 측면에서 바탕을 두어 기계설비의 구조, 작업환경을 검토하고 시스템 위험분석, 작업위험분석을 통하여 표준안전 작업을 수행한다. 예를 들어 안전한 기동장치의 배치, 정지 및 정지 시 시건장치, 급정지 버튼 및 장치들의 구조와 배치, 검출형 방호장치 이용 등이 있다.

### 2.5.5 보전작업의 안전화

제작 시 보전을 전제로 설계해야 하며 최소한 주유, 점검, 청소, 부품교환, 수리 등이 용의해야 한다. 또한 고장예방을 위한 정기점검 시행, 주유 방법 개선, 구성품 신뢰도 향상, 보전용 통로나 작업장 확보, 분해 및 교환이 철저해야 하며 기계고장률의 기본 모형을 고려하여 보전사항 및 시기를 결정한다. 기계고장률의 기본 모형은 일명 욕조곡선(Bath-tub curve)이라 일컬으며 기계 고장률은 시간의 함수이고 고장률의 기본모형은 다음과 같이 3가지가 있다.

① **초기 고장**(Early Failure)

제품에 내재하고 있는 설계나 공정에서 결함에 의한 것으로 그 결함을 찾아내어 안정화 시킬 필요가 있는 시기로 발생원인은 설계오류, 제조오류(표준이하 부품사용, 조립상의 오류, 빠진 부품), 운송 중 파손, 불충분한 디버깅 등이 있으며 대책으로는 충분한 디버깅 또는 번인기간을 거침, 표준재료사용, 작업자에 대한 교육 등이 있다.

② **우발 고장**(Random Failure)

노화보다는 주로 과부하에 의한 고장 등과 같이 우발적인 고장이 발생하는 시기로 발생원인은 과중한 부하, 과중한 조작·사용자 과오, 안전계수 낮음, 디버깅 중에도 발견되지 않은 고장 등이 있으며 대책으로는 신뢰성이 높은 재료 사용, 극한상황을 고려한 설계, 안전계수를 고려한 설계 등이 있다.

③ **마모 고장**

설비의 마모, 노화, 부식에 의해 생기는 고장을 말하며 정기진단 및 사후보존이 필요하다.

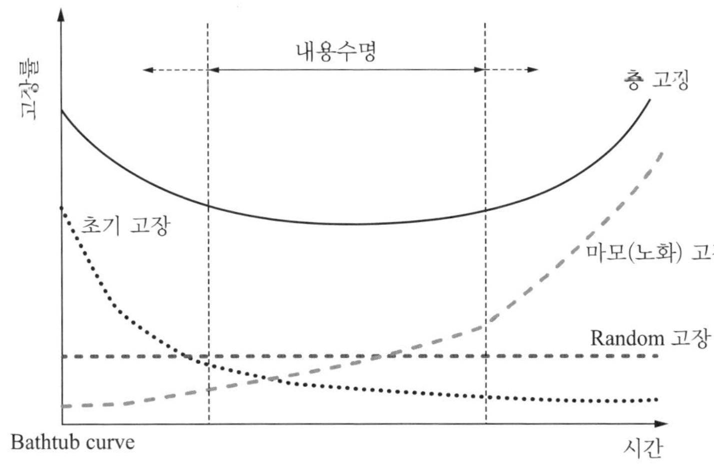


**그림 2.18** 기계 고장률 모형

## 2장 연습문제

**01** 기계설비의 안전조건 중 외관의 안전화에 해당하는 조치는?

① 고장발생을 최소화하기 위해 정기점검을 실시한다.
② 전압강하, 정전 시의 오동작을 방지하기 위하여 제어장치를 설치하였다.
③ 기계의 예리한 돌출부 등에 안전 덮개를 설치하였다.
④ 강도를 고려하여 안전율을 초대로 고려하여 설계하였다.

**02** 기계설비의 안전화 중 기능의 안전화에 해당되는 것은?

① 위험부위 덮개 설치
② 전압강하 시 기계의 자동정지
③ 안전율의 확보
④ 기계 외관에 안전색채 사용

**03** 왕복운동을 하는 운동부와 고정부 사이에서 형성되는 위험점인 협착점(squeeze point)이 형성되는 기계로 먼 것은?

① 프레스　② 조형기
③ 연삭기　④ 성형기

**04** 기계설비기구의 위험점에서 고정부분과 회전부분이 만드는 위험점이 아니고, 밀링커터, 둥근톱의 톱날 등과 같이 회전하는 운동부 자체의 위험이나 운동하는 기계부분 자체의 위험에서 초래되는 위험점은?

① 물림점　② 절단점
③ 끼임점　④ 협착점

**05** 다음 위험점 중 기계의 회전운동 하는 부분과 고정부사이에 위험이 형성되는 위험점으로 예를 들어 연삭숫돌과 작업받침대, 교반기의 날개와 하우스에서 발생되는 위험점은?

① 접선 물림점　② 물림점
③ 끼임점　④ 절단점

**06** 기계의 안전조건 중 구조의 안전화 방법에 해당되지 않는 것은?

① 기계재료의 선정 시 재료 자체에 결함이 없는지 철저히 확인한다.
② 사용 중 재료의 강도가 열화될 것을 감안하여 설계시 안전율을 고려한다.
③ 기계작동 시 기계의 오동작을 방지하기 위하여 오동작 방지 회로를 적용한다.
④ 가공 경화와 같은 가공결함이 생길 우려가 있는 경우는 열처리 등으로 결함을 방지한다.

**07** 일반적으로 기계설계시 적용되는 안전율 계산으로 맞는 것은?

① 안전하중 ÷ 설계하중
② 최대하용하중 ÷ 극한강도
③ 극한강도 ÷ 최대설계응력
④ 극한강도 ÷ 파단하중

**08** 기계설비의 본질안전화에 대한 설명 중 맞는 것은?

① 근로자가 동작상 과오나 실수 또는 기계설비에 이상이 생겨도 안전성이 확보되는 것
② 점검과 주유 방법이 용이한 것
③ 보건용 작업장이 확보된 것
④ 인간공학적 안전장치가 있는 것

**09** 극한강도가 100 MPa이고 최대설계응력 10 MPa이면 안전율은?

① 1 ② 5
③ 10 ④ 100

**10** 기계설비기구의 위험점에서 고정부분과 회전부분이 만드는 위험점이 아니고, 밀링커터, 둥근톱의 톱날 등과 같이 회전하는 운동부 자체의 위험이나 운동하는 기계부분 자체의 위험에서 초래되는 위험점은?

① 물림점 (Nip-point)
② 절단점 (Cutting-point)
③ 끼임점 (Shear-point)
④ 협착점 (Squeeze-point)

**11** 기계의 왕복운동을 하는 동작 부분과 움직임이 없는 고정부분 사이에 형성되는 위험점으로 프레스 등으로 주로 나타나는 것은?

① 끼임점 (Shear-point)
② 물림점 (Nip-point)
③ 절단점 (Cutting-point)
④ 협착점 (Squeeze-point)

**12** 기계의 위험예방을 위한 설명으로 틀린 것은?

① 동력 차단장치는 진동에 의해 갑자기 움직일 우려가 없을 것
② 작업도구는 제조당시의 목적 외로 사용하지 말 것
③ 축이 회전하는 기계를 취급 시에는 안전을 위해 면 장갑을 착용 할 것
④ 방호장치 결함을 발견 시에는 정비 후 사용할 것

**13** 기계설비의 안전조건 중 구조부분의 안전화에서 검토되어야 할 내용이 아닌 것은?

① 가공의 결함 ② 재료의 결함
③ 설계의 결함 ④ 정비의 결함

**14** 다음 중 기계설비에 의해 형성되는 위험점이 아닌 것은?

① 회전 말림점 ② 접선 분리점
③ 협착점 ④ 끼임점

**15** 왕복운동을 하는 기계의 운동부와 움직임 없는 고정부 사이에서 형성되는 위험점은?

① 협착점 ② 끼임점
③ 절단점 ④ 물림점

**16** 기계설비의 안전조건 중 외관의 안전화에 해당하는 조치는?

① 고장발생을 최소화하기 위해 정기점검을 실시하였다.
② 전압강하, 정전시의 오동작을 방지하기 위하여 제어장치를 설치하였다.
③ 기계의 예리한 돌출부 등에 안전 덮개를 설치하였다.
④ 강도를 고려하여 안전율을 최대로 고려하여 설비를 설계하였다.

**17** 다음 중 왕복운동을 하는 운동부와 고정부 사이에서 형성되는 위험점인 협착점(squeeze point)이 형성되는 기계로 가장 거리가 먼 것은?

① 프레스 ② 연삭기
③ 조형기 ④ 성형기

**18** 다음 중 기계의 회전 운동하는 부분과 고정부 사이에 위험이 형성되는 위험점으로 예를 들어 연삭숫돌과 작업받침대, 교반기의 날개와 하우스 등에서 발생되는 위험점은?

① 물림점 (nip point) ② 끼임점 (shear point)
③ 절단점 (cutting point) ④ 접선물림점 (tangential point)

**19** 다음 중 기계 구조부분의 안전화에 대한 결함에 해당하지 않는 것은?

① 재료의 결함 ② 기계설계의 결함
③ 가공상의 결함 ④ 작업환경상의 결함

**20** 기계설비의 이상 시에 기계를 급정지시키거나 안전장치가 작동되도록 하는 소극적인 대책과 전기회로를 개선하여 오동작을 방지하거나 별도의 완전한 회로에 의해 정상 기능을 찾을 수 있도록 하는 안전화를 무엇이라 하는가?

① 구조적 안전화 ② 보건의 안전화
③ 외관적 안전화 ④ 기능적 안전화

**21** 기계의 기능적인 면에서 안전을 확보하기 위한 반자동 및 자동제어장치의 경우는 적극적으로 안전화 대책을 강구하여야 한다. 이 때 2차적 적극적 대책에 속하는 것은?

① 방호물을 설치한다.
② 급정지장치를 누른다.
③ 회로를 개선하여 오동작을 방지한다.
④ 연동 장치된 방호장치가 작동되게 한다.

## 해설

1. ③

기계설비의 안전화 방법

- 외관의 안전화 : 상자로 내장, 덮개, 색채조절(시동버튼 : 녹색, 정지버튼 : 적색)을 설치한다.
- 기능적 안전화 : 전압 강하 및 정전 시 오작동, 사용 압력 변동 시 오동작, 밸브 고장 시 오동작, 단락 스위치 고장 시 오동작 등을 방지하기 위해 설치한다.
- 구조부분의 안전화 : 안전율을 고려하여 강도를 갖춰야 한다.
- 작업의 안전화 : 기동 장치와 배치, 정지 시 시건장치, 안전통로, 작업 공간 등을 확보한다.
- 보전성의 개선 : 정기점검, 교환, 주유등 등에 대해 사전에 이상 유무를 관리한다.

2. ②

- 기능적 안전화(대기 여분)
  - 안전율 적용
  - 다중화
  - 고장진단 및 회복 설비 등
- 구조적 안전화
  - 위험부의 덮개 설치
  - 하중경감구조
  - 기계 자동정지
  - 기계외관 색채 등

3. ③ 협착점

왕복 운동하는 동작부분과 움직임이 없는 고정부분 사이에 형성되는 위험점으로, 프레스, 절단기, 성형기, 굽힘기계 등에서 볼 수 있다.

4. ②

위험점의 분류

- 절단점 : 회전하는 운동부분 자체의 위험에서 초래되는 위험점
- 물림점 : 회전하는 두 개의 물체에 물려 들어갈 위험성
- 끼임점 : 고정부분과 회전하는 동작부분 사이에서 형성되는 위험점
- 협착점 : 왕복 운동하는 동작부분과 움직임이 없는 고정부분 사이에 형성되는 위험점
- 회전말림점 : 회전하는 물체에 작업복 등이 말려들 위험이 존재하는 위험점

5. ③

위험점의 분류

- 절단점 : 회전하는 운동부분 자체의 위험에서 초래되는 위험점
- 물림점 : 회전하는 두 개의 물체에 물려 들어갈 위험성
- 끼임점 : 고정부분과 회전하는 동작부분 사이에서 형성되는 위험점
- 협착점 : 왕복 운동하는 동작부분과 움직임이 없는 고정부분 사이에 형성되는 위험점
- 회전말림점 : 회전하는 물체에 작업복 등이 말려들 위험이 존재하는 위험점

6. ③

기계작동 시 기계의 오동작을 방지하기 위하여 오동작 방지 회로를 적용하는 것은 기능적 안전화에 속한다.

7. ③

$$\text{안전율(계수)} = \frac{\text{기초강도}}{\text{허용응력}} = \frac{\text{극한강도}}{\text{최대설계응력}} = \frac{\text{파단하중}}{\text{안전하중}} = \frac{\text{절단하중}}{\text{허용응력}} = \frac{\text{파괴하중}}{\text{최대사용하중}}$$

8. ①

기계설비의 본질 안전화는 작업자가 과오나 실수가 있어도 기계설비 측면에서 이것을 커버하여 안전을 확보하는 것을 말한다.

9. ③

안전율 $= \frac{\text{기초강도}}{\text{허용응력}} = \frac{\text{극한강도}}{\text{최대설계응력}} = \frac{100}{10} = 10$

10. ②

위험점의 분류

- 절단점 : 회전하는 운동부분 자체의 위험에서 초래되는 위험점
- 물림점 : 회전하는 두 개의 물체에 물려 들어갈 위험성
- 끼임점 : 고정부분과 회전하는 동작부분 사이에서 형성되는 위험점
- 협착점 : 왕복 운동하는 동작부분과 움직임이 없는 고정부분 사이에 형성되는 위험점
- 회전말림점 : 회전하는 물체에 작업복 등이 말려들 위험이 존재하는 위험점

11. ④

위험점의 분류

- 절단점 : 회전하는 운동부분 자체의 위험에서 초래되는 위험점
- 물림점 : 회전하는 두 개의 물체에 물려 들어갈 위험성
- 끼임점 : 고정부분과 회전하는 동작부분 사이에서 형성되는 위험점
- 협착점 : 왕복 운동하는 동작부분과 움직임이 없는 고정부분 사이에 형성되는 위험점
- 회전말림점 : 회전하는 물체에 작업복 등이 말려들 위험이 존재하는 위험점

12. ③

축이 회전하는 기계를 취급하는 경우 근로자의 손에 밀착이 잘 되는 가죽 장갑 등과 같이 손이 말려 들어갈 위험이 없는 장갑을 사용하여야 한다.

13. ④

구조부분의 안전화 검토사항

- 가공의 결함
- 설계의 결함
- 재료의 결함
- 사용의 결함

14. ②

위험점의 분류

- 절단점 : 회전하는 운동부분 자체의 위험에서 초래되는 위험점
- 물림점 : 회전하는 두 개의 물체에 물려 들어갈 위험성
- 끼임점 : 고정부분과 회전하는 동작부분 사이에서 형성되는 위험점
- 협착점 : 왕복 운동하는 동작부분과 움직임이 없는 고정부분 사이에 형성되는 위험점
- 회전말림점 : 회전하는 물체에 작업복 등이 말려들 위험이 존재하는 위험점

15. ①

위험점의 분류
- 절단점 : 회전하는 운동부분 자체의 위험에서 초래되는 위험점
- 물림점 : 회전하는 두 개의 물체에 물려 들어갈 위험성
- 끼임점 : 고정부분과 회전하는 동작부분 사이에서 형성되는 위험점
- 협착점 : 왕복 운동하는 동작부분과 움직임이 없는 고정부분 사이에 형성되는 위험점
- 회전말림점 : 회전하는 물체에 작업복 등이 말려들 위험이 존재하는 위험점

16. ③
기계·설비의 안전화 조건 구분
- 작업의 안전화 : 기동 장치와 배치, 안전 통로 확보, 정지 시 시건장치, 작업 공간 확보
- 보수·유지의 안전화(보전성의 개선) : 교환, 정기 점검, 주유
- 외관의 안전화 : 상자로 내장, 덮개, 색채조절(정지버튼 : 적색, 시동버튼 : 녹색)
- 기능적 안전화 : 전압 강화 및 정전 시 오동작, 변동 시 오동작, 밸브 고장 시 오동작, 사용 압력 단락 스위치 고장 시 오동작
- 구조부분의 안전화 : 안전계수 및 안전율 고려, 적절한 재료, 적절한 가공

17. ②
연삭기는 고정부분과 회전운동에 의한 끼임점 위험이 형성된다.

18. ②
위험점의 분류
- 절단점 : 회전하는 운동부분 자체의 위험에서 초래되는 위험점
- 물림점 : 회전하는 두 개의 물체에 물려 들어갈 위험성
- 끼임점 : 고정부분과 회전하는 동작부분 사이에서 형성되는 위험점
- 협착점 : 왕복 운동하는 동작부분과 움직임이 없는 고정부분 사이에 형성되는 위험점
- 회전말림점 : 회전하는 물체에 작업복 등이 말려들 위험이 존재하는 위험점

19. ④
작업 환경상의 결함은 간접적(외적)인 결함에 해당한다.

20. ④
기계·설비의 안전화 조건 구분
- 작업의 안전화 : 기동 장치와 배치, 안전 통로 확보, 정지 시 시건장치, 작업 공간 확보
- 보수·유지의 안전화(보전성의 개선) : 교환, 정기 점검, 주유
- 외관의 안전화 : 상자로 내장, 덮개, 색채조절(정지버튼 : 적색, 시동버튼 : 녹색)
- 기능적 안전화 : 전압 강화 및 정전 시 오동작, 변동 시 오동작, 밸브 고장 시 오동작, 사용 압력 단락 스위치 고장 시 오동작
- 구조부분의 안전화 : 안전계수 및 안전율 고려, 적절한 재료, 적절한 가공

21. ③
자동제어장치의 안전을 확보하기 위한 2차적 적극적 대책
- 회로를 개선하여 오동작 방지
- 회로의 정상기능 회복 위한 대책

제3장

# 기계설비의 방호

## 3.1 기계재해 발생과 방지

기계에 의해 발생하는 재해를 분석해보면, 대부분이 협착, 절단, 베임, 찔림이고 이것은 기계의 위험점에 작업자가 접촉하는 것에 의하여 발생하는 재해가 대부분이다. 기계는 이러한 위험성이 존재하고 있음을 기억하고 위험으로부터 노동자를 격리하여 안전을 확보할 수 있어야 한다. 다시 말해, 작업을 수행하는 사람이 기계 재해를 유발시키는 위험점에 노출되지 않게 하거나 노출되더라도 어느 한쪽이 위험영역에 노출되지 않게 방호하는 것이 중요하다. 기계가 가동될 때 작업을 하는 사람은 재해 위험에 노출되게 된다. 하지만 모든 상황에서 위험에 노출되어 있지는 않는다. 사람이 기계 재해 위험에 노출되기 위해서는 작업자의 신체가 가동부나 방출되는 에너지의 출력범위에 존재해야 한다라는 가정이 있어야 한다. 이러한 재해 발생 메커니즘은 다음과 같이 인간 - 기계 관계 측면에서 생각해 볼 수 있다.

### 3.1.1 기계재해의 발생 메커니즘

기계와 그것을 취급하는 작업자와의 관계를 인간 - 기계 관계라고 한다면, 일반적으로 기계에 의한 재해는 기계가 운전될 때 방출되는 에너지가 인간의 신체 일부 또는 전부에 도달하는 것에 의하여 발생한다. 기계 운전에 의해 출력되는 에너지는 프레스 슬라이드의 스트로크 공간이나 산업용 로봇 암의 작업공간에 의한 기계의 작업공간을 점유한다. 한편, 인간도 프레스 작업에 있어서 기동조작 등의 작업을 위해 기계와 같은 공간을 공유하게 된다. 이와 같이 양쪽 공간이 중첩되는 영역이 생성하는데 그림 3.1과 같이 이를 위험영역이라고 하고 인간이 기계를 사용하여 작업하는 할 때 인간의 작업공간과 기계의 작업공간이 공유되어 위험영역이 생성되는 조건이 기계 재해의 발생 메커니즘이라 할 수 있다.

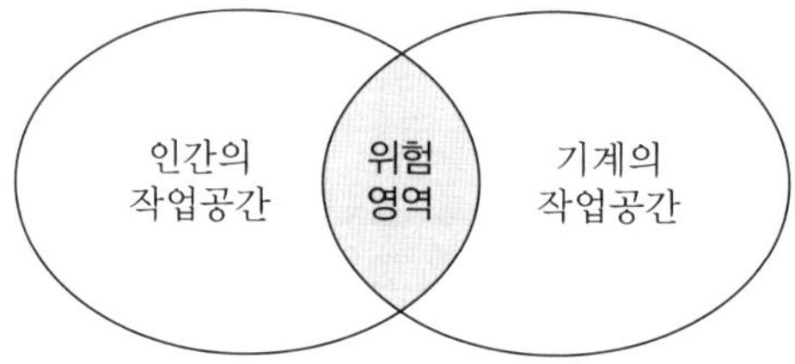


**그림 3.1 기계 재해 발생**

### 3.1.2 기계재해 방지의 기본

인간-기계 관계에서는 앞에서 설명한 재해 발생 메커니즘의 조건이 성립하지 않도록 하는 것이 기계재해의 발생을 방지하는 것이다. 즉, 인간이 작업을 하더라도 기계의 작업공간에 포함되지 않거나 기계가 작동하는 동안 인간의 작업공간에 기계의 작업공간이 포함이 되지 않으면 된다. 즉, 시간적으로, 공간적으로 분리하는 것이 기계 재해 방지의 조건이고 인간과 기계의 출력과의 시간적·공간적 분리가 안전 확보의 기본이다.
기계의 가동부가 작업하는 영역을 $S_Z$로 하고 이것을 위험영역으로 정의하며 그 외의 영역을 안전영역 $S_Z^C$로 한다. 작업영역 내의 한 점 $X$에 작업자가 존재하는 경우를 $H_X$, 기계의 가동부가 존재하는 것을 $M_X$로 한다. 단, 존재할 때를 이론치 1, 존재하지 않을 때를 이론치 0으로 하는 2값 변수로 한다. 사고는 양자가 동시에 점 $X$에 있을 때 발생하므로 이것은 $H_X \times H_X = 1$이 된다. 인간과 기계의 동시 존재를 시간의 함수로 나타내어 $H_X(t)$, $M_X(t)$로 하면, 안전 작업은 인간과 기계 가동부가 교대로 작업하는 것으로 즉, 다음 식이 성립해야 한다.

$$H_X(t) \times M_X(t) = 0 \tag{3.1}$$

여기서 공간의 상황을, 안전상태=0, 사고 상태=1에 의한 두 값의 논리변수 $D_X(t)$로 나타내면, 공간의 상태 $D_X(t)$ 다음 식으로 표현된다.

$$D_X(t) = H_X(t) \times M_X(t) = \begin{cases} 1 : \text{위험} \\ 0 : \text{안전} \end{cases} \tag{3.2}$$

적어도 식 (3.2)의 조건을 만족하면서 안전작업을 하기 위해서 기계의 작동은 인간이 없는 때($H_X(t)=0$)을, 또 작업자의 작업은 기계의 가동부가 동작하지 않는 것($M_X(t)=0$)을 안전조건으로 하면 된다. 여기서 ━는 부정을 의미한다.

$$H_X(t) \times \overline{M_X}(t) = 0 \text{ (작업자 신체 일부가 위험점에 없을 때 기계가동)} \quad (3.3)$$

$$\overline{H_X}(t) \times M_X(t) = 0 \text{ (기계가 정지해 있을 때 작업자가 작업)} \quad (3.4)$$

식 (3.2)에서 나타내는 공간 상태를 안전($D_X(t)=0$)하게 유지하기 위하여 기계 가동부의 제어가 식 (3.3)에 따라 이루어진 후 작업자는 식 (3.4)이 성립할 때 작업을 해야 한다.

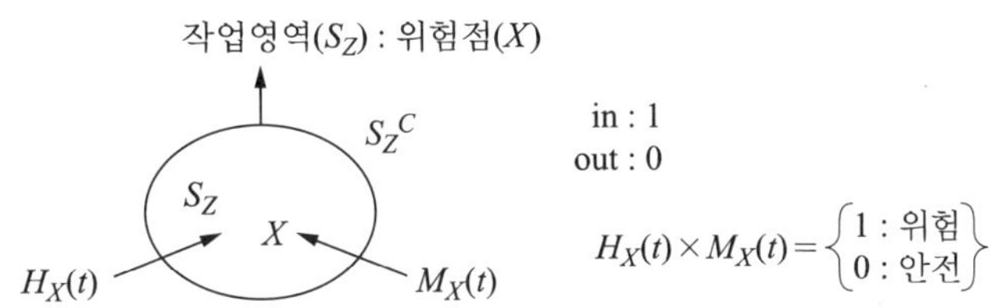


**그림 3.2** 인간과 기계 사이의 재해방지 메커니즘

## 3.2 방호의 원리

① **위험제거**

위험요인이 원칙적으로 발생할 수 없게 하는 것을 말한다. 건설작업에서 접착물질이나 나사 등을 사용함으로써 끝이 뾰족한 못의 사용을 피하는 것도 위험 제거의 예이다.

② **덮어씌움**

위험성은 존재하지만 재해 발생 가능성은 희박한 것으로 차단의 방호 원리와 같이, 사람과 기인물이 접촉하는 부분에 있는 재해 가능영역의 한쪽을 안전하게 덮어씌우는 것이다.

③ **위험에의 적응**

제어시스템의 글자판을 쉽게 눈에 띄게 한다든지, 위험에 대한 정보 제공, 안전한 행위를 위한 동기 부여, 안전교육훈련 등이 여기에 해당 한다.

④ **차단**

위험성은 존재하지만 위험성으로부터 작업자를 격리하여 재해가 일어나지 않도록 하는 것으로 이는 작업하는 사람과 재해를 유발하는 기인물이 서로 떨어져 있도록 하는 것이다.

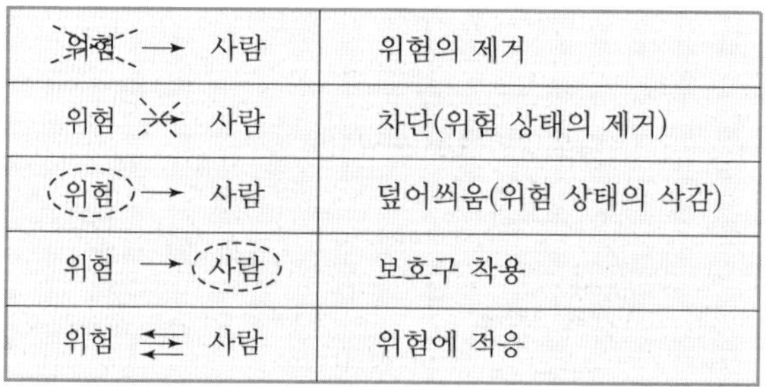


**그림 3.3 방호의 원리**

기계, 기구 및 설비를 사용할 경우에 작업자에게 상해를 입힐 우려가 있는 부분으로부터 작업자를 보호하기 위하여 일시적 또는 영구적으로 설치하는 기계적 안전장치를 방호장치라 하며 방호장치는 제거, 설치, 조정 및 정비가 가능해야 하고 그 성능이 정확해야 한다. 방호장치는 어디까지나 작업자를 보호하는데 그 의의가 있으며 작업자의 작업을 방해해서는 안 된다. 따라서 방호장치가 구비해야 할 일반원칙으로는 다음과 같은 것이 있다.

① **작업의 편의성**

방호장치로 인하여 작업에 방해가 되어서는 안 된다. 작업에 방해가 된다는 것은 불안전한 행동의 원인을 제공하는 결과를 초래하기 때문이다. 또한, 생산성에도 영향을 주게 된다.

② **작업점 방호**

방호장치는 작업자를 위험으로부터 보호하기 위한 것이므로 위험한 작업부분은 완전히 방호가 되어야 한다. 일부분이라도 노출되거나 틈을 주지 않도록 한다.

③ **외관상의 안전화**

외관상으로 불완전한 설치나 불안전한 기계의 모습은 작업자에게 심리적으로 불안감을 줌으로써 불안전한 행동을 유발하게 되므로 외관상 안전화를 유지해야 한다.

④ **기계특성과 성능의 보장**

방호장치는 당해 기계의 특성에 적합하지 않거나 성능을 발휘하지 못하면 방호장치로서의 제 기능을 다하지 못하게 된다. 따라서 방호장치의 선정 시에는 다음과 같은 사항을 면밀히 검토해야 한다.

- 방호의 정도 : 위험을 확실히 차단할 것
- 작업성 : 작업에 방해를 끼치지 않을 것
- 보수성 : 점검, 분해, 조립하기 쉬운 구조일 것
- 경비 : 안전성이 확보되는 가운데 가성비가 좋은 것
- 적용의 범위 : 기계 성능에 따라 적합한 것을 선정할 것
- 신뢰성 : 구조가 간단하며, 방호능력의 신뢰도가 높을 것

## 3.3 방호장치

안전방호의 사용에 있어서 구체적인 수단의 한 가지가 방호장치이다. 이것에 관한 용어의 정의를 말하면 다음과 같다.

① 안전방호 : 관련 장치 또는 안전작업절차 등을 이용하여 작업자를 보호하기 위한 제반조치를 말한다.
② 가드 : 기계의 일부로서 방호기능을 수행하는 물리적 방벽으로서 구조에 따라 케이싱, 덮개, 스크린, 문, 울타리(방호울) 등으로 지지되는 것을 말한다.
③ 방호장치 : 단독으로 또는 가드와 조합하여 사고를 없애거나 감소시키기 위한 가드 이외의 장치를 말한다.

즉, 일반적으로는 안전방호는 가드 및 방호장치를 말하는 것이며 생산기계의 안전방호로서는 가드와 방호장치가 각각 단독으로 사용되는 경우도 있으나 양쪽을 조합하여 구성되는 경우가 많으며 위험장소와 위험원에 따라 다음과 같이 구분되어진다.

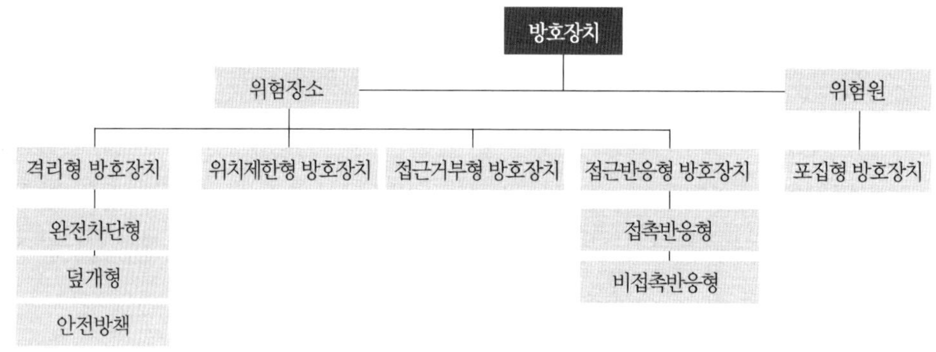


**그림 3.4** 방호장치의 구분

### (1) 격리형 방호장치

위험한 작업점과 작업자 사이에 서로 접근되어 일어날 수 있는 재해를 방지하기 위해 차단벽이나 망을 설치하는 원리이며 사업장에서 가장 흔히 볼 수 있는 방호형태이다.

#### ① 완전 차단형 방호장치

어떠한 방향에서도 위험장소까지 접근하지 못하도록 완전히 차단하는 장치로서 체인이나 벨트 등의 동력전달 장치에 많이 이용한다.

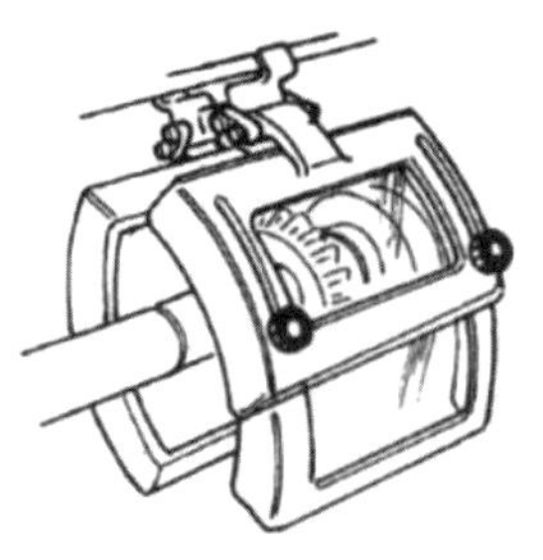

**그림 3.5** 완전 차단형 방호장치

#### ② 덮개형 방호장치

작업점 외에 직접 사람이 접촉하여 말려들거나 다칠 위험이 있는 위험장소를 덮어씌우는 방법으로 동력전달 장치뿐만 아니라 기계·기구의 동작 부분이나 위험점 등에 사용한다.

#### ③ 안전방책(울)

위험한 기계기구의 근처에 접근하지 못하도록 방호울타리를 설치하는 방법으로 큰 마력의 원동기, 발전소의 터빈, 로봇 작업장, 전기설비 등의 주위에 설치한다.

### (2) 위치제한형 방호장치

위험기계기구에서 작업자의 신체 부위가 위험한계 밖에 있도록 의도적으로 기계의 조작장치를 기계에서 일정거리 이상 떨어지게 설치해 놓은 장치이며 그 예시로는 프레스의 양수조작식 방호장치가 있으며 2개의 누름버튼에서 손이 떨어지면 프레스 급정지 기구가 작동하여 슬라이드를 작동시킨다.

그림 3.6 프레스의 양수조작식 방호장치

### (3) 접근거부형 방호장치

작업자나 그 신체 부위가 위험한계 내로 접근하면 기계의 동작위치에 설치해 놓은 기계적 장치가 접근하는 손이나 팔 등의 신체 부위를 안전한 위치로 밀거나 당겨내는 안전장치이며 그 예시로는 프레스의 수인식, 손쳐내기식 방호장치가 있다.

그림 3.7 접근거부형 방호장치

### (4) 접근반응형 방호장치

작업자의 신체 부위가 위험한계나 그 인접한 거리 내로 들어오면 이를 감지하여 그 즉시 동작하던 기계를 정지시키거나 스위치가 꺼지도록 하는 장치이며 그 예시로는 프레스의 광전자식 방호장치가 있다.

**그림 3.8** 접근반응형 방호장치

### (5) 포집형 방호장치

이것은 위험장소에 대한 방호장치가 아니고 위험원에 대한 방호장치이며 그 예시로 연삭기의 덮개, 목재가공업의 톱밥 재료가 튀는 것을 방지하는 반발 예방장치가 있다. 또한 목재가공작업에서 작업물질이나 재료가 튀어 오르는 것을 방지하기 위하여 설치하는 반발예방장치도 포집형 방호장치이다.

**그림 3.9** 연삭기의 포집형 방호장치

### (6) 감지형 방호장치

이상온도, 이상압력, 과부하 등 기계설비의 부하가 안전한계치를 초과하는 경우, 이를 감지하고 자동적으로 안전한 상대가 되도록 조정하거나 설비의 작동을 중지시키는 장치를 말한다. 산업안전보건법 제33조 제1항 동법 시행령 제27조, 동법 시행규칙 제46조에 의한 방호장치 설치대상 위험기계·기구 및 방호장치의 종류는 [표 3.1]과 같으며, 산업안전보건법 제34조 및 동법 시행규칙 제58조에 의한 검사종류별 실시대상은 [표 3.2]와 같다.

[표 3.1] 위험기계·기구의 방호장치

| 연번 | 위험기계·기구명 | | 방호장치 종류 |
|---|---|---|---|
| 1 | 프레스 및 전단기 | | 방호장치(광전자식, 양수조작식, 가드식, 손 쳐내기식, 수인식), 안전블록, 페달의 U자형 덮개, 자동송급장치, 금형의 안전울 |
| 2 | 롤러기 | | 급정지장치(손 조작식, 복부 조작식, 무릎 조작식), 울(가드), 안내롤러 |
| 3 | 연삭기 | | 덮개, 칩 비산방지장치 |
| 4 | 양중기 | 크레인 | 과부하장치, 권과방지장치, 비상정지장치 |
| | | 곤돌라 | 과부하장치, 권과방지장치, 제동장치 |
| | | 리프트 | 과부하장치, 권과방지장치, |
| | | 승강기 | 과부하장치, 조속기, 리미트스위치, 완충기, 비상정지장치, 출입문 인터록장치 |
| 5 | 목재가공용 둥근톱 | | 반발 예방장치, 날 접촉예방장치 |
| 6 | 동력식 수동대패기 | | 날 접촉예방장치 |
| 7 | 아세틸렌 용접장치<br>가스집합 용접장치 | | 안전기(수봉식, 건식) |
| 8 | 방폭용 전기기계기구 | | 방폭구조 전기기계기구(내압, 압력, 유입 등) |
| 9 | 교류아크용접기 | | 자동전격방지기 |
| 10 | 압력용기(공기압축기포함) | | 압력방출장치, 언로드밸브 |
| 11 | 보일러 | | 압력방출장치, 압력제한스위치(온도제한스위치), 고저수위조절장치 |
| 12 | 산업용 로봇 | | 안전매트, 방호울 |
| 13 | 정전 및 활선작업에 필요한 절연용 기구 | | 절연용 방호구, 활선작업용 기구 |
| 14 | 추락, 붕괴 등 위험방호가 필요한 가설기자재 | | 비계, 파이프 서포터 등 노동부 장관이 정하는 가설기자재 |

[표 3.2] 위험기계·기구의 방호장치 검사종류별 실시대상

| 설계검사 | | 완성검사 / 성능검사 | | 정기검사 |
|---|---|---|---|---|
| | | **완성검사**<br>크레인(호이스트 제외), 리프트 | | |
| **설계검사**<br>크레인(정격하중 0.5톤 이상인 호이스트 포함)<br>리프트<br>압력용기<br>프레스(전단기)<br>롤러기 위 | → | **성능검사(출고전)**<br>호이스트<br>을종 압력용기<br>프레스<br>전단기<br>롤러기 | → | **정기검사**<br>정격하중이 3톤 이상인 크레인(호이스트)<br><br>압력용기 |
| | | **성능검사(제작중)**<br>갑종 압력용기 | | |

앞에서 기술한 위험기계·기구 중 동력에 의해서 작동되는 기계·기구에는 상기와 같은 방호장치 이외에 다음과 같은 방호장치를 구비해야 한다.

① 작동부분상의 돌기부분은 묻힘형(매두형)으로 하거나 덮개를 부착할 것.
사업주는 회전축, 치차(기어), 풀리 및 플라이휠 등에 부속하는 키 및 핀 등의 고정구를 묻힘형으로 하거나 해당부위에 덮개를 설치하여야 하고 벨트의 이음부분에는 돌출된 고정구를 사용해서는 안 된다.

② 동력전달부분 및 속도조절 부분에는 덮개를 부착하거나 방호 망을 설치할 것.
사업주는 기계의 원동기, 회전축, 치차, 풀리, 플라이휠 및 벨트 등 근로자에게 위험을 미칠 우려가 있는 부위에는 덮개, 울, 슬리브 및 건널다리 등을 설치해야 하며 건널다리에는 높이 90 cm 이상인 손잡이 및 미끄러지지 않는 구조의 발판을 설치해야 한다.

③ 회전기계의 물림점(롤러, 기어 등) 에는 덮개 또는 울을 설치할 것.

④ 동력으로 작동되는 기계에는 동력차단장치(스위치, 클러치 및 벨트이동장치 등)를 설치하여야 하고 그 동력차단장치를 근로자가 작업위치를 이동하지 않고 조작할 수 있는 위치에 설치할 것. 단, 집단을 이루는 기계로서 공통의 동력차단장치가 있거나 인력에 의한 원재료의 송급과 인출 등이 필요 없을 때에는 설치하지 않아도 된다.

## 3.4 가드

### (1) 개요

안전 가드는 기계 작동 중에 발생할 수 있는 위험으로부터 작업자를 최대한 보호하는 데 필요하다. 이러한 안전 가드는 주로 기계에 물리적으로 접근하기 어렵도록 만드는 펜스나 차단하는 기구를 말한다. 그러나 이런 종류의 고정식 가드를 선택하기가 불가능한 경우도 있고 바람직하지 않은 경우가 있다. 이 경우에는 누군가가 위험 구역에 접근하는 경우 기계 일부 또는 전체를 차단하거나 다른 수단으로 기계를 안전 상태로 만드는 제어 기술 솔루션이 필요하다.

### (2) 가드의 종류와 특징

**① 고정식 가드**

고정식 가드는 물리적 장벽을 이용하여 보호 기능을 제공하는 기계의 일부이다. 가드는 안전 펜스, 차단물, 커버 등으로 이루어질 수 있고 가드를 용접하거나 접착제로 붙이거나 고정 장치(볼트, 리벳 등)를 이용하여 부착시킬 수 있다. 고정식 가드는 물리적으로 기계에 더욱 접근하기 어렵도록 만든다.

그림 3.10 고정식 가드

**② 인터로크식 가드**

정상으로 작동하기 위한 조건이 불만족 될 경우, 자동적으로 작동할 수 없도록 하는 가드

**③ 자동식 가드**

고정식 및 인터로크식 가드가 실용적이지 못할 때, 작업자와 무관하게 자동으로 작동

④ 조절식 가드

조절식 가드는 위험 구역 접근을 완전히 금지할 수 없을 때 사용한다. 이는 드릴 기계의 비트 부분이나 원형 톱날 등의 경우에 해당되며 작업유형에 따라서 수동이나 자동으로 조절이 가능해야 한다. 또한 공구를 사용하지 않고도 손쉽게 조절이 가능해야 한다. 작업자가 조절이 너무 복잡하다는 이유로 완전히 개방시킨 채 두지 않게 가드는 조절이 간편해야 한다. 또한 가드를 쉽게 제거할 수 있다면 작업자가 가드를 제거하고 작업할 위험이 있으므로 가드는 쉽게 제거할 수 없어야 한다.

그림 3.11 조절식 가드

⑤ 이동식 가드

이동식 가드는 일반적으로 기계식으로 기계 프레임에 연결되거나 기계에 가까운 고정 부품에 연결되고 가드에 경첩을 달아 고정하거나 레일에 장착할 수도 있다. 이러한 가드는 공구를 사용하지 않고 열 수 있으며 닫혀 있을 때만 효과가 있다.

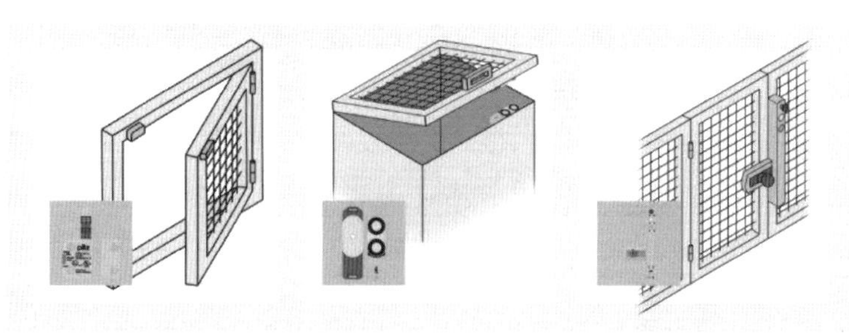

그림 3.12 이동식 가드

### (3) 방호가드 선정 시 고려조건

① 사용할 장치 종류
② 사용한 인진 가드의 반응 시간
③ 안전 가드가 작동된 후 기계가 안전 상태에 도달하는 데 걸린 시간
④ 신체 일부분에 대한 생물역학 및 인체측정학적 데이터
⑤ 신체 일부분이 감지 또는 구동 요소로부터 위험 구역으로 움직인 경로
⑥ 장치와 위험 구역 사이에 사람이 있을 가능성
⑦ 감지되지 않고 위험 구역에 접근할 가능성

## 3.5 방호울

작업자의 위험지역 내의 접근을 금하기 위하여 고정방벽을 설치하는 경우 일반적으로 방벽의 높이는 2500 mm 정도가 되어야 한다. 그러나 사정상 방벽의 높이가 2500 mm 정도로 설치할 수 없을 경우 위험점의 높이와 방벽의 높이 그리고 위험점으로부터 수평거리($c$) 사이에는 표 3.3과 같은 관계를 갖도록 하여야 한다.

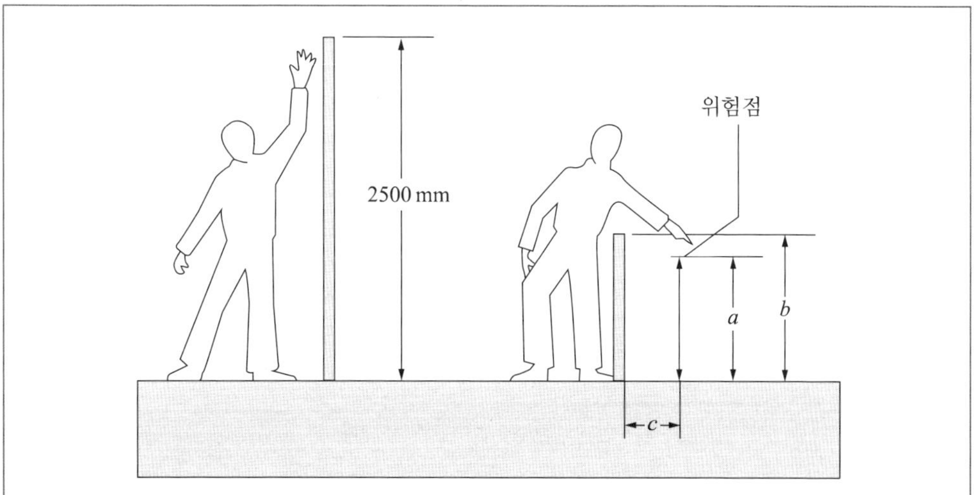


그림 3.13 수직보호방벽의 높이 계산

[표 3.3] 방벽의 높이

| 위험부위 높이 $a$ (mm) | 보호 구조물의 높이 $b$ (mm) | | | | | | | |
|---|---|---|---|---|---|---|---|---|
| | 2400 | 2200 | 2000 | 1800 | 1600 | 1400 | 1200 | 1000 |
| | 위험점으로부터의 거리 $c$ (mm) | | | | | | | |
| 2400 | – | 100 | 100 | 100 | 100 | 100 | 100 | 100 |
| 2200 | – | 250 | 250 | 400 | 500 | 500 | 600 | 600 |
| 2000 | – | – | 350 | 500 | 600 | 700 | 900 | 1100 |
| 1800 | – | – | – | 600 | 900 | 900 | 1000 | 1100 |
| 1600 | – | – | – | 500 | 900 | 900 | 1000 | 1300 |
| 1400 | – | – | – | 100 | 800 | 900 | 1000 | 1300 |
| 1200 | – | – | – | – | 500 | 900 | 1000 | 1400 |
| 1000 | – | – | – | – | 300 | 900 | 1000 | 1400 |
| 800 | – | – | – | – | – | 600 | 900 | 1300 |
| 600 | – | – | – | – | – | – | 500 | 1200 |
| 400 | – | – | – | – | – | – | 300 | 1200 |
| 200 | – | – | – | – | – | – | 200 | 1100 |

# 3장 연습문제

**01** 산업안전기준에 관한 규칙에 따른 작업장의 안전기준에 대한 설명으로 옳지 않은 것은?

① 작업장 비상구의 문은 피난방향으로 열리도록 할 것
② 작업장의 통로는 90럭스 이상의 채광 또는 조명시설을 할 것
③ 작업장의 옥내통로는 통로벽면으로부터 높이 2 m 이내에는 장애물이 없도록 할 것
④ 작업장의 연면적이 400 $m^2$ 이상이거나 상시 50인 이상의 근로자가 작업하는 옥내작업장에는 경보용 설비 또는 기구를 설치할 것

**02** 인력운반 작업 시 안전수칙 중 잘못된 것은?

① 물건을 들어 올릴 때는 팔과 무릎을 사용하고 허리를 구부린다.
② 운반 대상물의 특성에 따라 필요한 보호구를 확인 착용한다.
③ 화물에 가능한 한 접근하여 화물의 무게중심을 몸에 가까이 밀착시킨다.
④ 무거운 물건을 공동 작업으로 하고 보조기구를 이용한다.

**03** 기계의 원동기, 회전축 및 체인 등 근로자에게 위험을 미칠 우려가 있는 부위에 설치해야 하는 위험방지장치로 적합하지 않은 것은?

① 덮개 ② 건널다리
③ 클러치 ④ 슬리브

**04** 근로자의 추락 등에 의한 위험을 방지하기 위하여 안전난간을 설치하고자 할 때 이에 관한 요구조건으로 틀린 것은?

① 상부난간대, 중간난간대, 발끝막이판 및 난간기둥으로 구성할 것
② 발끝막이판은 바닥면 등으로부터 5 cm 이상의 높이를 유지할 것
③ 난간대는 지름 2.7 cm 이상의 금속제 파이프나 그 이상의 강도를 가진 재료일 것
④ 안전난간은 임의의 점에서 임의의 방향으로 움직이는 100 kg 이상의 하중에 견딜 수 있을 것

**05** 수공구 작업 시 재해방지를 위한 일반적인 유의 사항이 아닌 것은?

① 사용 전 이상 유무를 점검한다.
② 작업자에게 필요한 보호구를 착용시킨다.
③ 적합한 수공구가 없을 경우 유사한 것을 선택하여 사용한다.
④ 사용 전 충분한 사용법을 숙지하고 익힌다.

**06** 기계설비의 회전운동으로 인한 위험을 유발하는 것이 아닌 것은?

① 벨트 ② 룰러
③ 가드 ④ 플라이휠

**07** 다음 중 위험기계·기계별 방호장치가 틀린 것은?

① 산업용 로봇–안전매트 ② 보일러–급정지장치
③ 목재가공용 둥근톱기계–반발예방장치 ④ 활선작업에 필요한 절연용 기구–절연용 방호구

**08** 위험기계에 조작자의 신체부위가 의도적으로 위험점 밖에 있도록 하는 방호장치는?

① 덮개형 방호장치 ② 차단형 방호장치
③ 위치제한형 방호장치 ④ 접근반응형 방호장치

**09** 기계설비 방호 가드의 설치조건으로 틀린 것은?

① 충분한 강도를 유지할 것
② 구조가 단순하고 위험점 방호가 확실할 것
③ 개구부(틈새)의 간격은 임의로 조정이 가능할 것
④ 작업, 점검, 주유 시 장애가 없을 것

**10** 다음 중 접근 반응형 방호장치에 해당되는 것은?

① 손쳐내기식 방호장치 ② 광전자식 방호장치
③ 가드식 방호장치 ④ 양수조작식 방호장치

**11** 다음 중 셰이퍼의 방호장치와 가장 거리가 먼 것은?

① 방책 ② 칸막이
③ 칩받이 ④ 시건장치

**12** 다음 중 기계설비에 있어서 방호의 기본 원리와 가장 거리가 먼 것은?

① 위험제거 ② 덮어씌움
③ 위험의 검출 ④ 위험에 적응

**해설** 1. ②

통로는 근로자가 안전하게 통행할 수 있도록 75 lux 이상의 채광 또는 조명시설을 하여야 한다. 다만, 갱도 또는 상시 통행을 하지 아니하는 지하실 등을 통행하는 근로자에게 휴대용 조명기구를 사용하도록 한 경우에는 그러하지 아니 하다.

2. ①

운반 안전수칙

- 허리는 펴고 몸 가까이 밀착시킨다.
- 작업 규정 준수 및 복장단정, 보호구를 착용한다.
- 작업환경에 따라 운반을 구상하고 흔들어본다.
- 운반보조기구를 이용하고 2인 이상이 협력하여 운반한다.
- 여러 명이 동시 작업할 때는 작업신호를 숙지한다.
- 운반통로에서 장애요인을 제거한다.

3. ③

원동기·회전축 등의 위험방지

- 덮개, 울, 슬리브, 건널다리 등을 설치한다.
- 부속하는 키·핀 등의 기계요소는 묻힘형으로 하거나 해당 부위에 덮개를 설치한다.
- 건널다리에는 안전난간 및 미끄러지지 않는 구조의 발판을 설치한다.

4. ②

안전난간의 설치 기준

- 상부 난간대, 중간 난간대, 발끝막이판 및 난간기둥으로 구성한다. 단, 중간 난간대, 발끝막이 판 및 난간기둥은 이와 비슷한 구조와 성능을 가진 것으로 대체할 수 있다.
- 상부 난간대는 바닥면·발판 또는 경사로의 표면으로부터 90 cm 이상 지점에 설치하고, 상부 난간대를 120 cm 이하에 설치하는 경우에는 중간 난간대는 상부 난간대와 바닥면 등의 중간에 설치하여야 하며, 120 cm 이상 지점에 설치하는 경우에는 중간 난간대를 2단 이상으로 균등하게 설치하고 난간의 상하 간격은 60 cm 이하가 되도록 한다.
- 발 끝막이판은 바닥면 등으로부터 10 cm 이상의 높이를 유지하여야 한다.
- 난간기둥은 상부 난간대와 중간 난간대를 견고하게 떠받칠 수 있도록 적정한 간격을 유지하여야 한다.
- 상부 난간대와 중간 난간대는 난간 길이 전체에 걸쳐 바닥면 등과 평행을 유지하여야 한다.
- 난간대는 지름 2.7 cm 이상의 금속제 파이프나 그 이상의 강도가 있는 재료여야 한다.
- 안전난간은 구조적으로 가장 취약한 지점에서 가장 취약한 방향으로 작용하는 100 kg 이상의 하중에 견딜 수 있는 튼튼한 구조이어야 한다.

5. ③

어떠한 경우라도 유사한 수공구를 사용해서는 안 된다.

6. 가드는 안내장치이다.

7. ②

보일러의 방호장치의 종류

- 고압수위 조절장치

- 압력방출장치
- 압력제한스위치
- 화염검풀기

8. 위치제한형 방호장치는 위험구역에서 떨어지게 하는 방호장치이다.

9. ③
기계설비의 방호장치의 개구부는 임의로 조정해서는 안 된다.

10. ②
반응형 방호장치는 광전자식 안전장치에서 신체 접촉에 의해 광전자 차단에 의한 반응으로 방호장치가 작동되어 감응식이라고도 한다.

11. ④
셰이퍼의 방호장치에는 방책, 칸막이, 칩받이 등이 있다.

12. ③
방호의 기본 원리
- 위험제거
- 덮어씌움(덮개)
- 위험에 적응
- 울타리

# 제4장
# 프레스와 롤러 가공

## 4.1 소성가공의 개요

물체가 외력을 받으면 변형하고 외력을 제거해도 원형으로 복귀하지 않고 변형이 남아 있는 성질을 **소성**이라 하고 이런 성질을 가진 물체를 소성체라 하며 대표적인 소성체로는 찰흙 등이 있다. 적당량의 수분을 함유한 점토 덩어리는 외부의 힘을 가해도 파괴되지 않고 그 형태가 변하며 그 후 외부의 힘을 제거해도 변형된 그대로의 상태를 유지하는데 점토의 이러한 성질이 소성이다. 소성변형은 변형력 응력이 탄성한계를 넘을 때 일어나며 항복점 이상에서 뚜렷하게 커진다. 따라서 소성은 탄성한계를 지난 후에 생긴다. 재료의 소성을 이용하여 필요한 형상으로 가공하거나 주조 조직을 파괴하여 균일한 미세결정으로 강도·연성 등의 기계적 성질을 개선하는 가공법을 소성가공이라고 하며 많은 물질은 소성을 가지고 있으나, 상온에서 소성변형을 일으키기 어려운 물질도 온도나 습도를 상승시키면 소성변형을 일으키기 쉬워지는 경향이 있다. 소성가공은 **비절삭가공**(非切削加工, Chipless working)이라고도 하며 기계가공에 비하여 제품의 강도, 생산속도, 생산비 등에 유리한 강점이 있으나 제품의 치수와 표면 상태에서는 떨어진다.

주로 금속가공에 사용되어 발전되었으나 근래에는 고분자재료에도 응용되고 있다. 금속의 소성가공은 열간가공(熱間加工)과 냉간가공(冷間加工)으로 구별된다. **열간가공**은 금속을 가열하여 부드럽게 해서 가공하는 방법인데, 작은 힘으로도 금속을 변형시킬 수 있고 같은 힘으로 한 번에 큰 변형을 줄 수가 있다. 즉 적은 공정으로 제품을 만들 수가 있어 경제적이다. 그러나 표면다듬질이 아름답지 못하고 치수정밀도 역시 좋지 않으므로 냉간가공의 소재(素材)로 하는 경우가 많다. **냉간가공**은 상온에서 실시되어 정확한 치수의 것을 만들 수 있고 표면이 매끄럽게 된다는 점, 매우 얇은 박이나 가느다란 선도 만들 수 있다는 장점이 있다. 가공경화를 이용해서 강력한 피아노선을 만들 수도 있다. 또 냉간가공한 후 풀림(Annealing)을 하여 결정입자의 방향을 가지런하게 하여 탄성률을 높일 수도 있다. 소성가공의 이론으로서는 전위와 슬립을 들 수 있으며 소성가공의 방법은 재결정온도를 기준으로 크게 상온(냉간)가공과 고온(열간)가공으로 구분된다. 소성가공에 속하는 가공 방법에는 작업방법에 따라 다음과 같은 종류들이 있다.

① **단조**

재료를 가열하고 두들겨서 하는 가공 방법으로 가장 간단한 것은 모루와 해머에 의한 작업이다. 큰 것은 증기력을 이용한 스팀해머, 압축공기를 이용한 에어해머 등에 의해 이루어진다.

② **압출**

재료를 거푸집 속에 밀어 넣고 거푸집에 뚫린 구멍으로부터 밀어내어 그 구멍의 모양과 같은 막대나 관을 만드는 방법이다. 주로 열간가공이지만 납, 주석 등으로는 냉간 압출 가공도 이루어진다.

③ **압연**

회전하는 2개의 롤 사이로 재료를 통과시켜 단면을 압연하여 판재 등을 만드는 가공법이다. 또한 홈붙이 롤을 사용해서 형재 나선재를 만드는 열간과 냉간의 두 가지 방법이 있다.

④ **판금**

판(양철판·함석판 등)을 굽히거나 판의 표면에 요철의 무늬를 내는 압인가공, 용기의 측면벽의 살두께를 얇게 하는 가공 등이다.

⑤ **전조**

나사나 기어 등을 만드는 데 사용되며 소재를 회전하는 나사 등의 거푸집 속을 통과시켜 압력을 가해서 성형한다.

## 4.2 단조가공

단소는 금형과 단조기계로 금속재료에 압축 하중을 가하여 성형하는 가공법으로 가장 오래된 금속 가공 공정의 하나이다. 간단한 단조 공정은 대장간에서 전통적으로 행해온 것처럼 무거운 손 해머와 모루를 사용하여 작업되지만, 대부분의 단조는 금형 세트, 단조용 프레스나 기계 해머와 관련 설비를 사용하여 이루어진다. 긴 판재나 구조재를 생산하는 압연과는 달리, 단조 작업에서는 별개의 제품을 생산한다. 단조 작업을 통하여 금속 재료의 유동과 입자 구조가 조절될 수 있으며 단조품은 우수한 강도와 인성을 갖게 된다. 따라서 단조품은 응력을 심하게 받는 중요한 용도, 예를 들면, 항공기의 착륙용 기어나 제트 엔진의 부품에 신뢰성 있게 사용될 수 있다. 일반적인 단조품에는 볼트와 리벳, 커넥팅 로드, 터빈의 축, 기어, 공구 등의 기계부품과 기계, 철도, 수송 기계의 구조용 부품을 들 수 있다.

단조로 가공될 수 있는 제품은 주조, 절삭, 분말 야금 등과 같은 다른 가공법으로도 제조될 수 있다. 각 공정으로 가공되는 제품은 강도, 인성, 치수 정확도, 표면 정도, 결함 등에 있어서 각기 다른 특성과 한계를 갖게 되고 단조품은 그 중 우수한 성질을 갖는다. 그러나 단조는 재료의 소성에 따라서 재료가 제한되고 복잡한 형상을 가공하기 힘들며 경제적으로 고가이다. 초기에는 앤빌과 해머를 이용하는 자유단조로 부정확한 치수, 간단한 형의 제품을 제조했으나 그 후 형(型)과 기계력을 이용하는 형단조(型鍛造)로 개선되고 요즘에는 기계해머를 쓰지 않고 롤러로 단조하는 방법도 활용되고 있다. 이러한 방법에 의해서 정밀한 제품을 능률적으로 만들 수 있으므로 그 영역을 넓히고 있다. 단조가공의 일반적 특징을 정리하면 다음과 같다.

① 재료의 항복점이 낮고 연신율이 클수록 단조가공이 쉬우며 주철은 불가능하다.
② 균일한 품질의 신뢰성을 얻을 수 있고 내구성과 가공성이 좋다.
③ 복잡한 형상의 제품은 단조로 불가하다.
④ 고가의 프레스나 금형이 요구됨으로 가격이 비싸진다.

1. 가열 (6 Ton/Ch 가열로)

2. 예비성형 (3 Ton Air Hammer)

3. 단조 (16 Ton Air Drop Hammer)

4. 트리밍 (1600 Ton Trimming Press)

5. 단조 후

6. 단조 후 냉각

**그림 4.1** 단조가공 예시(고압밸브용 볼 제조)

# 4.3 압출가공

압출가공은 알루미늄, 동, 아연합금 등과 같이 소성량이 큰 재료의 빌릿(Billet)을 압출컨테이너에 넣고 램으로 압력을 가하여 다이의 구멍으로 소재를 밀어내어 단면이 일정한 각종 형상의 단면재와 관재 및 선재 등을 가공하는 방법이다. 압출형식으로는 압출할 소재를 가공하는 램의 방향과 제품이 압출되는 방향이 같은 전방압출(Forward extrusion), 반대방향인 후방압출(Backward extrusion)이 있으며 피마자기름이나 내열 그리스 등의 압력 매개체 속에 소재를 가입하여 압출하는 정수압압출(Hydrostatic extrusion)법 등이 있다. 또 소재를 상온에서 가공하는 냉간 압출, 가열하여 가공하는 열간 압출로 구분한다.
전방압출의 대표적 제품은 창틀의 프레임 등에 많이 사용되는 알루미늄 새시가 있으며 후방압출로는 알루미늄 캔이 있다. 이러한 압출가공의 위험요인은 고온 고압의 내부압력에 의한 다이스 비래 위험, 압출기 원료 투입부에 신체의 일부가 말려들어갈 위험, 고온의 다이스부위에 접촉되면서 화상을 입을 위험, 다이스 히터부위에 접촉 시 감전위험 등이 있다.

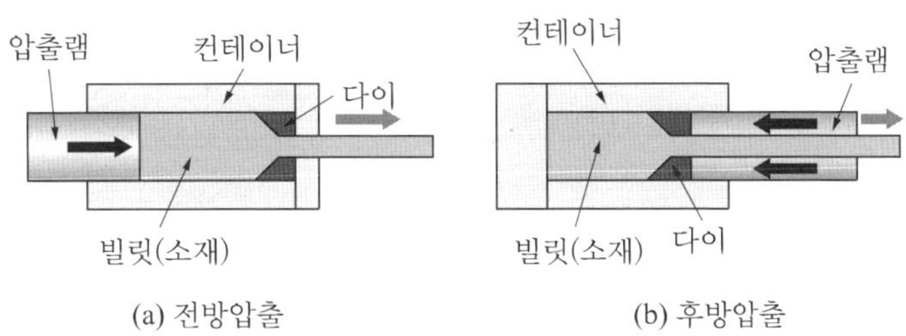


그림 4.2 압출가공

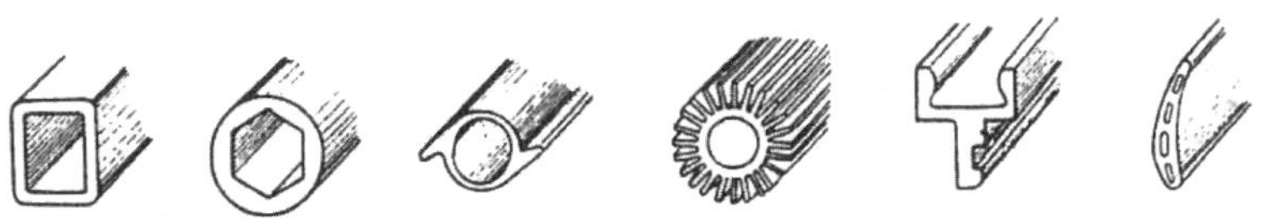

그림 4.3 압출가공 제품

## 4.4 인발가공

일반적으로 길이가 긴 봉재나 선재를 인발 다이 사이로 잡아당겨서 소재의 단면적을 감소시키는 공정으로 압출공정에 비하여 단면적이 작다. 압출은 소재에 압출력이 작용하는 데 반해 인발은 소재에 인장력이 작용한다. 원형 단면봉이나 형재 등의 인발을 봉재인발, 지름이 작은 봉의 인발을 선재인발, 관재의 인발을 관재인발이라 한다. 인발가공은 열간 인발과 냉간 인발로 나뉜다. 경도가 큰 재료나 상온에서 취성을 갖는 재료는 열간 인발을 하지만 보통은 소재의 크기가 작기 때문에 큰 힘이 필요하지 않고 인발에 의해서 제품의 강도를 크게 할 경우가 많기 때문에 냉간가공을 하는 것이 많다.

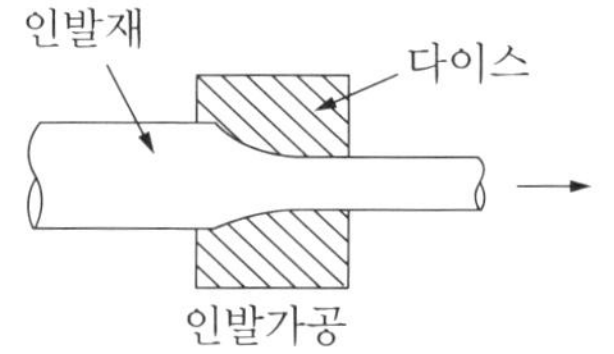


그림 4.4 인발가공

## 4.5 압연가공

압연가공은 상온 또는 고온에서 회전하는 롤러 사이에 소재를 통과시켜 그 소성을 이용하여 판재, 대판, 형재, 관재 등으로 형성하는 가공법이다. 특히 금속재료에서는 주조조직을 파괴함과 동시에 재료내부의 기포를 압착하여 균등하고 우량한 성질을 줄 수 있어서 소위 재료를 단련하는 것도 압연가공이 행하여지는 중요한 목적의 하나이다. 이 압연가공에는 고온으로 하는 열간압연과 저온에서 실시하는 냉간압연이 있다. 열간압연은 압연동력이 작아도 되고 큰 변형을 쉽게 할 수 있는 장점이 있으며 단조품과 같은 성질을 압연재에 줄 수가 있다. 그러나 고온으로 인한 산화에 의해 표면이 깨끗하게 되지 못하며 치수의 정밀도도 좋지 않고 두께가 얇은 것도 만들 수가 없다. 반면에 냉간압연은 아주 얇은 것도 만들 수 있고 치수의 정밀도도 좋을 뿐 아니라 표면도 깨끗하게 할 수가 있다. 또한, 가공경화를 이용해서 여러 가지 성질의 제품을 만들 수도 있다. 주로 띠강판을 만드는 데 사용되나 띠강판에서 관·형재를 성형하는 데에도 사용되며 관 등을 직접 냉간압연하기도 한다. 이러한 압연가공의 위험요인으로는 롤러의 소재 진행방향에서 배출되는 소재에 협착, 열간 작업 시 고온스케일 및 윤활제의 비산에 의한 화상, 롤러의 교환 시 롤러와의 충돌, 회전하는 롤러 사이에 말려듦 등이 있다.

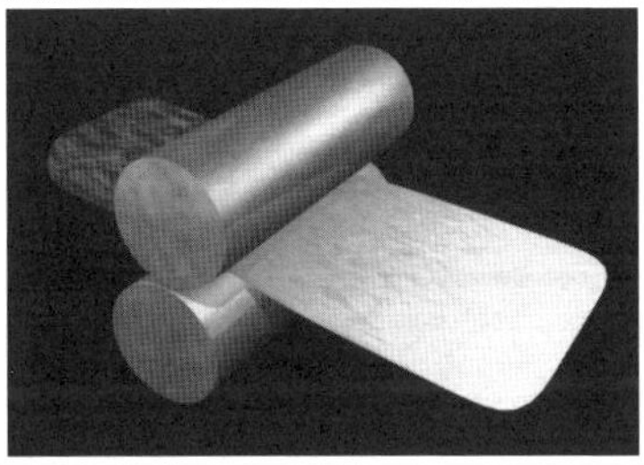

그림 4.5 압연 공정

## 4.6 전조가공

전조는 전조다이스라고 하는 담금질경화한 공구의 표면에 나사산이나 스플라인 치형에 따른 형태를 파 놓고 소재에 강한 힘으로 밀어붙이면서 회전시켜 표층부분에 소성 변형을 일으켜 형을 만드는 방법이다. 전조 다이스는 금형강, 베어링강, 합금공구강 등으로 만들어지며 나사 또는 기어의 모양으로 되어 있다. 나사의 모양을 판상으로 만든 평판형 다이스는 한 쌍의 다이스 사이에 소재를 끼우고 압력을 가하면서 다이스를 왕복 운동시켜 나사산을 만든다. 나사의 모양이 둥근형으로 만들어진 원형 다이스는 2개의 원형 다이스를 회전시켜 그 사이에 소재를 끼우고 나사산을 만든다. 평판형 다이스를 왕복식, 원형 다이스를 회전식이라 한다. 왕복식은 소형 나사의 대량생산에 사용되고 회전식은 정밀한 나사를 만드는 데 이용된다. 왕복식, 회전식 모두 절삭가공에 의한 나사 제작에 비해 가공시간이 매우 단축되는 장점이 있으며 전조 나사가 절삭나사보다 정밀도가 좋다. 전조된 나사 표면은 소성변형으로 조직이 좋게 되고 경화되어 있어 인장강도 및 피로강도가 증가되고 또한 충격에 대해서도 강하다. 전조에 사용되는 재료에는 보통 연강, 풀림한 공구강, 63% 이상의 Cu를 함유한 황동, 경합금 등이다. 재료에 결함만 없다면 위의 모든 재료의 전조가 가능하다. 그러나 나사 두부(頭部)의 업셋(Upset) 단조 또는 콜드 헤딩(Cold heading) 등과 병합되어 대량 생산에 이용된다. 나사나 기어는 절삭가공으로 만들었지만, 비교적 작은 것은 전조로 만들게 되었다. 전조에 의하면 특히 강도를 필요로 하는 나사의 밑 부분이나 치원(齒元) 등의 부분이 가공 경화되어 강해진다.

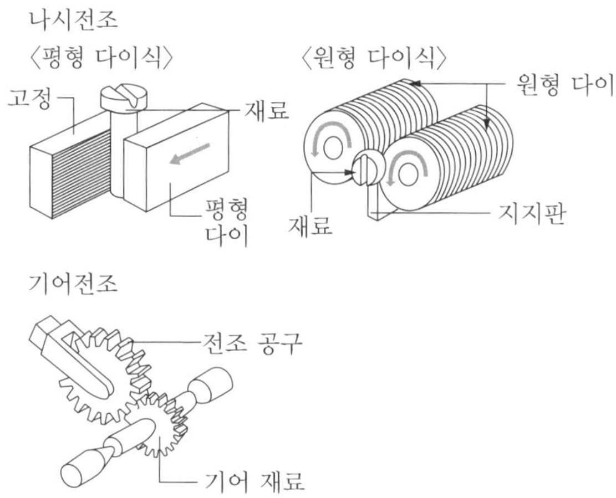


그림 4.6 나사와 기어의 전조

## 4.7 프레스 가공의 개요

프레스 가공이란 상하왕복운동을 하는 프레스 머신 사이에 자동차 바디 부품형상을 가진 금형을 장착시킨 후 소성변형시켜 소정의 패널을 제작하는 작업 방법이다. 즉 소재(素材)인 철판을 프레스 기계와 금형을 이용하여 교축(Drawing), 굽힘(Bending), 절단(Cutting) 등의 복합적인 과정을 통하여 성형, 제품(Panel)을 생산해 내는 것을 말한다. 프레스 작업은 속도가 빠르고 절삭가공과 같은 생산비가 많은 가공법에 비하여 생산비가 적어 비절삭가공의 최대 장점을 살릴 수 있다. 최근 프레스 가공에는 생산성이 높은 프레스 기계와 프레스 공구인 금형의 설계와 제작이 매우 중요하다. 한편, 프레스 및 전단기는 사업장에서 사용되는 기계들 중 가장 위험한 기계로 주로 금속제품을 제조하는 사업장에서 많이 사용하고 있으며 대기업에서는 자동화되거나 생산과 안전성이 좋은 프레스 기계를 사용하지만 영세기업에서는 자금, 인력, 시간 등의 제약으로 아직도 안전성이 뒤떨어진 프레스 기계를 많이 사용하고 있다. 더욱이 대량생산이 아닌 다품종 소량생산의 경우는 안전관리가 더욱 어렵게 된다.

# 4.8 프레스의 분류와 구조

## (1) 프레스의 분류

### ① 크랭크 프레스

동력 프레스 중에서 대표적인 크랭크 프레스는 가장 많이 사용하는 것으로 플라이휠(Flywheel)의 회전운동을 직선운동으로 바꾸어 프레스에 필요한 펀치의 상하운동을 시키며 일행정 일정지식이다.

### ② 토글 프레스

토글기구를 이용하여 플라이휠의 회전운동을 왕복운동으로 변환시키고 이것을 다시 토글기구로써 램(Ram)이 상하운동을 하게끔 한다. 너클 프레스라고도 불린다.

### ③ 마찰 프레스

마찰력과 나사를 이용한 프레스로서, 램을 부착하는 나사축바퀴의 좌우마찰차와 이 바퀴를 접촉시켜 놓고 플라이휠을 회전시키면 축은 나사이므로 램이 상하운동을 한다. 비교적 큰 압력을 필요로 하는 압축작업에 쓰인다.

### ④ 액압 프레스

용량이 큰 프레스에 많이 사용되는데, 실린더 내에 액압을 가해서 램을 통하여 슬라이더의 상승, 하강운동에 필요한 압력을 가하는 프레스이다.

기계프레스

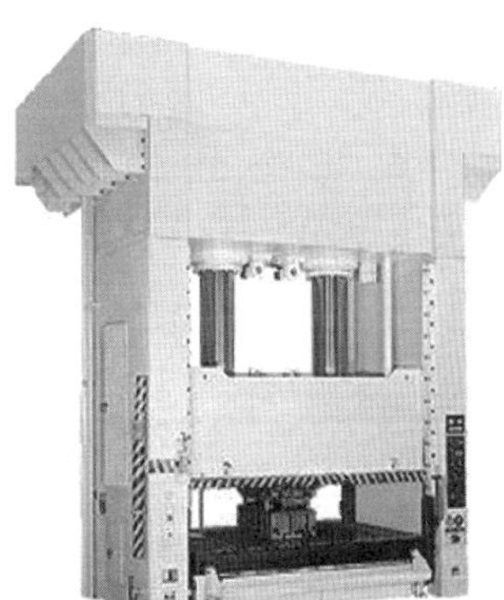

유압프레스

그림 4.7 프레스의 분류

### (2) 프레스의 구조

기계 프레스의 대표적인 기능인 크랭크 프레스를 구성하는 기본구조부품을 아래 그림 4.8에 표시하였다. 또한 동력 전달은 전동기에서 클러치 → 브레이크 → 기어 → 크랭크 축 → 커넥팅로드 → 슬라이드 순으로 동력이 전달된다. 이들의 부품을 프레스의 3가지 작업능력에 관해서 분류하면 아래와 같고 통상 프레스의 용량을 표시할 때 압력능력(압입능력)으로 표시하며 동력 프레스에서 최대압력을 톤(ton)으로 표시한다. 특히 크랭크 프레스의 능력은 압력능력 이외에 토크 능력, 작업능력(일능력)을 들 수 있다.

① 압력능력에 관계하는 부품 : 프레임, 타이로드, 슬라이드, 정반, 커넥팅로드, 크랭크핀
② 토크 능력에 관계하는 부품 : 크랭크 샤프트, 클러치 기어, 중간축
③ 작업능력에 관계하는 부품 : 전동기, 벨트, 플라이휠

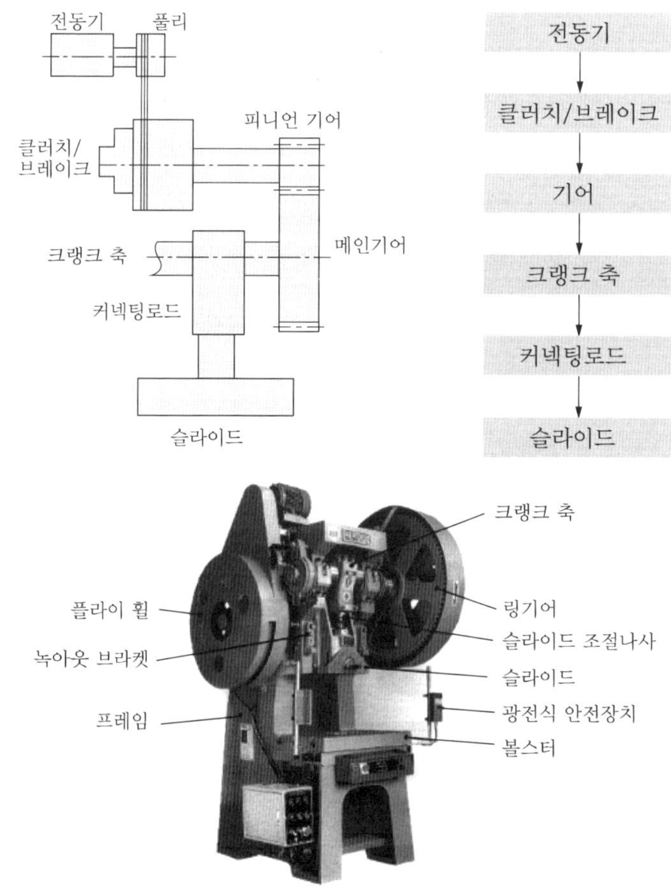


그림 4.8 프레스의 원리 및 구조

## 4.9 프레스 가공의 종류

### (1) 전단작업(Shearing operations)

블랭킹(Blanking), 커팅(Cutting), 노칭(Notching), 슬리팅(Slitting), 트리밍(Trimming), 세퍼레이팅(Separating), 피어싱(Piercing), 퍼포레이팅(Perforating), 슬로팅(Slotting), 셰이빙(Shaving), 쉬어링(Shearing) 등이 있다. 그러나 최후의 두 작업은 절삭가공이지만 전단작업과 병용해서 이용한다. 판재에서 필요한 형상의 제품을 잘라내는 작업을 블랭킹이라 하며 역으로 잘라낸 쪽은 폐품이 되고 구멍이 뚫리고 남은 쪽이 제품이 되는 것이 펀칭이다. 절단면을 양호하게 하기 위해서 일단 절단된 면을 다시 전단하는 것을 셰이빙 가공이라 하는데 펀치와 다이의 틈새는 2/100 mm 정도이며 판 두께의 수 % 정도를 깎아내는 일종의 절삭가공이다.

[표 4.1] 프레스 가공의 종류

| 공정명 | 설명 | 예 |
|---|---|---|
| 1. 블랭킹 | 재료에서 미리 정해진 형의 판을 따내는 가공 | 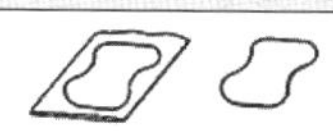 |
| 2. 컷팅 | 재료의 일부를 잘라내는 가공 | 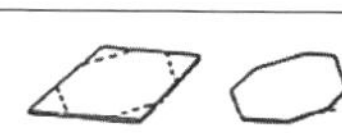 |
| 3. 노칭 | 재료의 에지에 여러 가지 형의 노치를 넣는 가공 | 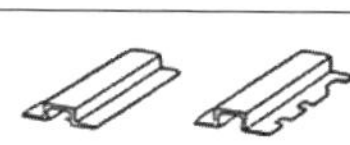 |
| 4. 슬리팅 | 재료의 일부에 찢어진 눈금을 넣는 가공 | 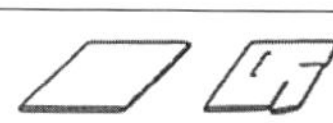 |
| 5. 트리밍 | 반완성품에서 나머지 필요없는 부분을 잘라내는 가공 | 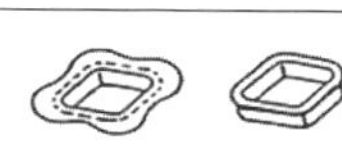 |
| 6. 세퍼레이팅 | 2개 이상의 반완성품을 잘라내는 가공 | 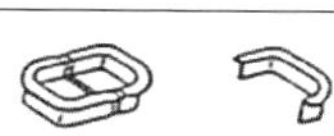 |
| 7. 피어싱 | 재료에 형으로 구멍을 뚫는 가공 | 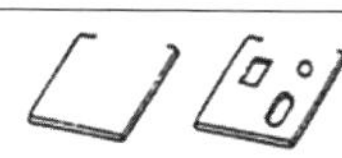 |
| 8. 퍼포레이팅 | 형으로 다수의 구멍을 동시에 따내는 가공 | 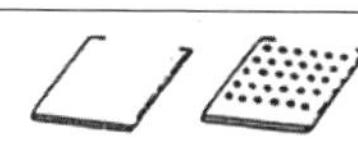 |
| 9. 슬로팅 | 재료에 가늘고 긴 홈을 파내는 가공 | 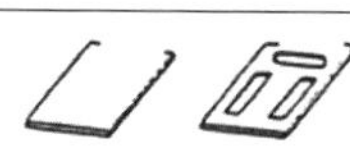 |
| 10. 세이빙 | 전 공정에서 가공된 구멍면을 더욱 깎아내어 평면으로 하는 가공 | 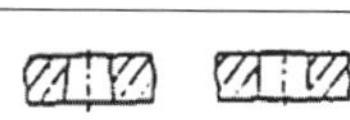 |
| 11. 쉬어링 | 전단기로서 재료의 일부를 잘라내는 가공 | 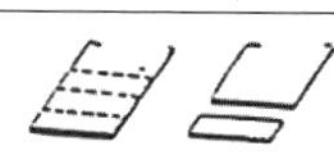 |

### (2) 성형작업(Forming operations)

판의 두께를 변화시키지 않고 형상을 변형시키는 것을 목적으로 하는 작업이다. 굽힘(Bending), 비틀림(Twisting), 비이딩(Beading), 후랜징(Flanging), 버링(Burring), 컬링(Curling), 시밍(Seaming), 딥드로잉(Deep drawing), 벌징(Bulging), 인장(Stretching), 스피닝(Spinning), 넥킹(Necking), 교정(Flattening and straightening) 등이 있다. 판금가공 중에서 외력이 인장응력을 발생시키도록 작용하고 밑바닥이 붙은 제품을 만들어내는 작업을 통틀어 오므리기 가공이라고 하는데, 이 중에서 판으로부터 원통형, 각통형과 같이 밑바닥을 가진 용기를 만드는 가공을 특히 딥드로잉 가공이라 부른다. 특징은 원통형 용기 가공의 경우 소재의 반경방향으로는 외력의 직접작용으로서 인장응력이 발생하고 원주방향으로는 압축응력이 발생하는 것이다.

[표 4.2] 성형작업의 종류

| 공정명 | 설명 | 예 |
|---|---|---|
| 1. 리스트라이킹 (Restriking) | 전 공정에서 만들어진 형상을 보다 정확하게 하기 위한 일종의 치수내기 가공 |  |
| 2. 엠보싱 (Embossing) | 재료의 두께 변화없이 비교적 얕은 돌기를 만드는 가공 | 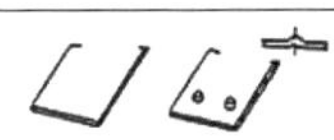 |
| 3. 비이딩 (Beading) | 재료에 돌기를 만드는 가공 | 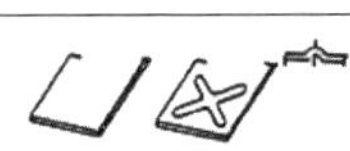 |
| 4. 후랜징 (Flanging) | 반완성품에 에지를 세우는 가공 |  |
| 5. 익스팬딩 (Expanding) | 원통의 내경을 넓히는 가공 | 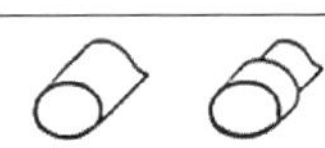 |
| 6. 죠글링 (Joggling) | 소재를 겹칠 때 표면이 편편하게 되도록 만드는 가공 |  |
| 7. 커어링 (Curling) | 재료의 에지를 둥글게 감는 가공 | 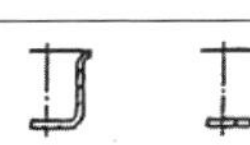 |
| 8. 시밍 (Seaming) | 재료의 에지를 둥글게 돌려서 접하는 가공 | 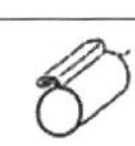 |
| 9. 벌징 (Bulging) | 원통형의 부품 중앙을 볼록하게 만드는 가공 | 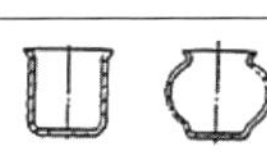 |
| 10. 버링 (Burring) | 구멍에 flange를 세우는 가공 |  |
| 11. 네킹 (Necking) | 원통형 부품의 한 면을 오물게 하는 가공 | 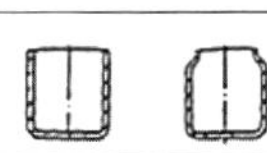 |
| 12. 플래트닝 (Flattening) | 재료의 표면을 편편하게 하는 가공 | 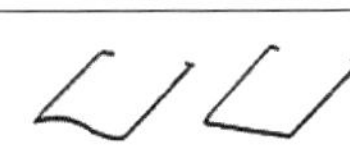 |

(3) **압축작업**(Squeezing operations)

판의 두께를 변화시켜 성형하는 작업으로 압인(Coining), 엠보싱(Embossing), 스웨이징(Swaging), 압출(Extrusion), 버니싱(Burnishing) 등이 있다. 압인 가공은 소재면에 요철을 내는 가공으로 화폐, 메달, 문자 등의 가공에 많이 사용된다. 엠보싱은 요철이 있는 다이와 펀치로 판재를 눌러 판에 요철을 내는 가공이고 스웨이징은 재료의 두께를 감소시키는 작업이다.

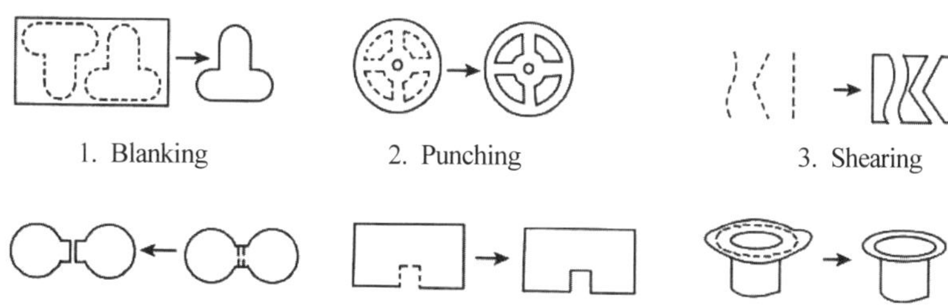


**그림 4.9** 프레스 가공의 종류

## 4.10 프레스 재해의 특징

프레스작업은 단시간에 많은 힘을 가해 가공하므로 자칫하면 신체 장해를 일으키기 쉽다. 또한 위험 부위에 근접해 작업하는 경우가 많아 다른 작업에 비해 위험성이 크다. 프레스 작업은 대부분 소규모 기업에서 이뤄지며 다품종 소량생산 위주여서 대체로 안전대책이 미흡하다. 프레스는 다양한 작업을 할 수 있는 가공용 기계이지만 오랜 연구·개발 노력에도 불구하고 기계 자체가 반복적인 진동과 충격을 지속적으로 받는 데 대한 적정한 방호장치가 미흡한 실정이다. 더구나 금형 교환 등의 부수적인 작업이 많아 다른 가공기계보다 안전사고가 자주 발생할 뿐 아니라 사망 등 중대 재해 발생률도 높다. 이러한 프레스 재해는 70% 이상이 크랭크 프레스에 의한 재해로 이루어지고 있으며 현재의 프레스 총 대수의 90% 이상이 크랭크 프레스이다.

표 4.3은 재해발생 시의 행동별 비율로서 재료 공급 및 추출할 때의 재해 발생률이 41%로 가장 많이 차지하고 있다. 또한 재료의 위치 수정 시와 시제품 작업을 포함하면 70%

이상이 된다. 작업조건을 보면 손을 직접 넣어 작업할 수 있는 작업 범위가 70% 이상으로 위험한 작업을 행할 수 있는 조건이다. 따라서 프레스는 기계의 고장에 의한 재해와 안전장치의 사용 결함에 의한 재해를 충분히 검토해야 하며 먼저 작업점 이외의 부분인 플라이휠과 벨트, 이송장치 등의 부속장치의 위험부분에 충분한 덮개를 설치해서 말려 들어가지 않도록 하여야 한다. 프레스 사용 사업장에서 발생하는 재해의 대부분은 프레스로 작업하는 과정에서 금형 사이에 작업자의 신체 일부가 끼이는 재해이다. 이 밖에도 금형파편에 맞는 사고, 이동 중에 넘어짐, 부딪힘 등의 순으로 재해가 발생한다. 프레스작업 중에 나타나는 주요 재해는 표 4.4와 같다.

[표 4.3] 재해발생시의 행동

| 작업 행동 | 구성비[%] |
|---|---|
| 재료 공급 및 추출 시 행동 | 41 |
| 금형 시험 제품 작업 중 행동 | 16 |
| 공급한 재료의 위치 수정 중 | 14 |
| 금형 설치 시 금형 조정 중 | 13 |
| 그 밖에 행동 | 16 |

[표 4.4] 프레스작업 중에 나타나는 주요 재해

**끼임**

- 프레스 안전장치를 부착하지 않고 작업중 금형 사이에 끼임
- 풋스위치를 사용해 양손으로 소재를 투입하고 꺼내는 작업 중 금형 사이에 끼임
- 금형 설치 및 해체 작업 중 금형에 끼임

**파편에 맞음**

- 소재가 금형에 제대로 투입되지 않은 상태에서 프레스 가공 중 파손된 금형 파편에 맞음
- 금형 조정작업 중 금형 파손으로 파편에 맞음

**넘어짐**

- 소재, 금형 등 중량물 운반 작업 중 장해물에 걸려 넘어짐

**부딪힘**

- 2인이 공동작업 중 신호 불일치로 하강하는 슬라이드에 부딪힘
- 금형 등 중량물 운반용 지게차 또는 대차와 부딪힘

# 4.11 프레스에 대한 방호대책

## 4.11.1 개요

프레스 및 전단기의 방호대책은 No-Hand in die 방식의 작업과 Hand in die 방식의 작업으로 구분하여 수립하고 시행하는 것이 바람직하다.

① No-Hand in die 방식

작업자의 손을 금형 사이에 넣을 필요가 없도록 하는 본질적 안전화를 추진하여 대책으로 손을 넣을 수 없는 방식과 손을 넣을 필요가 없는 방식이 있다.

② Hand in die 방식

작업자의 손이 금형 사이에 들어가야만 되는 방식으로 이때에는 고장률을 부착하여야 한다.

[표 4.5] No-Hand in die 방식과 Hand in die 방식

| No-Hand in die 방식 | Hand in die 방식 |
|---|---|
| 1. 방호울이 부착된 프레스(작업을 위한 개구부 이외의 틈새는 8 mm 이하)<br>2. 안전금형을 부착한 프레스(상형과 하형과의 틈새 및 가이드 포스트와 부시와의 틈새는 8 mm 이하)<br>3. 전용 프레스의 도입(작업자의 손을 금형 사이에 넣을 필요가 없도록 한 프레스)<br>4. 자동 프레스의 도입(자동 송급, 배출장치를 부착한 프레스) | 1. 프레스기의 종류, 압입능력, 매분 행정수, 행정길이, 작업방법에 상응하는 고장률을 설치한다.<br>1) 가드식 고장률<br>2) 손쳐내기식 고장률<br>3) 수인식 고장률<br>2. 정지성능에 상응하는 고장률을 설치한다.<br>1) 양수조작식 고장률<br>2) 감응식 고장률 |

프레스기는 위험성이 매우 높으므로 꼭 고장률을 설치하도록 산업안전보건법에 명시되어 있다. 보통 프레스기의 종류와 행정의 길이, 작업방법에 따라 여러 가지 고장률이 사용되고 있다. 한편 자동 송급 장치가 구비된 프레스기 또는 전단기는 고장률이 설치된 것으로 간주되고 있다.

[표 4.6] 프레스 고장률의 종류

<table>
<tr><th rowspan="2">특성<br>종류</th><th colspan="3">사용제한</th><th rowspan="2">안전성</th><th rowspan="2">슬라이드의<br>작동조작</th><th rowspan="2">작업성</th><th rowspan="2">조정</th></tr>
<tr><th>안전1행정</th><th>1행정1정지</th><th>연속행정</th></tr>
<tr><td rowspan="2">가드식</td><td>사용가능</td><td>사용가능</td><td>사용가능</td><td rowspan="2">우수<br>이상행정 시<br>방지효과 큼</td><td rowspan="2">양수 및 한손조작<br>또는<br>누름스위치 작동</td><td rowspan="2">시야를 방해<br>가드 개폐 시<br>시간이 걸리는<br>단점이 있음</td><td rowspan="2">조정을<br>요하지 않음</td></tr>
<tr><td colspan="3">각종 프레스에 사용가능<br>(안전거리확보 필요 없음)</td></tr>
<tr><td rowspan="2">양수조작식</td><td>사용가능</td><td>작동, 정지<br>스위치 사용</td><td>사용불가</td><td rowspan="2">양호<br>이상행정 시<br>방지효과 없음</td><td rowspan="2">양수조작<br>스위치 작동</td><td rowspan="2">양호</td><td rowspan="2">조정을<br>요하지 않음</td></tr>
<tr><td colspan="3">원칙적으로 급정지 기구를 부착한<br>프레스에 사용(안전거리확보 필요)</td></tr>
<tr><td rowspan="2">양수기동식</td><td colspan="2">완전회전식클러치<br>프레스 사용가능</td><td>사용불가</td><td rowspan="2">가능<br>이상행정 시<br>방지효과 없음</td><td rowspan="2">양수조작<br>스위치 작동</td><td rowspan="2">가능</td><td rowspan="2">조정을<br>요하지 않음</td></tr>
<tr><td colspan="3">안전거리확보 필요</td></tr>
<tr><td>광전자식</td><td>사용가능</td><td>사용가능</td><td>사용가능</td><td rowspan="2">양호<br>이상행정 시<br>방지효과 없음</td><td rowspan="2">양수 및 한손조작<br>또는 누름스위치<br>작동</td><td rowspan="2">우수<br>양수조작 및 미동작업 외 안전장치를 무효화 시키지 말 것</td><td rowspan="2">조정을<br>요하지 않음</td></tr>
<tr><td>원적외선식</td><td colspan="3">급정지 기구 부착한 프레스에 사용<br>안전거리확보 필요</td></tr>
<tr><td rowspan="2">수인식</td><td>사용가능</td><td>사용가능</td><td>사용가능</td><td rowspan="2">가능<br>이상행정 시<br>방지효과 있음</td><td rowspan="2">양수조작<br>스위치 작동<br>(원칙)</td><td rowspan="2">가능<br>손의 운동범위<br>구속</td><td rowspan="2">작업변경 시<br>수인끈의<br>길이를 조절</td></tr>
<tr><td colspan="3">액압, 고속프레스에는 적절치 않음</td></tr>
<tr><td rowspan="2">손쳐내기식</td><td>사용가능</td><td>사용가능</td><td>사용가능</td><td rowspan="2">가능<br>이상행정 시<br>방지효과 있음</td><td rowspan="2">양수조작<br>스위치 작동<br>(원칙)</td><td rowspan="2">가능<br>시야의 방해가<br>있음</td><td rowspan="2">작업변경 시<br>손쳐내기봉의<br>길이진폭을<br>조정함이 필요</td></tr>
<tr><td colspan="3">액압프레스에는 적절치 않음<br>고속프레스에는 적절치 않음</td></tr>
</table>

## 4.11.2 방호장치의 종류

### (1) 게이트가드식

게이트가드식 안전장치는 가드와 동력부를 연동시켜 슬라이드 작동 중에는 가드를 열 수 없고 또한 가드가 닫혀야만 슬라이드가 작동되는 안전장치이다. 게이트가드식 안전장치는 약간 움직일 경우를 제외하고 가드를 닫지 않으면 슬라이드를 작동시킬 수 없는 구조이어야 하며 슬라이드 작동 중에 열 수 없는 구조이어야 한다.

그림 4.10 게이트가드식 방호장치

(2) 수인식

작업자의 손과 기계의 운동부분을 케이블이나 로프로 연결하고 기계의 위험한 작동에 따라서 손을 위험구역 밖으로 끌어내는 장치를 말한다. 이 장치를 효과적으로 사용하려면 케이블이나 로프의 길이를 작업자가 적극적으로 조정하고 감독자에 의한 사용 상황의 관리가 중요하다. 수인식 방호장치는 손을 구속하게 되므로 작업 중 손의 활동범위를 고려해서 선택, 적용하여야 한다.

그림 4.11 수인식 방호장치

또한, 끈의 수인량과 금형의 틈새, 수인끈의 수인량은 프레스 전단기의 안전기준에 관한 기술지침에 의해서 사용되는 기계의 정반 안길이의 1/2 이상이어야 한다.

수인식 방호장치의 장점은 슬라이드의 연속낙하에도 재해방지가 가능하고 여분의 조작이 필요하지 않으며 되돌림 식에서는 끈의 길이가 적당하면 수공구를 사용할 필요도 없이 안전하다는 점이다. 이에 반해 작업 반경에 제한을 두기 때문에 행동에 제약을 받고 작업자를 구속하므로 생산성의 저하 우려와 작업자의 거부감을 일으키며 매 작업마다 조정이 필요하고 스트로크가 짧은 프레스의 경우 되돌리기가 불충분하다는 단점이 있다.

### (3) 손쳐내기식

기계가 작동할 때 레버나 링크 혹은 캠으로 연결된 제수봉이 위험구역의 전면에 있는 작업자의 손을 우에서 좌, 좌에서 우로 쳐내는 것을 말한다. 손쳐내기식 방호장치는 기계의 슬라이드 작동에 의해서 제수봉의 길이 및 진폭을 조절할 수 있는 구조로 되어야 하며 손의 안전을 확보할 수 있는 방호판이 구비되어야 한다. 이 방호판의 폭은 금형폭의 1/2 이상이어야 하며 또 높이가 행정길이 이상이 되어야 한다. 사업장에서 손쳐내기식 안전장치를 설치한 후 그 사용에 실패하는 이유는 작업에 지장을 주는 것은 물론, 손쳐내기판이 스윙할 때 위험구역 밖에서도 강타 당하게 되면 이때 방호판이 완충물로 되어있지 않을 때 방호판에 맞아 손이 부어오르고 그로 인하여 작업자가 의도적으로 사용을 기피하는 경향 때문이다. 또 방호구역의 제한을 받으며 작업자의 시야 및 정신집중의 혼란을 발생시키고 손쳐내기봉이 변형되기 쉽고 스트로크 끝에서 방호가 불충분하지만 장점으로는 가격이 저렴하고 설치·수리·보수가 용이하며 신뢰성이 높다는 점 등이 있다.

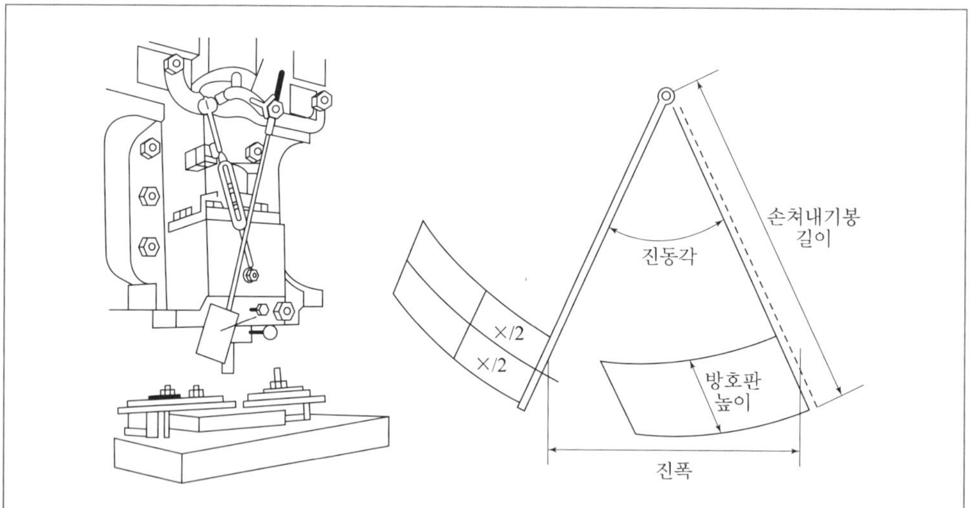


**그림 4.12** 손쳐내기식 방호장치

### (4) 양수조작식

기계를 가동할 때 위험한 작업점에 손이 놓이지 않도록 조작단추나 조작레버를 2개 준비하고 양손으로 동시에 단추나 레버를 작동시키도록 한 것이다. 이때 단추나 레버의 거리는 300 mm 이상 격리시켜야 한다. 누름단추는 조작이 용이하고 더욱이 접촉, 진동으로 불의의 기계가 기동할 때 위험이 없는 것이어야 한다. 양수조작식 방호장치는 양수조작식과 양수기동식으로 구분한다.

① **양수조작식**

양손으로 누름단추 등의 조작 장치를 계속 누르고 있으면 기계는 계속 작동하지만 두 손 중 한 손만 조작 장치에서 떼면 기계는 즉시 정지한다. 작업현장에서 자주 볼 수 있는 것은 1점 조작을 하는 행위인데 이 불안전한 행위를 방지하지 못하고 이 장치의 효과를 갖기 위해서는 일정 시간에 누름단추를 동시에 조작하여야만 작동하는 것과 기계의 작동 후 위험점에 손이 도달하지 못하도록 안전거리를 확보하는 것이다.

② **양수기동식**

양손으로 누름단추 등의 조작 장치를 동시에 1회 누르면 기계가 작동을 개시하는 것을 말한다. 정지는 정지단추를 조작하거나 1행정을 한 뒤 자동정지하는 경우가 많은데 반드시 1행정 1정지 기구가 구비되어야 하고 위험한계에 손이 미칠 위험이 있으므로 급정지기구가 구비되어야만 한다. 이 방식은 리미트스위치에 의해서 슬라이드 혹은 링크축의 움직임을 검지하는 방식, 콘덴서의 충방전에 의한 방식, 타이머 방식 등이 있다.

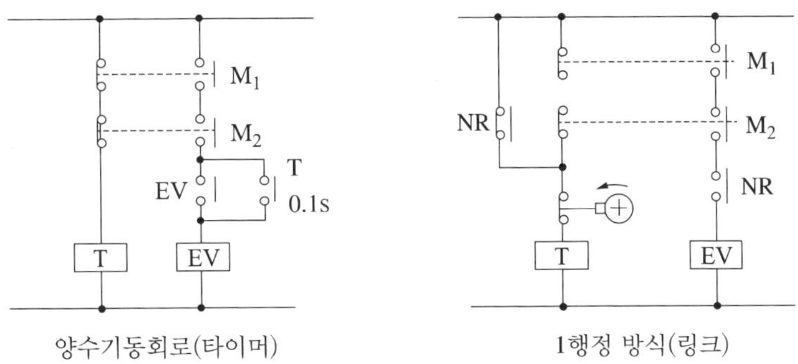


**그림 4.13 양수기동식 회로**

### (5) 광전자식

광전자식 방호장치는 작업자 신체의 일부가 위험구역 내에 접근할 경우 센서에 의해 감지되고 동력전달장치로 전달되어 작동하던 슬라이드를 급정지시키는 장치이다. 위험구역의 전면에 센서를 설치해 두고 프레스 작업자가 센서에 감지되면 이를 검출해서 위험구역에 손이 미치기 전에 슬라이드를 정지시키며 광선의 차단을 멈추어도 재동작해서는 안 되므로 재동작 조작이 필요하다. 또한 현장에서 빈번한 고장으로 근로자들이 회피하는 경향이 있으며 설치상의 난점이 있는 단점도 있으나 시계가 차단되지 않고 작업에 지장을 주지 않는다는 장점이 있으므로 많이 사용하고 있다. 위험한계까지 거리가 200 mm 이하의 프레스에는 연속 차광 폭이 작은 30 mm 이하의 방호장치를 선택한다. 또한, 대형 프레스의 경우 광축과 테이블 앞면과의 수평거리가 400 mm를 넘어 작업자가 이 사이에 들어갈 수 있는 공간이 있을 때는 테이블에 대해 평행 또는 수평으로 200~300 mm마다 보조광축을 설치한다. 광전자식 안전장치에서는 검출에 의한 광축과 위험구역과의 거리는 최대정지소요시간을 실측해서 식 (4.1)에 대입하여 계산해 낸다. 또한 이 장치사용에 있어서 프레스 방호높이에 따라 광축수를 결정한다. 광축의 위치는 위험단계에서 안전거리 이상 떨어져야 하며 안전거리를 구하는 방법은 양수조작식과 동일하다.

$$D = 1.6(T_C + T_S) \tag{4.1}$$

여기서, $D$ : 안전거리[mm]

$T_C$ : 방호장치의 작동시간
[신체의 일부가 감지된 후로부터 급정지 기구의 작동시까지의 시간(ms)]

$T_S$ : 프레스의 최대정지시간
[급정지 기구의 작동직후부터 프레스가 정지될 때까지의 시간(ms)]

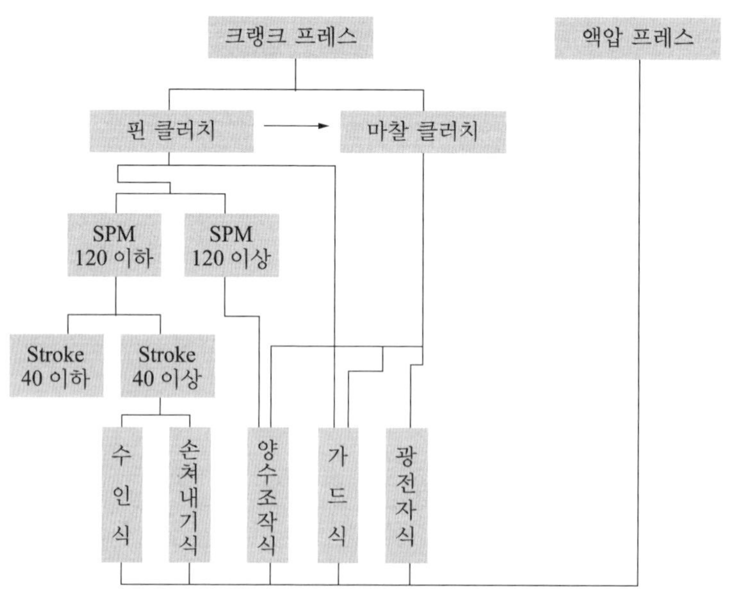


그림 4.14 안전장치의 선택기준

### 4.11.3 수공구의 활용

작업자의 손을 금형 사이에 넣을 필요가 없도록 하는 본질적 안전화를 추구하는 것이 프레스 재해를 방지하기 위한 근본적인 방법이지만 손작업에 의존해야 하는 프레스 작업에서는 금형 사이에 손을 넣고 작업을 하는 경우가 많다. 이와 같이 손작업을 해야 하는 경우에는 자동화가 어려운 것이므로 손으로 송취출하는 대신에 수공구로 작업을 하도록 개선하는 것도 하나의 중요한 안전대책이다. 수공구가 안전조치로서 충분히 사용되기 위해서는 해당 수공구에 대한 교육·훈련을 반드시 실시하여야 한다. 수공구의 종류는 매우 많지만 다음의 5가지로 분류할 수 있다.

① 밀대, 갈고리류
② 핀셋트류
③ 플라이어(집게)류
④ 마그넷 공구류
⑤ 진공 컵류

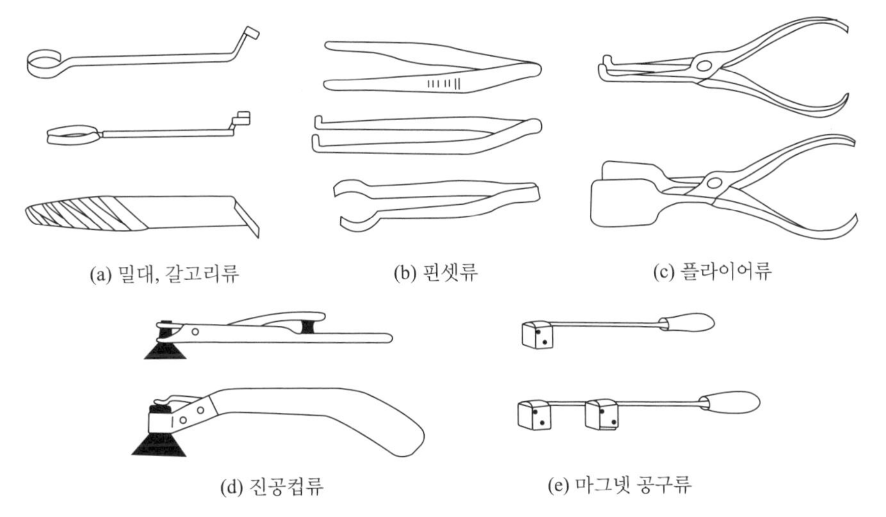


**그림 4.15 수공구의 종류**

## 4.12 금형의 안전화

### (1) 안전금형의 채용

금형을 안전울로 둘러싸는 것으로 고정방법은 프레스기계에 고정시키는 방법과 금형에 설치하는 방법이 있고 상형의 울과 하형의 울 사이를 12 mm 정도 겹치게 하여 손가락을 다칠 위험이 없도록 하여야 한다. 상사점에 있어서 상형과 하형과의 간격, 가이드 포스트와 부쉬의 간격을 8 mm 이하로 하여 손가락이 금형 사이에 들어가지 않도록 한다.

### (2) 금형 설치 상태 점검

① 다이홀더와 펀치의 직각도, 생크홀과 펀치의 직각도

② 펀치와 다이의 평행도, 펀치와 볼스터의 평행도

③ 다이와 볼스터의 평행도

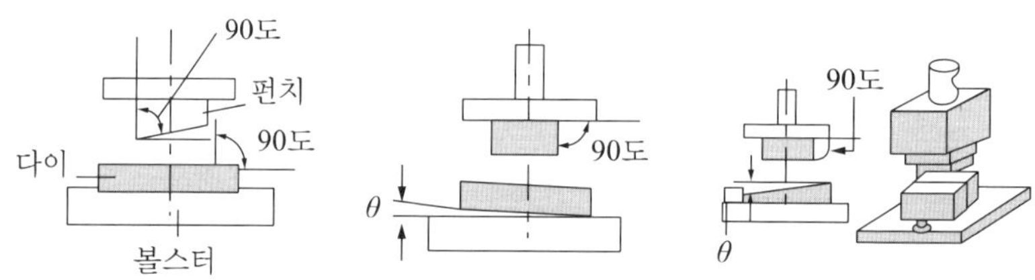


**그림 4.16** 금형 설치 상태

### (3) 금형의 탈락 및 운반에 의한 위험방지

① 설치하는 프레스기계의 T홈에 적합한 형상의 것일 것

② 안길이는 설치볼트 직경의 3배 이상일 것

③ 금형의 운반에 있어서 형의 어긋남을 방지하기 위해 대판, 안전핀 등을 사용할 것

④ 사용되는 프레스기의 압입능력(단위: ton), 길이(전후, 좌우 및 다이의 높이), 총중량(단위: kg), 상형의 중량(단위: kg) 등의 내용을 금형의 보기 쉬운 곳에 표시할 것

### (4) 금형 파손에 의한 위험방지

① 맞춤핀 등은 낙하방지대책을 세우고 인서트 부품은 이탈방지대책 계획

② 캡 및 그 밖의 충격이 반복되어 부가되는 부분에는 완충장치를 설치

③ 금형의 조립에 사용되는 볼트 및 너트는 느슨해지는 것을 방지하는 대책을 실시

#### (5) 금형의 해체 순서

① 작업 종료를 했으면 우선 전원을 끊을 것
② 운전 선택 키스위치를 '정지'로 할 것
③ 안전블록이 있는 기계는 안전조치를 할 것
④ 프레스 기계 주위의 정리정돈을 할 것
⑤ 슬라이드 내릴 준비를 할 것
⑥ 슬라이드를 하사점까지 이동할 것
⑦ 소형프레스 상형을 해체할 것
⑧ 대형프레스 상형 해체할 것

## 4.13 프레스 작업의 안전수칙

#### (1) 안전담당자의 직무

프레스 및 방호장치를 점검하고 이상 발견 시는 즉시 필요한 조치를 취하여야 하며 전환 스위치를 설치하였을 때는 열쇠를 담당자가 직접 관리하고 특히, 금형의 부착, 해체 또는 조정 작업을 지휘하는 일을 해야 한다.

#### (2) 금형의 설치 및 조정 안전수칙

① 금형은 하형부터 잡고 무거운 금형의 받침은 인력으로 하지 않는다.
② 금형의 부착 전에 하사점을 확인한다.
③ 금형을 설치하거나 조정할 때는 반드시 동력을 끊고 페달에 U자형 덮개를 하여 놓는다.
④ 금형의 체결은 올바른 치공구를 사용하고 균등하게 체결한다.
⑤ 슬라이드의 불시하강을 방지하기 위하여 안전블록을 사용하는 등 필요한 조치를 한다.

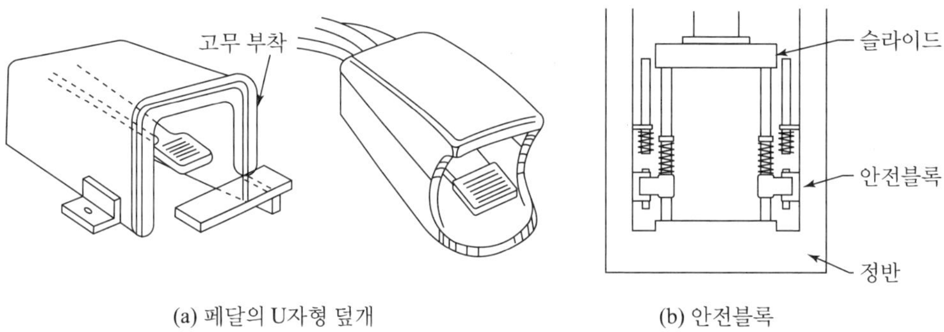


그림 4.17 페달의 U자형 덮개 및 안전블록

### (3) 운전가공 중의 안전수칙

① 운전가공 중에는 금형 사이에 절대 손을 넣지 않는다.
② 지시된 작업표준을 지키고 안전작업을 한다.
③ 연속 다발작업을 제외하고는 1회마다 페달에서 발을 뗀다.
④ 가공 중의 부품의 삽입, 부품이나 스크랩의 배출 시는 필요에 따라 수공구를 사용한다.
⑤ 2인 이상의 공동작업일 경우에는 책임자를 선정한다.
⑥ 작업을 중단할 때는 기계를 정지하고 재료 또는 가공품을 꺼낸다.
⑦ 주유 또는 청소 시에는 필히 기계를 정지한 뒤에 실시한다.

### (4) 정지시의 안전수칙

① 플라이휠의 회전을 멈추기 위해 손으로 누르지 않는다.
② 클러치를 연결시킨 상태에서 기계를 정지시켜서는 안 된다.
③ 정전되면 즉시 스위치를 끈다.

### (5) 작업 시작 전의 점검사항

① 클러치 및 브레이크의 기능
② 크랭크축, 플라이휠, 슬라이드, 연결봉 및 연결나사의 볼트의 풀림 유무
③ 1행정 1정지기구, 급정지장치 및 비상정지장치의 기능
④ 슬라이드 또는 칼날에 의한 위험방지기구의 기능
⑤ 프레스의 금형 및 고정 볼트 상태
⑥ 당해 방호장치의 기능 검정

⑦ 전단기의 칼날 및 테이블의 상태

[표 4.7] 프레스 안전점검 체크리스트

| 구분 | 점검항목 | 점검결과 | 조치사항 |
|---|---|---|---|
| 1 | 광전자식방호장치 등 방호장치가 정상적으로 작동되는가? | | |
| 2 | 일행정일정지 기구의 기능이 정상적으로 유지되고 있는가? | | |
| 3 | 금형 등의 수리, 점검, 교체작업 시 안전블록이 사용되고 있는가? | | |
| 4 | 프레스 안전장치(손쳐내기식, 가드식, 양수조작식 방호장치 등)는 정상적으로 작동하는가? | | |
| 5 | 프레스 작업자에 대하여 안전보건교육을 실시하였는가? | | |
| 6 | 작업시작 전 복장, 작업장 정리정돈, 기계점검을 실시하였는가? | | |
| 7 | 상·하형 볼트 및 너트의 체결상태는 양호한가? | | |
| 8 | 정해진 수공구를 사용하는가? | | |
| 9 | 풋스위치 상부에 덮개가 설치되어 있는가? | | |
| 10 | 벨트, 플라이휠 등의 덮개는 부착되어 있는지, 접지가 되어 있는가? | | |
| 11 | 전원케이블 절연상태 및 보호구착용(귀마개, 안전화)는 하고 있는가? | | |
| 12 | 압력능력, 회전각도계, 제원표 등의 부착상태는 양호한가? | | |
| 13 | 유압계통(배관, 호스 등)에 기름이 누유되고 있는 곳은 없는가? | | |

## 4.14 롤러 작업의 개요

롤러 작업이란 2개 이상의 롤러를 한 조로 해서 각각 반대 방향으로 회전하면서 가공재료를 롤러 사이로 통과시켜 롤러의 압력에 의하여 소성변형 또는 연화시키는 작업을 말한다. 여기서 소성변형 또는 연화란 고무 등의 원료 또는 중간원료를 분해·분쇄·혼합·정련·가열 및 압연 등을 시키는 가공작업을 말한다. 롤러기는 크게 프레임, 롤러, 급제동장치, 유공압 계통, 제어반으로 나눌 수 있다.

그림 4.18에서 손가락이 롤러로부터 받는 힘이 $P$이면 마찰력은 $\mu P$가 되며 $\mu P$에 의해 말려들게 하는 분력 $\mu P\cos\beta$가 발생한다. 또 $P$에 의해 말려드는데 저항하는 힘 $P\sin\beta$도 동시에 발생되며 결국 $\mu P\cos\beta < P\sin\beta$이면 손가락이 말려들지 않게 된다. 따라서 $\mu < \tan\beta$이면 말려들지 않는다. 즉, $\tan\beta$값이 마찰계수 $\mu$보다 크면 이론적으로 손이 롤러 사이에 들어가지 않는다. $\tan\beta$값은 롤러 직경 $d_1$, 손가락 끝의 직경 $d_2$, 롤러 간격 $a$로 표시할 수 있다. 따라서 롤러의 중심과 손가락의 중심, 롤러간의 중심을 잇는 삼각형에서 $\tan\beta$값은 다음과 같다.

$$\tan\beta = \frac{\sqrt{(d_1/2+d_2/2)^2-(d_1/2+a/2)^2}}{\sqrt{(d_1/2+a/2)^2}}$$

$$\tan\beta = \sqrt{\left(\frac{d_1+d_2}{d_1+a}\right)^2-1}$$

위 식에서, 롤러 직경 $d_1$과 롤러 간격 $a$가 클수록, 또 손가락 직경 $d_2$가 작을수록 $\tan\beta$ 값이 작아져 손이 롤러에 들어갈 위험이 커진다.

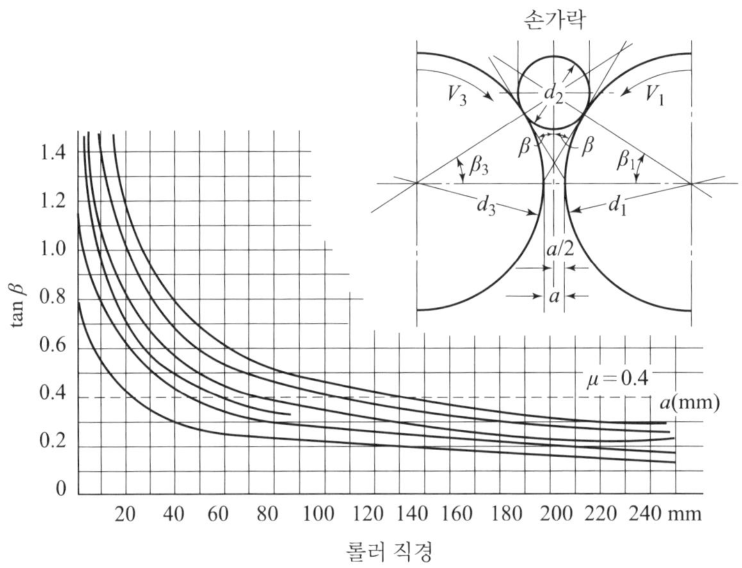


**그림 4.18** 안전한계치

## 4.15 롤러기의 종류

(1) 밀(Mill)기

수평으로 설치되어 서로 반대방향으로 회전하는 두 개의 금속 롤러로 구성되는 기계로 고무, 고무화합물 및 합성수지 등의 1차 가공 기초기계이다. 밀기를 크기에 상관없이 설치할 때 작동 롤러의 높이는 1.3 m(50인치) 이상이 되어야 한다. 이 밖에 롤러기에 속하는 것으로서는 압연기, 윤압 연쇄기, 회전 인쇄기 등이 있다.

(2) 카렌다(Calender)기

반대방향으로 회전하는 두 개 이상의 금속 롤러가 장착된 기계로 고무나 플라스틱 화합물을 연속적으로 판 가공하거나 코팅한다. 밀기와는 달리 롤러의 배열이 다양하며 고무공업에서 뿐만 아니라 섬유공업, 제지공업 등 일정한 폭을 가지면서 비교적 길이가 긴 제품을 생산하는 업종에 많이 사용한다.

그림 4.19 밀기

그림 4.20 카렌다기

## 4.16 롤러기의 방호장치

롤러기의 맞물리는 점에 작업자의 손이 끼이는 것은 매우 위험하기 때문에 울이나 안내롤러를 설치해야 하며 또한, 조작부의 이상움직임에 대응하여 전원차단 및 브레이크 계통의 작동으로 롤러가 급정지되도록 하는 급정지장치를 설치하여야 한다.

### 4.16.1 급정지장치

급정지장치는 롤러기에서 작업하고 있는 근로자의 신체일부가 롤러 사이에 말려들거나 말려 들어갈 우려가 있는 경우에 근로자가 손, 무릎, 복부 등으로 급정지기구 조작부를 동작시켜 전원을 차단하거나 브레이크가 작동하게 함으로써 롤러기를 급정지시키는 장치를 말한다.

### (1) 급정지장치의 구성

롤러 급정지장치는 대상으로 하는 기계의 특성이나 작업방법에 따라 감지식과 터치식이 있으며 터치식은 조작방법에 따라 손조작식, 복부조작식, 무릎조작식으로 구분된다. 롤러기는 작업 중에 롤러 전면의 위험부위에서 작업자의 접근을 어느 정도 허용하여야 하므로 터치식 급정지장치의 설치가 바람직하다.

### (2) 급정지장치의 조작부의 종류

**① 신체압력 감응 막대장치**

대부분의 롤러기는 작업자의 손이 먼저 방호장치를 작동하여 롤러기의 회전을 멈추지 않고는 롤러기의 작업점에 도달하지 못하도록 하는 방호장치의 설치가 가능하다. 신체압력 감응장치는 이러한 종류의 하나로서 작업바닥으로부터 롤러 정상까지의 높이가 약 117 cm 이상인 롤러기의 전, 후에 설치한다.

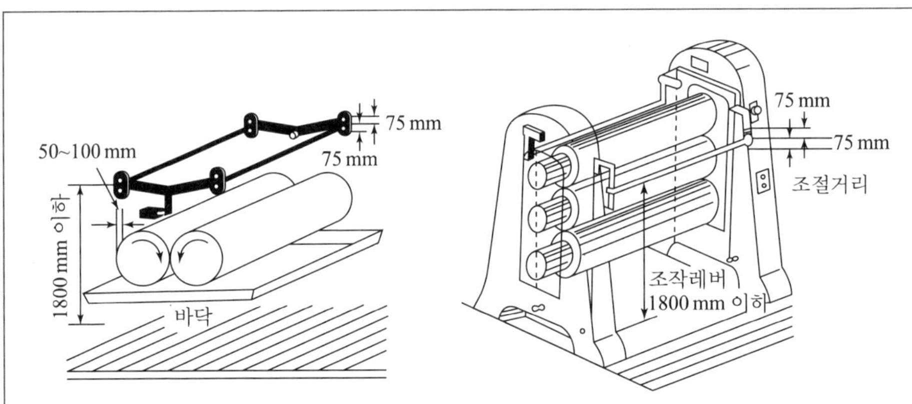


그림 4.21 급정지장치

**② 비상안전 제어장치**

이 장치는 신체압력 감응 막대장치와는 다르게 작업자가 능동적으로 작동시키는 장치이다. 비상안전제어장치는 롤러기의 전, 후에 설치하여야 하며 그 위치는 작업바닥으로부터 180 cm 이하의 높이에, 전후 롤러의 수직접선으로부터 5 cm 이내에 설치되어야 작업자가 위급할 때 쉽게 막대기를 치거나 잡아당겨 롤러를 멈추게 할 수 있다.

③ 비상안전 제어로프

비상안전 제어로프장치는 롤러기의 전, 후에 설치되며 롤러기의 수직접선으로부터 약 5 cm 이내에, 작업비닥으로부터 약 180 cm 이하가 되도록 설치하여 로프를 밀거나 잡아 당겨서 쉽게 작동되고 제한치 이내에 멈추어야 한다.

한편, 롤러기의 급정지장치는 설치위치에 따라 손조작식, 복부조작식, 무릎조작식의 3종류로 나눌 수 있으며 그림 4.22는 급정지장치 조작부의 종류 및 설치 위치를 나타낸다.

손조작식 : 밑면으로부터 1.8 m 이내
복부조작식 : 밑면으로부터 0.4~1.1 m 이내
무릎조작식 : 밑면으로부터 0.4~0.6 m 이내

**그림 4.22** 급정지장치 종류 및 설치 위치

### (3) 급정지장치의 성능

롤러기에 대한 유럽의 EN규격이나 국내법의 규정에 따라 비상정지장치 또는 급정지장치의 조작 시 급정지장치의 제동거리는 다음과 같이 정지거리 이내에서 정지할 수 있어야 한다.

[표 4.8] 급정지 제한거리

| 앞면 롤러의 표면 원주속도(m/min) | 급정지 거리 |
|---|---|
| 30 미만 | 앞면 롤러 원주의 1/3 |
| 30 이상 | 앞면 롤러 원주의 1/2.5 |

$$V = \frac{\pi DN}{1000} \ (\text{m/min})$$

여기서, $V$ : 표면원주속도(m/min)

$D$ : 롤러 원통직경(mm)

$N$ : 회전수(rpm)

### (4) 급정지장치의 설치방법

① 급정지장치 중 로프식 급정지장치 조작은 롤러기의 전면 및 후면에 각각 1개씩 수평으로 설치하고 그 길이는 롤러의 길이 이상이어야 한다.

② 로프식 급정지장치 조작부에 사용하는 줄은 사용 중에 늘어나거나 끊어지기 쉬운 것으로 하여서는 안 된다.

③ 급정지장치의 조작부는 그 종류에 따라 해당 위치에 설치하고 또 작업자가 긴급 시에 쉽게 조작할 수 있어야 한다.

## 4.16.2 울(guard)

울이란 원자재를 롤러기에 밀어 넣을 때, 손이 롤러기에 접촉하여 말려 들어가는 것을 방지하기 위한 접촉예방장치이다. 작업자에 대한 설계에 있어서 그 간극(間隙)을 9.5 mm 이하로 좁게 해야 한다. 간극이 9.5 mm 이하이면 일반적으로 손가락의 어떤 부위도 울 내로 깊숙이 밀어 넣을 수 없기 때문이다. 그러나 현실적으로 좁은 구멍을 통하여 원자재를 밀어 넣어 가공하는 데에는 많은 어려움이 따른다. 따라서 실제로 그 구멍의 크기를 작업에 편리하도록 넓게 하다 보니 손이나 신체의 일부가 울안으로 들어가지 못하도록 방지할 수 없게 되었으나, 이런 상황에 맞도록 고안된 것이 송급대(Feed table)와 위험부위에서 울의 적절한 위치까지의 거리인 $X$와 적절한 울 개구부와의 간격 $Y$이고 이를 국제노동기구(ILO)에서 규정을 하였으며 관계식은 아래와 같다.

$Y = 6 + 0.15X$ (단위 : mm) 단, $X < 160$

$Y = 30$ 단, $X \geq 160$

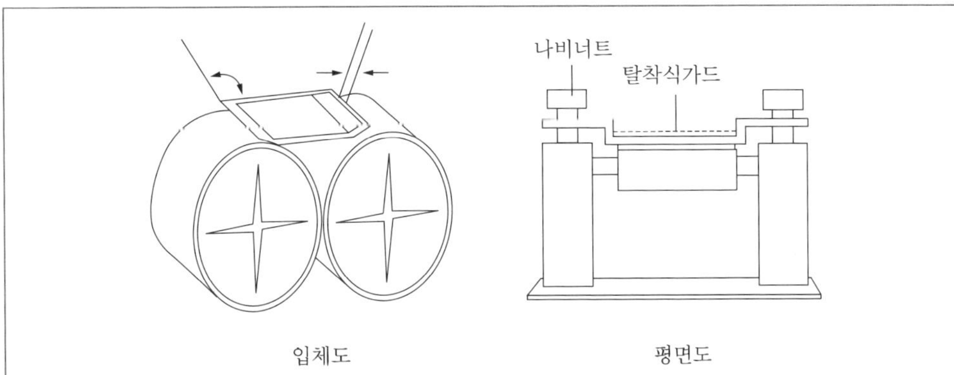


그림 4.23 롤러기의 가드

### 4.16.3 롤러 역회전장치

과부하시 롤러, 프레임 및 프레임캡 등을 보호할 수 있는 안전캡을 롤러 박스와 롤러 조절나사 사이에 설치한다. 롤러에 작업자가 협착되었거나 과부하로 롤러가 정지된 경우 롤러를 역회전 시키거나 벌릴 수 있는 기능을 유지해야 하며 롤 역회전용 역상회로 또는 보조전동기 등은 급정지장치와 연동시키거나 짧은 시간 내에 조작이 가능한 구조이어야 한다. 역회전속도 및 역회전거리는 응급구조 및 과부하 해소가 가능한 정도로만 설정하여야 한다.

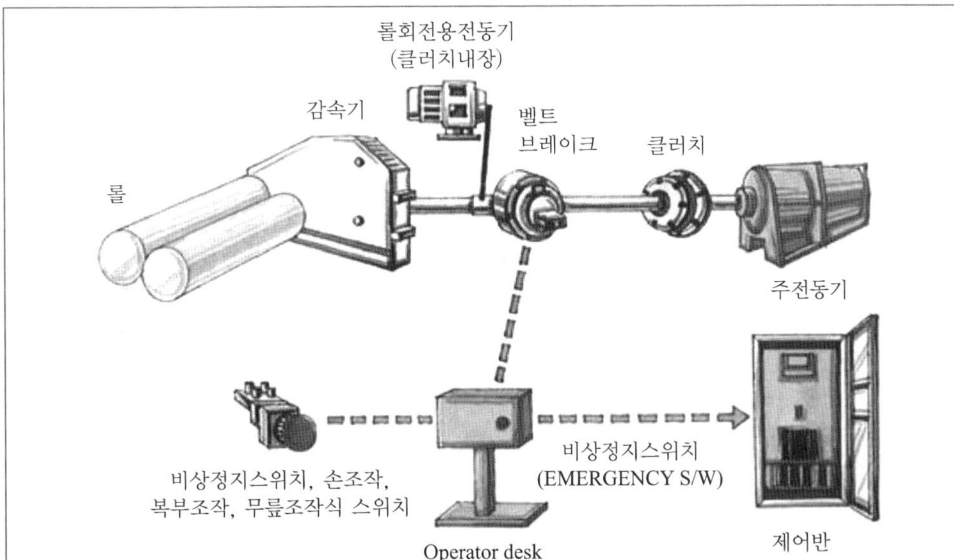


그림 4.24 롤러기 역회전장치 구성도

## 4.17 롤러기의 작업안전수칙

고무 및 플라스틱 화합물의 반죽은 점성이 있는 재료이므로 작업자가 롤러기에서 작업을 할 때 재료를 롤러가 서로 맞물리는 점, 즉 바이트(Bite)에 밀어 넣는 과정이나 청소 작업 중에 신체 일부(손) 또는 옷이 말려 들어가서 발생되는 재해가 가장 많으며 기타 회전 풀리, 전동벨트 등과 신체의 일부가 접촉되어 발생되는 재해가 있을 수 있다.

① 롤러기를 시동할 때는 위험영역에 사람이 있는지 확인한다.
② 롤러기의 주작업 위치에서 모든 위험을 확인할 수 없는 경우에는 시동 전에 경보를 울린다.
③ 롤러기는 신체의 접근을 방지할 수 있는 가드(바), 가이드 롤러 등의 방호조치를 강구한다.
④ 급정지장치와 안전캡 등 안전장치의 정상기능 유지 상태를 점검한다.
⑤ 급정지장치는 작업자가 작업 위치를 벗어나지 않고 작동시킬 수 있어야 한다.
⑥ 급정지장치의 작동은 작업자의 신체를 감지하여 작동하게 하거나, 작업자의 손, 발, 복부 등으로 작동할 수 있어야 한다.
⑦ 안전캡은 롤러가 특정 이상의 압력을 받는 경우 파열되거나 롤러 간격이 벌어져 위험을 감소시키는 것이어야 한다.
⑧ 롤러기의 구동부, 동력전달부는 덮개나 가드가 구비되어야 한다.
⑨ 회전 중일 때는 롤의 청소, 구동부 주유 등 위험한 행동을 하지 않는다.
⑩ 롤을 손으로 정지시키지 않는다.

# 4장 연습문제

**01** 프레스의 방호장치에 해당되지 않은 것은?

① 손쳐내기(sweep guard)식 방호장치
② 수인(pull out)식 방호장치
③ 가드(guard)식 방호장치
④ 롤 피드(roll feed)식 방호장치

**02** 프레스의 감응식(광전자식) 방호장치 설치기준으로 틀린 것은?

① 투광기 및 수광기의 광축의 수는 2 이상으로 할 것
② 광축 상호간의 간격은 150 mm 이하로 할 것
③ 슬라이드의 조절량과 스트로크 길이를 합한 길이의 전길이에 걸쳐 유효하게 작동할 것
④ 투광기에서 발생하는 빛 이외의 광선에 감응하지 않을 것

**03** 산업안전기준에 따라 프레스 등을 사용하여 작업할 때 작업 시작 전의 점검사항에 해당하지 않는 것은?

① 클러치 및 브레이크의 기능
② 1행정 1정지기구·급정지장치 및 비상정지장치의 기능
③ 프레스의 금형 및 고정볼트 상태
④ 이상음 및 진동상태

**04** 프레스 작업에서 가장 재해를 많이 입는 신체 부위는?

① 손 ② 발
③ 팔 ④ 머리

**05** 프레스에 대한 안전장치 중 금형 안에 손이 들어가지 않는 구조(No-Hand in die type)인 것은?

① 자동송급식 ② 양수조작식
③ 손쳐내기식 ④ 감응식

**06** 프레스 방호장치에 대한 설명으로 틀린 것은?

① 게이트식 방호장치는 가드를 닫지 않으면, 슬라이드가 작동되지 않아야 한다.
② 손쳐내기식 방호장치는 행정길이가 40 mm 이상, 행정수가 100 spm 이하의 프레스에 사용한다.

③ 수인식 방호장치는 행정길이가 50 mm 이상, 행정수가 100 spm 이하의 프레스에 사용한다.
④ 감응식 방호장치는 슬라이드 작동 중 정지가능하고, 슬라이드 작동 중에는 가드를 열 수 없는 구조이어야 한다.

**07** 프레스 작업에서 점검해야 할 가장 중요한 것은?

① 클러치(clutch)
② 매니퓰레이터(manipulator)
③ 체크밸브(check valve)
④ 권과방지장치

**08** 다음 ( ) 안에 들어갈 말로 맞은 것은?

> 광전자식 프레스 방호장치에서 위험한계까지의 거리가 짧은 200 mm 이하의 프레스에는 연속 차광 폭이 작은 ( )의 방호장치를 선택한다.

① 30 mm 초과
② 30 mm 이하
③ 50 mm 초과
④ 50 mm 이하

**09** 프레스의 방호장치에 해당되지 않는 것은?

① 손쳐내기(Sweep Guard)식 방호장치
② 수인(Pull Out)식 방호장치
③ 가드(Guard)식 방호장치
④ 롤 피드(Roll Feed)식 방호장치

**10** 클러치 프레스에 부착된 양수조작식 방호장치에 있어서 클러치 맞물림 개소수가 4군데, 매분 행정수가 300 spm일 때 양수조작식 조작부의 최소 안전거리는? (단, 인간의 손의 기준속도는 1.6 m/s로 한다.)

① 360 mm
② 260 mm
③ 240 mm
④ 340 mm

**11** 프레스의 양수조작식 방호장치에서 누름버튼의 내측거리는 몇 mm 이상이어야 하는가?

① 100 mm
② 200 mm
③ 300 mm
④ 400 mm

12 프레스기에 사용하는 양수조작식 방호장치의 일반적인 구조에 관한 설명으로 틀린 것은?

① 1행정 1정지 기구에 사용할 수 있어야 한다.
② 누름버튼을 양 손으로 동시에 조작하지 않으면 작동시킬 수 없는 구조이어야 한다.
③ 누름버튼의 상호간 내측거리는 300 mm 이상이어야 한다.
④ 사용전원전압의 ±30%변동 범위에서도 정상적으로 작동되어야 한다.

13 프레스기에서 슬라이드 행정길이가 몇 mm 이상일 때 손쳐내기식 방호장치를 사용할 수 있는가?

① 10 mm ② 20 mm
③ 40 mm ④ 80 mm

14 프레스의 금형을 부착·해체 또는 조정작업 시 슬라이드의 불시 하강으로 인해 발생되는 사고를 방지하기 위한 방호장치는?

① 접촉예방장치 ② 안전블록
③ 전환스위치 ④ 과부하방지장치

15 프레스 정지 시의 안전수칙이 아닌 것은?

① 정전되면 즉시 스위치를 끈다.
② 안전블록을 바로 고여 준다.
③ 클러치를 연결시킨 상태에서 기계를 정지시키지 않는다.
④ 플라이휠의 회전을 멈추기 위해 손으로 누르지 않는다.

16 프레스 가공품의 이송방법으로 2차 가공용 송급배출 장치가 아닌 것은?

① 푸셔 피더 ② 다이얼 피더
③ 로울 피더 ④ 트랜스 피더

17 동력 프레스기의 No-Hand in die 방식의 방호대책이 아닌 것은?

① 방호울이 부착된 프레스 ② 가드식 방호장치 도입
③ 전용 프레스의 도입 ④ 안전금형을 부착한 프레스

18 프레스의 일반적인 방호장치가 아닌 것은?

① 광전자식 방호장치 ② 포집형 방호장치
③ 게이트 가드식 방호장치 ④ 양수 조작식 방호장치

**19** 프레스 광전자식 방호장치의 광선에 신체의 일부가 감지된 후로부터 급정지기구 작동 시까지의 시간이 30 ms이고, 급정지기구의 작동 직후로부터 프레스기가 정지될 때까지의 시간이 20 ms라면 광축의 최소 설치거리는?

① 75 mm ② 80 mm
③ 100 mm ④ 150 mm

**20** 프레스의 양수조작식 방호장치에 양쪽버튼의 작동시간 차이는 최대 얼마 이내일 때 프레스가 동작되도록 해야 하는가?

① 0.1초 ② 0.5초
③ 1.0초 ④ 1.5초

**21** 급정지기구가 있는 1행정 프레스에서의 광전자식 방호장치에서 광선에 신체의 일부가 감지된 후로부터 급정지기구의 작동 시까지의 시간이 40 ms이고, 급정지기구의 작동 직후로부터 프레스기가 정지될 때까지의 시간이 20 ms라면 안전거리는 몇 mm 이상이어야 하는가?

① 60 ② 76
③ 80 ④ 96

**22** 다음 중 프레스의 방호장치 기준에 관한 설명으로 틀린 것은?

① 손쳐내기식 방호장치에서 방호판의 폭은 금형폭의 1/2 이내로 하여야 한다.
② 양수조작식 방호장치에서 누름버튼의 상호간 내측 거리는 300 mm 이상이어야 한다.
③ 수인식 방호장치에서 수인끈의 재료는 합성섬유로 직경이 4 mm 이상이어야 한다.
④ 손쳐내기식 방호장치에서 손쳐내기봉의 행정(Stock) 길이를 금형의 높이에 따라 조정할 수 있고 진동폭은 금형폭 이상이어야 한다.

**23** 다음 중 프레스 및 전단기의 양수조작식 방호장치의 누름버튼의 상호간 최소 내측거리로 옳은 것은?

① 100 mm ② 150 mm
③ 300 mm ④ 500 mm

**24** 다음 중 프레스기에 사용하는 광전자식 방호장치의 단점으로 틀린 것은?

① 연속 운전작업에는 사용할 수 없다.
② 확동클러치 방식에는 사용할 수 없다.
③ 설치가 어렵고, 기계적 고장에 의한 2차 낙하에는 효과가 없다.
④ 작업 중 진동에 의해 투·수광기가 어긋나 작동이 되지 않을 수 있다.

**25** 다음 중 프레스기에 사용되는 손쳐내기식 방호장치에 대한 설명으로 틀린 것은?

① 분당 행정수가 120번 이상인 경우에 적합하다.
② 방호판의 폭은 금형폭의 1/2 이상이어야 한다.
③ 행정길이가 300 mm 이상의 프레스기계에는 방호판 폭을 300 mm로 해야 한다.
④ 손쳐내기봉의 행정(Stroke) 길이를 금형의 높이에 따라 조정할 수 있고, 진동폭은 금형폭 이상이어야 한다.

**26** 다음 중 프레스 금형을 부착, 해제 또는 조정작업을 할 때에 사용하여야 하는 장치는?

① 안전블록　② 안전방책
③ 수인식 방호장치　④ 손쳐내기식 방호장치

**27** 다음 중 프레스 작업에 있어 시계(視界)가 차단되지 않으나 확동식 클러치 프레스에는 사용상의 제한이 발생하는 방호장치는?

① 게이트가드　② 광전식 방호장치
③ 양수조작장치　④ 프릭션 다이얼피드

**28** 롤러의 위험점 전방에 개구간격 16.5 mm의 가드를 설치하고자 한다면, 개구부에서 위험점까지의 거리는 몇 mm 이상이어야 하는가?

① 60 mm　② 70 mm
③ 80 mm　④ 90 mm

**29** 롤러기의 급정지장치는 무부하에서 최대속도로 회전시킨 상태에서 규정된 정지거리 이내에 당해 롤러를 정지시킬 수 있어야 한다. 앞면 롤러의 직경이 30 cm, 원주속도가 20 m/min이라면 급정지거리는 얼마 이내여야 하는가?

① 앞면 롤러의 원주의 1/4　② 앞면 롤러의 원주의 1/3

③ 앞면 롤러의 원주의 1/2.5 ④ 앞면 롤러의 원주의 1/2

**30** 롤러기의 맞물림 점에서 설치하는 가드의 개구부 간격을 구하는 식으로 맞는 것은? (단, $Y$ : 가드개구부 간격(안전간극 mm), $X$ : 개구부와 위험점간의 최단거리(mm)이며, $X < 160$ mm이다.)

① $X=5+0.1Y$ ② $X=6+0.15Y$
③ $Y=6+0.15X$ ④ $Y=5+0.1X$

**31** 개구부에서 위험점까지의 최단거리가 60 mm 위치에 롤러가 회전하고 있다. 개구부 간격의 허용 한계는 몇 mm인가? (단, 위험점이 전동체는 아니다.)

① 10 ② 12
③ 13 ④ 15

**32** 종이, 천, 금속박 등을 통과시키는 롤러기로서 근로자에게 위험을 미칠 우려가 있는 부위에 설치해야 할 방호장치에 해당하는 것은?

① 방호판 ② 안내 롤러
③ 과부하방지장치 ④ 반발예방장치

**33** 롤러기의 급정지장치 중 복부 조작식과 무릎 조작식의 급정지장치 조작부 위치는? (단, 밑면과의 상대거리를 나타낸다.)

① 0.5～0.7 m/0.2～0.4 m ② 0.8～1.1 m/0.4～0.6 m
③ 0.8～1.1 m/0.6～0.8 m ④ 1.1～1.4 m/0.8～1.0 m

**34** 롤러기의 급정지장치 중 작업자의 무릎으로 조작하는 경우 조작부의 설치위치는?

① 밑면에서 1.8 m 이내 ② 밑면에서 0.4～0.6 m
③ 밑면에서 0.6～0.8 m ④ 밑면에서 0.8～1.1 m

**35** 롤러의 맞물림점 전방 60 mm의 거리에 가드를 설치하고자 할 때 가드 개구부의 간격은 얼마인가? (단, 위험점이 전동체가 아닌 경우임)

① 12 mm ② 15 mm
③ 18 mm ④ 20 mm

**36** 롤러기의 급정지장치 설치방법 중 잘못된 것은?

① 손조작식은 바닥면에서 2 m 이내일 것
② 복부조작식은 바닥면에서 0.8 m 이상 1.1 m 이내일 것
③ 무릎조작식은 바닥면에서 0.4 m 이상 0.6 m 이내일 것
④ 급정지장치가 동작한 경우 롤러기의 기동장치를 재조작하지 않으면 가동되지 않는 구조일 것

**37** 개구부에서 회전하는 롤러의 위험점까지 최단거리가 60 mm일 때 개구부 간격은?

① 10 mm ② 12 mm
③ 13 mm ④ 15 mm

**38** 롤러기 방호장치의 무부하 동작시험 시 앞면 롤러의 지름이 150 mm이고, 회전수가 30 rpm인 롤러기의 급정지거리는 몇 mm 이내이어야 하는가?

① 157 ② 188
③ 207 ④ 237

**39** 롤러 작업에서 울(guard)의 적절한 위치까지의 거리가 40 mm일 때 울의 개구부와의 설치 간격은 얼마 정도로 하여야 하는가? (단, 국제노동기구의 규정을 따른다.)

① 12 mm ② 15 mm
③ 18 mm ④ 20 mm

**40** 다음 중 지름이 60 cm이고, 20 rpm으로 회전하는 롤러에 적합한 급정지장치의 성능으로 옳은 것은?

① 앞면 롤러 원주의 1/1.5 거리에서 급정지
② 앞면 롤러 원주의 1/2 거리에서 급정지
③ 앞면 롤러 원주의 1/2.5 거리에서 급정지
④ 앞면 롤러 원주의 1/3 거리에서 급정지

**41** 다음 중 위험구역에서 가드까지의 거리가 200 mm인 롤러기에 가드를 설치하는데 허용 가능한 가드 개구부 간격으로 옳은 것은?

① 최대 20 mm ② 최대 30 mm
③ 최대 36 mm ④ 최대 40 mm

**해설**

1. ④

프레스 행정길이에 따른 방호장치

- 1행정 1정지식(크랭크프레스) : 양수조작식, 게이트 가드식
- 행정길이(Stroke) 40 mm 이상 프레스 : 수인식, 손쳐내기식
- 슬라이드 작동 중 정지 가능한 구조(마찰프레스) : 감응식(광전자식)

2. ②

감응식(광선식)방호장치 설치 기준

- 광축의 수는 2개 이상으로 하고 광축간의 간격은 50 mm 이하로 설치한다.
- 투광기에서 발생시키는 빛 이외의 광선에 감응하지 않아야 한다.
- 위험 구역을 충분히 감지할 수 있는 구조이어야 한다.

3. ④

프레스 작업 시작 전 점검사항

- 클러치 및 브레이크의 기능
- 크랭크 축, 플라이휠, 슬라이드, 연결봉, 연결나사의 풀림 유무
- 1행정 1정지기구, 급정지장치, 비상정지장치의 기능
- 슬라이드 또는 칼날에 의한 위험방지기구의 기능
- 금형 및 고정볼트의 상태
- 방호장치의 기능
- 전단기의 칼날 및 테이블의 상태

4. ①

프레스의 재해는 손 > 팔 > 머리 순으로 많다.

5. ①

프레스기의 No-Hand in die type

- 전용프레스의 도입
- 자동송급식 프레스의 도입
- 안전울을 부착한 프레스 작업
- 안전 금형을 부착한 프레스 작업

6. ④

감응식 방호장치는 슬라이드 작동 중 정지가능하고, 슬라이드 작동 중에는 가드를 열 수 없는 구조이어야 한다.

7. ①

프레스 작업 전 점검사항

- 클러치 및 브레이크의 기능
- 크랭크 축, 플라이휠, 슬라이드, 연결봉, 연결나사의 풀림 유무
- 1행정 1정지기구, 급정지장치, 비상정지장치의 기능
- 슬라이드 또는 칼날에 의한 위험방지기구의 기능
- 금형 및 고정볼트의 상태

• 방호장치의 기능

8. ②
광전자식 프레스의 위험거리가 비교적 짧은(200 mm 이하) 경우 치광폭은 약 30 mm 이하로 한다.
• 광전자식 방호장치 : 위험한계까지의 거리가 짧은 200 mm 이하의 프레스에는 연속 차 광폭이 작은 30 mm 이하의 방호장치를 선택한다.
• 대형프레스 : 광축과 테이블 앞면과의 수평거리가 400 mm를 넘어서 작업자가 이 사이에 들어갈 수 있는 공간이 있을 때는 테이블에 대해 평행 또는 수평으로 200~300 mm마다 보조광축을 설치한다.

9.
프레스 방호장치
• 게이트 가드식 방호장치
• 손쳐내기식 방호장치
• 수인식 방호장치
• 감응식(광선식) 방호장치
• 양수조작식 방호장치

10. ③
$D_m = 1.6\,T_m$
$$1.6 \times \left[\left(\frac{1}{\text{클러치 물림개수}} + \frac{1}{2}\right) \times \frac{60000}{\text{매분행정수}}\right]$$
$$1.6 \times \left[\left(\frac{1}{4} + \frac{1}{2}\right) \times \frac{60000}{300}\right] = 240$$

11. ③
양수조작식 방호장치는 반드시 두 손을 사용하여 동시에 조작하여야만 작동하는 구조로 조작부(버튼 또는 레버)의 간격을 300 mm 이상으로 한다.

12. ④
양수조작식 방호장치의 일반구조
• 1행정 1정지 기구에 사용할 수 있어야 한다.
• 반드시 두 손을 사용하여 동시에 조작하여야만 작동하는 구조이어야 한다.
• 조작부(버튼 또는 레버)의 간격을 300 mm 이상으로 한다.
• 조작부는 작동 직후 손이 위험 구역에 들어가지 못하도록 일정거리를 둔다.
• 사용전원 전압은 ±20% 변동에 정상적으로 작동해야 한다.

13. ③
프레스 방호장치 구분
• 1행정 1정지식 : 양수조작식, 게이트가드식
• 행정길이 40 mm 이상 : 수인식, 손쳐내기식
• 슬라이드 작동 중 정지 가능한 구조 : 광전자(감응)식

14. ②
안전블록

프레스 등의 금형을 부착·해제 또는 조정하는 작업을 할 경우 슬라이드가 갑자기 작동함으로써 근로자에게 발생할 우려가 있는 위험을 방지하기 위하여 사용한다.

15. ②
안전블록은 금형에 부착하고, 해체·조정작업 시 사용한다.

16. ③
로울 피더는 1차 가공용 송급배출 장치이다.

17. ②
동력 프레스기의 No-Hand in die 방식의 방호대책 사항

- 방호울을 부착한 프레스
- 자동 프레스의 도입
- 작업 전용 프레스의 도입
- 안전금형르 부착한 프레스 작업

18. ②
프레스 방호장치

- 게이트 가드식 방호장치
- 손쳐내기식 방호장치
- 수인식 방호장치
- 감응식(광선식) 방호장치
- 양수조작식 방호장치

19. ②
$D$(방호장치 안전거리) $= 1.6\,(T_C + T_S) = 1.6\,(30 + 20) = 80$ mm

20. ②
양수조작식 방호장치

- 누름버튼을 양손으로 동시에 조작하지 않으면 작동시킬 수 없는 구조이어야 한다.
- 양쪽 버튼의 작동시킨 차이는 최대 0.5초 이내일 때 프레스가 동작되도록 해야 한다.

21. ④
프레스 안전거리($D$) $= 1.6\,(T_C + T_S) = 1.6\,(40 + 20) = 96$ mm

22. ①
손쳐내기식 방호장치에서 방호판의 폭은 금형폭의 1/2 이상으로 하고, 행정길이가 300 mm 이상의 프레스 기계에는 방호판 폭을 300 mm로 해야 한다.

23. ③
양수조작식 방호장치 설치기준

- 누름버튼의 상호간 내측거리는 300 mm 이상으로 한다.
- 누름버튼은 매립형 구조로 한다.

- 누름버튼은 방호장치 상부표면 또는 버튼을 둘러싼 개방된 외함의 수평면으로부터 하단 2 mm 이상에 위치한다.

24. ①

광전자식 안전장치는 연속 운전작업이 가능하다.

25. ①

손쳐내기식 방호장치 설치기준

- 손쳐내기봉의 행정길이를 금형의 높이에 따라 조정할 수 있고 진동폭은 금형 폭 이상으로 한다.
- 방호판의 폭은 금형폭의 1/2 이상이어야 하고, 행정길이가 300 mm 이상인 프레스기계에는 방호판 폭을 300 mm로 한다.

26. ①

안전블록은 금형에 부착하고, 해체·조정작업 시 사용하는 장치이다.

27. ②

광전식 방호장치는 광전자의 흐름 차단으로 방호하는 것으로 연속적인 작업이 가능하며, 시계를 차단하지 않으나 진동 등에 의해 영향을 받을 수 있고 설치가 어렵다.

28. ②

$Y=6+0.15X$ ($Y$ : 가드개구부 간극, $X$ : 가드 설치 위치)

$$X=\frac{Y-6}{0.15}=\frac{16.5-6}{0.15}=70$$

29. ②

롤러기 방호장치의 성능

| 앞면 롤의 표면속도(m/분) | 급정지거리 |
|---|---|
| 30 미만 | 앞 롤러 원주의 1/3 |
| 30 이상 | 앞 롤러 원주의 1/2.5 |

30. ③

가이드 개구부의 간격($Y$) $=6+0.15X$

31. ④

$Y=6+0.15X=6+0.15\times60=15$ mm

32. ②

사업주는 합판·종이·천 및 금속박 등을 통과시키는 롤러기로서 근로자에게 위험을 미칠 우려가 있는 부위에는 울 또는 안내 롤러 등을 설치하여야 한다.

33. ②

롤러기 급정지장치

| 급정지장치 조작부의 종류 | 위치 | 비고 |
|---|---|---|
| 손조작식 | 밑면으로부터 1.8 m 이내 | 위치는 급정지장치 조작부의 중심점을 기준으로 함 |
| 복부조작식 | 밑면으로부터 1.8~1.1 m | |
| 무릎조작식 | 밑면으로부터 0.4~0.6 m | |

34. ② 참고. 롤러기 급정지장치(문제 33번 해설)

35. ②

계산방법

$Y=6+0.15X=6+(0.15\times 60)=15$ mm

$X$ : 가드와 위험점 간의 거리(mm, 안전거리)

$Y$ : 가드 개구부의 간격(mm, 안전간격)

36. ① 참고. 롤러기 급정지장치(문제 33번 해설)

37. ④

가드 개구부의 간격

$Y=6+0.15X$ ($X<160$ mm) $=6+0.15\times 60$ mm $=15$ mm

$X$ : 가드와 위험점 간의 거리(mm, 안전거리)

$Y$ : 가드 개구부의 간격(mm, 안전간격)

38. ①

롤러기 급정지 거리 $=\dfrac{\pi D}{3}=\dfrac{3.14\times 150}{3}=157\,\text{mm}$

39. ①

롤러 가드의 개구부 간격

$Y=6+0.15X=6+(0.15\times 40)=12$ mm

40. ③

원주속도($V$, m/min) $=\dfrac{\pi\times D_1(\text{지름, mm})\times N(\text{회전수, rpm})}{1000}=\dfrac{3.14\times 600\times 20}{60}=37.68$

41. ③

롤러 가드의 개구부 간격

$Y=6+0.15X=6+(0.15\times 200)=36$ mm

제5장

# 절삭가공

## 5.1 개요

절삭가공이란 공작물보다 경도가 높은 공구를 사용하여 칩을 깎아내어 소정의 모양과 치수로 맞추어 제품을 만드는 작업이다. 절삭에 미치는 요인으로는 공작물 재질, 공구의 재질, 절삭속도, 칩의 단면적, 공구의 모양, 냉각 및 윤활 등이 있다. 일반적으로 절삭가공은 일감보다 경도(Hardness)가 높은 공구와 일감과의 상대운동을 통하여 소재에 국부적인 전단변형을 줌으로써 일감을 조금씩 파단시켜 제거하게 되며 이 때 나오는 소재의 부스러기를 **칩**(Chip)이라 한다. 한편, 절삭가공에 사용되는 공구로서는 단인공구(Single point tool), 드릴(Drill) 등 절삭날로 구성된 것과 연삭숫돌과 같은 입자로 구성된 것이 있으나 칩을 내면서 가공하는 점에서는 동일하다. 절삭가공의 특징으로는 다음과 같다.

### (1) 절삭가공의 특징

① 정밀하고 가공 능률이 우수
② 가공범위인 융통성이 풍부
③ 안전성 보유
④ 높은 정밀도와 절삭 능력이 우수
⑤ 내구력이 크고 강력하며 사용이 간편
⑥ 가격이 싸고 운전비용이 적다.
⑦ 대량생산 측면에서 소성가공에 비해 불리

## 5.2 공작기계의 기본운동

### (1) 절삭운동

그림 5.1의 (a)는 직선절인(直線切刃)을 갖는 바이트를 표시한다. (b)에서 $W$는 가공물, $T$는 바이트이고 $C$는 절삭 칩이 생기기 시작한 것이고, $T'$는 제2회 절삭개시 위치를 표시한 것이다. 바이트가 가공물의 표면에서 $O$-$y$의 방향으로 깎는 깊이 $t$를 **절삭깊이**(Depth of cut)라고 한다. 바이트는 $t$의 깊이에서 $O$-$x$ 방향으로 진행하면 칩이 발생한다. $O$-$x$ 방향을 절삭방향(Cutting direction)이라 하고 이때의 운동을 **절삭운동**(Cutting motion)이라고 한다.

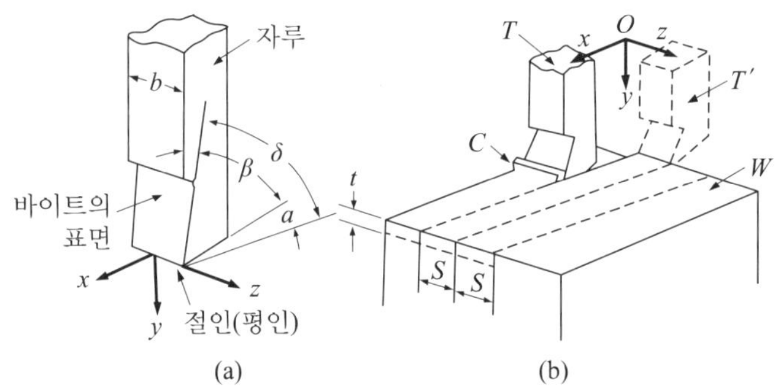


**그림 5.1** 직선절인에 의한 절삭

일반적으로 절삭운동 방향은 가공 표면에 평행되는 방향을 갖게 된다. 절삭운동은 기계가공에서 가장 중요한 작용을 하는 운동으로 공작기계 운전동력의 대부분은 이 절삭운동에 소비된다. 이 때 바이트와 가공물의 운동관계는 다음과 같다.

① 공구는 일정한 위치에 고정하고 가공물을 회전시키는 절삭운동
② 가공물을 고정시키고 공구를 운동시키는 공구운동방식의 절삭운동
③ 공구와 가공물을 동시에 운전시키는 절삭운동

절삭운동에서 공구와 가공물 사이에는 상대운동을 갖게 되며 각각의 운동속도의 차이인 상대속도를 절삭속도라고 한다. 절삭속도는 일반적으로 m/min 또는 ft/min 단위로 나타낸다.

### (2) 이송운동

그림 5.1(b)에서 공구가 가공물의 절삭하는 종단(終端)에 도달하면 가공물의 표면은 깊이 $t$까지 깎인다. 이 때 공구를 출발점인 $O$에 다시 보내고 $O$-$z$ 방향에 $S$만큼 이동시키며 다시 절삭한다. 이와 같이 반복해서 절삭하면 $n$회 반복한 후에는 가공면은 $nS$ 이송만큼 넓게 된다. 이와 같은 $O$-$z$ 방향의 운동을 피드운동(Feed motion) 또는 이송운동이라고 한다. 일반적으로 피드운동에는 다음 원칙이 적용된다.

① 1회의 피드량을 공구의 폭보다 작게 한다.
② 피드운동 방향은 절삭운동 방향과는 직각으로 하고, 가공면과는 평행 또는 직각으로 한다.
③ 피드운동은 절삭운동과 일정한 관계를 가지며 대체로 규칙적으로 진행한다.

피드운동은 절삭 표면을 증가시킬 목적으로 절삭운동과는 직각된 방향으로 진행되는 공구와 가공물 사이의 상대운동이며 피드운동의 속도는 절삭운동 1회전 또는 왕복 1번 당 피드양(mm 또는 inch)으로 나타낸다. 이것을 1회전 당 피드(Feed per revolution) 또는 1왕복 당 피드(Feed per stroke) 또는 단순히 피드(Feed)라고 한다.

## 5.3 절삭칩의 형태

절삭가공이라고 하는 것은 절삭공구를 사용하여 가공할 때 칩이 발생하는 것을 말하며 칩의 발생형태는 일감의 재질, 절삭공구의 재료, 절삭공구의 각, 절삭속도, 냉각제 등 여러 가지 인자의 영향을 받는다. 절삭상태의 양호 유무나 절삭기구는 칩의 형태에 의하여 어느 정도 판별할 수가 있으며 대표적인 칩의 형상은 다음과 같이 4종류가 있다.

### (1) 유동형 칩(Flow type chip)

그림 5.2(a)와 같이 공구 전방의 일감이 공구의 진행과 함께 전단면에 연속적으로 전단변형을 일으키며 소성변형에 의하여 칩이 발생한다. 이 때 칩은 연속하여 공구의 윗면을 흐르듯이 빠져나간다. 이러한 칩이 발생할 때는 절삭저항이 변동하지 않으며 따라서 진동도 적고 가공표면이 양호하다. 그러나 칩이 연속적으로 발생함으로 작업자에게는 위험요인이 될 수 있으므로 칩 브레이커(Chip breaker)의 사용이 필요하다.

### (2) 전단형 칩(Shear type chip)

강도가 낮고 취약한 재료를 절삭하면 공구 전방의 일감은 간헐적으로 전단파괴가 되어 칩이 된다. 이때의 칩은 그림 5.2(b)와 같이 단편상(斷片狀)으로 흘러나가며 절삭저항의 변동도 크고 가공도도 좋지 못하다.

### (3) 열단형 칩(Tear type chip)

순수알루미늄이나 동과 같은 연하고 신연성이 큰 일감을 절삭하면 칩이 공구 윗면에 점착하여 미끄러져 나가지 않으며 그림 5.2(c)와 같이 아랫방향으로 균열이 발생한다. 이 균열을 공구가 전진함에 따라서 최종적으로 그림의 점선 위치에서 파괴된다. 따라서 가공표면은 터진 자리를 남기며 절삭저항의 변동도 크며 공작정밀도가 매우 나쁘다.

### (4) 균열형 칩(Crack type chip)

매우 취약한 재료를 절삭하면 그림 5.2(d)와 같이 공구 날 끝에서 일감 내부에 균열이 발생하며 이것이 일감의 자유표면까지 전해져서 거의 균열만으로 칩이 발생하는 것이다. 균열의 진행방향은 공구의 경사각이나 절삭조건에 의하여 변화하므로 좋은 가공표면을 얻기 위해서는 균열이 수평방향보다 위쪽으로 발생하도록 조건을 선택할 필요가 있다.

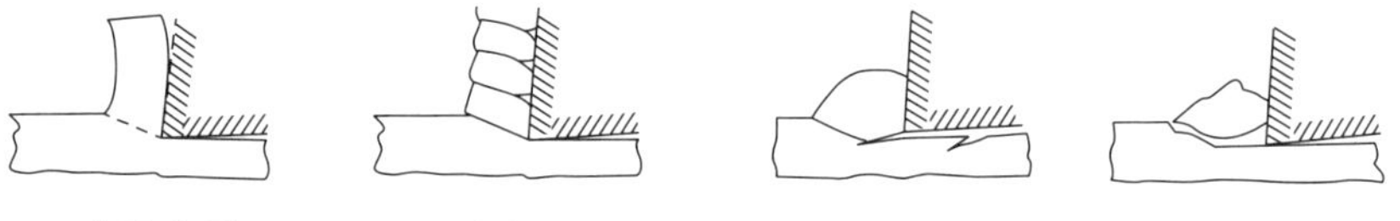

(a) 유동형 칩 (b) 전단형 칩 (c) 열단형 칩 (d) 균열형 칩

**그림 5.2 칩의 형상**

칩의 형태는 이상과 같이 분류할 수 있으며 절삭가공시의 유의사항으로는 연강, 스테인리스 강, 알루미늄과 같은 연한 재료의 가공 시에는 공구 날 끝의 부근에서 커다란 소성변형을 받으며 가공경화된다. 그러나 절삭온도가 어느 정도 이상이 되면 가공경화된 가공물의 일부가 공구 날의 끝에 점착하면서 쌓여 칩에 부착이 되어 이것이 실제의 절삭을 행하고 있다. 이를 구성인선(Built-up edge)이라 하며 이는 발생, 성장, 분열, 탈락을 반복한다. 구성인선은 매우 경하며 가공면을 거칠게 하며 날의 마찰을 크게 하는 등 절삭에 악영향을 미친다. 그러나 절삭속도가 증가하면 발생하기가 어려워지므로 가공면의 거칠기를 작게 하려면 고속절삭이 필요하다.

# 5.4 절삭가공의 종류

## 5.4.1 공구에 의한 가공

### (1) 선반

#### 1) 선반의 종류

① 보통선반(Engine lathe) : 가장 일반적으로 사용되는 것으로 단차식과 기어식이 있다. 다종 소량생산과 수리에 사용한다. 슬라이딩, 단면절삭, 나사깎기를 할 수 있으므로 3S 선반이라고 한다.

② 정면선반(Face lathe) : 지름이 큰 것을 깎을 때 사용하고 스윙이 크고 베드 기이가 짧으며 심압대가 없는 것이 많다.

③ 탁상선반(Bench lathe) : 탁상 위에 설치하고 시계 등의 부속품을 절삭하는 데 사용한다.

④ 수직선반(Vertical lathe) : 테이블이 수평으로 회전하며 공작물을 절삭하는 것으로 무거운 공작물을 절삭할 때 사용한다.

⑤ 터릿선반(Turret lathe) : 반자동선반이며 공구대에 6～8개의 절삭공구를 설치하여 능률적으로 절삭할 수 있다.

⑥ 자동선반(Automatic lathe) : 공작물을 설치하면 자동으로 절삭하는 선반이다.

⑦ 그 밖의 선반 : 수치제어선반인 NC 선반은 다종 소량생산에 좋으며 한 가지만 대량생산할 수 있는 단능선반에는 차량선반, 차축선반, 크랭크축선반 등이 있다.

#### 2) 선반가공방식의 종류

선반은 공작물을 주축에 고정한 후 회전시키며 바이트를 이송하여 절삭하는 공작기계이다. 선반에서 할 수 있는 작업은 그림 5.3과 같다.

#### 3) 선반재해 방지대책

① 기계 위에 공구나 재료를 올려놓지 않는다.

② 이송을 건 채 기계를 정지시키지 않는다.

③ 기계 타력 회전을 손이나 공구로 멈추지 않는다.

④ 가공물 절삭공구의 장착은 확실하게 한다.

⑤ 절삭공구의 장착은 짧게 하고 절삭성이 나쁘면 일찍 바꾼다.

⑥ 절삭분 비산 시 보호안경을 착용하고 비산을 막는 차폐막을 설치한다.

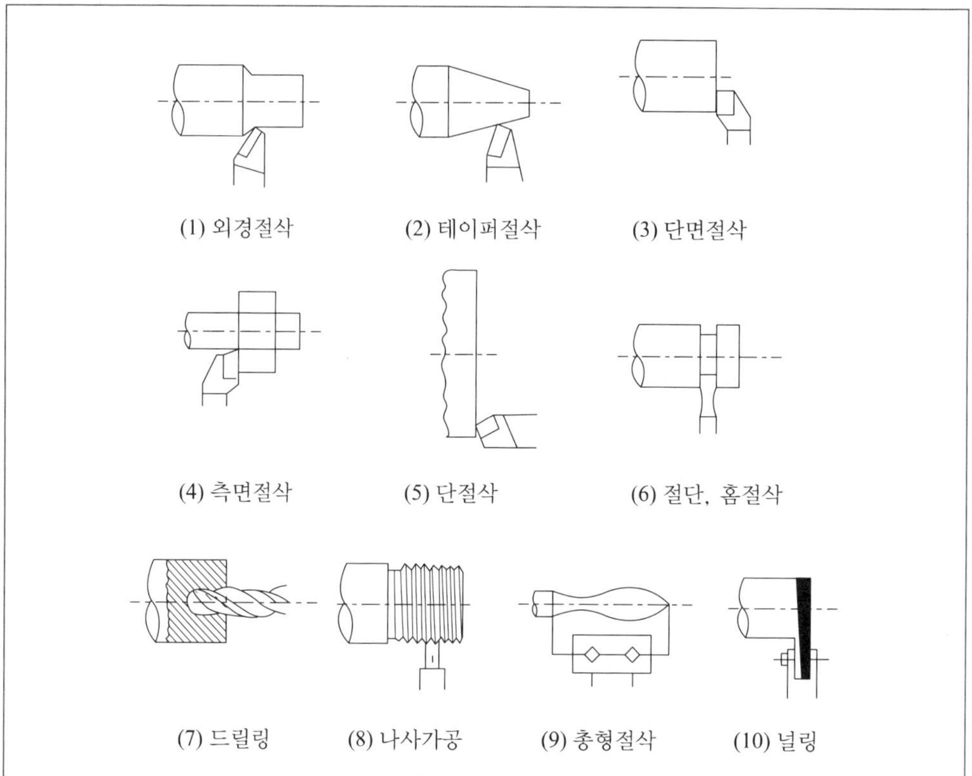

(1) 외경절삭 (2) 테이퍼절삭 (3) 단면절삭

(4) 측면절삭 (5) 단절삭 (6) 절단, 홈절삭

(7) 드릴링 (8) 나사가공 (9) 총형절삭 (10) 널링

**그림 5.3 선반작업의 종류**

⑦ 절삭분 제거 시에는 브러시나 긁기봉을 사용한다.

⑧ 절삭중이나 회전 중에 공작물을 측정하지 않으며 장갑 낀 손을 사용하지 않는다.

#### 4) 선반 작업 시 안전수칙

① 가공물을 착탈 시에는 반드시 스위치를 끄고 바이트를 충분히 연 다음 행한다.

② 공구대는 적당한 크기의 것을 선택하고 심압대는 스핀들을 지나치게 내놓지 않는다.

③ 물건의 장착이 끝나면 척, 렌치류는 곧 벗겨놓는다.

④ 무게가 편중된 가공물의 장착에는 균형추를 부착한다.

⑤ 긴 재료가 돌출되었을 때에는 빨간 천 등을 부착하여 위험표시를 하거나 커버를 씌운다.

⑥ 바이트 착탈은 기계를 정지시킨 다음에 한다.

⑦ 가늘고 긴 일감을 깎을 때에는 방진구를 사용하여 진동을 막을 것

5) 선반의 안전장치

① 칩 브레이커 : 칩을 짧게 끊어지도록 하는 장치

② 덮개 : 가공재료의 칩이나 절삭유 등이 비산되어 나오는 위험으로 작업자의 보호를 위하여 이동이 가능한 덮개 설치

③ 브레이크 : 가공작업 중 선반을 급정지시킬 수 있는 장치

④ 척커버

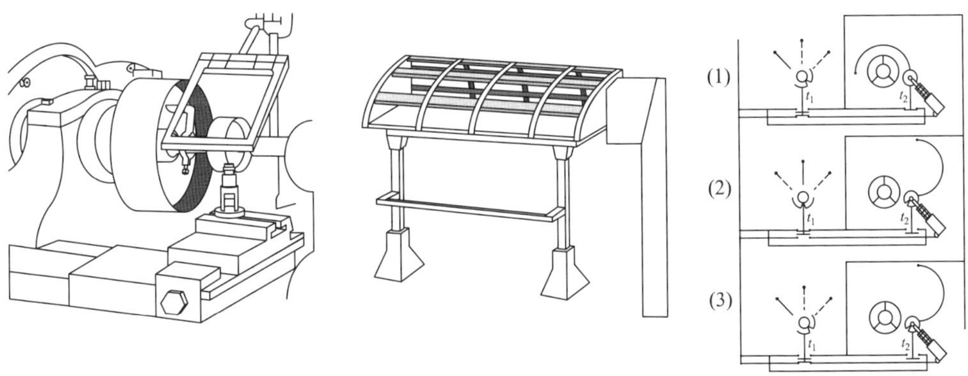


(a) 칩 비산방지장치 (b) 긴 물건 가공시의 덮개 (c) 척의 안전덮개

**그림 5.4** 선반작업 시 방호장치

## (2) 밀링 (Milling)

### 1) 밀링의 개요

밀링머신(Milling machine)은 다인(多刃 : 많은 절삭날)의 회전절삭공구인 커터로서 공작물을 테이블에서 이송시키면서 절삭하는 절삭가공기계이다. 종류는 그림 5.5와 같으며 밀링머신의 크기 표시 방법으로는 테이블의 이동량(좌우×전후×상하), 테이블의 크기(길이×폭), 테이블 윗면에서 주축 중심까지의 최대거리, 테이블 윗면에서 주축 끝까지의 최대거리 등을 사용한다.

- 밀링머신 (Milling Machine)
  - 니형(Knee type)
    - 수평밀링머신
      - 평형(Plain type)
      - 만능형(Universal type)
    - 수직밀링머신
  - 생산형 밀링머신(Production milling machine)
    - 단두형
    - 다두형
    - 수직형
  - 플레이너형(Planer type) 밀링머신
  - 특수형
    - 모방 밀링머신
    - 나사(Thread) 밀링머신
    - 캠밀링머신

**그림 5.5 밀링머신의 종류**

### 2) 절삭방향 및 특징

① 상향절삭 : 공작물의 이송과 절삭공구의 회전방향이 반대인 절삭형

② 하향절삭 : 공작물의 이송과 절삭공구의 회전방향이 동일한 절삭형

③ 정면절삭 : 상향 및 하향절삭이 동시에 일어나는 절삭형

④ 상향절삭과 하향절삭에 대한 장단점은 각각 다르며 작업 형태에 따라 적당한 방향을 택해야 한다.

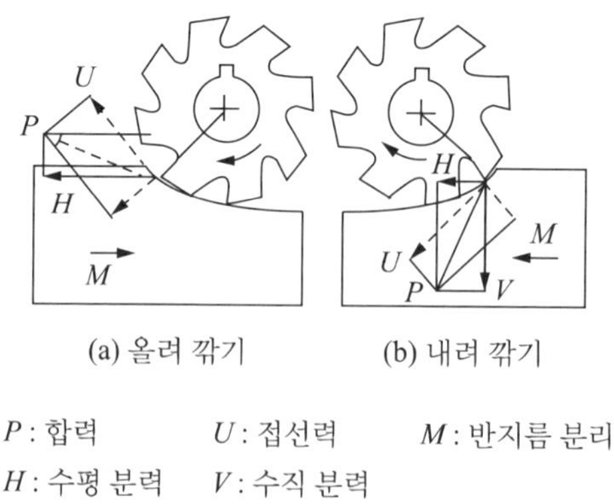


**그림 5.6 상향절삭과 하향절삭**

[표 5.1] 상향절삭과 하향절삭의 장단점

| 구분 | 상향절삭 | 하향절삭 |
|---|---|---|
| 장점 | ① 칩이 날을 방해하지 않는다.<br>② 밀링커터의 진행방향과 테이블의 이송방향이 반대이므로 이송기구의 백래시(back lash)가 제거된다.<br>③ 절삭동력이 적게 소비된다. | ① 커터가 공작물을 아래로 누르는 것과 같은 작용을 하므로 공작물 고정이 간단하다.<br>② 커터의 마모가 적고 또한 동력소비가 적다.<br>③ 가공면이 깨끗하다. |
| 단점 | ① 커터가 공작물을 올리는 작용을 하므로 공작물을 견고히 고정해야 한다.<br>② 커터의 수명이 짧다.<br>③ 동력 낭비가 크다.<br>④ 가공면이 깨끗하지 못하다. | ① 칩이 커터와 공작물 사이에 끼어 절삭을 방해한다.<br>② 떨림이 나타나 공작물과 커터를 손상시키며 백래시 제거장치가 없으면 작업을 할 수 없다. |

#### 3) 밀링 작업 시 안전수칙

① 절삭공구 설치 시 시동레버와 접촉하지 않도록 한다.

② 공작물 설치 시 절삭공구의 회전을 정지시킨다.

③ 상하이송용 핸들은 사용 후 반드시 벗겨놓는다.

④ 가공 중에는 얼굴을 기계에 가까이 대지 않도록 한다.

⑤ 절삭공구에 절삭유를 줄 때는 커터 위에서부터 주유한다.

⑥ 칩이 비산하는 재료는 커터부분에 커버를 하든가 보안경을 착용한다.

### (3) 플레이너(Planer)와 셰이퍼(Shaper)

#### 1) 플레이너(Planer)

플레이너는 평삭기라고도 하며 큰 공작물의 평면절삭에 주로 사용한다. 테이블은 직선왕복운동을 하고 바이트는 이송 운동한다. 플레이너의 종류에는 직주가 2개인 쌍주식 플레이너와 하나인 단주식 플레이너가 있다. 쌍주식 플레이너는 직주가 2개이므로 공작물의 폭에 제한을 받으며 단주식 플레이너는 공작물의 폭에 제한을 받지 않으나 쌍주식보다는 강력 절삭을 할 수 없다.

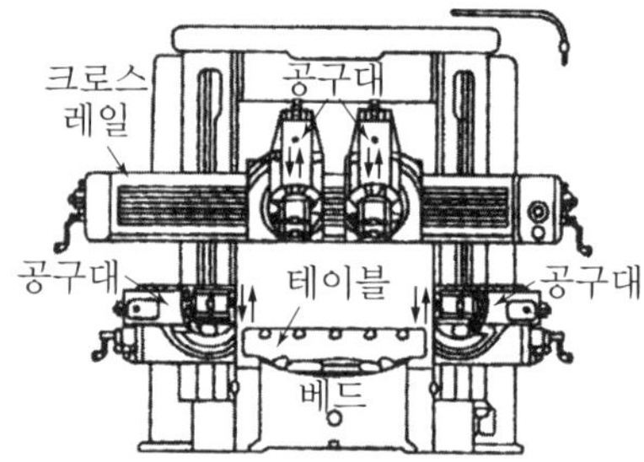


그림 5.7 쌍주식 플레이너

플레이너의 안전대책으로는 작업장에서는 이동테이블에 사람이나 운반기계가 부딪치지 않도록 플레이너의 운동 범위에 방책을 설치한다. 또한, 플레이너의 프레임 중앙부의 피트에는 덮개를 설치하여 물건이나 공구류를 두지 않도록 해야 하고 테이블과 고정벽 또는 다른 기계와의 최소거리가 40 cm 이하가 될 때는 기계의 양쪽에 방책을 설치하여 통행을 차단하여야 한다. 플레이너 절삭속도 $V$ [m/min]는 다음 식으로 나타낼 수 있다.

여기서, $C$ : 플레이너의 절삭행정속도[m/min], $n$ : 1분간의 테이블의 왕복 횟수, $L$ : 행정 길이[m], $T_s$ : 절삭행정 시 소요시간[sec], $T_r$ : 귀환행정 시 소요시간[sec], $V_r$ : 귀환행정속도[m/min], $V_s$ : 절삭행정속도[m/min]이다.

$$V = CnL, \quad n = \frac{V}{CL}$$

$$\text{단, } C = 1 + \frac{T_r}{T_s} \quad \text{또는} \quad C = 1 + \frac{V_s}{V_r}$$

2) 셰이퍼(형삭기)

셰이퍼는 바이트를 왕복 운동시켜 테이블에 고정한 공작물을 절삭하는 기계로 이송은 공작물을 고정한 테이블 쪽에서 한다. 주로 작은 평면, 홈, 각도 등을 절삭하는데 사용하고, 형삭기라고도 한다. 셰이퍼 작업 시 안전대책으로는 운전 중 램의 운전방향에 있어서는 안 되며 램의 행정 내에 장애물이 있어서는 안 된다.

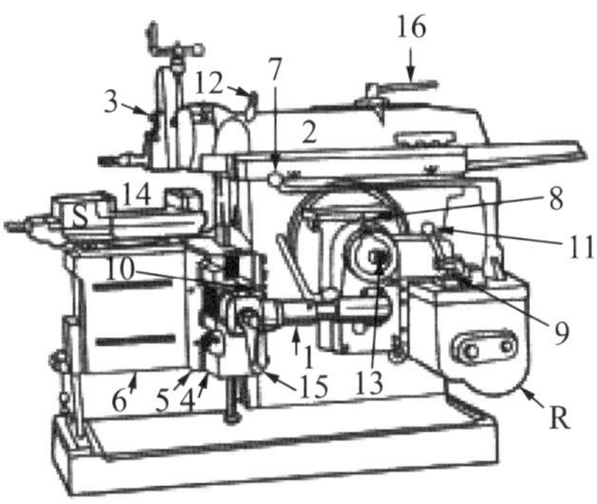


1. 직주(pillar)
2. 램(ram)
3. 셰이퍼 공구대
4. 횡주(cross rail)
5. 새들(saddle)
6. 테이블
7. 기동 레버
8. 이송용 레버
9. 변환기의 레버
10. 이송방향조절레버
11. 백기어 레버
12. 램 위치 지정축
13. 스트로크 조정장치
14. 바이스
15. 기어상장
16. 램 고정용 레버

**그림 5.8 크랭크식 셰이퍼의 각부 명칭**

셰이퍼의 절삭속도는 절삭행정시의 바이트의 전진속도로서 절삭속도 $V$ [m/min], 1분간 바이트의 왕복횟수 $n$, 행정길이 $\ell$[m], 바이트의 절삭행정시간과 1회 왕복하는 시간과의 비를 $a(a=3/5\sim 2/3)$라고 한다면, $V=\dfrac{n\ell}{a}$, $n=\dfrac{aV}{\ell}$가 된다.

### (4) 드릴링머신

#### 1) 드릴의 개요

드릴링(Drilling)은 드릴을 사용하여 구멍을 뚫는 작업이며 이 때 사용하는 기계를 드릴링머신이라고 한다. 드릴링머신은 절삭공구인 드릴이 회전하며 상하로 움직인다. 드릴링머신의 공작물은 테이블 위에 고정하는 경우가 많은데 이에 비해 보링(Boring)은 이미 뚫린 구멍을 크게 하여 소정의 치수로 만드는 작업으로 이 때 사용하는 기계를 보링 머신이라고 한다. 절삭공구는 회전하며 상하로 움직이고 공작물은 테이블 위에 고정한다.

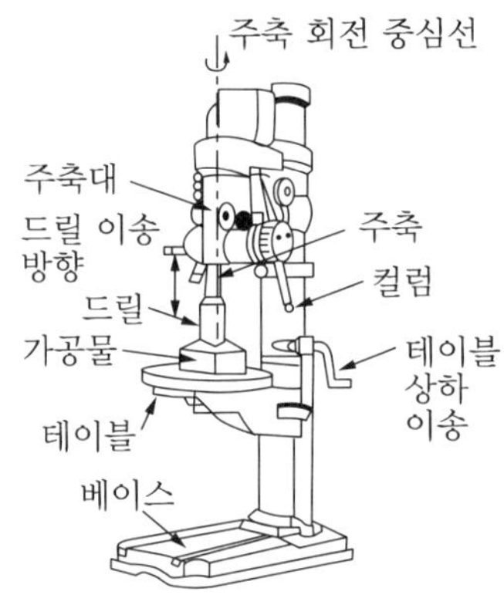


그림 5.9 직립식 드릴링머신

2) 드릴링머신의 종류와 구조

① 탁상 드릴링머신(Bench drilling machine) : 비교적 작은 물건에 구멍을 뚫을 때에 사용하며 보통 $\phi$13 mm 이하의 드릴링 작업에 많이 쓰인다. 테이블은 좌우, 상하로 움직일 수 있으며 스핀들 끝 쪽에는 드릴척을 고정해서 사용하고 큰 구멍을 뚫을 때는 척 대신 슬리브나 소켓을 끼워 사용할 수 있도록 모스 테이퍼 구멍으로 되어 있다.

② 직립식 드릴링머신(Upright drilling machine) : 수직 드릴링머신이라고도 하며 비교적 큰 구멍을 뚫을 때에 쓰인다. 주축은 자동과 수동으로 할 수 있으며 테이블은 옆으로 회전할 수 있다.

③ 레디얼 드릴링머신(Radial drilling machine) : 제품이 대형이어서 이동하기 어려운 가공물의 구멍 뚫기에 사용하고 구조는 직주에 수평으로 된 레디얼 암(Arm)이 있다. 이 암은 직주의 상하 또는 주위로 회전운동을 할 수 있도록 되어 있다.

④ 보링(Boring) : 조절할 수 있는 한 개의 절삭날을 갖고 있는 절삭공구를 사용하여 구멍을 키우는 작업이다.

⑤ 카운터보링(Counter boring) : 구멍의 끝을 넓혀 턱지게 하는 작업으로 머리가 둥근형으로 된 나사자리 등을 만들 때 이용한다.

⑥ 카운터싱킹(Counter sinking) : 접시꼴나사 등의 자리를 만들기 위하여 구멍의 끝을 원추형으로 만드는 작업이다.

⑦ 스폿페이싱(Spot facing) : 너트나 캡스크류의 자리를 판판하게 하기 위하여 구멍의 주위를 매끈하게 다듬는 작업이다.

⑧ 태핑(Tapping) : 탭을 사용하여 암나사를 만드는 작업이다. 드릴링머신은 역회전이 곤란하므로 태핑 시에는 역회전이 가능한 전동기 또는 태핑 어태치먼트(Tapping attachment)를 사용해야 한다.

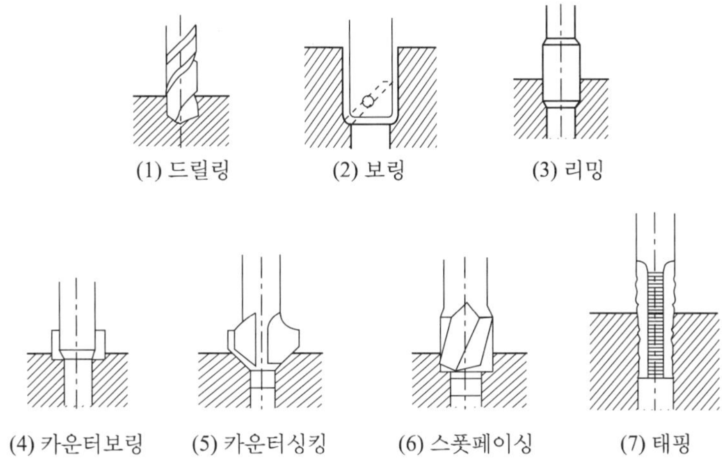


**그림 5.10 드릴링머신에서 할 수 있는 작업**

### 3) 드릴작업 시 안전대책

① 회전하고 있는 주축이나 드릴에 손이나 걸레를 대거나 머리를 가까이 하지 말아야 한다.

② 드릴 사용 전에 점검하고 상처나 균열이 있는 것은 사용하지 않는다.

③ 가공 중에 드릴의 절삭률이 불량해지고 이상음이 발생하면 중지하고 드릴을 교체한다.

④ 드릴의 착탈은 회전이 완전히 멈춘 다음 행한다.

⑤ 작은 물건은 바이스나 클램프를 사용하여 장착하고 직접 손으로 지지하는 것을 피한다.

⑥ 가공 중 드릴이 깊이 먹어 들어가면 기계를 멈추고 손돌리기로 드릴을 뽑아낸다.

⑦ 드릴이나 소켓을 뽑을 때는 공구를 사용하며 해머 등으로 두드려서는 안 된다.

⑧ 드릴이나 척을 뽑을 때는 되도록 주축을 내려서 낙하거리를 적게 하고 테이블 등에 나뭇조각 등을 놓고 받는다.

### 5.4.2 고정입자에 의한 가공

고정입자에는 숫돌과 연마 페이퍼가 있다. 숫돌을 경질(硬質)의 입자를 적당한 결합제로 결합시킨 것이고 그 표면에 나와 있는 경질입자의 예리한 모서리로 일감의 표면으로부터 미소한 칩을 깎아내는 작용을 하는 것으로서 주로 정도(精度)를 필요로 하는 다듬질가공이나 매우 경한 재료의 가공에 사용된다.

#### (1) 슈퍼피니싱(Super finishing)

비교적 낮은 압력으로 숫돌을 일감의 표면에 대고 누르면서 숫돌에 진동을 주며 일감에 회전이송을 주어, 일감의 표면을 다듬질 가공하는 것으로서 가공에 의한 변질층이 매우 적고 방향성이 없는 매끈한 면을 비교적 단시간에 얻을 수 있다. 주로 원통면에 대하여 행하나 내면, 평면 등에 대하여도 행한다.

#### (2) 연삭(Grinding)

숫돌바퀴에 회전운동을 주어 빠른 속도로 절삭운동을 행하는 가공법을 연삭이라 한다.

#### (3) 호닝(Honing)

이것은 주로 구멍의 내면에 다듬질에 사용되는 방법이며 연삭과는 달리 각봉상의 숫돌을 홀더(Holder)에 붙여서 회전절삭운동과 함께 회전축방향의 왕복직선운동을 가하여 가공한다.

#### (4) 페이퍼 가공(Coated abrasive machining)

연마 페이퍼는 종이나 포지의 1면에 경질입자를 접착제로 고정시킨 연마공구이며 벨트상의 연마포를 적당한 풀리(Pully) 위를 고속으로 이동하면서 일감에 대고 눌러 그 표면을 다듬질하는 벨트연삭이나 원판상의 연마포를 고속회전시켜 일감을 다듬질하는 디스크 샌딩(Disk sanding) 등이 있다.

### 5.4.3 유리(遊離)입자에 의한 가공

경질입자를 적당한 액체에 혼합한 것을 사용하여, 일감의 표면으로부터 미량의 칩을 깎아내어 표면거칠기가 매우 작은 면을 만드는 데 사용되는 방식이며 다음과 같은 세 종류의 방법이 있다.

### (1) 랩핑(Lapping)

경질입자와 랩핑유를 혼합한 것을 랩이라 하는 공구와 일감사이에 바르고 양자에 상대운동을 주어 그 운동으로 입자가 일감 표면을 다듬는 방법이며 습식과 건식이 있다. 정밀한 일감의 완성가공에 사용된다.

### (2) 액체호닝(Liquid honing)

액체호닝은 적당한 액과 정밀입자를 혼합하여 일감의 표면에 분사해서 그 면을 다듬는 방법이며, 치수의 정도보다는 표면처리의 한 방법으로 이용된다.

### (3) 초음파가공(Ultrasonic machining)

액체에 경질입자를 혼합한 것으로 초음파공구와 일감사이에 개재시켜 여기에 초음파진동을 주어 입자로 하여금 일감에 공구와 동일단면의 구멍을 내게 하는 방식이며 다른 방법으로 가공되지 않는 경한 재료 또는 여린 재료에 대하여 사용된다.

## 5장 연습문제

**01** 셰이퍼(Shaper) 작업에서 위험요인이 아닌 것은?

① 가공칩(chip) 비산
② 램(ram) 말단부 충돌
③ 척-핸들(chuck-handle) 이탈
④ 바이트(bite)의 이탈

**02** 드릴링 작업에서 일감의 고정방법에 대한 설명으로 적절하지 않은 것은?

① 일감이 작고 길 때에는 플라이어로 고정한다.
② 일감이 작을 때는 바이스로 고정한다.
③ 일감이 크고 복잡할 때에는 볼트와 고정구(클램프)로 고정한다.
④ 대량생산과 정밀도를 요구할 때에는 지그로 고정한다.

**03** 선반 작업 시 발생되는 칩(chip)으로 인한 재해를 예방하기 위하여 칩을 짧게 끊어지게 하는 것은?

① 방진구
② 브레이크
③ 덮개
④ 칩 브레이커

**04** 선반 작업의 안전수칙이 아닌 것은?

① 가공물의 길이가 지름의 12배 이상일 때는 방진구를 사용하여 선반작업을 한다.
② 주축변속은 저속회전에서 변속한다.
③ 바이트는 가급적 짧게 장착한다.
④ 면장갑을 사용하지 않는다.

**05** 선반 작업 시 지켜야 할 안전수칙으로 거리가 먼 것은?

① 가공물의 설치는 반드시 스위치를 끄고 바이트를 충분히 뗀 다음에 한다.
② 편심된 가공물의 설치시는 균형추를 부착시킨다.
③ 공작물의 설치가 끝나면, 척, 렌치류는 곧 떼어 놓는다.
④ 상의의 옷자락은 안으로 넣고, 끈을 이용하여 소맷자락을 묶어 작업을 준비한다.

**06** 공작기계의 절삭 작업 시 안전대책으로 잘못된 것은?

① 바이트는 되도록 짧게 장치한다.
② 절사중인 제품의 가공상대를 확인하기 위해 회전하고 있는 불제를 수시로 측정한다.
③ 작업 중 절삭칩이 눈에 들어가지 않도록 보호안경을 착용한다.
④ 절삭칩의 제거 시 브러쉬를 사용한다.

**07** 드릴링머신에서 드릴 회전수가 1000 rpm이고, 드릴 지름이 20 mm일 때 원주속도는 약 얼마인가?

① 62.8 m/min
② 31.4 m/min
③ 3.14 m/min
④ 6.28 m/min

**08** 선반의 방호장치 중 적당하지 않은 것은?

① 슬라이딩(sliding)
② 실드(shield)
③ 척커버(chuck cover)
④ 칩 브레이커(chip breaker)

## 해답

1. ③

척핸들 이탈은 드릴 작업 시 위험요인이다.

2. ①

방진구(Center Rest) : 가늘고 긴 일감은 절삭력과 자중으로 휘거나 처짐이 일어나므로 이를 방지하기 위한 장치. 일감의 길이가 직경의 12배부터 방진구를 사용한다.

3. ④

선반의 안전장치

- 칩 브레이커 : 칩을 짧게 끊어지도록 하는 장치
- 덮개 : 가공재료의 칩이나 절삭유 등이 비산되어 나오는 위험으로 작업자의 보호를 위하여 이동이 가능한 덮개 설치
- 브레이크 : 가공작업 중 선반을 급정지시킬 수 있는 장치
- 척커버

4. ②

5. ④

6. ②

절삭중인 제품의 가공상태를 확인하기 위해서는 정지시킨 후 확인한다.

7. ①

드릴의 절삭속도 : $v = \dfrac{\pi dN}{1,000}$

($d$ : 드릴의 직경, $v$ : 절삭속도, $N$ : 1분간 회전수[rpm])

8. ①

참고. 선반의 안전장치 (문제 3번 해설)

제6장

# 연삭가공

## 6.1 개요

경도가 매우 높은 연삭입자를 사용해서 연삭숫돌을 만들고 이것을 고속으로 회전시켜 공작물에 접촉하여 절삭하는 가공법으로 연삭입자의 모서리각이 예리한 절삭날을 형성하고 이것으로 공작물에서 미세한 칩을 제거하여 가공하는 것을 말한다. 한편, 연삭숫돌은 사용속도가 고속이므로 숫돌강도 이상의 큰 힘이 작용하여 회전 중에 파손되면 그 파편은 굉장한 속도로 튀어 부근의 작업자나 기계에 충돌이 되어 큰 재해를 입는 경우가 있다.

## 6.2 연삭기의 종류

연삭작업은 공작물의 형상과 연삭기의 구조에 따라 다음과 같이 분류된다. 이송량의 방향에 따라서는 트래버스(Traverse)연삭과 플런지(Plunge)연삭으로 구분하기도 한다.

### (1) 수평형 평면 연삭

평형 숫돌의 원통면으로 연삭하는 것으로 평면 연삭기의 테이블이 왕복 운동을 하며 테이블 위에는 자석 척이 장치되는 것이 보통이다. 연삭 깊이는 컬럼에 따라 숫돌 축을 수동 또는 자동으로 주면 이송 방향은 테이블의 왕복 운동 방향에 직각 방향으로 한다. 평면을 가공하는 연삭기에서 연삭숫돌의 원주를 사용하는 것은 절삭량이 적으므로 소형가공물의 정밀 가공에 적합하고 연삭숫돌의 측면을 이용해서 절삭하는 것은 절삭량이 많으므로 대형 가공물에 사용된다.

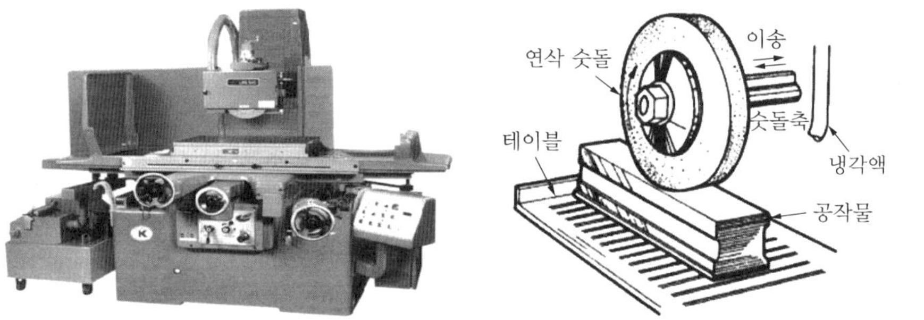


그림 6.1 평면 연삭기

(2) 수직형 평면 연삭

그림 6.2는 테이퍼 컵형 숫돌의 끝면으로 연삭하는 수직축 평면 연삭기이며 이것에는 왕복식 테이블과 회전식 테이블이 있다. 공작물은 숫돌의 지름 보다 작은 것이어야 하며 테이블의 운동 방향과 직각 방향의 이송은 하지 않는다. 또한 테이블에 자석 척을 사용하는 것은 수평축 평면 연삭기와 같다.

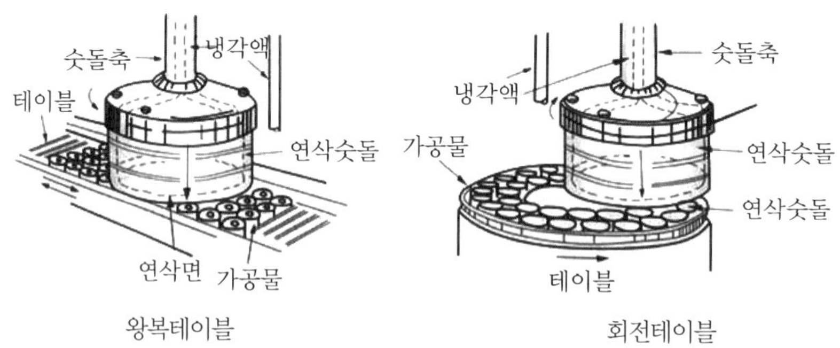


그림 6.2 수직형 평면 연삭

### (3) 원통 바깥지름 연삭

원통 바깥지름 연삭작업은 공작물을 저속으로 회전시키고 연삭숫돌을 같은 방향으로 회전시켜 원통형의 가공 표면을 얻어내는 작업이다. 공작물을 고정하는 테이블은 좌우로 이송할 수 있게 되어 있고 연삭숫돌을 고정한 헤드가 연삭 깊이 방향으로 이송할 수 있게 되어 트레버스 연삭과 플런지 연삭을 수행할 수 있다. 트레버스 원통연삭에서의 재료 제거율은 다음과 같이 구해진다.

$$Z_{w_{\max}} = \pi f d_w V_{trav}$$

여기서 $f$는 이송량, $d_w$는 공작물의 지름, $V_{trav}$는 횡 이송속도를 나타낸다. 또한 플런지 연삭에서의 재료 제거율은 다음과 같이 계산된다.

$$Z_{w_{\max}} = \pi a_p d_w V_f$$

이 때 $a_p$는 연삭숫돌의 폭, $V_f$는 반지름방향의 이송속도를 나타낸다.

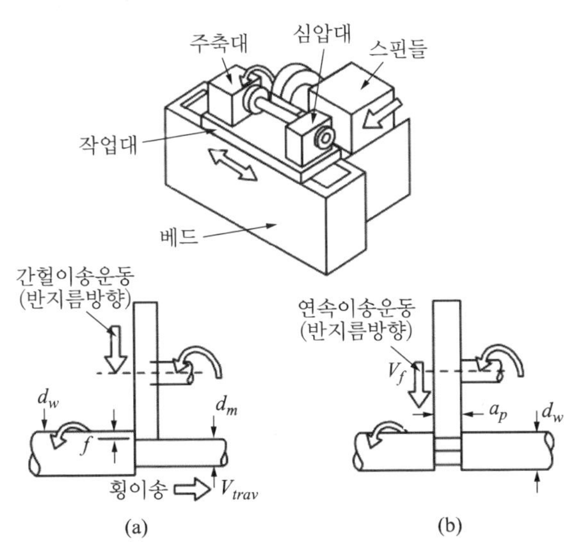


**그림 6.3** 원통 바깥지름 연삭작업 : (a) 트래버스 연삭 (b) 플런지 연삭

원통 연삭기의 구조는 선반과 유사하며 연삭숫돌을 구성하는 입자들을 극히 작은 커터라고 생각하면 일종의 밀링 머신과 같다고 볼 수 있다. 원통 연삭기는 보통 테이블 왕복식이 많고, 비교적 소형 가공물의 바깥지름을 가공한다. 주축 운동과 피드운동은 각각 단독

으로 된 것이 많다. 원통연삭기의 종류에는 테이블 왕복형, 숫돌대 왕복형, 플런지 커트형, 만능형 등이 있다. 만능 연삭기는 원통 연삭기에 다각적인 기능을 갖게 한 것이므로 원통 가공뿐만 아니라 단면 테이퍼 성형 등의 각종 연삭 가공이 가능하고 주축대들이 선회할 수 있으며 테이블 자체의 회전각도도 크다. 그 운전 방식에는 여러 가지 기구가 사용되고 있다.

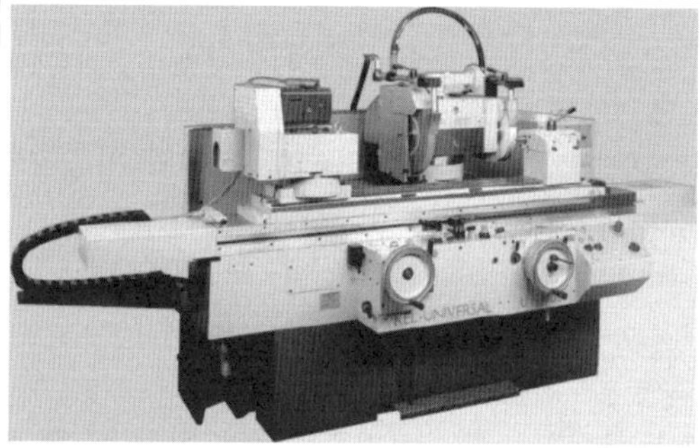

그림 6.4 만능 원통 연삭기

(4) 원통 안지름 연삭

원통 안지름 연삭작업은 공작물을 저속으로 회전시키고 작은 안지름 연삭숫돌을 공작물에 내접시켜 고속으로 회전시킴으로써 원통의 내면을 얻어내는 작업이다.

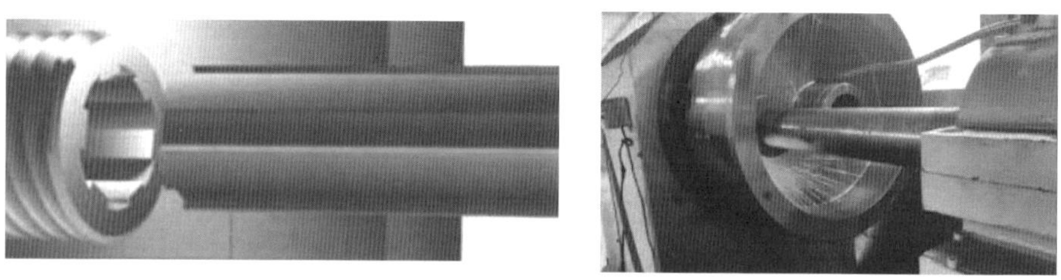

그림 6.5 원통 안지름 연삭작업

(5) 센터리스 연삭

센터리스 연삭기(Centerless grinding machine)는 센터를 내기 어려운 공작물의 외경을 연삭하는데 있어서 센터나 척을 사용하지 않고 외주(外周)를 받이판과 이송바퀴로 받치고 그 표면을 연삭 가공하는 기계로서, 가늘고 긴 공작물을 지지하는 데 센터를 사용하지 않는 것이 특징이다. 센터리스 연삭의 원리는 그림 6.6과 같이 연삭숫돌과 조정숫돌 사이에 공작물을 삽입하고 지지판으로 지지하면서 연삭하는 연삭기이다. 조정숫돌은 고무결합제를 사용한 것으로 공작물과 조정숫돌의 마찰력에 의하여 공작물을 회전시키고 조정숫돌의 공작물에 대한 압력으로써 공작물의 회전속도를 조정한다.

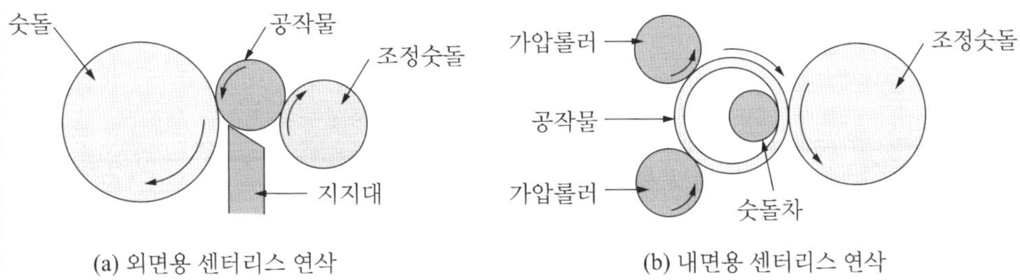


**그림 6.6 센터리스 연삭방법**

그림 6.7에 통과 이송법은 지름이 같은 공작물을 연삭숫돌과 조정숫돌 사이로 통과시켜 숫돌 한 쪽에서 반대쪽으로 빠져나가는 동안에 자동적으로 이송되어 연삭을 한다. 그림 6.8에 나타낸 전후 이송법은 연삭숫돌 바퀴의 너비보다 짧은 공작물, 턱붙이 또는 끝면 플랜지붙이, 테이퍼가 있는 것, 곡선 윤곽들이 있는 것들은 통과 이송이 되지 않으므로 받침판 위에 올려놓고 조정숫돌 바퀴를 접근시키거나 수평으로 이송하여 연삭하는 방식이다.

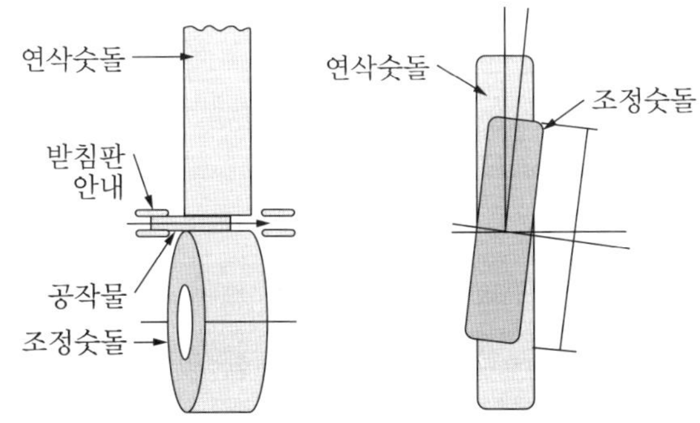


**그림 6.7 통과 이공법의 원리**

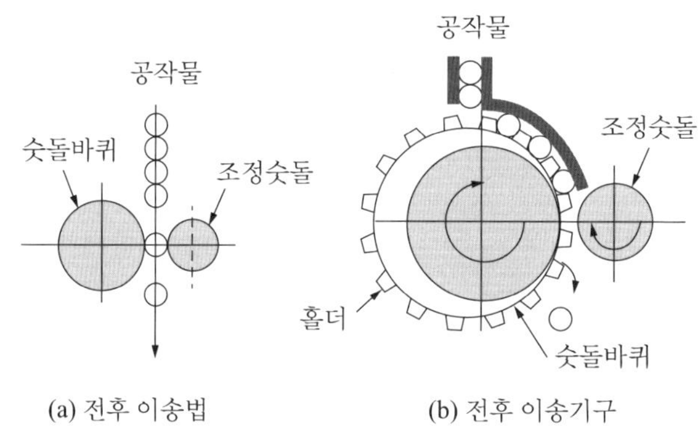


그림 6.8 전후 이송법의 원리

(6) 크리프-피드 연삭작업

연삭은 마무리 공정에 주로 사용되어 왔으나 밀링, 형삭, 평삭과 같이 연삭으로도 소재를 대규모로 절삭 제거할 수 있다. 그림 6.9에 나타낸 바와 같이 연삭 깊이를 깊게 하고 (1～6 mm) 이송속도를 작게 함으로써 재료제거율을 대폭 높인 연삭작업을 크리프-피드(Creep-feed) 연삭이라고 한다. 연삭숫돌을 주로 연한 결합도의 수지결합제로 성긴 조직을 사용하고 연삭온도를 낮게 하여 표면정도를 높이나 표면 정도보다는 작업효율이 중요하므로 작업도중에는 숫돌을 드레싱하지 않는다.

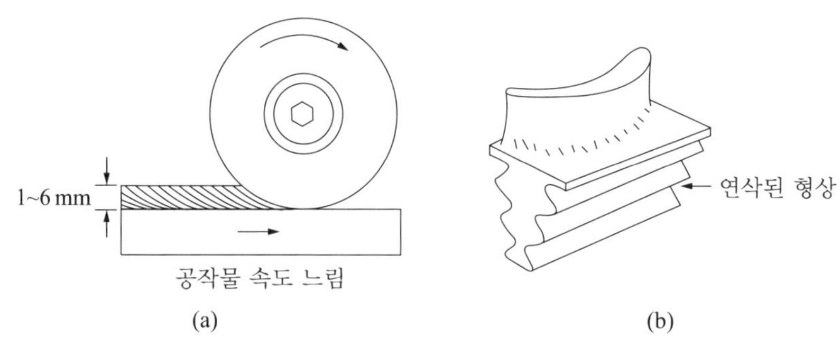


그림 6.9 (a) 크리프-피드 연삭공정, (b) 크리프-피드 연삭으로 가공된 형상

# 6.3 연삭숫돌

숫돌 입자에는 천연산과 인조가 있는데 대부분의 연삭숫돌은 인조 숫돌 입자를 쓰고 있다. 천연 숫돌 입자로는 경도가 큰 광물을 모두 쓸 수 있으나 많이 쓰이는 것은 다이아몬드, 에머리, 스피넬(Spinel : 尖晶石), 석류석(石榴石 : Garnet), 규사(珪砂) 등이다. 연삭숫돌은 사용목적이나 대상물에 따라서 숫돌 입자와 결합제를 골라서 제조하고 있으므로 연삭숫돌의 종류 및 성능을 잘 파악하여 적합한 목적에 사용해야 한다. 산화알루미나 숫돌 입자, 탄화규소 숫돌 입자와 연삭숫돌에 대하여는 표 6.1에 나타내고 있다.

[표 6.1] 숫돌 성분과 그 용도

| 연삭제 | | 숫돌 입자 기호 | 용도 | 특징 |
|---|---|---|---|---|
| 인조산 | 산화알루미늄계 ($Al_2O_3$) | A | 주강, 가단주철의 연삭용 | 갈색이며 C숫돌보다 부드러우나 강인하다. |
| | | WA | 스텔라이트, 고속도강, 특수강의 연삭용 | 순도가 높은 백색이며 A숫돌보다 부서지기 쉽다. |
| | 탄화규소계 (SiC) | C | 주철, 석재, 유리 등의 연삭 | 흑자색이며 A숫돌보다 굳으나 부서지기 쉽다. |
| | | GC | 초경합금, 유리연삭 | 순도가 높은 녹색이며 발열을 피할 경우에 사용 |
| 자연산 | 다이아몬드 | D | 유리, 보석, 석재, 래핑용 | 강도가 가장 크다. |

## (1) 연삭숫돌의 3요소

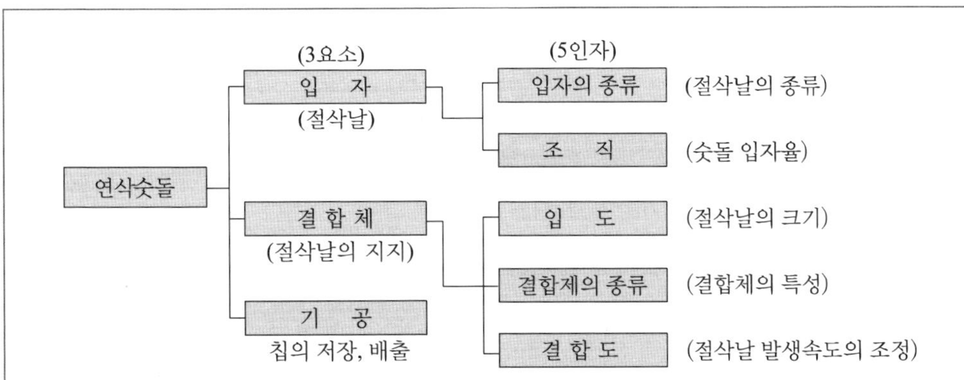


그림 6.10 연삭숫돌의 3요소

연삭숫돌은 대단히 강한 물질의 입자인 연삭(숫돌) 입자(Abrasive)와 이를 결합하여 일체가 되어 있는 결합제(Bond) 및 그 사이에 있는 공극(孔隙), 즉 기공(氣孔)의 3요소로 되어 있으며 이 중에서 연삭숫돌의 강도를 결정하는 요소는 결합제이다. 이외에 입도, 조직을 포함해서 연삭숫돌 구성의 5요소라고도 한다. 한편, 그림 6.12는 연삭숫돌의 표준모양을 보여주며 모두 13종으로서 번호로 표시한다.

(2) 연삭작업의 특징

① 일감의 칩이 대단히 작다.
② 일감의 치수정도가 대단히 높다.
③ 절삭 날에 자생작용(自生作用)이 있다.
④ 가공능률이 좋다.
⑤ 담금질강과 초경합금도 가공할 수가 있다.

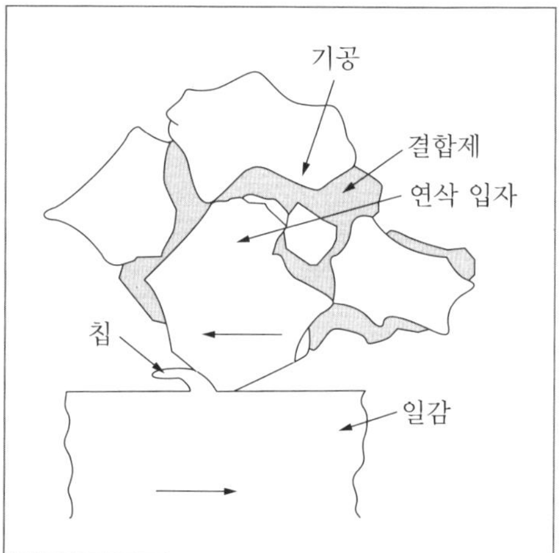


그림 6.11 연삭 칩의 발생

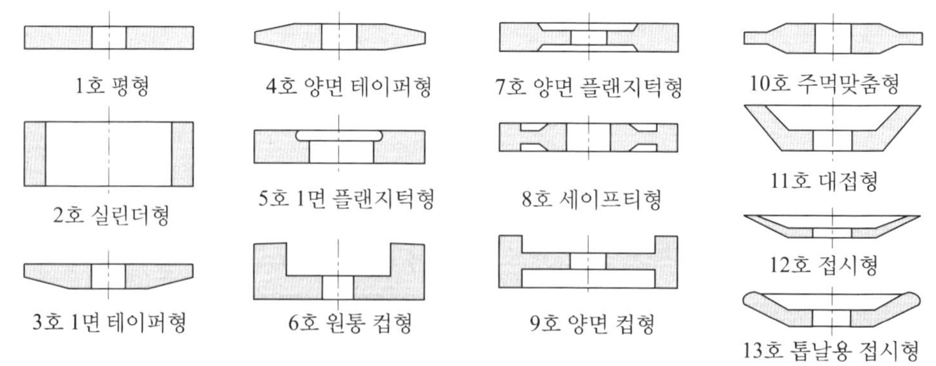


그림 6.12 연삭숫돌의 표준모양

# 6.4 재래식과 초연마연삭재 연삭숫돌

재래식 연삭숫돌은 산화알루미늄(Aluminum oxides, $Al_2O_3$)과 탄화규소(Silicon carbides, SiC)를 숫돌 입자로 사용한 것으로서 연삭작업이 기계화된 초기부터 사용되었던 숫돌이고 초연마연삭재 연삭숫돌은 1950년대에 인공적으로 개발된 다이아몬드 CBN(Cubic Boron Nitride)을 숫돌 입자로 사용하여 숫돌의 성능을 향상시킨 것이다. 재래식 연삭숫돌은 숫돌 전체를 숫돌 입자로 만드는 반면, 초연마연삭재 연삭숫돌은 몸체(Shank)부분을 알루미늄이나 강과 같은 금속으로 제작하고 연삭 날 부분만 초연마연삭재 입자를 사용하여 제작한다.

### (1) 재래식 연삭숫돌

재래식 연삭숫돌의 표기방법은 국제적으로 통일되어 있으며, 숫돌의 사양은 다음 사항을 포함한다.

① 연마입자의 종류
② 연마입자의 크기
③ 연삭숫돌의 경도
④ 연삭숫돌의 구조
⑤ 결합제의 종류
⑥ 제조회사의 분류기호

그림 6.13은 국제적으로 통용되고 있는 재래식 연삭숫돌의 표기방법을 나타낸다. 기호 A와 C는 연마입자가 산화알루미늄(A)인지 아니면 탄화규소(C)인지를 나타낸다. 산화알루미늄과 탄화규소에도 몇 가지 종류가 있지만 기호로는 A와 WA, C와 GC로 대별하여 나타낸다. 생산자 기호는 숫자나 문자로 나타내는데, 숫돌 입자의 종류를 나타내는 기호 앞에 표기해서 산화알루미늄과 탄화규소의 특정한 타입을 나타낸다. 숫돌 입자의 종류를 나타내는 오른편에는 연마입자의 크기, 즉 입도를 기입하는데 이것은 숫돌 입자를 분류할 때 사용하는 체의 메시 크기를 나타내는 것으로서 1인치당 그물눈의 수를 나타낸다. 따라서 큰 숫자는 작은 입자크기를 의미한다. 연마입자의 크기를 나타내는 숫자 다음에는 연삭숫돌의 경도를 나타내는 문자를 표기한다. 연삭숫돌의 경도는 연마입자가 결합제와 얼마나 단단히 결합하고 있는가를 나타낸다. 경도는 A부터 Z까지의 알파벳 문자를 사용해서 나타내는데 A쪽이 연한 쪽, Z쪽이 단단한 쪽을 나타낸다. 연삭숫돌의 경도표시

옆에는 연삭숫돌의 조직을 나타내는 숫자를 표기한다. 조직을 나타내는 숫자는 연삭숫돌에서 숫돌 입자의 체적이 차지하는 비중을 나타내는 것으로서 숫자가 작을수록 숫돌 입자가 많고 기공이 적은 것을 의미한다. 연삭숫돌의 조직표시 다음에는 결합제의 종류를 문자로 나타낸다. 재래식 연삭숫돌의 제작에 널리 쓰이고 있는 비트리파이드 결합제(Vitrified bond)는 "V"문자를 사용하며, 고무계열의 결합제(Rubber-based bond)는 "R"을, 레지노이드(Resinoid) 결합제는 "B"를 사용한다.

WA 54 Lm V−1호 D 205×16×19.05

| WA | 54 | L | m | V | 1호 | D×t×d |
|---|---|---|---|---|---|---|
| 숫돌 입자 | 입도 | 결합도 | 조직 | 결합체 | 모양 | 크기 |

**숫돌 입자 (WA)**

| 색깔 | 표시법 |
|---|---|
| 흑갈색 | A |
| 흰색 | WA |
| 흑자색 | C |
| 녹색 | GC |
| 다이아몬드 | D |

**입도 (54)**

| 구분 | 표시법 |
|---|---|
| 거친것 | 10, 12, 14 16, 20, 24 |
| 보통 | 30, 36, 46 54, 60 |
| 고운것 | 70, 80, 90 100, 120, 150 180, 220 |
| 매우 고운것 | 240, 280, 320 400, 500, 600 700,800 |

**결합도 (L)**

| 구분 | 표시법 |
|---|---|
| 극히 연함 | E, F, G |
| 연함 | H, I J, K |
| 보통 | L, M, N, O |
| 단단한 것 | P, Q R, S |
| 극히 단단한 것 | T, U W, Z |

**조직 (m)**

| 구분 | 표시법 | |
|---|---|---|
| 치밀 | W | 0, 1, 2 3 |
| 중간 | M | 4, 5, 6 |
| 거침 | C | 7, 8, 9 10, 11 12 |

**결합체 (V)**

| 구분 | 표시법 |
|---|---|
| 비트리파이드 | V |
| 실리케이트 | S |
| 고무 | R |
| 레지노이드 | B |
| 셀락 | E |
| 비닐 | PVA 6 |
| 메탈 | M |

**모양 (1호)**

| 구분 | 표시법 |
|---|---|
| 평형 | 1호 |
| 실린더형 | 2호 |
| 1면 플랜지 턱형 | 5호 |
| 원통 컵형 | 6호 |
| 양면 플랜지 턱형 | 7호 |
| 대접형 | 11호 |
| 접시형 | 12호 |

**크기 (D×t×d)**

| 표시법 |
|---|
| 외경×폭×내경 |

**그림 6.13 연삭숫돌의 표시법**

### (2) 초연마연삭재 연삭숫돌

다이아몬드와 CBN 같은 초연마연삭재를 사용하는 숫돌은 재래식 숫돌과 유사하면서도 약간 다른 표기방법을 사용한다. 다이아몬드 입자는 "D"로, CBN 입자는 "B"로, 비트리파이드는 "V"로, 그리고 금속은 "M"으로 표기한다. 대부분의 초연마연삭재 숫돌은 레진과 금속 결합제를 사용하는데, 최근 들어 CBN 숫돌의 경우 비트리파이드 결합제의 중요성이 강조되고 있다. 초연마연삭재 입자는 매우 비싸기 때문에 금속몸체에 초연마재 입자의 얇은 층을 더하여 연삭숫돌로 사용하게 되는데, 이 때 초연마연삭재 연삭층의 두께를 숫돌의 표기에 포함시킨다. 경우에 따라서는 연삭숫돌의 비용을 줄이기 위해서 금속몸체에 한 층만의 초연마연삭재 입자를 도금하여 사용하기도 하는데, 이러한 숫돌을 전착숫돌(Electroplated wheel)이라고 하며 이 경우 숫돌에는 입자의 종류와 크기만 표기한다. 초연마연삭재 숫돌의 입자크기는 재래식 숫돌의 입자크기 표기방법과 약간 다른 표기방법을 사용한다. 초연마연삭재 숫돌의 입자크기는 재래 연삭숫돌의 경우보다 더 잘 관리되어야 하기 때문에 두 숫자를 동시에 표기하는 방법을 사용한다. 60/80의 경우 초연마연삭재 입자의 대부분이 60번 메시는 통과하지만 80번 메시는 통과하지 못하는 입자크기를 의미한다.

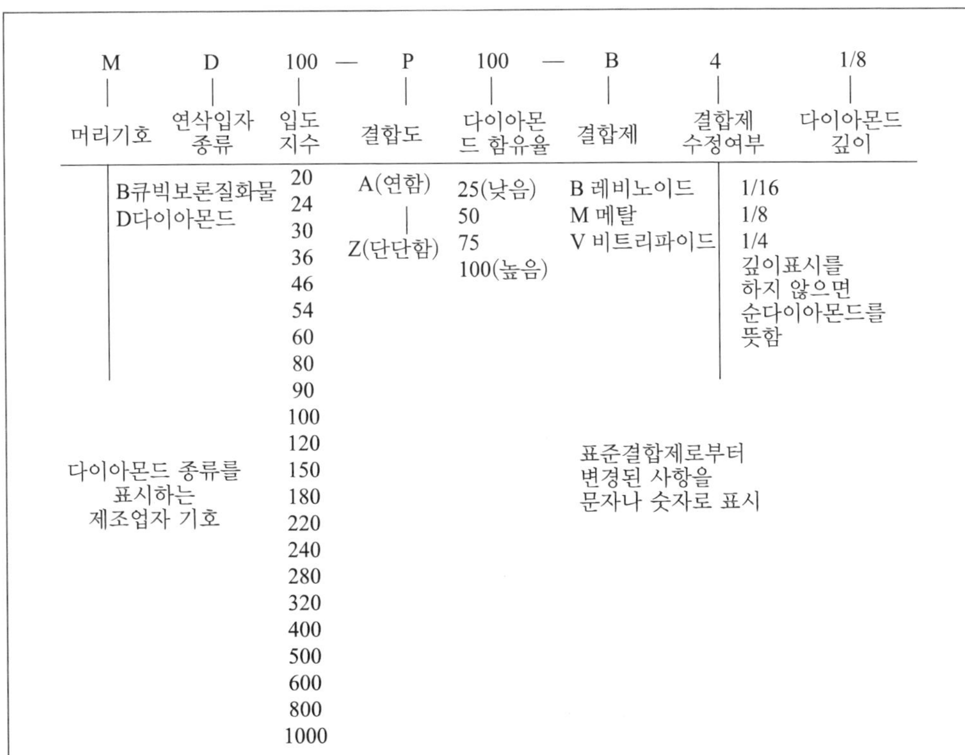


**그림 6.14** 초연마연삭재 숫돌의 표기방법

## 6.5 결합제

숫돌 입자는 여러 종류의 결합제에 의하여 결합되어 진다. 이러한 결합제는 연삭저항력과 연삭온도에 견딜 수 있어야 하며 연삭유로부터 화학적 영향을 받지 않아야 한다. 또한 결합제는 숫돌의 강성을 유지할 수 있어야 하고 한편으로는 마모된 입자를 적절한 시기에 탈락시킬 수 있어야 한다. 적당하게 숫돌 입자가 파쇄(자생작용)하여 절삭될 수 있는 보존력이 필요하다. 주로 사용되는 결합제는 비트리파이드, 레지노이드, 금속결합제 등이다. 비트리파이드 결합제는 점토, 장석, 프릿(Frit)의 혼합물로 구성된다. 비트리파이드 결합제를 사용한 숫돌은 많은 기공(Porosity)을 포함하고 있어서 연삭성이 우수하며 강도도 높아서 재래식 연삭숫돌의 반 이상을 차지한다. 그러나 취성이 크기 때문에 사용 중 주의를 요하고, 특히 최근 연삭가공이 고속화되고 있는 추세이지만 고속에서는 사용이 제한된다. 레지노이드 결합제는 열경화성 수지를 결합제로 사용한 것이다. 연삭숫돌의 제작은 레지노이드 분말을 숫돌 입자와 혼합하여 연삭숫돌 형태로 성형한 후 150~200℃에서 경화하여 제작한다. 결합제의 경도는 경화제와 첨가제의 양에 의하여 조절된다.

레지노이드 연삭숫돌은 강도도 높고 충격에 잘 견디므로 재래식 입자를 사용한 중연삭작업과 절단작업에 사용된다. 초연마연삭재 숫돌에는 레지노이드 결합제가 가장 널리 쓰이며 다이아몬드를 이용한 초경합금의 연삭이다. CBN을 이용한 강의 연삭들과 같은 작업에 효과적으로 활용된다. 레지노이드 결합제는 알칼리성 절삭유에 의해 화학적 영향으로 강도를 떨어뜨릴 가능성이 있으므로 알칼리성 절삭유와는 함께 사용하지 않는 것이 바람직하다. 금속결합제는 초연마연삭재 연삭숫돌의 제작에 널리 사용된다. 가장 널리 쓰이는 금속결합제의 형태는 분말야금법으로 생산된 청동분말을 숫돌 입자와 혼합하여 소결시키는 것이다. 다른 금속 결합제로는 철과 니켈분말 등이 있다. 전착에 의한 결합방법은 초연마연삭재 연삭숫돌의 제작에 사용되는 방법으로 다이아몬드나 CBN 입자를 미리 제작된 생크(Shank)에 한 층만 니켈도금방법으로 결합시키는 것이다. 전착숫돌은 다이아몬드나 CBN입자의 사용량이 적기 때문에 적은 비용으로 초연마연삭재 숫돌을 생산할 수 있는 이점이 있고 또한 복잡한 형상의 숫돌도 쉽게 제작할 수 있는 장점이 있다.

## 6.6 숫돌의 마멸 및 자생작용

연삭작업은 연삭숫돌 입자가 무뎌져 연삭저항이 증가하면 숫돌 입자가 탈락되는 자생작용을 하므로 연속작업이 가능하게 된다. 숫돌 마모의 세 가지 주요 메커니즘은 그림 6.15와 같이 정상마멸, 입자파괴, 본드 파괴이다. 정상 마멸은 공작물을 절삭함에 따라 입자의 무뎌짐과 마멸면적의 성장을 포함한다. 입자파괴는 입자 내 파괴에 의한 입자의 부분적인 파괴, 본드파괴는 본드로부터 입자의 탈락으로 발생된다. 또 다른 형태의 마멸은 본드의 부식이고 본드의 강도를 떨어뜨리며 입자탈락을 가속시킨다. 특히 레지노이드 본드 다이아몬드 숫돌에서 발생된다. 이러한 마멸은 자생작용에 의해 이루어진다.

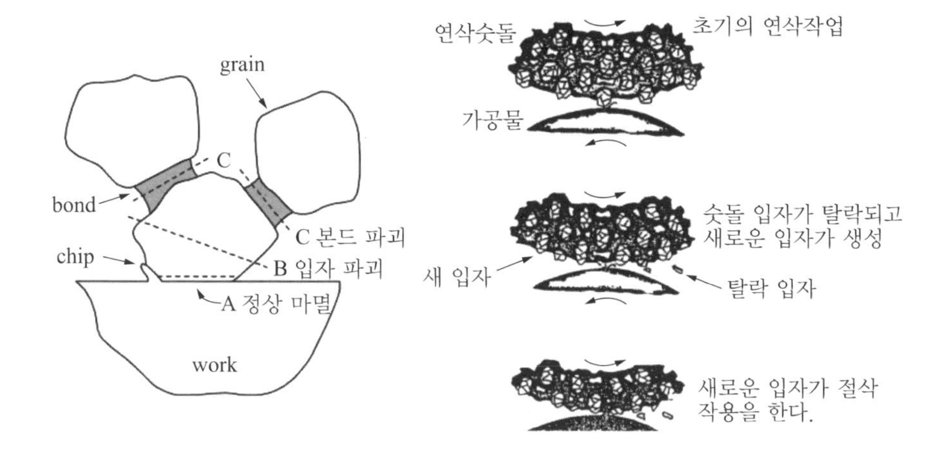


**그림 6.15** 연삭숫돌 마멸 메커니즘과 자생작용

## 6.7 연삭저항과 강도

연삭숫돌은 어느 정도의 압력을 가하지 않으면 가공물을 연삭할 수 없다. 따라서 연삭숫돌은 반드시 약간의 저항력을 받는다. 이것을 연삭저항이라고 한다. 이것을 측정하면 안전상에도 작업상에도 매우 유용하지만 간단히 측정할 수 없다. 이러한 연삭저항을 측정하려면 연삭숫돌과 공작물과의 접촉면에서 숫돌 입자 각각에 작용하는 힘의 값이나 작용 방향 등을 알아야 한다. 따라서 정지한 상태에서 연삭숫돌의 여러 가지의 힘을 가해서 어느 정도의 힘으로 파괴하는가를 다음과 같이 파악한다.

① 숫돌이 장착된 상태에서 측면에 충격을 준 경우는 대단히 약하고 0.3 kg · m의 충격력(해머로 가볍게 두드린 정도의 힘)으로 간단히 파괴한다.
② 측면에 가해진 50 kg의 정하중에서 파괴한다. 따라서 측면연삭은 정적강도에서도 상당히 위험한 것을 알 수 있다. 절단 숫돌처럼 얇은 숫돌은 더욱이 작은 힘으로 파괴한다.
③ 정지 상태에서의 연삭숫돌은 2 t의 하중까지는 파괴하지 않는다.
④ 연삭숫돌을 평행한 두 평면으로 중첩한 경우는 200 t의 하중까지는 파괴하지 않는다.
⑤ 측면을 사용하지 않으면 안 되는 연삭에서는 나사연삭처럼 연삭숫돌의 가장자리의 양쪽에서 측압을 가하면 측압 자체가 상쇄된다. 동일한 이유로 측면의 연삭은 각도 커더가 안전상 요구된다. 일반의 플런지 커트의 경우 측면저항을 감소하기 위해 오목형을 사용하는데 할 수 없이 평형을 사용하는 경우는 측면에 단붙이를 설계한다.

## 6.8 숫돌의 트루잉 및 드레싱

트루잉(Truing)은 숫돌과 베어링 사이의 간격에 불균형 및 형상 변형이 필요할 때 숫돌의 외형을 수정하여 규격에 맞는 제품으로 만드는 과정이다. 그러나 트루잉 후 기공 등이 막힌다 든지 하여 입자 결정의 노출이 없는 평탄한 상태인 눈막힘 현상(Loading)과 숫돌 입자가 마모되어 절삭성을 잃은 상태인 그레이징(Glazing)현상이 발생하여 피삭재를 거의 제거하지 못한다. 이에 트루잉 후에 소정의 표면조도, 치수를 얻기 위해서 결정을 노출시켜 연삭숫돌이 효율적으로 연삭하게 만들어 주는 과정인 드레싱(Dressing)이 필요하다.

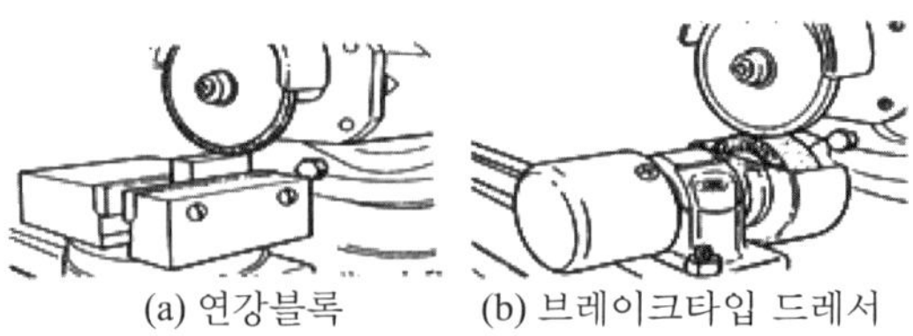
(a) 연강블록 (b) 브레이크타입 드레서

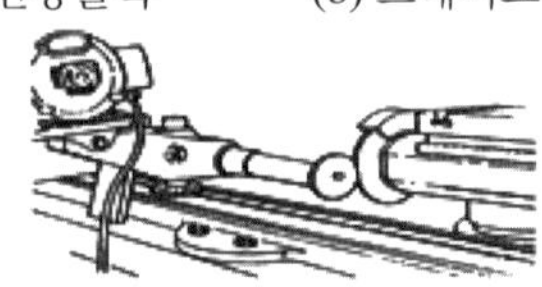
(c) 공구대 연삭기

**그림 6.16** 연삭숫돌 트루잉 작업

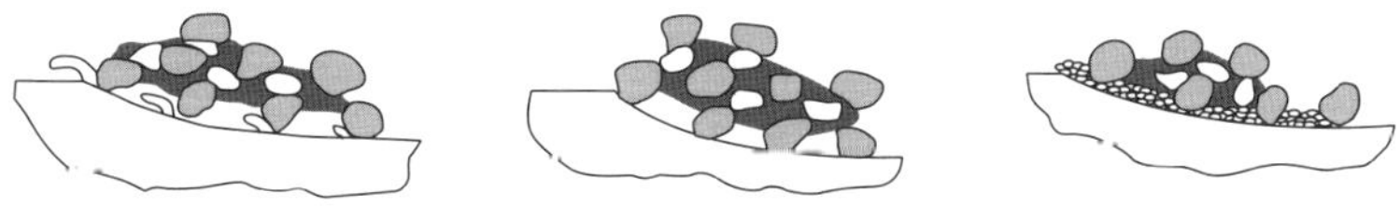


그림 6.17 연삭숫돌 표면의 이상 상태

## 6.9 연삭기의 재해유형

① 숫돌의 파괴, 파편의 비래 등에 의한 위험
② 회전하는 숫돌에 닿아 절단, 스침 등의 상해 위험
③ 공작물의 파편이나 칩의 비래에 의한 위험
④ 회전하는 숫돌과 덮개 혹은 고정부의 사이에 낄 위험

한편, 상태별로 보면 작업방법의 결함이 많으며 그 중에서도 기술적, 육체적인 무리, 작업순서의 착오가 원인의 대부분을 차지한다. 그 다음은 방호장치의 결함, 물건자체의 결함도 있으며 행동별로 보면 잘못된 동작, 기계장치 등의 지정 이외 사용, 안전조치의 불이행으로 인한 경우도 있다.

## 6.10 연삭숫돌의 파괴원인

### (1) 숫돌의 회전속도가 너무 빠를 때

숫돌이 회전하면 원심력에 의하여 숫돌 내부에 응력이 발생하고 속도가 증가함에 따라 내부응력은 점점 증가하게 된다. 만약 숫돌의 회전속도로 인해 숫돌 내부에 발생되어진 응력이 숫돌 고유의 한계응력보다 크면 숫돌은 파괴가 일어나며 이때의 회전 속도를 파괴회전 원주속도라 한다. 파괴회전 원주속도를 안전계수로 나누면 최고사용 원주속도가 된다. 작업 시 최고사용 원주속도 이하에서 운전하여야 한다.

[표 6.2] 연삭숫돌의 최고속도

| 연삭숫돌 | 최고사용 원주속도(m/min) |
|---|---|
| 공구연삭 컵형 비트리파이드 숫돌 | 1400 |
| 자유연삭 평형 비트리파이드 숫돌 | 2000 |
| 자유연삭 레지노이드 숫돌 | 3000 |
| 절단용 레지노이드 숫돌 | 4800 |

$$V = \pi DN\,(\mathrm{mm/min}) = \frac{\pi DN}{1000}\,(\mathrm{m/min})$$

여기서, $V$ : 회전속도(mm/min, m/min)

$D$ : 숫돌지름(mm), $N$ : 회전수(rpm)

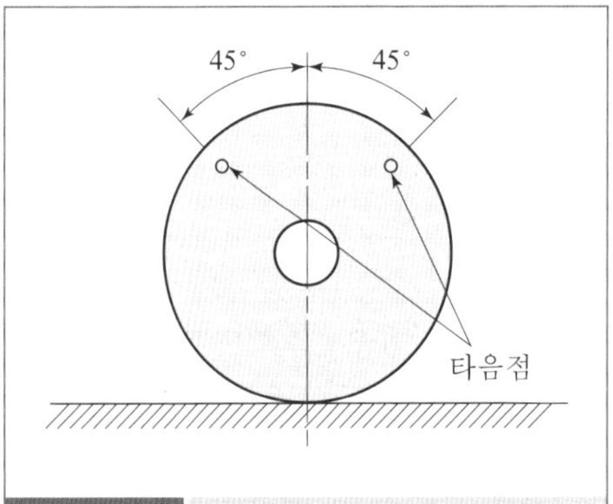


그림 6.18 숫돌의 타음 검사 지점

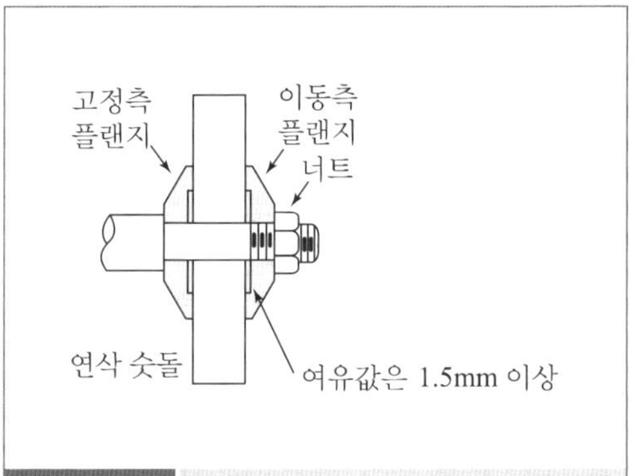


그림 6.19 플랜지

(2) 숫돌 자체에 사전 균열이 있을 때

사전 균열 판단 여부는 연삭숫돌을 끼우기 전에 해머로 가볍게 두들겨 본다. 만약 균열이 있으면 탁음이 난다.

(3) 플랜지의 직경이 숫돌의 직경과 비교하여 현저히 작을 때

플랜지의 직경은 1/3 이상인 것이 적당하고 고정축과 이동축의 직경이 같아야 하며, 플랜지의 직경이 숫돌의 직경과 비교하여 현저히 작을 때 응력집중현상에 의해서 숫돌이 파괴되기 쉽다.

(4) 숫돌의 치수 특히 내경의 크기가 적당하지 못할 때

(5) 숫돌에 과대한 충격을 주었을 때

(6) 작업에 비적절한 숫돌을 사용하였을 때

(7) 숫돌의 회전중심이 잡히지 않았거나 베어링의 마모에 의한 진동이 발생할 시

(8) 숫돌의 측면 사용 시

## 6.11 방호장치

연삭기의 방호장치는 작업 중에 연삭숫돌의 파괴, 비산에 대한 대책으로서 숫돌직경 5 cm 이상일 경우 안전덮개를 설치하고 연삭칩의 발생 시에는 눈을 보호할 수 있도록 쉴드(Shield)를 설치하기도 한다. 한편, 연삭기의 덮개는 파괴된 숫돌의 비산으로부터 작업자가 보호되어야 하므로 강도가 큰 재료로 만들어야 하고 덮개의 두께는 숫돌바퀴의 크기, 회전수 등을 고려하여 충분한 강도를 갖도록 설계, 제작되어야 한다.

### (1) 안전덮개의 제작기준

#### 1) 덮개의 재료

① 덮개는 인장강도가 28 kg/mm$^2$ 이상이고 연신율이 14% 이상인 압연강판을 사용한다.

② 덮개는 인장강도(kg/mm$^2$)에 연신율(%)의 2배의 값을 합한 값이 76 이상의 압연강판이어야 한다.

③ 절단숫돌(최고사용 원주속도가 4800 m/min 이하의 것)에 사용되는 덮개의 재료는 인장강도가 18 kg/mm$^2$ 이하인 동시에 연신율이 2% 이상인 알루미늄의 재질도 사용할 수가 있다.

④ 휴대용 연삭기의 덮개 및 밴드형 덮개 이외의 재료는 표 6.3과 같다.

[표 6.3] 안전덮개의 재질 (단위 : m/min)

| 연삭숫돌의 최고사용 원주속도 | 2000 이하 | 300 이하 | 3000 초과 |
|---|---|---|---|
| 재질 | 주철, 주강, 가단주철 | 가단주철, 주강 | 주강 |

#### 2) 덮개의 두께

압연강판을 재료로 사용하는 덮개의 두께는 연삭숫돌의 최고사용속도, 연삭숫돌의 두께 및 연삭숫돌의 직경에 따라서 달라진다. 표 6.4는 휴대용 연삭기(컵형 숫돌의 밴드형 덮개)의 각종 필요규격을 나타낸다.

[표 6.4] 안전덮개의 두께 (단위 : mm)

| 숫돌의 외부직경 | 밴드의 취소두께(A) | 리벳 최소직경 | 숫돌의 두께 | 최대돌출량 |
|---|---|---|---|---|
| 205 미만 | 1.6 | 4.8 | 13 | 6.4 |
| | | | 25 | 13 |
| 205~610 | 3.2 | 6.4 | 50 | 19 |
| | | | 75 | 25 |
| 635~760 | 6.4 | 9.5 | 100 | 38 |
| | | | 125 | 50 |

### (2) 안전덮개의 설치방법

덮개의 노출각은 스핀들(Spindle)중심의 정점에서 측정하여 덮개 없이 노출된 각도를 말한다. 숫돌의 파괴 시에 비산하는 파편으로부터 작업자를 보호하기 위한 것이기 때문에 잘못된 각도로 설치된 덮개는 설치하지 않은 것과 같으므로 덮개의 설치나 안전 점검 시 각별히 유의하여야 한다.

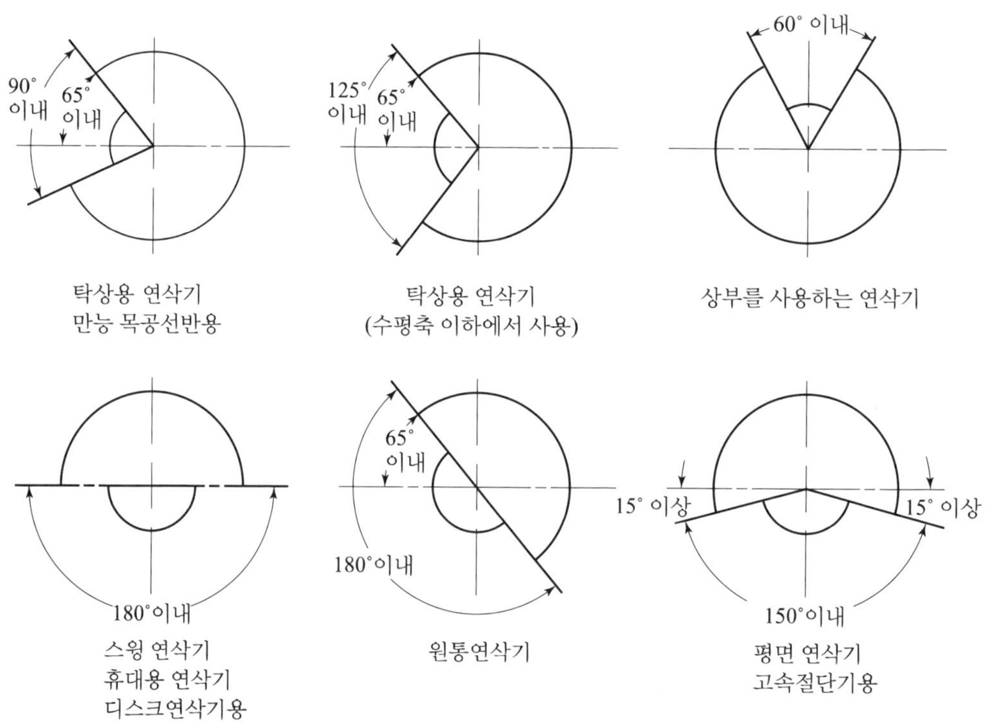


그림 6.20 덮개의 표준양식

① 탁상용 연삭기의 덮개

ⓐ 덮개의 최대노출각도 : 90° 이내 (원주의 1/4 이내)

ⓑ 숫돌의 주축에서 수평면 위로 이루는 원주각도 : 65° 이내

ⓒ 수평면 이하에서 연삭할 경우의 노출각도 : 125°까지 증가

ⓓ 숫돌의 상부사용을 목적으로 할 경우의 노출각도 : 60° 이내

② 원통연삭기, 만능연삭기의 덮개의 노출각도 : 180° 이내
숫돌의 주축에서 수평면 위로 이루는 원주각도 : 65° 이내

③ 휴대용 연삭기, 스윙(Swing)연삭기의 덮개의 노출각도 : 180° 이내

④ 평면연삭기, 절단연삭기의 덮개의 노출각도 : 150° 이내
숫돌의 주축에서 수평면 밑으로 이루는 덮개의 각도 : 15° 이상

## 6.12 연삭기의 방호대책

### (1) 구조면에서의 방호대책

① 구조규격(재료, 치수, 두께)에 알맞은 덮개를 설치한다.

② 플랜지는 수평을 잡아서 바르게 설치하고 플랜지의 안쪽에 종이나 고무판을 부착하여 숫돌을 고정시킬 때 종이나 고무판의 두께는 0.5～1 mm 정도가 적합하며 숫돌의 종이라벨은 제거하지 않고 고정한다.

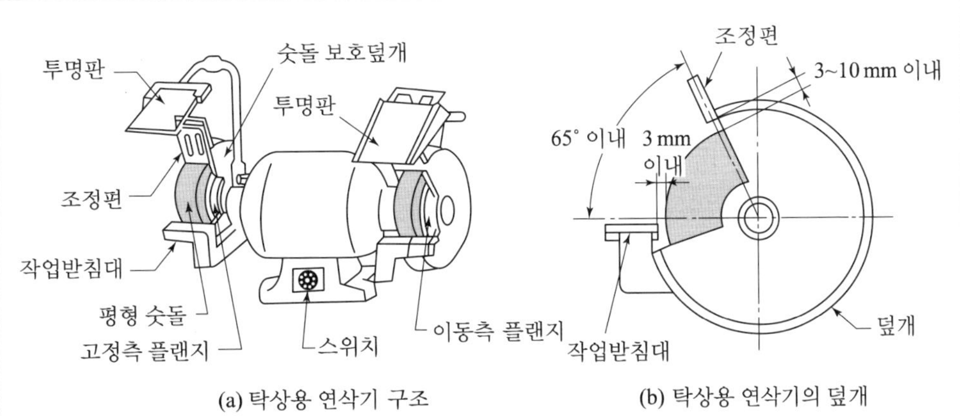


그림 6.21 탁상용 연삭기

③ 숫돌의 치수나 형상은 구조규격에 적합해야 한다. 숫돌의 결합 시에는 축과 0.05～0.15 mm 정도의 틈새를 두어야 한다.
④ 칩 비산방지 투명판(Shield), 국소배기장치를 설치한다.
⑤ 탁상용 연삭기는 작업받침대(Work rest)와 조정편을 설치한다. 이 때 연삭숫돌과 작업받침대의 간격은 3 mm 이내로 한다. 연삭숫돌과 조정편의 간격은 3～10 mm 이내로 유지한다.

### (2) 작업면에서의 방호대책

① 작업시작 전에는 1분 이상 시운전을 하고 숫돌의 교체 시에는 3분 이상 시운전을 실시한다.
② 연삭숫돌의 제조 후 시운전 시에는 규정속도의 1.5배로 한다.
③ 연삭기는 연삭숫돌 부위에 덮개가 설치되어 있는 것을 사용한다.
④ 연삭작업 시 항상 눈과 얼굴 보호 장비를 착용한다.
⑤ 연삭기를 사용하기 전에 모든 가드가 제자리에 안전하게 조절 및 장착되어 있는지 확인한다.
⑥ 작업을 시작하기 전에 작업 받침대가 연삭숫돌의 3 mm 이내에 안전하게 조절되어 있는지 확인한다.
⑦ 연삭숫돌을 점검하여 손상된 부분이 없는지, 축 위에서 균형을 유지하면서 회전하는지 확인한다. 문제가 있거나 장애가 있는 것으로 보이면 연삭숫돌이 작업 가능한 상태가 될 때까지 기계를 작동시키지 않는다.
⑧ 측면 연삭을 위해 설계되지 않은 연삭숫돌의 측면으로 연삭작업을 하지 않는다. 탁상연삭기에 사용되는 대부분의 연삭숫돌은 정면 연삭에만 사용하기 위한 것이다.
⑨ 공작물은 연삭숫돌에 충격을 가하지 말고 천천히 그리고 부드럽게 갖다 댄다.
⑩ 손으로 공작물을 잡고 연삭작업을 할 때, 필요한 정도의 힘만을 가하면서 연삭숫돌에 댄다. 숫돌에 너무 과도한 힘을 가하면 과열되면서 작업물이나 숫돌이 파손되거나 작업자가 부상을 입을 수 있다.
⑪ 수평의 중앙선 위의 지점에서 연삭작업을 하는 경우 연삭숫돌이 공작물을 한쪽으로 당기는 경향이 있어 연삭작업을 방해할 위험이 있으므로 작업물이 연삭숫돌 중앙을 통과해 수평면에서 연삭숫돌에 접촉되도록 한다.
⑫ 연삭작업 전에 적어도 1분간 연삭숫돌을 작동속도로 회전시켜 본다. 또한 연삭숫돌의 가동을 시작할 때 숫돌 바로 앞에 서지 않는다.

⑬ 보안경, 보안면, 안전화, 앞치마 등의 적절한 개인 보호구를 착용하고, 또한 필요하면 반드시 장갑을 착용해야 한다. 헐렁한 옷을 입고 작업하지 않는다.
⑭ 수행할 작업에 맞는 연삭숫돌만을 사용한다.
⑮ 연삭숫돌을 목재 해머로 두들겨 점검할 때 청음이 나는지를 확인한다.

# 6장 연습문제

**01** 연삭기 작업 시 작업자가 안심하고 작업을 할 수 있는 상태는?

① 탁상용 연삭기에서 숫돌과 작업 받침대의 간격이 5 mm이다.
② 덮개 재료의 인장강도는 224 MPa이다.
③ 작업 시작 전 1분 정도 시운전을 실시하여 해당 기계의 이상 여부를 확인하였다.
④ 숫돌 교체 후 2분 정도 시운전을 실시하여 해당 기계의 이상 여부를 확인하였다.

**02** 연삭작업에서 숫돌의 파괴원인이 아닌 것은?

① 숫돌의 회전속도가 너무 빠를 때
② 연삭작업 시 숫돌의 정면을 사용할 때
③ 숫돌의 내경의 크기가 적당하지 않을 때
④ 플랜지의 지름이 현저히 작을 때

**03** 연삭기 숫돌의 지름이 200 mm이고, 전동기와 직결되어 회전수가 3600 rpm일 때 연삭숫돌의 원주속도는 약 몇 m/min인가?

① 452 ② 1258
③ 1856 ④ 2262

**04** 다음 중 연삭숫돌의 파괴원인으로 거리가 먼 것은?

① 플랜지가 현저히 클 때 ② 숫돌에 균열이 있을 때
③ 숫돌의 측면을 사용할 때 ④ 숫돌의 치수 특히 내경의 크기가 적당하지 않을 때

**05** 숫돌 외경이 150 mm일 경우 평형 플랜지의 직경은 최소 몇 mm 이상이어야 하는가?

① 25 mm ② 50 mm
③ 75 mm ④ 100 mm

**06** 지름이 5 cm 이상을 갖는 회전중인 연삭숫돌의 파괴에 대비하여 필요한 방호장치는?

① 받침대 ② 플랜지
③ 덮개 ④ 프레임

**해설** 1. ③

연삭숫돌의 덮개 등 (안전규칙 제93조)

- 회전중인 연삭숫돌(직경이 5 cm 이상인 것에 한한다)이 근로자에게 위험을 미칠 우려가 있는 때에는 해당 부위에 넢개를 설치하여야 한다.
- 연삭숫돌을 사용하는 작업에 있어서 작업을 시작하기 전에 1분 이상, 연삭숫돌을 교체한 후에 3분 이상 시운전을 하고 당해기계에 이상이 있는지의 여부를 확인하여야 한다.
- 제2항의 규정에 의한 시운전에 사용하는 연삭숫돌은 작업시작 전에 결함 유무를 확인한 후 사용하여야 한다.

2. ②

숫돌의 측면을 일감으로 심하게 가압했을 경우 숫돌이 파괴되어 재해 발생의 우려가 있다.

3. ④

숫돌의 원주속도 : $v = \frac{\pi DN}{1,000}$ [m/min] (지름 : $D$[mm], 회전수 : $N$[rpm])

4. ①

플랜지 숫돌지름의 1/3 이상이면 된다.

5. ②

플랜지의 지름은 숫돌직경의 1/3 이상인 것이 적당하다.

6. ③

지름이 5 cm 이상을 갖는 회전중인 연삭숫돌의 파괴에 대비하여 필요한 방호장치는 덮개이다.

# 제7장
# 용접장치

## 7.1 개요

두 개의 똑같은 금속끼리 혹은 다른 금속 사이에 고열을 가해 붙이는 기술이 용접이다. 금속은 금속끼리 접할 때 전자를 교환하며 붙는 금속결합을 하게 되는데 서로 다른 재료의 결합 표면을 일치시키고 불순물을 제거하여 붙게 된다. 용접은 리벳 결합, 볼트 결합에 비하여 형상의 자유, 중량의 경감, 이음 효율의 향상, 재료 및 경비의 절감, 작업능률의 증진, 수밀, 기밀의 보존 등 많은 이점을 가진다. 이 때문에 조선, 차량, 비행기, 건축, 교량 및 기계류 등의 분야에서 널리 이용되고 있다.

현재 사용되고 있는 **용접법**을 분류하면 ① 융접(Fusion welding), ② 압접(Pressure welding), ③ 납땜(Solder welding)의 3가지로 분류된다. 융접은 접합할 양 금속재료 즉 모재의 접합부를 국부적으로 가열, 용융시켜 여기에 다른 금속, 즉 용접재를 용융 첨가해서 이들을 융합시켜 접합하는 방식이며, 이 중 널리 사용하는 것은 아크용접(Arc welding), 가스용접(Gas welding)이다. 압접은 접합부를 적당한 온도로 가열하고 이에 기계적 압력을 가하여 접합시키는 방법이며 이 중 많이 사용되는 것은 전기저항용접이다. 납접은 접합할 모재보다 융점이 훨씬 낮은 재료를 접합부에 용융 첨가하여 그 용융납 재료의 응고 시 분자 간 인력을 이용하여 접합시키는 방법이며 납재료의 융점이 450℃ 이상일 때 경납땜(Brazing), 그 이하일 때 연납땜(Soldering)이라 한다.

한편, **용접의 장점**으로서는 ① 재료의 절약, ② 공정수의 절약, ③ 성능 및 수명의 향상 등에 유리하므로 경제적이다 라는 것과 **단점**으로는 ① 단시간에 재료를 국부적으로 접합하므로 재질의 변화, 용접 균열(Cracking), 수축변형 및 잔류응력 등의 결함 및 파괴를 일으키기 쉬우며 ② 용접구조물은 리벳 구조물에 비해서 응력집중이 생기기 쉽고 ③ 품질관리가 곤란하며 ④ 용접자의 기능과 성의에 좌우되는 일이 많고 ⑤ 검사방법도 간단하지 않다는 것이 있다. 용접법의 개략적 분류를 표 7.1에 나타내었다.

[표 7.1] 용접법의 종류

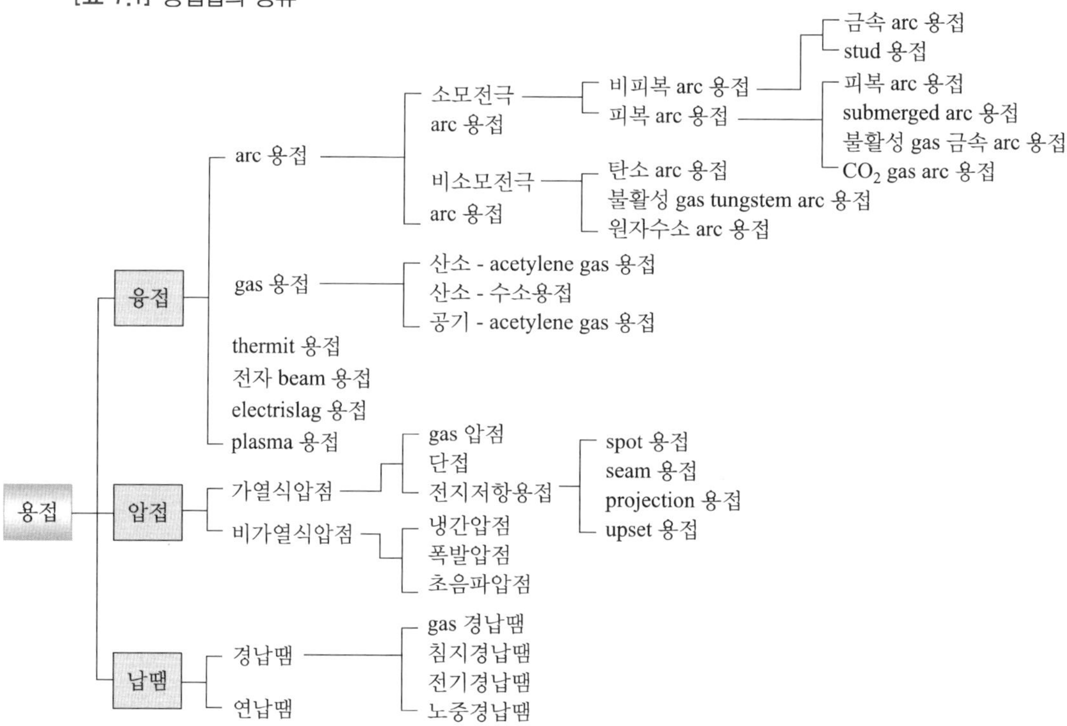

# 7.2 접합의 분류

### (1) 기계적 접합

① 볼트 접합(Bolting)

② 리벳 접합(riveting)

③ 시밍(Seaming) : 판형재 기타의 구조부재의 영구적 이음을 말한다. 이음방법에는 조인트 용접으로 부착하거나 접착하는 것이 사용된다. 조인트 부의 형상에 따라 연속이음, 돌합이음, 중간이음, 배절이음 등이 있다.

④ 익스팬딩(Expanding) : 관을 관통 또는 다른 금속물체의 관 구멍에 삽입하고 익스팬더라는 기계로 관 내면부터 기계적으로 관을 눌러 접착시키고 고착력과 기밀도를 가진 이음을 만드는 방법이다.

### (2) 용접접합(Welding)

[표 7.2] 용접의 종류 및 세부 분류

| 용접의 종류 | 정 의 |
|---|---|
| 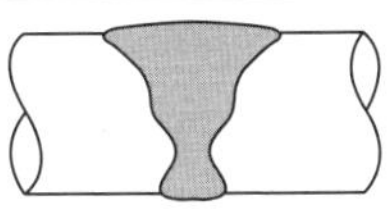 융접 | 이음부에 압력을 가하지 않고 용융시켜 접합하는 방법 |
|  압접 | 이음부에 열과 압력을 가하여 접합하는 방법 |
| 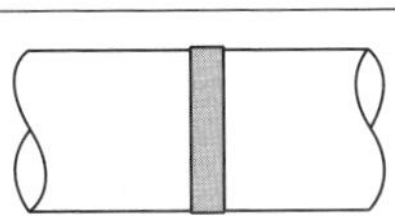 납땜 | 이음부의 좁은 틈에 용가재(溶加材)를 표면장력의 작용으로 확산 침투시켜 접합하는 방법 |

## 7.3 용접부 구조

### (1) 용접부 단면 형상

아크용접과 같은 용융용접에서 완전히 용융시킬 목적으로 용접이음부의 판을 가공하여 만드는 여러 가지 형상의 홈을 개선 한다. 개선 면에 전기 및 가스 열원을 이용하여 용접봉을 용융한 비드가 형성되고 모재의 개선 면은 용접 용융열의 영향으로 열영향부가 형성된다.

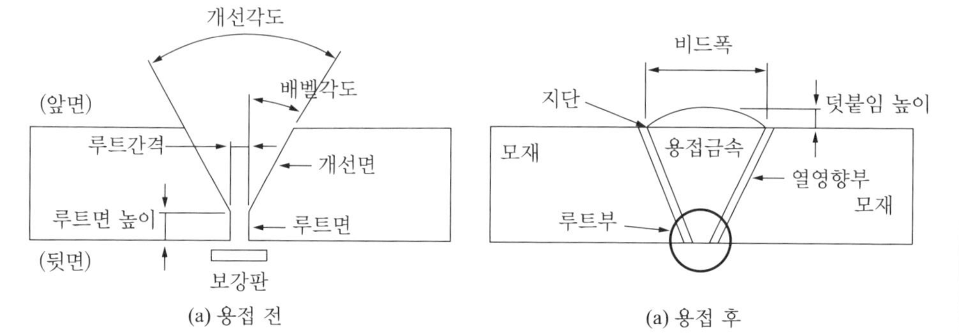


그림 7.1 용접부의 명칭

### (2) 접합부의 형상

접합부 형상 종류에는 그림 7.2와 같이 맞대기 이음, 모서리 이음, 변두리 이음, 겹치기 이음, T자 이음, 필릿 이음 등이 있으며 접합 목적 및 접합 환경, 접합 강도, 접합 모재 상태 등에 따라 적정한 방법을 선택하여 사용한다.

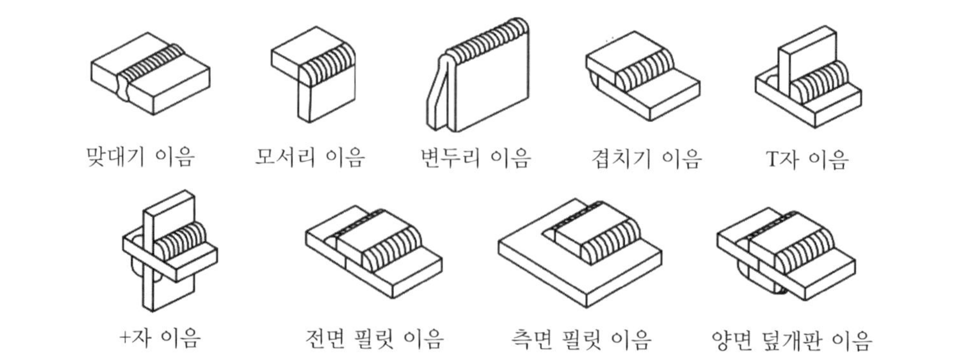


그림 7.2 접합 형상의 종류

# 7.4 아크용접

## 7.4.1 개요

아크용접은 교류 또는 직류 전압을 용접봉과 모재 사이에 전류를 통하여 아크(Arc)를 발생시키고 이 때 발생되는 아크열로 용접봉과 모재를 녹여 접합하는 야금학적 접합방식이다. 탄소 전극이나 텅스텐 전극에 방전시킨 아크의 예를 그림 7.3에 나타냈다. 아크의 온도는 정확한 값을 측정하기 어려우며 양전극간의 전위차를 아크전압, 아크를 통하여 흐르는 전류를 아크전류라고 한다. 아크용접의 중요한 장점은 현저한 열에너지의 집중으로 접합부의 용적을 짧은 시간 내에 용융시킬 수 있다는 것이다.

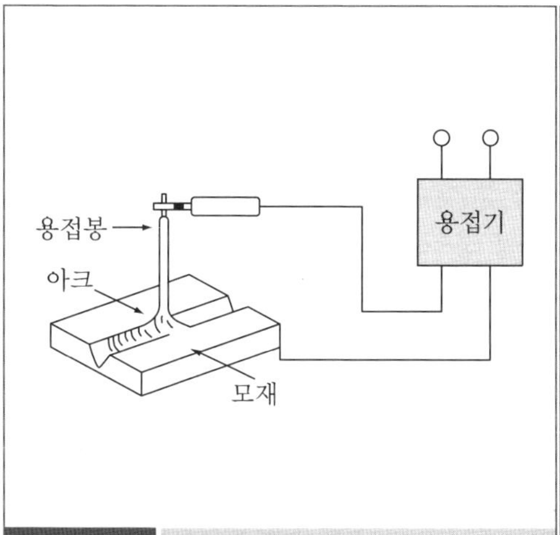


그림 7.3 아크용접의 개요

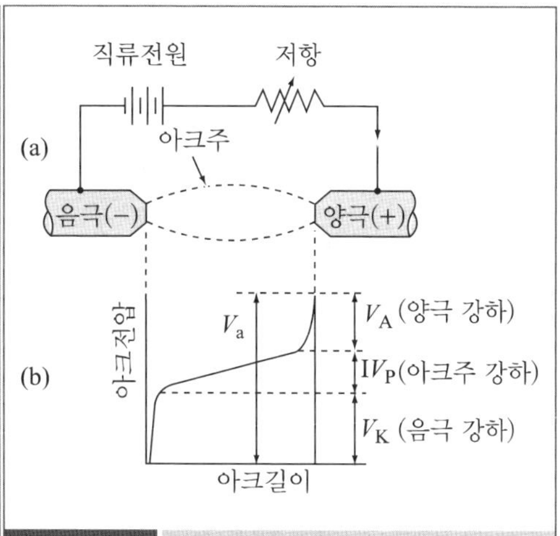


그림 7.4 아크전압의 분포

아크용접을 효과적으로 수행하려면 모재의 성질이 용접에 적합한 성질을 가져야 하고 균열이 잘 생기지 않으며 산화·기화하기 쉬운 성분이 적고 열전도율이 너무 크지 않는 것 등이 필요하다. 또한 모재에 적합한 용접봉을 선정하는 것이 매우 중요한데 피복 용접봉의 피복재는 고온에서 가스를 발생하거나 슬래그가 되어 공기 중의 산소와의 작용으로부터 용융금속을 보호하여 건전한 용접이 되도록 해야 한다. 따라서 용접봉의 선정에 있어서는 심선과 더불어 피복재의 선택도 중요하다. 또 용접봉의 크기, 용접전류, 아크전압 등도 용접작업에 중요한 영향을 끼친다.

### 7.4.2 용접기

아크용접에는 교류, 직류가 모두 사용되므로 용접기에는 교류 아크용접기와 직류 아크용접기가 있다. 용접 발달 초기에 아크를 안정되게 유지하기 쉬운 직류 아크용접기가 많이 사용되었으나, 현재는 피복용접봉의 발달로 교류에서도 아크의 안정이 좋고 교류 아크용접기가 값이 저렴하므로 일반적으로 많이 사용되고 있다. 아크는 직류 전원을 사용할 때와 교류 전원을 사용할 때 다소 다르다. 직류 아크는 전체 발열량의 60~75%가 양극 측에서 발생하지만, 교류의 경우는 양극과 음극 모두 발열량이 같다. 또한 최근에 성행되는 이너트 가스 아크용접(Inert gas arc welding)이나 자동용접의 경우에는 극성(Polarity)의 관계로 직류가 많이 사용된다.

#### (1) 직류 아크용접기

일종의 직류발전기로서 안정된 아크를 필요로 하는 박판, 경합금, 스테인리스강 등의 용접에 사용된다. 직류를 얻는 방법에 따라 발전기식과 정류기식이 있다. 직류 아크용접에서 그림 7.5처럼 용접물이 두꺼울 때 모재를 양극으로 한 정극성(Straight polarity), 용접물이 얇을 때는 반대로 모재를 음극으로 하는 경우를 역극성(Reverse polarity)이라 한다. 아크를 발생할 수 있는 전압은 직류에서는 50~80 V, 교류에서는 60~95 V 정도이다.

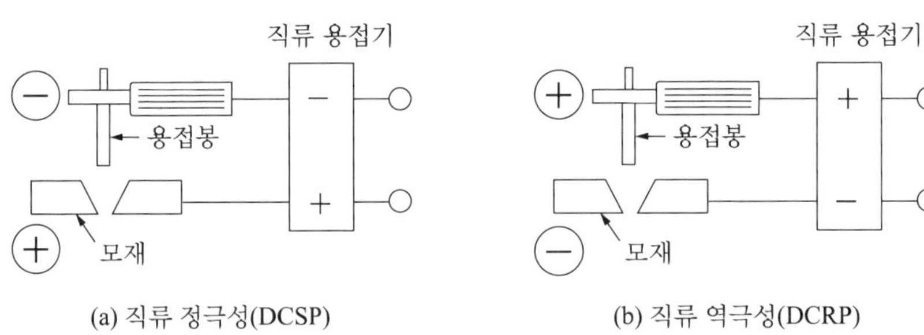


그림 7.5 직류 용접의 극성

### (2) 교류 아크용접기

보통 사용하는 교류 아크용접기는 일종의 변압기이며 용접을 행할 때 자동적으로 2차 전압이 강하하는 특성을 가지도록 설계되어 있다. 교류 아크용접기의 종류는 용접전류의 조정방법에 따라 탭 전환형, 가동 철심형, 가동 코일형, 과포화 리액터형 등이 있으며 이 중 가동 철심형이 구조가 간단하고 가격이 저렴하기 때문에 현재 가장 널리 이용되고 있다. 교류 용접기는 직류 용접기에 비하여 안정성이 떨어지나 가격은 1/3～1/4이 되므로 직류 용접기보다 널리 사용되고 있다.

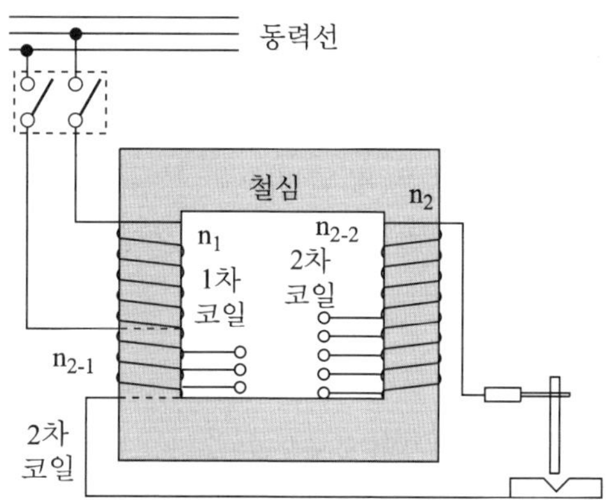


**그림 7.6** 교류 아크용접기 구조

[표 7.3] 교류와 직류 아크용접기 비교

| 구 분 | 교류 아크용접기 | 직류 아크용접기 |
|---|---|---|
| 아크의 안정 | 약간 불안정 | 우수하다 |
| 비 피복봉 사용 | 불가능 | 가능 |
| 극성 변화 | 불가능 | 가능 |
| 아크 쏠림 방지 | 가능 | 불가능 |
| 발생 전압 | 높다(약 60～95V) | 약간 낮다(약 50～80V) |
| 전격 위험 | 많다 | 적다 |
| 구조 | 간단하다 | 복잡하다 |
| 유지 | 쉽다 | 약간 어렵다 |
| 고장 | 적다 | 많다 |

### 7.4.3 재해유형과 방호대책

#### (1) 감전

아크용접 작업 중 충전부 접촉에 의한 감전재해가 발생할 수 있는 위험요소가 많이 존재하고 있으므로 항상 감전 위험에 유의해야 한다. 감전에 의한 재해는 다른 재해에 비해 사망률이 높고 감전에 따른 위험도는 체내에 흐르는 전류값과 통전지점에 따라 달라지며 감전의 위험을 결정하는 주된 인자는 통전전류의 크기, 통전경로, 전원의 종류, 주파수 및 파형 등이 있다. 통전전류가 크고 신체의 중요한 부분을 흐르는 시간이 큰 만큼 위험성은 커진다고 할 수 있다.

① 2차측 무부하 전압이 낮은 용접기의 사용
용접기는 안정된 아크를 얻기 위하여 어느 정도 높은 2차측 무부하 전압을 필요로 한다. 현재 2차측 무부하 전압은 85V 이하로 규정하고 있지만, 이 정도의 전압에서도 사망의 위험은 충분하다. 따라서 무부하 전압은 최대한 낮은 것을 선택하는 것이 바람직하다.

② 자동전격방지장치의 사용
근본적인 감전 대책은 용접기의 2차측 무부하 전압을 위험이 없을 때까지 저하시키는 자동전격방지장치의 사용이다. 자동전격방지장치란 교류 아크용접기의 아크 발생을 중단시킬 때 1초 이내에 당해 교류 아크용접기의 2차측 무부하 전압을 자동적으로 25V 이하로 바꿀 수 있는 방호장치이다.

③ 이 밖에도 절연 용접봉 홀더의 사용, 적당한 케이블의 사용, 절연장갑의 사용이 요구되며 케이블 커넥터의 절연상태, 용접기 단자와 케이블의 접속 상태, 용접기 외함의 접지 상태 등도 수시로 점검함으로서 감전 재해에 대비해야 한다.

#### (2) 눈 손상

용접에서 발생하는 아크광은 눈에 전광성 안염이라는 급성 각막표 층염을 일으키며 대부분 폭로되고 수 시간이 경과한 후 발생한다. 폭로가 심한 경우 각막 표층 박리, 궤양, 백색 혼탁, 출혈, 수포 등이 나타나는데, 특히 백내장과 망막황반변성이라는 눈에 치명적인 질환을 가져올 수도 있다. 강한 가시광선은 눈의 피로를 가져오며 자외선에 의해 생기는 각막과 결막의 급성 염증 증상은 용접 근로자 자신이 느끼는 증상에 의해 쉽게 발견될 수 있다. 적외선에 의해서는 열성 백내장이 발생할 수 있는데, 적외선에 의한 눈의 이상은 늦게 나타나므로 제때 발견하기가 어렵다. 유해한 광선을 차단하기 위하여 차광 보호구를 사용하여야 한다. 차광 보호구에는 보호안경과 보안면의 두 종류가 있다.

① 보호안경에는 스펙터클(Spectacles), 프론트(Fronts), 고글(Goggles)형이 있다. 이 중에서 스펙터클형이 일반적으로 많이 사용되고 있으며 산란광선의 경우 눈의 측면 또는 눈 주위 전체를 씌우는 사이드 쉴드가 된 스펙터클형이나 고글형을 사용한다.

② 보안면의 사용 : 보안면은 유해한 광선뿐만 아니라 용접광과 열에 의한 화상, 가열된 용재 등의 파편에 의한 화상의 위험으로 안면으로 보호할 수 있는 이점이 있다. 헬멧형과 손으로 들고 사용하는 핸드 쉴드형이 있다. 이외에도 주변의 작업자에게 피해를 주지 않기 위하여 용접작업실을 격리하는 것이 이상적이며 이동작업이 불가피한 경우에는 차광막 등 차광설비를 해야 한다.

### (3) 피부 손상

레이저 광선이 피부에 조사되면 그 강한 에너지로 피부가 상해를 입게 된다. 조사에너지의 밀도에 따라 경미한 화상에서 탄화에 도달할 정도의 심한 화상까지 발생한다. 피부색에 따라 빛의 반사율이 달라서 백색 피부보다 유색 피부 쪽이 반사율이 낮고 흡수율도 높다. 금속 가공용으로 사용하는 레이저는 출력이 상당히 높으므로 피부에 적중되지 않도록 각별히 주의해야 한다.

① 보호 장갑의 착용 : 장갑은 화상을 방지하기 위한 목적 외에 감전방지의 효과가 있으므로 피혁 제품이 바람직하며 땀이 많이 나는 경우에는 안에 면장갑을 착용하는 것이 감전 방지 및 조사에너지 차단에 있어 효과적이다.

② 앞치마, 각반의 착용 : 앞치마는 작업자의 가슴에서 대퇴부까지 보호하는 것이고 각반은 발을 보호하기 위하여 착용하는 것으로 가죽제품이 가장 이상적이다.

③ 안전화의 착용 : 안전화는 발의 화상방지 뿐만 아니라 공구, 재료 등의 낙하에 의한 위험방지 및 감전방지의 목적으로 착용해야 한다.

### (4) 가스에 의한 손상

용접은 2개 이상의 고체금속을 접합하는 금속가공 기술이다. 용접에는 높은 에너지 열원이 필요한데, 주로 고압 전기나 산소, 아세틸렌, 아르곤 등의 고압·폭발성 가스가 사용된다. 용접작업에서는 용접 흄(Fume), 유해가스, 유해광선, 소음, 고열 환경 등에 의해 유해성과 위험성이 나타나게 된다. 특히 좁고 폐쇄된 작업장에서 아크용접을 하는 경우 근로자들은 용접 과정에서 발생하는 용접 흄, 질소산화물 등에 의해 건강에 손상을 입게 된다. 최근에는 용접 시 발생하는 흄에 의한 진폐증뿐만 아니라 망간이 함유된 용접봉 사용에 따른 망간 중독사고가 일어나고 있어 용접 근로자의 건강에 대한 대책이 요구된다.

① 방진 마스크의 착용 : 통풍, 환기 등이 불량한 장소에서 용접작업 중 발생하는 흄의 제거를 위하여 방진 마스크를 착용해야 한다.

② 방독 마스크의 착용 : 용접작업 중 발생하는 유해가스 제거를 위하여 방독 마스크를 착용해야 하며 유해물질에 사용적격 여부를 판단해야 한다.

③ 송기 마스크의 착용 : 옥내 작업이나 선박, 탱크, 차량, 터널 등에서의 용접작업 중 산소의 부족으로 질식의 우려가 있으므로 호스를 통해서 외부에서 신선한 공기를 보내 넣는 송기 마스크를 착용해야 한다.

### (5) 화재, 폭발

용접·용단 시 발생하는 수천 ℃의 고온과 불티는 인접한 위험물질에 직접적인 점화원을 제공하며 화재·폭발 등 대형 사고로 발전될 가능성이 높으므로 작업 안전에 유념해야 한다. 따라서 작업 전에는 가연물질을 격리시키며 드럼통, 탱크 내, 배관 등의 용접수리작업에는 내용물을 충분히 청소한 후 위험성 물질을 완전히 제거해야 화재, 폭발의 위험을 방지할 수 있다.

[표 7.4] 용접 종류별 불티의 온도

| 종류 | 최고온도(℃) | 종류 | 최고온도(℃) |
|---|---|---|---|
| 산소-아세틸렌불꽃 | 3,200 | 테르밋 | 2,300 |
| 철아크 | 6,000 | 원자수소 | 4,000 |
| 탄소아크 | 5,300 | 용해금속 | 2,000 |

# 7.5 가스용접

## 7.5.1 개요

가스용접이란 사용하는 가스에 따라 산소-아세틸렌(Oxygen-Acetylene) 용접, 산소-수소(Oxygen-Hydrogen) 용접, 산소-프로판 용접 등이 있으나 이중 많이 사용되는 용접이 산소-아세틸렌 용접이다. 이러한 가스용접은 얇은 금속의 용접에 적용할 수 있으며 전기를 이용할 수 없는 곳에서의 금속 접합에 이용할 수 있다. 또한 금속의 가스 절단에 많이 이용되고 있다.

## 7.5.2 아세틸렌 용접장치

### (1) 아세틸렌 발생기

아세틸렌 발생기는 반응을 용기 내에서 행하여 발생한 아세틸렌가스를 일정량 저장시키는 장치이다. 아세틸렌과 공기와의 혼합가스는 광범한 성분에 걸쳐 폭발성이 있고 폭발에 대한 민감성은 고압, 건조 및 가열에 의하여 매우 높아지므로 가스발생기의 취급에 주위를 요한다. 아세틸렌을 발생시키는 방법은 카바이트($CaC_2$)에 물을 넣거나 메탄 또는 나프타를 열분해함으로써 얻어진다. 아세틸렌 발생기는 아세틸렌가스의 압력에 따라 고압식(주수 1500～2000 mm까지), 중압식(300～2000 mm), 저압식(300 mm 이하)으로 구분되고 또한 구조에 따라 분류하면 카바이트에 물을 붓는 주수식(그림 7.7(a)), 수중에 카바이트를 투입하는 투입식(그림 7.7(b)), 이들의 중간으로 볼 수 있는 침지식(그림 7.7(c))로 구분된다.

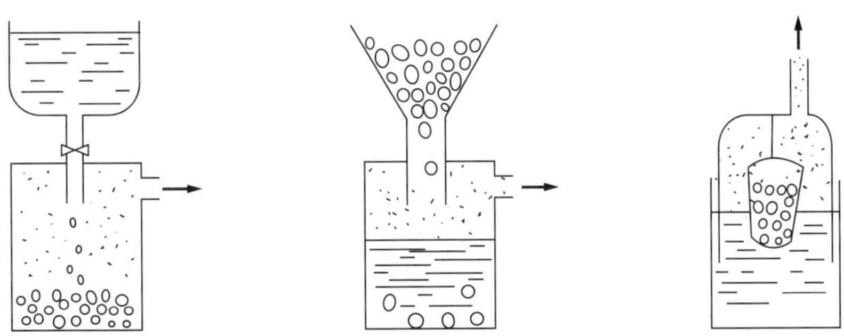

(a) 주수식(注水式) (b) 투입식(投入式) (c) 침지식(浸漬式)

그림 7.7 아세틸렌 발생기의 형식

① 카바이트($CaC_2$)에 물을 넣는 반응식

$$CaC_2 + 2H_2O \rightarrow Ca(OH)_2 + C_2H_2 + Q\ (31.8972\ \text{kcal})$$

② 메탄 또는 나프타를 열분해하는 반응식

$$C_6H_{14} \rightarrow H_2 + CH_4 + C_2H_2 + C_2H_4 + C_3H_6 + \cdots$$

아세틸렌은 연소범위가 2.5~81%로 넓어 폭발위험성이 아주 크다. 아세틸렌은 화학적으로 불안정하여 공기 중의 가연성 가스가 존재하지 않아도 점화나 충격에 의해 분해 폭발할 수 있으며 이는 고압 하에서 더욱 일어나기 쉽다. 따라서 1.3 kgf/cm$^2$을 초과하는 압력으로 사용해서는 안 된다. 또한 아세틸렌은 구리, 은 및 수은 등의 금속과 반응하여 아세틸라이드(Acetylide)라는 물질을 생성함으로 인해 충격이나 가열 등에 의해 발화하여 폭발할 위험성이 있다. 따라서 배관 및 부속기구에는 동 또는 동을 70% 이상 함유한 합금을 사용해서는 안 된다.

그림 7.8은 아세틸렌 용접장치의 개요를 나타낸다. 아세틸렌 용접장치는 아세틸렌 발생기, 청정기 및 안전기, 도관, 취관 등으로 구성된다. 도관은 발생기로부터 얻어진 아세

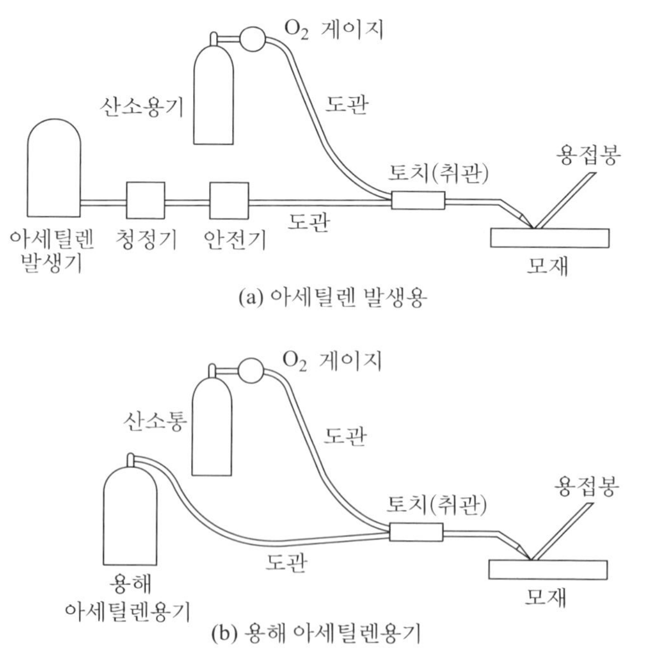


그림 7.8 가스용접 장치

틸렌가스를 용접장치로 공급시키기 위한 배관을 말하며 취관(Torch)이란 그 선단에 부착된 노즐로부터 가스의 유출을 조절하는 기구를 말한다. 청정기는 발생기에서 발생한 아세틸렌가스에는 해로운 불순물이 혼합되어 용접부에 나쁜 영향을 주기 때문에 이것들을 제거하기 위하여 사용한다. 한편, 용접 시 역화(Back fire), 역류(Back flow)가 가스 발생기에 도달하면 발생기 폭발사고가 발생함으로 이것을 방지하기 위하여 안전기를 설치해야 한다. 아세틸렌 발생기실 설치장소는 건물 최상층에 위치, 화기를 사용하는 설비로부터 3 m를 초과하는 장소에 설치해야 하고 옥외에 설치할 때는 그 개구부를 다른 건축물보다 1.5 m 이상 떨어지도록 해야 한다. 발생기실의 구조는 산업안전규칙 제310조에 다음과 같이 규정하고 있다.

① 벽은 불연성의 재료로 하고 철근콘크리트 기타 이와 동등 이상의 강도를 가진 구조로 할 것
② 지붕 및 천장에는 얇은 철판이나 가벼운 불연성 재료를 사용할 것
③ 바닥면적의 16분의 1 이상의 단면적을 가진 배기통을 옥상으로 돌출시키고 그 개구부를 창 또는 출입구로부터 1.5 m 이상 떨어지도록 할 것
④ 출입구의 문은 불연성 재료로 하고 두께 1.5 mm 이상의 철판 기타 이와 동등 이상의 강도를 가진 구조로 할 것
⑤ 벽과 발생기 사이에는 발생기의 조정 또는 카바이트 공급 등의 작업을 방해하지 아니하도록 간격을 확보할 것

#### (2) 용해 아세틸렌 용기

아세틸렌은 2기압 이상으로 압축하면 폭발할 위험성이 있으나 아세톤(Acetone)에는 잘 용해됨으로 석면(Asbestos)과 같은 다공질 물질에 흡수시킨 아세톤에 아세틸렌을 고압에서 용해시켜 병에 충전한다. 보통 15℃에서 15기압으로 충전하며 15기압에서 아세톤 1 L에 아세틸렌 384 L를 용해한다. 아세틸렌 용기의 외관은 황색으로 칠해져 있으며 용기의 내압이 너무 상승하면 폭발할 위험이 있으므로 아세틸렌가스가 안전하게 방출되도록 안전밸브가 설치되어 있다. 아세틸렌 발생기 대비 용해 아세틸렌 용기의 장점으로는 운반이 용이하고 발생기 및 부속장치가 필요 없으며 고압 토치를 사용할 수 있고 순도가 높아 양질의 용접을 할 수 있으며 아세틸렌의 손실이 적고 폭발의 위험성이 없다는 것 등이다.

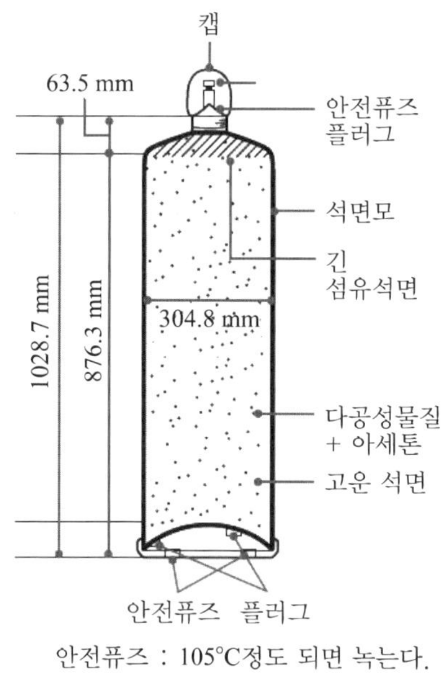


**그림 7.9 아세틸렌 용기 구조 단면**

### (3) 산소 용기

산소는 원통형의 산소 용기에 35℃에서 150 kg/cm$^2$로 충전되어 있으며 산소 용기 중 가장 많이 사용되는 것은 내용적 33.7 L, 산소 용기 호칭 5000 L (33.7×150 = 5055 L)의 것이다. 산소 용기 밸브는 산소 용기 상부에 끼워져 있고 밸브에는 산소 밸브를 완전히 열었을 때, 고압밸브 시트에서 산소가 새는 것을 방지하기 위해 패킹이 있으며, 산소 용기가 파열되기 전에 먼저 파손되어 산소 용기의 파열을 방지해 주는 안전밸브가 있다. 또 산소 출구에는 산소 압력조정기를 연결하는 나사부가 있고 산소 용기 밸브를 운반 중에 보호하기 위하여 안전 캡을 씌운다. 용기 취급 안전수칙은 다음과 같다.

① 압력조정기를 설치할 때에는 압력조정기 설치구에 있는 먼지를 털어내고 연결부에서 가스의 누설이 없도록 정확하게 연결할 것
② 압력조정기 설치구 나사부나 조정기의 각부에 그리스나 기름 등을 사용하지 않을 것
③ 압력조정기를 견고하게 설치한 다음 조정나사를 돌려 풀고 밸브를 천천히 열어야 하며 가스 누설 여부를 비눗물로 점검할 것
④ 충격을 가하지 아니하도록 할 것
⑤ 운반할 경우에는 캡을 씌울 것

⑥ 압력 지시계가 잘 보이도록 설치하며 유리가 파손되지 않도록 주의할 것
⑦ 압력조정기를 취급할 때에는 기름이 묻은 장갑 등을 사용해서는 안 될 것
⑧ 사용 전 또는 사용 중인 용기와 그 밖의 용기를 명확히 구별하여 보관할 것
⑨ 용해 아세틸렌의 용기는 세워 둘 것
⑩ 압력용기의 설치구 방향에는 아무런 장애물이 없도록 할 것

### (4) 압력조정기

압력조정기는 고압의 산소 및 아세틸렌을 용접에 사용할 수 있게 임의의 사용압력으로 감압하고 항상 일정한 압력을 유지할 수 있게 하는 장치이다. 산소 조정기는 산소 용기에 있는 고압의 산소를 용접작업에 사용할 수 있게 1～5 kg/cm$^2$로 감압하고 아세틸렌 조정기는 고압의 아세틸렌을 0.1～0.5 kg/cm$^2$로 감압한다.

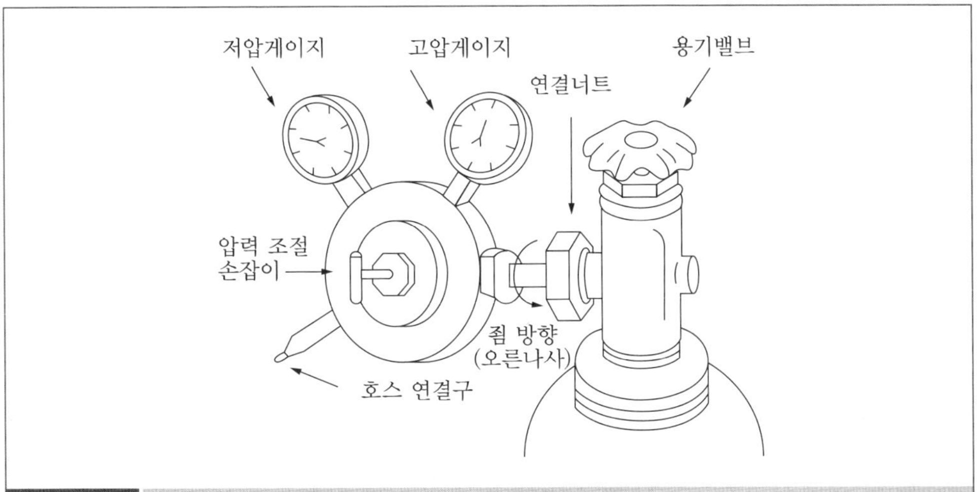


**그림 7.10** 산소 (압력)조정기

### (5) 취관(토치)

취관(토치)는 점화를 위한 혼합기를 형성하고 불꽃의 상태를 간단한 방법으로 조절할 수 있도록 산소 및 연료가스 용기와 연결되는 산소 밸브와 연료가스 밸브를 가지고 있다. 가장 널리 사용되는 토치는 인젝터형 토치(Injector type torch)로 그림 7.11과 같은 구조로 되어 있다. 이 토치는 연료가스와 산소가 토치의 노즐 밖으로 분사되기 전에 토치 내의 인젝터라 부르는 곳에서 혼합된다. 인젝터는 그림 7.12와 같은 구조로 되어 있고 산소가

약 2.5 bar의 압력으로 고속으로 분사되면 압력노즐과 혼합노즐 사이에 압력차가 발생하여 연료가스를 흡입하게 된다. 도관은 발생기로부터 얻어진 아세틸렌가스를 용접장소로 공급하는 배관이고 취관이란 그 선단에 부착된 노즐로부터 가스의 유출을 조절하는 기구이다.

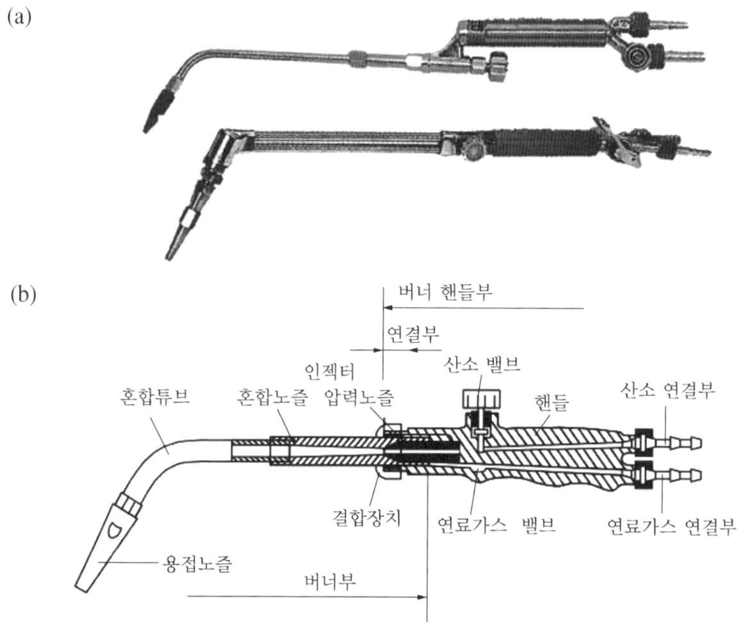


그림 7.11 인젝터 토치 (a), (b)

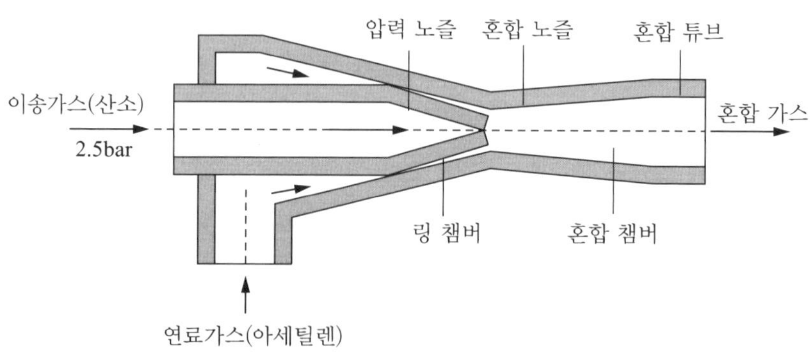


그림 7.12 인젝터 토치의 혼합기

### 7.5.3 가스집합 용접장치

용접용 가스를 다량으로 사용하는 작업장에서는 가스 용기를 낱개로 사용하는 것은 작업 능률이 나쁘고 위험성도 크다. 이 경우에는 안전한 장소에 산소 및 가연성 가스의 용기를 다수 결합해서 압력을 낮춘 뒤 배관에 의하여 작업현장으로 가스를 공급하고 있으며 이와 같은 장치를 가스집합 용접장치라고 한다. 용해 아세틸렌 용기 및 수소 용기는 400 L 이상, 그 밖의 가연성 가스 용기는 1000 L 이상의 것을 말하며 압력조정기, 안전기, 도관, 취관 등으로 구성된다.

### 7.5.4 재해유형

① 폭발

가스용접에 가장 많이 쓰이는 아세틸렌가스는 공기와 산소의 혼합으로 매우 위험한 폭발성 혼합가스를 만든다. 따라서 사용 중에 폭발이 일어나기 쉽고, 연소온도가 매우 높아 작업 중 다른 가연성 물질에 인화되는 일이 많다. 아세틸렌 발생기에 흡입된 공기나 산소에 의하여 아세틸렌의 산화, 폭발하거나, 안전기의 미비, 토치의 취급 부주의로 인한 역화, 역류 등에 의한 폭발이 제일 많다. 이 밖에도 용접, 가스절단의 불꽃에 의한 인화, 카바이트와 발생기의 취급 부주의에 의한 폭발 등이 있다.

② 화재

용접이나 절단작업을 할 때 불꽃이나 용융금속의 비산으로 작업장 부근의 가연성 물질에 화재가 발생하는 경우가 많다. 작업장 주위의 인화성 액체, 기름걸레, 목재류 등의 가연성 물질을 깨끗이 정리한 다음 작업한다. 또한, 카바이트의 저장, 보관상태가 불량하여 침수되면 자연발화 하는 경우도 있다.

③ 화상

토치의 불꽃이나 용융금속의 취급 부주의로 화상을 입는 경우와 토치와 호스의 접속 불량, 압력조정기의 밸브 불량으로 사고를 입는 경우도 있다.

④ 중독

납과 아연합금, 도금한 재료를 용접하거나 절단할 때 발생하는 가스에 의한 중독, 알루미늄 용매 중의 플루오르화물, 산화질소, 일산화질소, 이산화질소 등의 유해가스에 의한 중독이 일어난다. 공기의 흐름이 차단된 저장탱크 안에서 작업할 때에는 특히 환기가 잘 되도록 한다.

### 7.5.5 방호장치

아세틸렌 용접장치 및 가스집합 용접장치에는 가스의 역류 및 역화를 방지할 수 있는 안전기를 설치하여야 하고 이러한 안전기의 종류에는 수봉식 안전기와 건식 안전기(역화방지기)가 있다.

#### (1) 수봉식 안전기

수봉식 안전기는 가스 역류 및 역화 시 도입관이 물에 의해 막혀 역류된 가스가 수봉배기관을 통해 방출되는 구조로 사용압력에 따라 0.07 kgf/cm$^2$ 미만일 때의 저압용과 0.07~1.3 kgf/cm$^2$의 중압용이 있으며 수봉식 안전기의 구조 및 작동원리를 그림 7.13과 그림 7.14에 나타내었다.

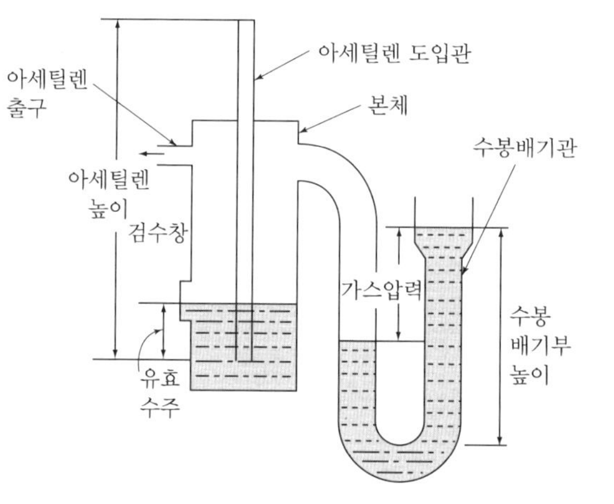


그림 7.13 수봉식 안전기 구조

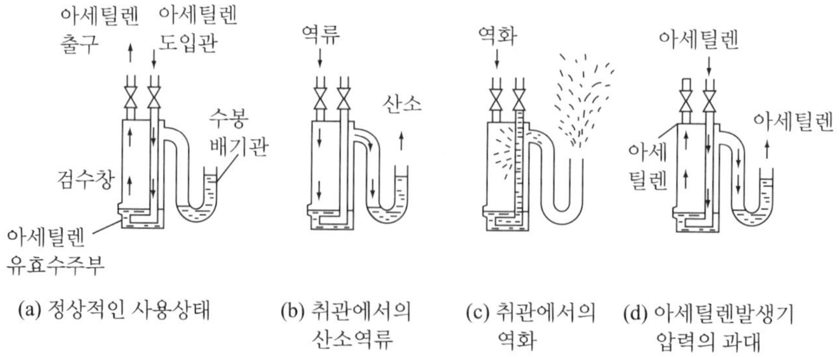


그림 7.14 수봉식 안전기의 동작원리

### (2) 건식 안전기

용해 아세틸렌, 프로판 가스 등의 용기를 이용한 용접작업의 경우에는 역화방지를 위한 방호장치로서 건식 안전기가 사용되며 소결금속식과 우회로식의 두 가지 형식이 있다.

#### ① 소결금속식 건식 안전기

소결금속식 건식 안전기는 역행되어 온 화염이 소결금속에 의하여 냉각소화되고 역화 압력에 의하여 폐쇄밸브가 작동해서 가스통로를 닫게 되는 원리이다. 그림 7.15는 소결금속식 건식 안전기의 구조 및 작동원리를 나타낸 것이다.

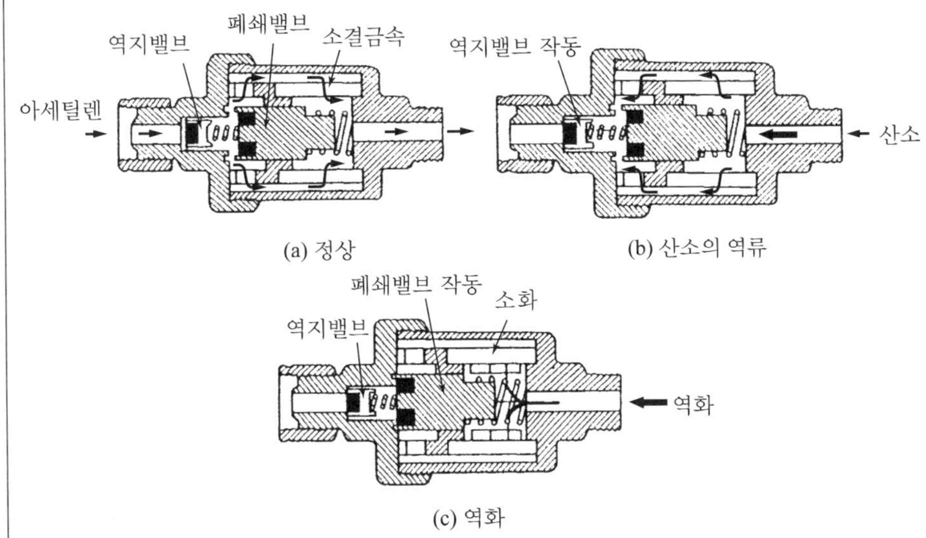


**그림 7.15** 소결금속식 건식 안전기의 구조 및 동작원리

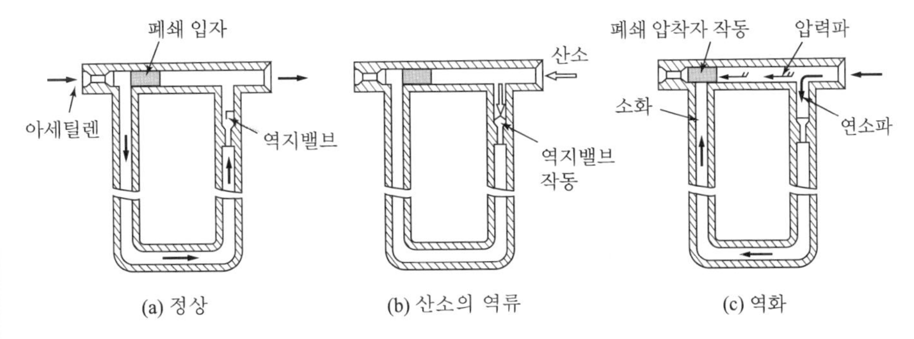


**그림 7.16** 우회로식 건식 안전기

② 우회로식 건식 안전기

우회로식 건식 안전기는 역화의 압력파와 연소파를 분리시켜 이중 연소파는 우회로를 통과하고 우선 압력파에 의해서 폐쇄 압착자를 작동시켜 가스통로를 폐쇄시키며 역화를 방지하는 방호장치로 이 장치의 구조 및 작동원리는 그림 7.16과 같다.

### (3) 방호장치의 설치방법

① 아세틸렌 용접장치

- 매 취관마다 설치하거나 주관에 안전기를 설치하고 취관에 가장 근접한 분기관마다 설치한다.
- 가스 용기가 발생기와 분리되어 있는 경우 발생기와 가스 용기 사이(흡입관)에 설치한다.

② 가스집합 용접장치

주관 및 분기관에 안전기를 설치하여 하나의 취관에 대하여 안전기가 2개 이상 되도록 설치한다.

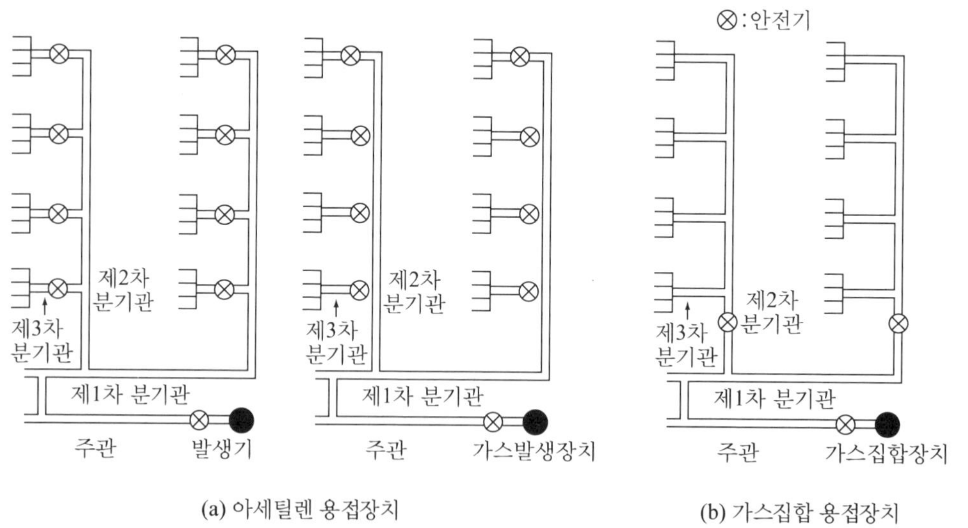


그림 7.17 방호장치(안전기)의 설치

### 7.5.6 작업안전수칙

가스용접 작업 중에는 많은 위험요인이 존재하기 때문에 다음과 같은 안전작업을 준수하여야 불의의 재해를 방지할 수 있다.

① 용접작업을 하기 전에 반드시 소화수, 소화기 등 소화설비를 준비한다.
② 작업하기 전에 안전기와 산소조정기의 상태를 점검한다.
③ 토치에 점화는 조정기의 압력을 조정하고 먼저 토치의 아세틸렌 밸브를 연 다음에 산소 밸브를 열어 점화 시키며 작업 후에는 산소 밸브를 먼저 닫고 아세틸렌 밸브를 닫는다.
④ 토치 내에서 소리가 날 때 또는 파열되었을 때는 역화에 주의한다.
⑤ 산소용 호스와 아세틸렌용 호스는 색으로 구별된 것을 사용하여야 한다.
⑥ 조정용 나사를 너무 세게 조이지 않는다.
⑦ 토치 팁의 청소는 줄이나 팁 클리너로 한다.
⑧ 용해 아세틸렌의 용기에서 아세틸렌이 급격히 분출될 때에는 정전기가 발생되어 인체가 접근하면 방전되므로 급격히 분출시키지 말아야 한다.
⑨ 용기의 저장소는 화기가 없는 옥외로서 환기가 잘되는 구조이고, 온도는 40℃ 이하를 유지한다.
⑩ 사용 중인 발생기에 불꽃을 발생시킬 우려가 있는 공구를 사용하거나 충격을 가하지 않도록 한다.
⑪ 아세틸렌 용접장치의 발생기에 카바이트를 교환할 때에는 옥외의 안전한 장소에서 한다.
⑫ 발생기에서 5 m 이내, 발생기실에서 3 m 이내의 장소에서는 흡연, 화기의 사용 또는 불꽃이 발생할 위험한 행위를 금지하여야 하며, 화기와의 이격 거리는 산소 용기가 5 m 이상, 가스집합장치가 5 m 이상, 가스저장탱크가 30 m 이상이다.
⑬ 토치에 점화는 조정기의 압력을 조정하고 먼저 토치와 아세틸렌 밸브를 연 다음에 산소 밸브를 열어 점화시키며, 작업 후에는 산소 밸브를 먼저 닫고 아세틸렌 밸브를 닫는다.
⑭ 아세틸렌의 사용압력은 1.3 $kg/cm^2$ 이하로 한다.
⑮ 아세틸렌 및 산소는 저장소로부터 사용 장소까지의 배관에 수송도중 사고가 없도록 상용압력의 5배로 수압시험과 1.1.배로 기밀시험을 한다.
⑯ 안전밸브의 열고 닫음을 조심스럽게 하고 밸브를 1 1/2 회전 이상 돌리지 않는다. 아세틸렌 호스 내 먼지를 제거하기 위하여 용기의 밸브를 1/3 회전 정도 연다.

## 7.6 용접부의 결함

용접 작업은 접합 강도가 높고 접합 형상에 구애 받지 않는 등 많은 장점으로 가지고 있으나 이에 비해 작업 시 용접 결함 유발 가능성이 높고 사용 중 진행성으로 발생하는 사용 중 결함 발생 가능성이 높다는 단점을 가지고 있다. 특히, 압력용기의 경우 용접 결함이 발생하면 강도가 저하되어 화재 및 폭발 재해로 이어질 수 있는 위험성을 내재하고 있으며 사전에 용접 결함을 검출하는 것이 안전사고 예방 및 방호 측면에서 매우 효과적이라 할 수 있다. 대표적인 용접부 결함의 종류와 발생 원인은 다음과 같다.

### (1) 균열

균열은 발생장소에 따라 용접금속 균열과 열영향부 균열로 구분되며 발생온도에 따라서 고온균열과 용접이음부의 형상이나 구속의 상태 및 용접금속이나 열영향부의 경화현상에 수소가 관여하여 발생하는 저온균열로 구분된다. 여기서 저온균열은 용접 후 수 분 이내에 덧붙임의 지단부에서 발생하는 지단균열(Toe crack), 수 시간 후 열영향부에서 발생하는 비드하 균열(Underbead crack), 비드하 균열보다 더 많이 경과한 후 비드에 평행한 균열인 종균열, 비드하 균열보다 더 많이 경과한 후 비드에 수직인 균열의 횡균열과 용접 후 24시간 이상 경과한 후 수소가 원인이 되어 발생하는 지연균열이 있다. 또한 크기의 대소에 따라 마크로 균열과 마이크로 균열로 나누어진다.

### (2) 용접변형 및 잔류응력

용접변형은 용접열로 인하여 변형되는 것이고 잔류응력은 자유롭게 변형되지 못하여 내부에 응력이 남아 있는 것으로 모재를 자유로운 상태에서 서서히 용접하고 모재의 가열온도를 될 수 있는 대로 낮게 한다.

### (3) 언더컷과 오버랩(Undercut & Overlap)

언더컷은 전류가 과대하고, 용접속도가 너무 빠르며 아크를 짧게 유지하기 어려운 경우 모재 및 용접부의 일부가 녹아서 홈 또는 오목한 부분이 생기고 오버랩은 용접봉의 운행이 불량할 때, 용접봉의 용융온도가 모재보다 낮을 때, 과잉 용착금속이 남게 되는 것이다.

### (4) 용입 부족과 융합 불량

용입이 불충분한 경우의 개선의 루트부, 또는 이면 비드(Back bead)가 불충분한 경우 개신 저부의 루트넌이 용해되지 않아 간격이 미용융 상태로 남아있는 상태이다. 융합 불량은 모재와 용착금속과의 사이가 융합되지 않은 상태 및 다층용접에 있어서 전층의 용접에 있어서 용접금속과 후속의 용착금속과의 사이가 융합되지 않은 상태이다.

### (5) 블로우 홀(Blow hole)

블로우 홀은 용접금속 중에 존재하는 구상의 공동(Cavity)을 말한다. 이것은 용융금속이 냉각할 때 용접금속에 포함되어 있는 습기, 공기 및 가스가 석출하여 표면까지 부상하지 못하고 중간에서 응고하여 용접금속 내에 갇힌 것이다.

### (6) 스패터(Spatter)

용금이나 슬랙이 용융지 이외로 비산하는 현상을 말하며 다음의 원인이 있다.

① 용금 중의 가스 기포 발생
② 봉단의 용적 폭발비산
③ 아크의 힘으로 용금의 비산
④ 아크 집중력에 의한 용금의 비산
⑤ 과대 전류 사용
⑥ 피복제의 수분함량 과다
⑦ 아크의 길이가 길 때
⑧ 운봉방법이 나쁠 때

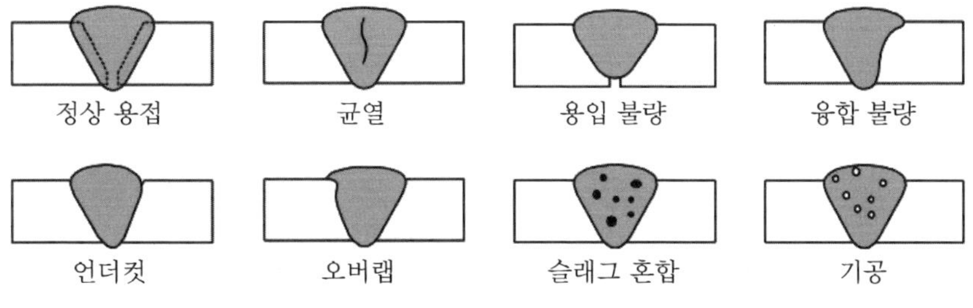


**그림 7.18** 용접결함의 종류

# 7장 연습문제

**01** 용접장치에 대한 설명 중 산업안전 기준에 맞는 것은?

① 아세틸렌 용접장치의 발생기실을 옥외에 설치한 때에는 그 개구부를 다른 건축물로부터 1 m 이상 떨어지도록 하여야 한다.
② 가스집합장치로부터 3 m 이내의 장소에서는 화기의 사용을 금지시킨다.
③ 아세틸렌 발생기에서 10 m 이내 또는 발생기실 4 m 이내의 장소에서는 흡연행위를 금지시킨다.
④ 아세틸렌 용접장치를 사용하여 금속의 용접·용단 또는 가열작업을 하는 경우에는 게이지 압력이 127 kPa을 초과하는 압력의 아세틸렌을 발생시켜 사용해서는 아니 된다.

**02** 아세틸렌은 매우 타기 쉬운 기체인데 공기 중에서 약 몇 ℃ 부근에서 자연 발화를 하는가?

① 406~408℃
② 456~458℃
③ 506~508℃
④ 556~558℃

**03** 금속의 용접, 용단에 사용하는 가스의 용기를 취급할 시 유의사항으로 틀린 것은?

① 통풍이나 환기가 불충분한 장소는 설치를 피한다.
② 용기의 온도는 40℃가 넘지 않도록 한다.
③ 운반하는 경우에는 캡을 벗기고 운반한다.
④ 밸브의 개폐는 서서히 하도록 한다.

**04** 아세틸렌 용접장치에서 사용하는 발생기실의 구조에 대한 요구사항으로 틀린 것은?

① 벽의 재료는 불연성의 재료를 사용할 것
② 천장과 벽은 견고한 콘크리트 구조로 할 것
③ 출입구의 문은 두께 1.5 mm 이상의 철판 그 밖에 이와 동등 이상의 강도를 가진 구조로 할 것
④ 바닥 면적의 16분의 1 이상의 단면적을 가진 배기 등을 옥상으로 돌출시킬 것

**05** 아세틸렌 충전작업 중 고려해야 할 안전사항으로 틀린 것은?

① 충전은 서서히 하며, 여러 회로 나누지 않고 1회에 끝내야 한다.
② 충전 중의 압력은 온도에 관계없이 25 $kgf/cm^2$ 이하로 한다.
③ 충전 후의 압력은 15℃에서 15.5 $kgf/cm^2$ 이하로 한다.
④ 충전 후 24시간동안 정치한다.

**06** 가스집합 용접장치의 배관 시 준수해야할 사항으로 틀린 것은?

① 플랜지, 밸브, 콕 등의 접합부에는 개스킷을 사용할 것
② 접합부는 상호 밀착 시키는 등의 조치를 취할 것
③ 안전기를 설치할 경우 하나의 취관에 1개 이상의 안전기를 설치할 것
④ 주관 및 분기관에 안전기를 설치할 것

**07** 가스용접에서 산소아세틸렌 불꽃이 순간적으로 팁 끝에 흡인되고 "빵빵" 하면서 꺼졌다가 다시 켜졌다가 하는 현상을 무엇이라 하는가?

① 역화(back fire)
② 인화(flash back)
③ 역류(contra flow)
④ 점화(ignition)

**08** 용접장치에서 안전기의 설치기준에 관한 설명으로 틀린 것은?

① 아세틸렌 용접장치에 대하여는 그 취관마다 안전기를 설치해야 한다.
② 아세틸렌 용접장치의 안전기는 가스 용기와 발생기가 분리되어 있는 경우 발생기와 가스 용기 사이에 설치한다.
③ 가스집합 용접장치의 안전기는 주관 및 분기관에 안전기를 설치하며, 이 경우 하나의 취관에 2개 이상의 안전기를 설치한다.
④ 가스집합 용접장치의 안전기 설치는 화기사용설비로부터 3 m 이상 격리 설치한다.

**09** 아세틸렌 용접 시 역화가 일어날 때 가장 먼저 취해야 할 행동은?

① 토치에 아세틸렌 밸브를 닫아야 한다.
② 아세틸렌 밸브를 즉시 잠그고 산소 밸브를 잠근다.
③ 산소 밸브를 즉시 잠그고 아세틸렌 밸브를 잠근다.
④ 아세틸렌 사용압력을 1 $kgf/cm^2$ 이하로 즉시 낮춘다.

**10** 가스용접 작업 시 충전가스 용기의 도색과 가스명이 맞지 않은 것은?

① 산소 – 녹색
② 아르곤 – 회색
③ 액화암모니아 – 황색
④ 액화염소 – 갈색

## 해설

1. ④

아세틸렌 용접장치를 사용하여 금속의 용접·용단 또는 가열작업을 하는 때에는 게이지압력이 매 $cm^2$당 1.3 kg을 초과하는 압력의 아세틸렌을 발생시켜 사용해서는 아니 된다.

2. ①

공기 중에서 아세틸렌의 자연발화 온도는 406~408℃, 폭발온도는 505~515℃이다.

3. ③

가스 등의 용기 (산업안전보건기준에 관한 규칙 제234조)

금속의 용접·용단 또는 가열에 사용되는 가스 등의 용기를 취급하는 경우에 다음 각 호의 사항을 준수하여야 한다.

- 다음에 해당하는 장소에서 사용하거나 해당 장소에 설치·저장 또는 방치하지 않도록 할 것
  1) 통풍이나 환기가 불충분한 장소
  2) 화기를 사용하는 장소 및 그 부근
  3) 위험물·화약류 또는 인화성 액체를 취급하는 장소 및 그 부근
- 용기의 온도를 섭씨 40도 이하로 유지할 것
- 전도의 위험이 없도록 할 것
- 충격을 가하지 아니하도록 할 것
- 운반할 경우에는 캡을 씌울 것
- 사용하는 경우에는 용기의 마개에 부착되어 있는 유류 및 먼지를 제거할 것
- 밸브의 개폐는 서서히 할 것
- 사용 전 또는 사용 중인 용기와 그 밖의 용기를 명확히 구별하여 보관할 것
- 용해 아세틸렌의 용기는 세워 둘 것
- 용기의 부식·마모 또는 변형상태를 점검한 후 사용할 것

4. ②

발생기실의 구조 (안전규칙 제310조)

- 벽은 불연성의 재료로 하고 철근콘크리트 기타 이와 동등 이상의 강도를 가진 구조로 할 것
- 지붕 및 천장에는 얇은 철판이나 가벼운 불연성 재료를 사용할 것
- 바닥면적의 16분의 1 이상의 단면적을 가진 배기통을 옥상으로 돌출시키고 그 개구부를 창 또는 출입구로부터 1.5 m 이상 떨어지도록 할 것
- 출입구의 문은 불연성 재료로 하고 두께 1.5 mm 이상의 철판 기타 이와 동등 이상의 강도를 가진 구조로 할 것
- 벽과 발생기 사이에는 발생기의 조정 또는 카바이트 공급 등의 작업을 방해하지 아니하도록 간격을 확보할 것

5. ①

아세틸렌 충전 시 여러 회로 나누어 충전한다.

6. ③

안전기의 설치 (안전규칙 제312조)

(1) 사업주는 아세틸렌 용접장치에 대하여는 그 취관마다 안전기를 설치하여야만 한다. 다만, 주관 및 취관에 가장 근접한 분기관마다 안전기를 부착한 때에는 그러하지 아니하다.

(2) 사업주는 가스 용기가 발생기와 분리되어 있는 아세틸렌 용접장치에 대하여는 발생기와 가스 용기 사이에 안전기를 설치하여야 한다.

7 ①

역화의 발생원인으로는 팁의 막힘, 팁과 모재의 접촉, 토치의 기능불량이 있다.

역화시 발생되면 산소아세틸렌 불꽃이 순간적으로 팁 끝에 흡인되고 "빵빵" 하면서 꺼졌다가 다시 켜졌다가 하는 현상이 발생한다.

8. ④

용접장치의 관리 (안전규칙 제313조)

- 발생기(이동식의 아세틸렌 용접장치의 발생기를 제외한다)의 종류·형식·제작업체명·매시 평균 가스발생량 및 1회의 카바이트 송급량을 발생기실 내의 보기 쉬운 장소에 게시할 것
- 발생기실에는 관계근로자 외의 자가 출입하는 것을 금지시킬 것
- 발생기에서 5 m 이내 또는 발생기실에서 3 m 이내의 장소에서는 흡연, 화기의 사용 또는 불꽃이 발생할 위험한 행위를 금지시킬 것
- 도관에는 산소용과 아세틸렌용과의 혼동을 방지하기 위한 조치를 할 것
- 아세틸렌 용접장치의 설치장소에는 적당한 소화설비를 갖출 것
- 이동식의 아세틸렌 용접장치의 발생기는 고온의 장소·통풍이나 환기가 불충분한 장소 또는 진동이 많은 장소 등에 설치하지 아니하도록 할 것

9. ③

아세틸렌 용접 시 역화가 일어나면 산소 밸브를 즉시 잠그고 아세틸렌 밸브를 잠근다.

10. ③

액화암모니아는 백색으로 도배한다.

| 가스의 종류 | 용기 도색 |
|---|---|
| 액화탄산가스 | 청색 |
| 산소 | 녹색 |
| 수소 | 주황색 |
| 아세틸렌 | 황색 |
| 액화암모니아 | 백색 |
| 액화염소 | 갈색 |
| 액화석유가스(LPG 및 기타 가스) | 회색 |

# 제8장
# 목재가공기계

## 8.1 목재가공기계

목재가공용 기계에는 위험성이 높은 기계가 많기 때문에 목재가공작업과 관련해서는 산업안전보건기준에 관한 규칙에 둥근톱기계, 띠톱기계, 대패 기계 및 모떼기기계에 대한 구체적인 안전기준을 두고 있다. 둥근톱기계의 경우 톱날에 의한 반발 및 톱날에의 접촉을 방지하기 위한 안전조치, 띠톱기계의 경우 위험한 톱날부위 등에 접촉을 방지하기 위한 안전조치, 대패기계와 모떼기기계의 경우는 날접촉 예방장치가 있다. 그 외에 목재가공작업에 있어 재해를 방지하거나 그 정도를 경감시키기 위해서는 적정한 조도의 확보, 소음과 분진에 의한 건강장해의 예방을 위한 조치도 병행되어야 하며 톱날에 말림위험이 높은 목장갑의 착용은 금지되어야 한다. 목재가공작업 시 주로 발생하는 재해의 원인은 톱날이나 예리한 날에 의한 접촉, 목재에 존재할 수 있는 옹이 등의 결함, 외관의 수축팽윤에 기인한 변형 및 잔류응력에 의한 목재 반발 등을 들 수 있다. 목재가공용 기계종류로는 작업형태에 따라 다양하게 사용되며 테이블식, 자동 롤러식, 자동 송재차식 띠톱기계 및 레이디얼 둥근톱, 대패기계, 모떼기기계 등이 있다.

## 8.2 둥근톱기계

### 8.2.1 개요

둥근톱기계는 전기모터를 이용하는 기계로서, 지름 300~400 mm 강철 원판의 둘레에 톱니를 만들어 이것을 회전체에 부착, 고속으로 회전시켜서 목재가공작업을 하는 설비이다. 테이블의 목재가이드를 조정하여 작업자가 원하는 너비의 목재를 연속적으로 자를 수 있고 구조가 간단하며 용이하고 능률도 좋아서 제재와 목공용으로 많이 사용되나 위험성 또한 크다. 둥근톱의 크기는 용도도 다양하며 형식과 종류도 많으나 회전축에 톱을 장치하여 회전시키는 구조는 동일하다. 주요 구조부는 승강기 본체, 톱축, 톱축 승강장치, 테이블 및 정규로 구성되어 있으며 일반적으로 둥근톱의 최대 절삭면 폭은 톱 반경의 70% 정도이고 재료의 절삭방법은 둥근톱의 하부절삭과 상부절삭의 2가지 방식이 있다.

### 8.2.2 구조 및 설치방법

#### (1) 둥근톱의 재료

목재가공용 둥근톱기계에 설치하는 둥근톱의 재료는 표 8.1에서 정하는 재료 또는 이와 동등 이상의 기계적 성질을 보유하는 재료여야 한다.

[표 8.1] 둥근톱의 재료

| 종류 | 초경 둥근톱 | | 초경 둥근톱 이외의 둥근톱 |
|---|---|---|---|
| 구성부분 | 팁(tip) | 몸체 | |
| 재료 | 한국산업규격 B3249-1997 (초경질 공구재료팁)에 정하는 K10, K20, K30의 규격에 적합한 재료 | 한국산업규격 D3251-1984 (탄소공구강재)에 정하는 5종 또는 6종의 규격에 적합한 강재 | 한국산업규격 D3251-1984 (탄소공구강재)에 정하는 5종 또는 6종의 규격에 적합한 강재 |

#### (2) 둥근톱기계의 구조 및 설치방법

둥근톱기계의 구조 및 설치방법 등은 목재가공용 둥근톱기계의 안전기준에 관한 기술상의 지침(노동부 고시 제2001-27호)에 이를 상세히 명시하고 있으며 주요 내용을 정리하면 다음과 같다.

① 둥근톱

목재가공용 둥근톱은 다음에 적합하게 설치하여야 한다.

ⓐ 고정측 플랜지는 키(key) 또는 나사를 사용하는 방법 또는 가열끼움, 압입 등의 방법에 의해 둥근톱 축에 고정할 것

ⓑ 둥근톱 축의 체결에 사용되는 볼트, 너트 등은 풀림 방지 조치를 할 것

ⓒ 둥근톱 축의 나사는 체결이 용이할 것

**그림 8.1 목재가공용 둥근톱 구조**

**② 브레이크**

목재가공용 둥근톱기계는 동력을 차단한 경우에 회전하는 둥근톱 축을 제동하기 위한 브레이크를 갖추고 있어야 한다.

ⓐ 동력을 차단할 때에 10초 이내에 둥근톱 축의 회전이 정지하는 것

ⓑ 단상직권식 전동기를 사용하는 휴대용 둥근톱기계

ⓒ 자동송급장치를 보유한 둥근톱기계로서 본체에 둥근톱이 설치되어 있는 것

ⓓ 기타 접촉의 위험성이 없는 것

**③ 둥근톱 축 고정장치**

목재가공용 둥근톱기계에는 둥근톱을 교체할 때에 둥근톱 축의 회전에 의한 위험을 방지하기 위하여 둥근톱 축을 고정하기 위한 장치를 갖추어야 한다.

④ **동력차단장치 및 덮개**

목재가공용 둥근톱기계에는 근로자가 작업위치를 이탈하지 않고 조작할 수 있는 동력차단장치를 갖추어야 한다. 또한 동력차단장치는 용이하게 조작할 수 있어야 하며 접촉·진동 등에 의해 목재자공용 둥근톱기계가 불시에 기동하는 위험이 없어야 한다. 둥근톱(절단에 필요한 부분 제외), 기어, 풀리, 벨트 등 회전 중 근로자에게 접촉 위험을 미칠 우려가 있는 부위에는 덮개를 설치하여야 한다.

### 8.2.3 재해의 종류

목재가공용 둥근톱에 의한 재해로는 주로 톱날에 신체의 일부가 직접 접촉하여 생길 수 있는 재해와 목재가공 중 가공재의 반발에 의한 재해 등이 있으며 그 사고유형은 다음과 같이 매우 다양하다.

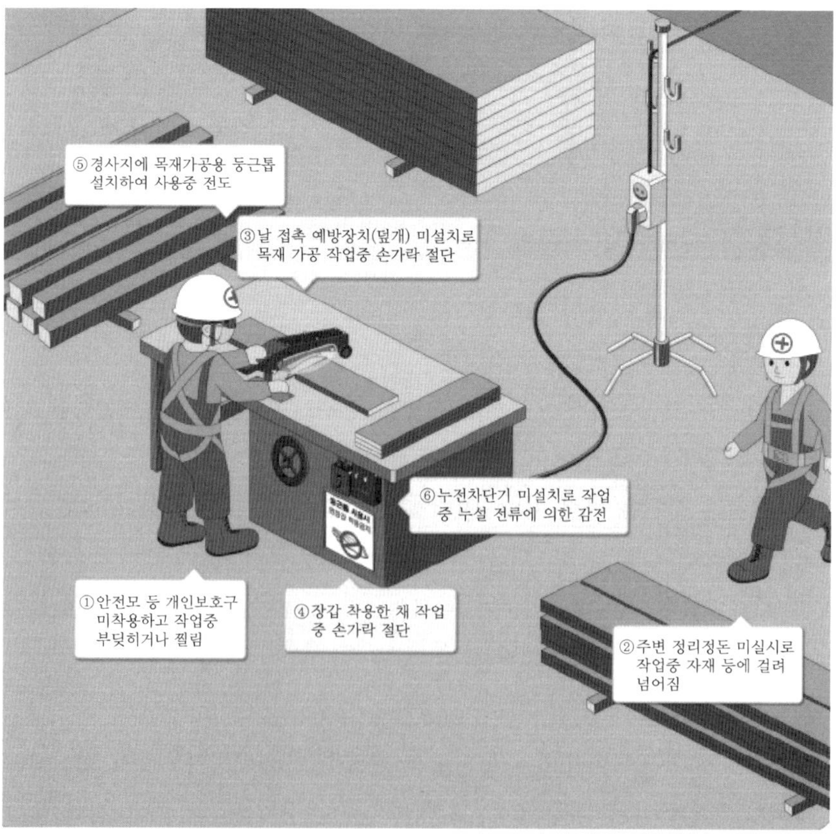


**그림 8.2** 목재가공작업 시 위험요인

① 덮개가 없거나 불충분한 톱날로 인해 작업 중, 작업 준비 중, 작업 종료 후 스위치를 off했지만 관성으로 회전하는 사이, 회전하는 톱날이 멈추었다고 착각하는 때 등의 경우 손가락, 손, 다른 신체의 일부가 톱날에 접촉
② 가공대상물이 톱날에서 반발하는 과정에 손가락, 손이 톱날에 접촉하거나 날아 온 목재가 복부 등의 신체를 가격
③ 착용한 장갑이 톱날에 말리면서 손가락, 손이 톱날에 접촉
④ 청소, 조정, 날 교체 작업 시 전원을 차단하지 않고 작업하다 스위치를 오조작하면서 톱날에 접촉
⑤ 휴대용 둥근톱을 취급하다가 손가락, 손에 직접 닿는 경우 외에도 바지 등의 옷자락이 닿거나 회전하는 톱을 바닥 등에 내려놓는 과정에 튄 톱날에 접촉
⑥ 합판과 같은 목재 절단 과정에 잘린 부분이 바닥으로 떨어지는 것을 잡으려다 다른 손이 날에 접촉

### 8.2.4 방호장치

목재가공용 둥근톱에는 성능 검정품인 날 접촉예방장치와 반발예방장치를 설치해야 한다. 또한 둥근톱기계의 방호장치는 다음에 해당하는 기능을 보유하여야 한다.

① 작업을 하고 있지 않을 때에는 어떠한 경우라도 근로자의 손등이 톱날에 접촉하는 것을 방지하도록 할 것
② 작업 중 근로자의 손이나 신체 일부가 위험한계 내에 들어갈 우려가 없을 것
③ 가공재를 절단하는 도중 가공재가 반발할 우려가 없을 것
④ 작업에 현저한 지장을 초래하지 않을 것

#### (1) 날 접촉예방장치

1) 가동식 접촉예방장치는 덮개, 보조덮개가 가공물의 크기에 따라 상하로 움직이고 가공할 수 있는 것으로 그 덮개의 하단이 송급되는 가공재의 윗면에 항상 접하는 구조이며 가공재를 절단하고 있지 않을 때는 덮개가 테이블면까지 내려가 어떠한 경우에도 작업자의 손등이 톱날에 접촉되는 것을 방지하도록 되어 있다.
   ① 덮개의 하단이 송급되는 가공재의 상면에 항상 접하고 절단작업을 하고 있지 않을 때에는 신체 등이 톱날에 접촉되는 것을 방지할 것
   ② 절단작업 중 가공재의 절단에 필요한 날 이외의 부분을 항상 자동적으로 덮을 것

③ 작업에 현저한 지장을 초래하지 않고 톱날을 관찰할 수 있을 것

④ 접촉예방장치의 지지부는 덮개의 위치를 조정할 수 있고 체결볼트에는 이완방지 조치를 할 것

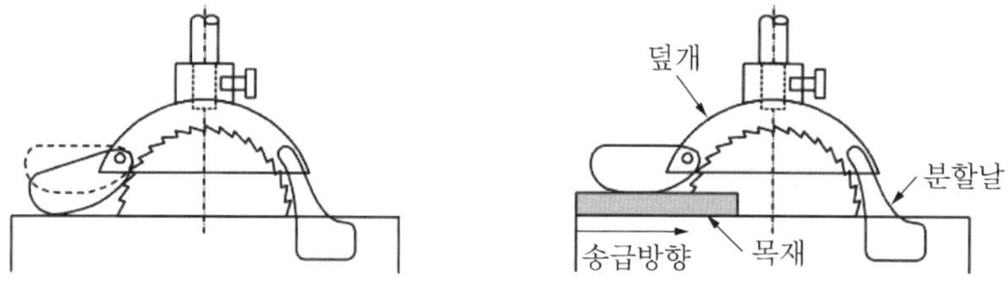


그림 8.3 가동식 접촉예방장치

2) 고정식 접촉예방장치는 작업 중에는 덮개가 움직일 수 없도록 고정된 덮개로 비교적 얇은 판재를 가공할 때 이용하는 구조이다.

① 톱날 등 분할날에 대면하고 있는 부분 및 가공재의 상면에서 덮개 하단까지의 틈새가 8 mm 이하가 되도록 위치를 조절할 수 있을 것

② 덮개의 하단부와 테이블면 사이가 25 mm 이하의 간격을 유지할 수 있는 스토퍼를 설치할 것

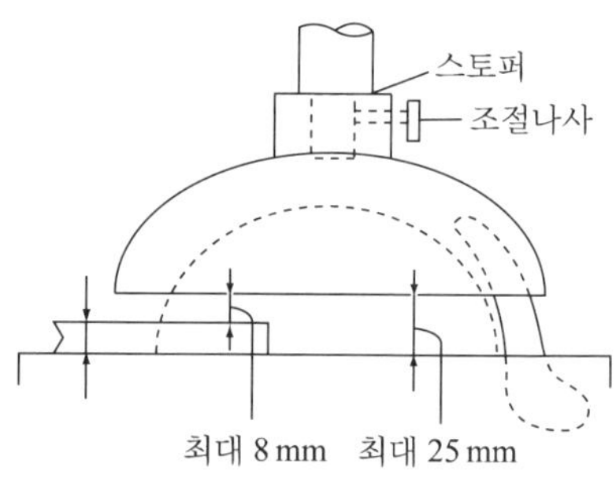


그림 8.4 고정식 날 접촉예방장치

### (2) 반발예방장치

둥근톱기계에는 가공재의 두께에 따라 가공재가 톱날의 후면에서 반발되는 것을 방지할 수 있는 기능 및 강도를 보유하고 반발예방장치를 설치해야 한다. 톱날의 지름이 405 mm를 넘는 둥근톱기계(자동송급장치를 보유한 둥근톱기계를 제외한다)에 사용되는 반발예방장치는 반드시 분할날을 사용해야 한다. 분할날은 가공재에 쐐기작용을 하여 가공물의 반발을 방지할 목적으로 설치된 것으로 둥근톱의 크기에 따라 겸형식과 현수식 2가지로 구분하며 다음의 사항을 만족하여야 한다.

① 분할날의 두께는 톱날 두께의 1.1배 이상일 것

$$1.1t_1 \leq t_2 < b \ (t_1 : \text{톱 두께}, \ t_2 : \text{분할날 두께}, \ b : \text{치진폭})$$

② 견고히 고정할 수 있으며 분할날과 톱날 원주면과의 거리는 12 mm 이내로 조정, 유지할 수 있어야 하고 표준 테이블면 상의 톱 뒷날의 2/3 이상을 덮도록 할 것

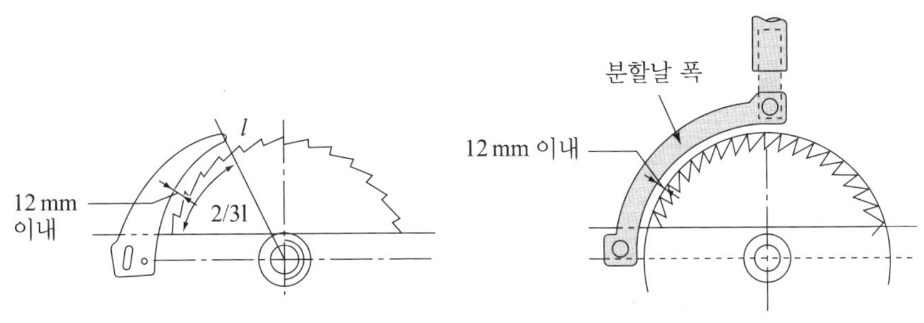


**그림 8.5 분할날 종류**

③ 분할날 조임볼트는 둥근톱 지름에 따라 표 8.2 이상의 볼트를 2개 이상 사용하여 체결하고 볼트에 이완방지조치를 할 것

[표 8.2] 분할날의 취부 볼트 지름 (단위 : mm)

| 종류 | 겹형식 분할날 | | | | 현수식 분할날 | |
|---|---|---|---|---|---|---|
| 둥근톱 지름 | 203 이하 | 204~355 | 356~560 | 561~610 | 615 이하 | 915 이하 |
| 볼트 지름 | 5 | 6 | 8 | 10 | 6 | 8 |

④ 분할날의 폭은 톱 지름에 따라 표 8.3과 같이 할 것

[표 8.3] 분할날의 폭 (단위 : mm)

| 종류 | 152 이하 | 20 | 255 | 305 | 355 | 비고 |
|---|---|---|---|---|---|---|
| 폭 | 30 | 35 | 45 | 50 | 55 | 둥근톱의 지름이 표치수의 중간인 경우의 값은 비례법에 의해 구하는 것으로 할 것 |
| 둥근톱의 지름 | 405 | 455 | 510 | 560 | 610 | |
| 폭 | 60 | 70 | 75 | 80 | 85 | |

### (3) 반발방지 발톱 및 롤러

반발예방장치로써 설치되는 반발방지발톱 및 반발방지롤러는 목재가 톱날의 후면부에서 떠오르는 것을 방지하는 것으로 목재의 상면을 항상 일정한 힘으로 누르고 있어야 하며 일반적으로 날 접촉예방장치의 본체에 설치되며 목재의 두께에 따라 높이 조절이 가능한 구조이여야 한다. 따라서 가공재의 두께에 따라 가공재가 둥근톱의 후면에서 반발하는 것을 막을 수 있는 기능 및 강도를 보유해야 한다.

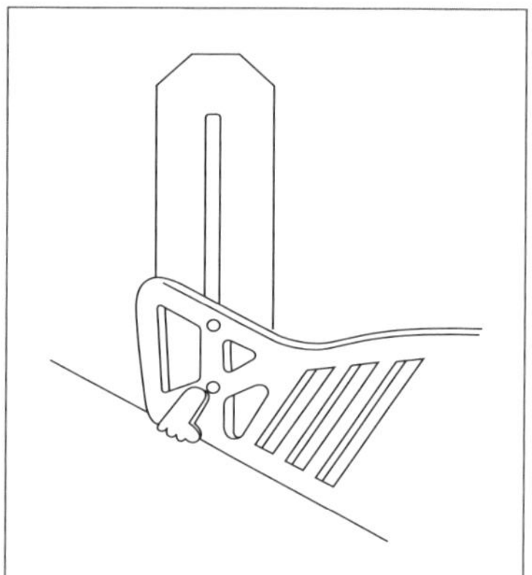

**그림 8.6** 반발방지발톱

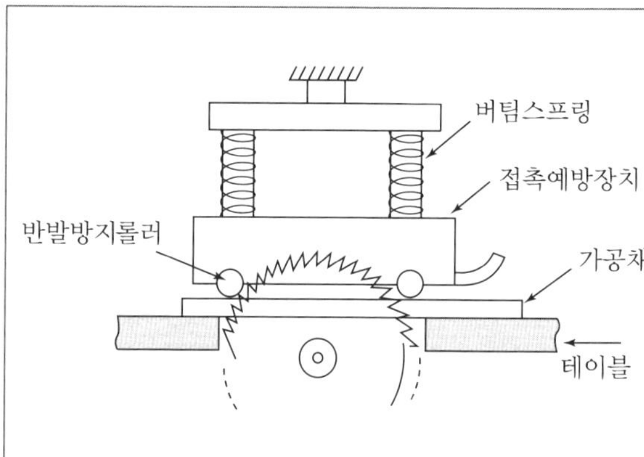


**그림 8.7** 반발방지롤러

### (4) 보조 안내판

주 안내판과 톱날 사이의 공간에서 나무가 퍼질 수 있게 하여 죄임으로 인한 반발을 방지한다.

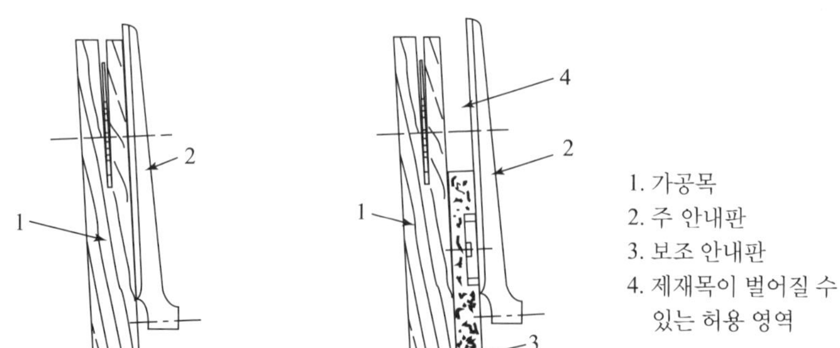


(a) 보조 안내판이 없을 때 톱날과 주 안내판 사이의 나무의 조임

(b) 보조 안내판이 조립되었을 때 목재는 물리지 않음

**그림 8.8** 보조 안내판의 이용

### 8.2.5 작업안전수칙

① 둥근톱의 최대 원주속도를 준수한다.
② 톱니에 말려들 위험이 있는 장갑은 착용하지 않는다.
③ 반발 또는 가공 중 톱날 노출 우려가 있는 구부러진 목재는 켜지 않는다.
④ 톱날에서 충분히 이격된 위치를 잡는다.
⑤ 톱날이 정상적으로 회전하지 않을 때는 일단 가공물을 후퇴시킨다.
⑥ 톱날 높이는 가공물 상부 면보다 보다 5 mm 이상 올라오지 않게 조정한다.
⑦ 옹이부분은 서서히 켠다.
⑧ 목재를 켜고 있는 동안에는 재료를 비틀지 않는다.
⑨ 긴 목재나 폭이 큰 목재를 켤 경우에는 들뜸을 방지하기 위해 먼저 고정시키거나 또는 보조 테이블을 설치한다.
⑩ 보안경, 안전화, 방진마스크 등 보호구를 착용한다.
⑪ 소형의 목재 가공 시에는 푸시스틱 등 작업보조기구를 사용한다.
⑫ 전원 차단 시 회전하는 톱날을 정지시키기 위해 톱날을 옆에서 눌러 정지시키지 않도록 한다.

[표 8.4] 둥근톱기계 안전 체크리스트

| 구분 | 점검항목 | 점검결과 | 조치사항 |
|---|---|---|---|
| 1 | 톱날은 양호하고 조임 너트는 완전히 조였는가? | | |
| 2 | 분할날과 톱날 원주면과의 거리는 12 mm 이내가 되고 있는가? | | |
| 3 | 분할날의 톱 뒷날의 2/3 이상을 덮고 있는가? | | |
| 4 | 가동식 또는 고정식 톱날 접촉예방장치가 설치되어 있는가? | | |
| 5 | 동력전달부의 벨트, 풀리 등에 울, 덮개 등의 방호조치가 되어 있는가? | | |
| 6 | 가공재 반발방지를 위한 반발예방장치가 설치되었는가? | | |
| 7 | 톱니에 말려들 위험이 없는 장갑을 착용하였는가? | | |
| 8 | 소형의 목재 가공 시에는 푸시스틱 등 작업보조기구를 사용하는가? | | |
| 9 | 동력차단 후 10초 이내에 톱날의 회전을 정지시킬 수 있는 성능의 브레이크가 설치되어 있는가? | | |
| 10 | 전기배선, 외함접지, 누전차단기 등 전기감전예방조치가 되어 있는가? | | |
| 11 | 톱날 교체 시 톱날 축의 회전에 의한 위험방지를 위한 축 고정장치가 설치되어 있는가? | | |
| 12 | 보안경, 방진마스크 및 청력보호구 등을 착용하는가? | | |

# 8.3 동력식 수동대패기계

## 8.3.1 개요 및 구조

목재를 가공하기 위해 사용되며 대패 날을 부착한 둥근 축을 회전시켜 목재를 매끄럽게 깎아 가공하는 기계를 동력식 수동대패기계라고 한다. 기계대패를 사용하면 나뭇결, 재료의 경도 및 두께에 관계없이 능률적으로 대패질할 수 있다. 기계대패에는 목재를 먹이는 방법에 따라 수동식 기계대패와 자동식 기계대패가 있다. 보통 조인터라고 하는 수동식 기계대패는 한쪽 면을 대패질할 수 있고 소량가공에 많이 사용하며 자동식 기계대패는 정밀하고 대량가공에 많이 사용된다. 휴대용 전기기계대패는 간단한 가공물의 초벌절삭에 주로 사용한다. 기계대패의 크기는 가공재료의 최대너비로 나타낸다. 목재를 공급하는 방식에는 테이블 위를 손으로 밀면서 하는 수동 방식과 송급 롤러에 의한 자동 방식이 있다. 손으로 미는 형식에는 가공물을 밀고 있을 때 실수로 손을 대패 날에 접촉되는 일이 없도록 날 접촉예방장치가 반드시 필요하다.

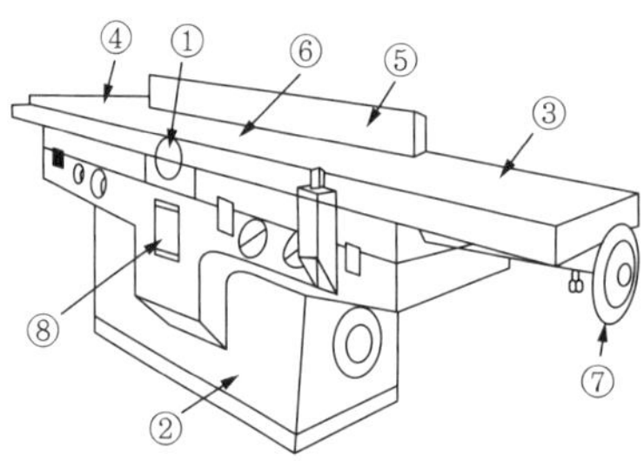


**그림 8.9** 동력식 수동대패기계 구조

## 8.3.2 방호장치

동력식 수동대패기계는 작업도중 손으로 가공재를 누르고 있어야 하는데 이때 가공재가 튀어 오르거나 또는 소형 가공재의 경우는 회전하는 대패 날에 손이 접촉하여 재해가 발생한다. 이러한 재해방지를 위한 방호장치로는 날 접촉예방장치가 있다.

### (1) 가동식 날 접촉예방장치

가공하는 재료의 절삭에 필요하지 않은 대패 날 부분을 항상 자동적으로 덮을 수 있는 구조의 장치를 말하며 그림 8.10과 같이 덮개가 회전하는 대패 날 부위의 위를 수평으로 움직이는 것과 회전하는 대패 날의 둘레 면을 따라서 움직이는 것들이 있다. 어느 것이나 덮개가 항상 정규(定規)쪽 또는 테이블 면으로 누르고 있어서 절삭되는 가공재료의 폭에 상당하는 부분의 대패 날만이 노출되고 그 이외의 대패 날은 덮여져 있다. 덮개는 그 아래 면과 가공재료를 송급하는 쪽 테이블 면과의 틈새는 8 mm 이하가 되도록 해야 한다.

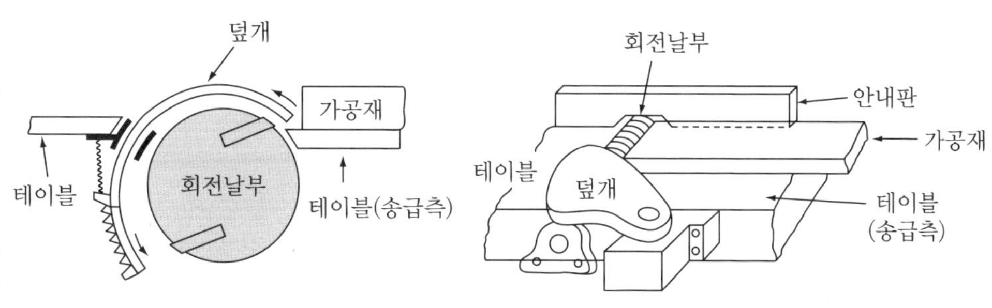


**그림 8.10** 가동식 날 접촉예방장치

### (2) 고정식 날 접촉예방장치

이 장치는 가공재료의 폭에 따라서 그때마다 덮개의 위치를 조절해서 절삭하는데 필요한 대패 날 부위만을 남기고 덮는 구조를 말하며 덮개의 부착부위에는 조절이 용이하기 할 수 있도록 조절나사를 설치하고 가공재료를 송급하지 않을 때는 대패 날 부분 전체를 덮기 위한 덮개의 길이는 대패 날 길이에 맞추어야 한다. 덮개와 가공재료를 송급하는 쪽의 테이블 면과의 사이에 손이 들어가지 않도록 8 mm 이하의 틈새로 해 두는 것은 가동식의 경우와 같으며 정규의 안쪽 대패 몸통이 노출하는 부분에도 덮개가 설치되어야 한다.

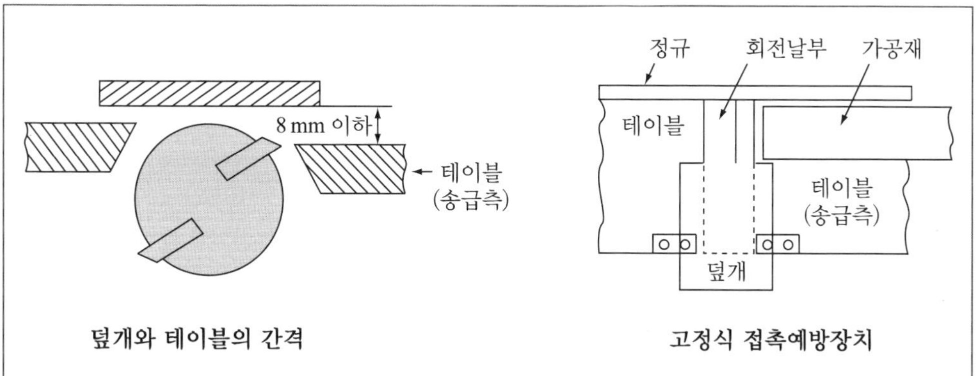


**그림 8.11** 고정식 날 접촉예방장치

### 8.3.3 작업안전수칙

#### (1) 작업 전 조치사항

① 대패 날은 테이블 면에서 1 mm 이하로 나오게 할 것
② 대패 날과 전후 테이블 사이 간격을 3 mm 이내로 할 것
③ 날 접촉예방장치의 기능상 이상여부를 확인할 것
④ 고정식 날 접촉예방장치의 경우 날 노출부분의 폭은 가공재료의 최소폭을 유지하도록 조정할 것

#### (2) 작업 중 안전

① 재료의 이송속도를 너무 빨리 하지 않고 장갑은 사용하지 말 것
② 목재에 나무마디, 옹이가 있는 것은 가공 시 옹이가 빠져 튈 염려가 있고 섬유질의 변화가 현저한 것은 본래의 상태로 되돌아가려는 성질이 있으므로 천천히 이송하도록 하며 무리한 힘을 주어서 억지로 누르지 말 것
③ 작업 자세는 발을 편안한 위치로 벌리고 자세를 낮출 것
④ 목재 가공 시 시작할 때와 끝날 무렵에 손이 미끄러질 위험이 있으므로 단단히 누를 것

[표 8.5] 동력식 수동대패기계 안전 체크리스트

| 구분 | 점검항목 | 점검결과 | 조치사항 |
|---|---|---|---|
| 1 | 대패기계의 날 접촉예방장치는 정상 작동하는가? | | |
| 2 | 동력전달부의 벨트, 풀리 등에 울, 덮개 등의 방호조치가 되어 있는가? | | |
| 3 | 밀기블록 및 밀기막대의 손잡이는 적정한 상태인가? | | |
| 4 | 가드는 최대 조정 시 안내판과 테이블 사이의 틈을 덮을 수 있는가? | | |
| 5 | 커터블록을 정지시키는 제동장치가 10초 이내에 작동하는가? | | |
| 6 | 절삭 날은 가공물의 걸림, 되튀김이 발생되지 않을 정도로 날카로운가? | | |
| 7 | 절삭 날은 균열 및 파손이 없는가? | | |
| 8 | 수리·정비 작업 시 해당 기계의 전원을 차단하는가? | | |
| 9 | 구동모터에 설치된 접지선이 견고하게 고정되어 있는가? | | |
| 10 | 작업장 주변의 정리정돈은 잘 되어 있는가? | | |

# 8.4 띠톱기계

## 8.4.1 개요 및 구조

띠톱기계(Band sawing machine)는 양쪽 끝이 없는 고리 모양의 톱을 회전시켜 목재 또는 금속 재료의 절단작업을 하는 공작기계이다. 목공용과 금속 절단용이 있으며 얇은 톱날을 사용하여 판재를 절단하는 것과 굵은 톱날을 사용하여 봉재를 절단하는 것이 있다. 톱날을 고정시킬 때는 날의 긴장도(텐션)가 중요하다. 텐션이 약하면 재료의 절단선이 구부러지기 쉽고 텐션이 너무 강하면 톱날이 부러지기 쉽기 되기 때문이다. 판재를 가공하는 띠톱기계는 수 십 미터 단위로 구할 수 있는 톱날을 소정의 길이로 잘라 띠 모양으로 용접해서 사용하는 경우가 많다. 그래서 톱을 이을 때 사용하기 위하여 기계에 띠톱 맞대기 용접장치와 그 용접부의 다듬질 장치 등을 설비하고 있는 경우가 많다. 띠톱기계에는 띠톱의 절단 운동방향에 따라 수평식과 수직식 두 종류가 있다. 수평식 띠톱기계는 절삭속도가 빠르며 주로 재료의 절단에 사용되고 수직식 띠톱기계는 띠톱 날을 사용하여 판재의 곡선을 따라 윤곽을 잘라내는 작업 및 다이(Die) 제작에 많이 사용된다.

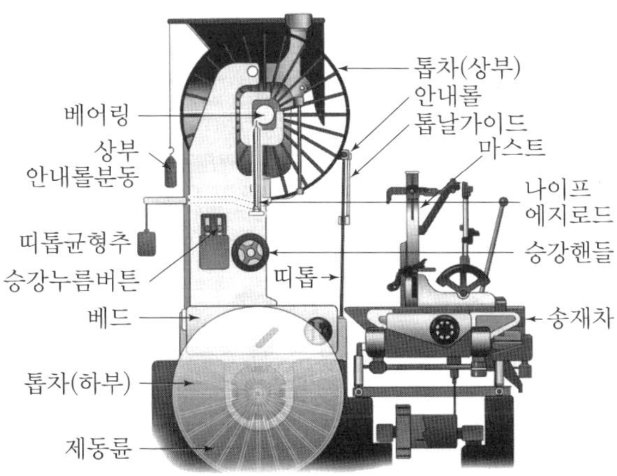


그림 8.12 띠톱기계의 구조

## 8.4.2 방호장치

띠톱기계에 의한 재해는 원인은 작업 중 띠톱 톱날부의 협착에 의한 재해, 제재작업 시 발생하는 고소음 및 목분진에 의한 건강장해 등이 있으며 이 중 톱날부의 협착에 의한 안전사고가 가장 많이 발생한다. 이러한 재해를 예방하기 위해서는 절단에 필요한 톱날 부위 외에 위험한 톱날부위에는 덮개 또는 울 등을 설치해야 하며 스파이크가 부착된 이송 롤러기 또는 요철이송 롤러기에는 날 접촉예방장치 또는 덮개를 설치하여야 한다.

### (1) 톱날의 덮개

상부고정 덮개는 두께 1 mm 이상의 강판 또는 이와 동등한 강도를 갖는 재료로 만들어야 하고 하부이동 덮개는 두께 5 mm 이상의 투명 플라스틱판을 사용하여 띠톱 파손을 방호할 뿐만 아니라 작업하는 전방을 방해하지 않도록 해야 한다. 필요한 부분 이외의 부분을 항상 덮을 수 있어야 하고 덮개의 길이는 안내롤러를 내렸을 경우에 덮개 상부의 톱날이 노출되지 않는 길이여야 하며 두께에 전방의 시계를 방해하지 않아야 한다.

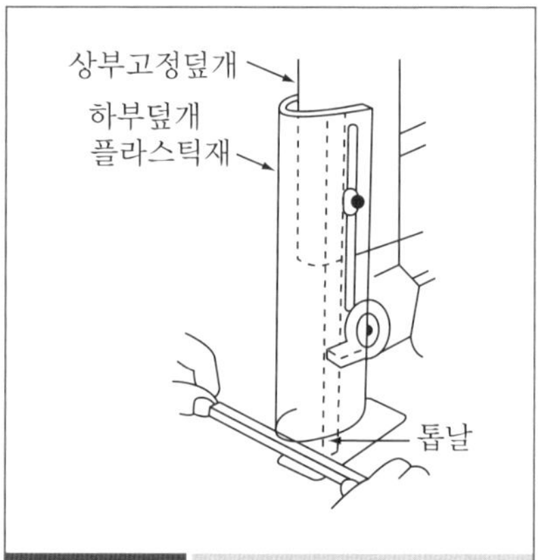


그림 8.13 톱날의 덮개

### (2) 톱차의 덮개

톱차의 덮개는 1 mm 이상의 강판으로 톱차의 양측면과 톱날을 사용하지 않는 부분을 완전히 덮을 수 있게 설치해야 한다.

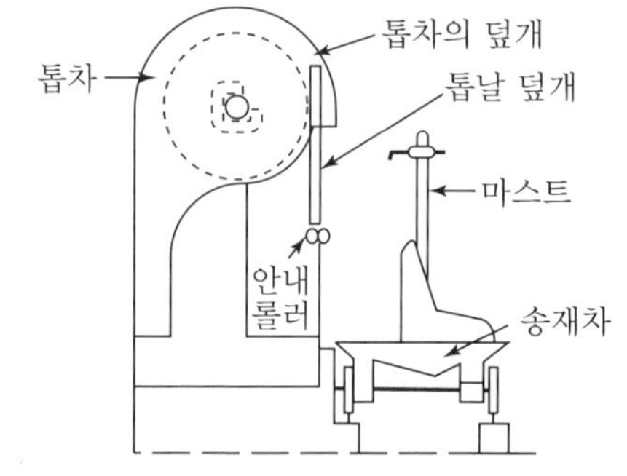


그림 8.14 톱차의 덮개

### (3) 이송 롤러기의 덮개

스파이크(Spike)가 부착되어 있는 이송 롤러기 또는 요철형 송급롤러기에는 목재의 송급 시 실수에 의하여 롤러에 휘말려 들지 않게 그림 8.15와 같이 송급자쪽의 롤러에 덮개를 설치해야 한다.

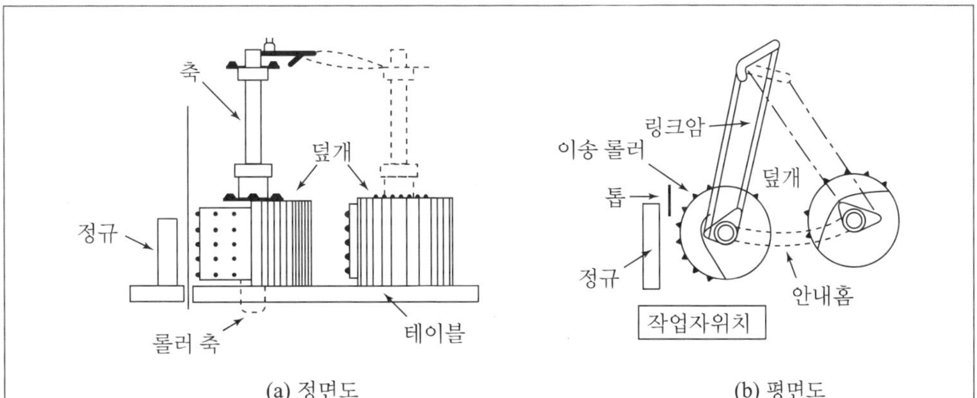


그림 8.15 이송 롤러의 덮개

## 8.4.3 작업안전수칙

① 정지된 기계는 반드시 정지 이유를 확인한 후 운전한다.
② 각 기계의 조작은 작업책임자 또는 허가를 받은 사람만이 행한다.
③ 가공 중 또는 반송 중인 목재 취급지역에 관계자 이외의 사람은 접근을 하지 않는다.
④ 기계의 수리 또는 이상 부분의 확인을 위해 기계의 운전을 할 필요가 있는 경우에는 2인 이상이 수행하고 한 사람이 반드시 비상정지버튼을 바로 조작할 수 있는 상태에 있어야 한다.
⑤ 회전부는 완전히 멈추는 것을 확인하기 전에는 손대지 않는다.
⑥ 목재에 톱날이 끼었을 경우에는 기계의 운전을 중지시키고 목재의 켜진 부분에 쐐기 등을 삽입한 후 톱날을 빼낸다.
⑦ 운전 중 톱니 근처의 톱밥을 털어낼 때는 브러시 등 수공구를 사용하고 절대로 맨손으로 만지지 않는다.
⑧ 후면 롤러 컨베이어 상의 목재들이 서로 부딪히지 않도록 진행속도 및 상태에 유의하여야 한다.

# 8장 연습문제

**01** 목재가공용 둥근톱 작업에서 분할날과 톱날 원주면과의 간격은 얼마이내가 되도록 조정하는가?

① 10 mm ② 12 mm
③ 14 mm ④ 16 mm

**02** 목재가공용 둥근톱 작업에서 반발예방장치가 아닌 것은?

① 반발방지기구(finger) ② 반발방지롤(roll)
③ 분할날(spreader) ④ 립소(rip saws)

**03** 그림과 같이 목재가공용 둥근톱기계에서 분할날($t_2$) 두께가 4.0 mm일 때 톱날과의 관계로 옳은 것은?

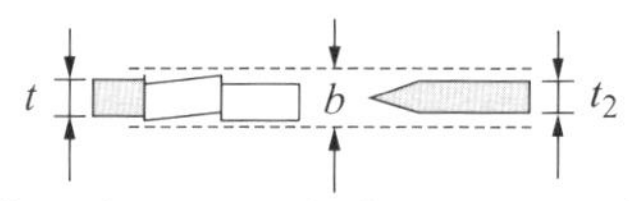


$t$ : 톱날 두께 $b$ : 톱날 진폭 $t_2$ : 분할날 두께

① $b > 4.0$ mm, $t \le 3.6$ mm
② $b > 4.0$ mm, $t \le 4.0$ mm
③ $b < 4.0$ mm, $t \le 4.4$ mm
④ $b > 4.0$ mm, $t \ge 3.6$ mm

**04** 목재가공용 둥근톱의 톱날 지름이 500 mm일 경우 분할날의 최소길이는 약 몇 mm인가?

① 161.7 mm ② 261.8 mm
③ 361.7 mm ④ 461.8 mm

**05** 목재 가공용 둥근톱기계의 안전작업으로 틀린 것은?

① 작업자는 톱날의 회전방향 정면에 서서 작업한다.
② 톱날이 재료보다 너무 높게 솟아나지 않게 한다.
③ 두께가 얇은 재료의 절단에는 압목 등의 적당한 도구를 사용한다.
④ 작업 전에 공회전 시켜서 이상 유무를 점검한다.

**06** 목재 가공용 둥근톱에서 반발방지를 방호하기 위한 분할날의 설치조건이 아닌 것은?

① 톱날과의 간격 12 mm 이내
② 톱날 후면날의 2/3 이상 방호
③ 분할날 두께는 둥근톱 두께 1.1배 이상
④ 덮개 하단과 가공재 상면과의 간격은 15 mm 이내로 조정

**07** 목재 가공기의 반발예방장치와 같이 위험장소에 설치하여 위험원이 비산하거나 튀는 것을 방지하는 등 작업자로부터 위험원을 차단하는 방호장치는?

① 포집형 방호장치　② 감지형 방호장치
③ 위치제한형 방호장치　④ 접근반응형 방호장치

**08** 목재가공용 둥근톱기계의 반발예방용 방호장치가 아닌 것은?

① 수봉식 안전기　② 분할날(spreader)
③ 반발방지롤(roll)　④ 반발방지발톱(finger)

**09** 목재 가공용 둥근톱의 방호장치 중 주 안내판과 톱날사이의 공간에서 나무가 퍼질 수 있게 하여 죄임으로 인한 반발을 방지하는 것은?

① 분할날　② 반발방지롤
③ 반발방지핑거　④ 보조안내판

## 해설

1. ②

분할날과 톱날 원주면과의 간격은 12 mm 이내가 되도록 조정한다.

2. ④

둥근톱기계의 반발예방장치는 반발방지기구, 분할날, 반발방지롤이 있다.

3. ①

$t$: 톱날 두께, $b$: 톱날 진폭, $t_2$: 분할날 두께

두께는 톱날 두께 1.1배 이상이고 톱날의 치진폭 이하로 할 것

$1.1t_1 \leq t_2 < b$ ($t_1$: 톱의 두께, $t_2$: 분할날의 두께, $b$: 치진폭)

4. ②

분할날의 길이 : $l = \frac{\pi D}{4} \times \frac{2}{3} = \frac{\pi D}{6} = \frac{\pi \times 500}{6} = 261.8\,\text{mm}$

5. ①

둥근톱기계의 안전수칙

- 장갑을 끼고 작업하지 않는다.
- 작업 전에 공회전시켜서 이상 유무를 점검한다.
- 두께가 얇은 재료의 절단에는 압목 등의 적당한 도구를 사용한다.
- 톱날이 재료보다 너무 높게 솟아나지 않게 한다.
- 작업자는 작업 중에 톱날 회전방향의 정면에 서지 않을 것

6. ④

분할날의 설치조건

- 분할날의 두께 : 분할날의 두께는 톱날두께 1.1배 이상이고 톱날의 치진폭 미만으로 할 것
- 분할날의 길이 : $l = \frac{\pi D}{4} \times \frac{2}{3} = \frac{\pi D}{6}$

7. ①

포집형 방호장치 : 목재가공기의 반발예방장치와 같이 위험장소에 설치하여 위험원인이 비산하거나 튀는 것을 방지하는 등 작업자로부터 위험원을 차단하는 방호장치

8. ①

수봉식 안전기는 아세틸렌 용접장치 방호장치이다.

9. ④

보조 안내판 : 주 안내판과 톱날 사이의 공간에서 나무가 퍼질 수 있게 하여 죄임으로 인한 반발을 방지하는 것

제9장

# 보일러

## 9.1 개요

연료를 연소시켜 그 연소열을 강철제의 밀폐용기 내의 물에 전하여 소정의 온도, 압력의 증기를 발생하여 다른 데에 공급하기 위한 장치로 그 주요부는 물 및 증기를 넣기 위한 보일러 본체, 연료의 연소장치, 화로로 구성되어 있고 그 외 증기 온도를 올리기 위한 발열기, 연소 배가스의 여열을 이용하기 위한 이코노마이저나 공기 예열기 및 기타의 부속품(증기변, 안전변, 압력계, 수면계, 분출장치 등) 등이 장착되어 있다. 보일러는 원통보일러, 수관보일러, 특수보일러 등으로 대별된다.

## 9.2 보일러의 구조 및 용어

### 9.2.1 구조

보일러의 대표적인 구조는 그림 9.1에서와 같이 본체, 연소장치, 부속장치 등으로 구성되어 있다.

① **보일러 본체**

용기 내의 물을 넣어 두고 외부에서 연소열을 이용하여 가열, 소정압력의 증기를 발생시키는 보일러의 몸체

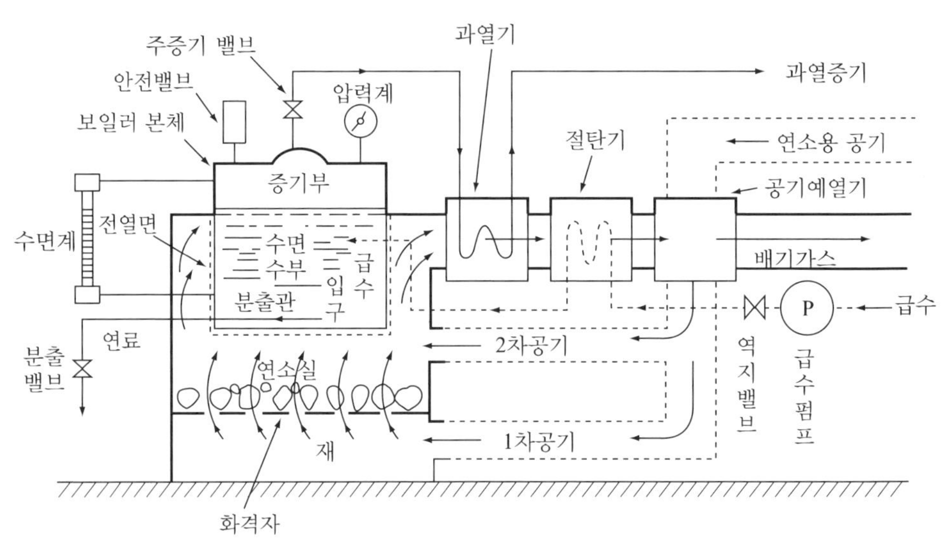


그림 9.1 보일러의 구조

② **연소장치와 연소실**

연료를 연소시켜 열을 발생시키는 장치로서, 고체연료를 연소시키는 데는 화격자 연소장치를 사용하고 미분탄, 액체 및 기체연료를 연소시키는 데는 버너 연소장치를 사용

③ **과열기**(Superheater)

보일러 본체에서 발생된 증기(포화증기)에는 수분이 함유되어 있는데 이 증기를 포화온도 이상까지 재가열하여 과열증기로 만드는 장치

④ **절탄기**(Economizer)

연도(굴뚝)에서 버려지는 배기연소가스의 여열을 이용하여 보일러에 공급되는 물을 예열하는 장치

⑤ **공기예열기**(Air preheater)

연도에서 버려지는 배기연소가스의 여열을 이용하여 연소실로 보내지는 연소용 공기를 예열하는 장치

⑥ **탈기기**(脫氣器)

보일러 급수에 함유되어 있는 공기, 산소, 탄소 및 탄산가스 등은 보일러 관 등 여러 기관을 부식시키므로 이와 같은 가스를 제거하는 장치

⑦ **급수장치**

보일러에 물을 공급하는 급수관, 급수펌프 및 급수밸브 등을 포함하는 장치

⑧ **통풍장치**

연소장치에 연소용 공기를 보내고 또한 배기가스를 보일러 본체, 과열기, 절탄기, 공기예열기 등에 유동시켜주는 장치

⑨ **자동제어장치**

보일러 내의 압력을 일정하게 유지하거나 보일러 부하에 따라 연료량 및 통풍량 등을 자동적으로 가감하기 위한 장치

⑩ **부속장치 및 부속품**

보일러에는 운전을 안전하고 확실하게 하기 위하여 여러 가지 필요한 부속품을 가지고 있으며 압력계, 수위계(수면계), 유량계, 안전밸브, 고저 수위경보기, 각종 밸브 및 콕크 등

### 9.2.2 관련 용어

산업안전보건법에서는 보일러의 원칙적인 안전성을 확보하는 목적으로 보일러의 제작기준과 안전기준 및 검사기준을 규정하고 있다. 적용되는 보일러의 범위는 KS B 6233(육용강제 보일러의 구조)에 해당하는 보일러로써 기준에서 사용하는 용어의 정의는 다음과 같다.

① 설계압력 : 보일러 및 그 부속품 등의 강도계산에 사용되는 압력으로서 사용압력 및 사용온도와 관련하여 가장 가혹한 조건에서 결정한 압력
② 사용압력 : 보일러를 실제로 사용할 때의 압력으로서 보통의 상태에 있어서는 보일러 동체(관류보일러에서의 출구)에서의 압력
③ 설계온도 : 설계압력을 정할 때 설계압력에 대응하여 사용조건으로부터 정해지는 온도
④ 계산두께 : 기준의 계산식에 의하여 산정되는 두께로 부식여유를 포함하지 않는 두께
⑤ 실제두께 : 실제로 측정한 두께
⑥ 소용량 보일러 : 보일러 중 최고사용압력 3.5 $kg/m^2$ 이하이며 전열면적이 5 $m^2$ 이하인 보일러
⑦ 소형관류 보일러 : 강철제 보일러 중 헤더 안지름이 150 mm 이하이고 최고사용압력이 100 $kg/cm^2$ 이하이며 전열면적이 10 $m^2$ 이하인 것

⑧ 수면계 : 보일러 내의 수면높이를 표시해 주는 계기로서 보일러수의 증감을 안전한 범위로 유기하기 위하여 필요

⑨ 상용수위 : 표준적으로 유지하려는 수위

⑩ 안전저수위 : 보일러 운전 중에 그 수위 이상을 절대로 유지하지 않으면 안 되는 수위

## 9.3 보일러의 종류

일반적인 보일러의 종류는 그림 9.2와 같다.

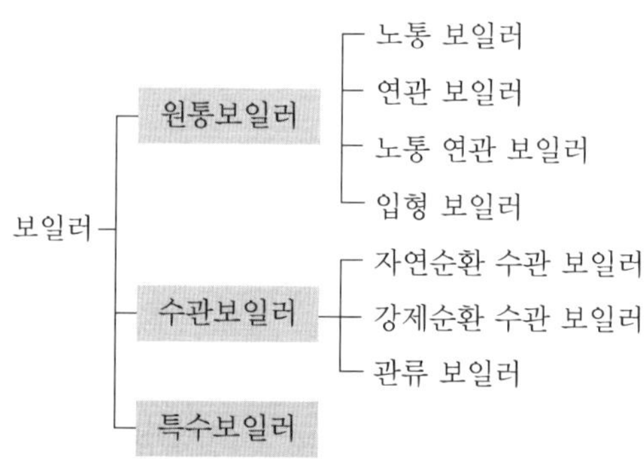


**그림 9.2 보일러의 종류**

보일러는 본체의 재질, 구조, 물 순환 방법, 사용열원, 유체의 종류 그리고 증발량에 따라 여러 가지로 분류한다. 보일러의 재질은 일반적으로 강제(鋼製)이지만 난방용 저압증기를 발생하는 주철제 특수보일러도 있다. 강제 보일러는 그 구조에 따라 원통보일러와 수관보일러로 나눈다.

① **원통보일러**

노통이나 연관 또는 노통과 연관이 함께 설치된 구조로 되어 있으며 구조가 간단하고 용이한 반면에 보유량이 많아 증기 발생시간이 길며 파열 시 피해가 크다. 횡형연관 보일러, 기관차형 보일러, 노통연관식 보일러가 있다.

② **수관보일러**

전열면이 다수의 수관으로 되어 있어 수관 내에서 증발할 수 있도록 되어 있고 고압

대용량이 가능하여 대부분의 화력발전에 사용되고 있다. 형식에는 직관식, 곡관식, 조합식 등이 있다.

③ **특수보일러**

보통 보일러와 비교하여 열원, 연료, 유체의 종류 그리고 가열방법이 다르게 되어 있는 보일러를 말한다. 가스터빈의 폐가스를 열원으로 사용하는 폐열보일러, 연료로 나무껍질 등을 사용하는 특수연료 보일러 등이 있다.

## 9.4 보일러의 장애 및 사고원인

일반적으로 보일러에 사용하는 원수 중에는 현탁 고형물, 용해 고형물, 가스성분 등 각종 물질이 포함되어 있다. 이와 같은 원수를 그대로 사용하면 보일러 본체는 물론 부속기기 등에 스케일, 부식, 발생 증기의 이상에 의한 캐리오버 등의 장애를 발생시킨다. 이러한 장애는 보일러의 효율을 저하시켜 막대한 에너지 낭비와 보일러 판재의 파괴 및 고장을 일으켜 대형사고로 이어질 수 있으므로 이상 장애의 원인제거 및 안전대책은 매우 중요하다. 또한 연소에 수반되는 가스폭발과 내부 수증기 압력에 의한 파열의 위험성이 잠재하기 때문에 보수점검 및 취급에 유의해야 한다.

### (1) 수위의 이상

보일러의 운전 중에 수면계의 수위가 저하하는 데도 불구하고 연소를 계속 하는 것을 저수위 사고라 해서 보일러 운전 중에 있어 가스폭발과 함께 대형재해사고로 이어질 염려가 크다.

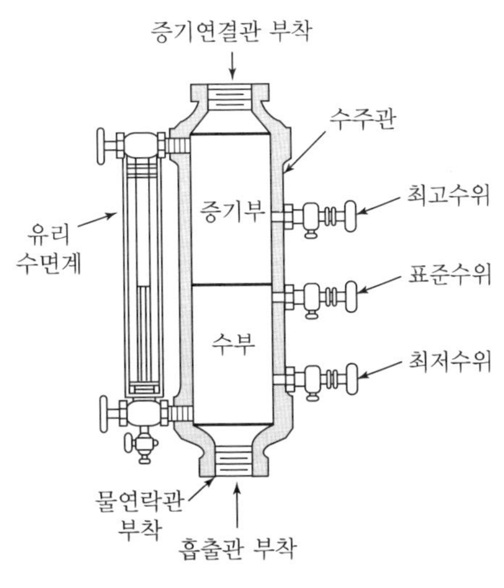


**그림 9.3** 수면계

## (2) 발생증기의 이상

### ① 프라이밍(Priming)

보일러가 과부하로 사용될 경우, 수위가 상승하던가 드럼 내의 부착품에 기계적 결함이 있으면 보일러수가 극심하게 끓어서 수면에서 끊임없이 격심한 물방울이 비산하고 이로 인해 증기부가 물방울로 충만하여 수위가 불안전하게 되는 현상을 말한다.

### ② 포밍(Forming)

보일러수에 불순물이 많이 포함되었을 경우, 보일러수의 비등과 함께 수면부위에 거품층을 형성하여 수위가 불안정하게 되는 현상을 말한다.

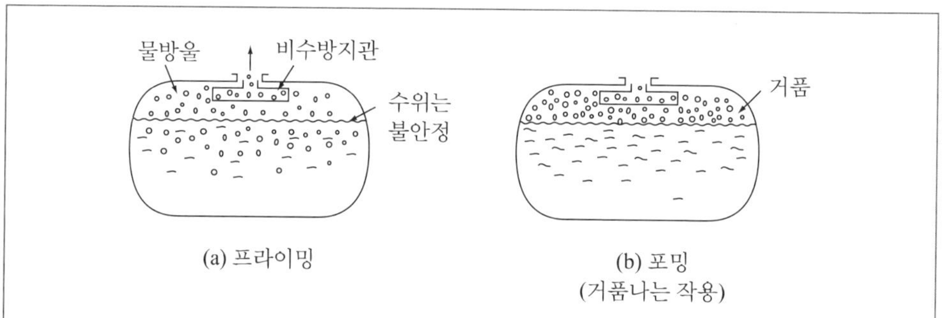


**그림 9.4 프라이밍과 포밍**

### ③ 캐리오버(Carry over)

보일러에서 증기관 쪽에 보내는 증기에 대량의 물방울이 포함되는 현상으로 증기의 순도와 과열온도를 저하시키고 과열기 또는 터빈 날개에 불순물을 퇴적시킴으로써 부식 또는 과열의 원인이 된다.

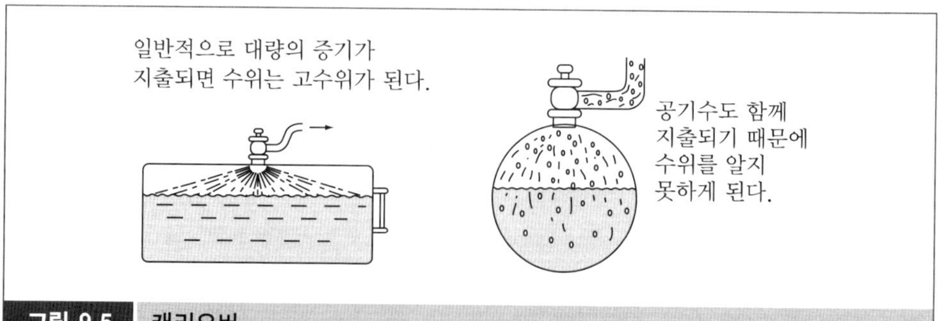


**그림 9.5 캐리오버**

### (3) 워터해머 (Water hammer)

증기관 내에서 증기를 보내기 시작할 때 탕탕 또는 통통 하는 소리를 내며 진동하는 현상으로 캐리오버에 기인한다.

### (4) 이상연소

① 불완전연소 : 공기의 부족 및 연료분무상태 불량 등으로 발생한다.
② 이상소화 : 버너 연소 중 돌연히 불이 꺼지는 현상을 말한다.
③ 2차 연소 : 불완전연소에 의해 발생한 미연소가스가 연소실 외 연관 내 또는 연도 등에서 연소하는 현상을 말한다.
④ 역화 : 화염이 아궁이나 버너쪽에서 분출하는 현상으로 주로 점화 시에 발생한다.

### (5) 물에 기인하는 장애

#### ① 관석(Scale)의 부착

급수 중에 용해되어 있는 칼슘염과 마그네슘염 등이 그 밖의 물질과 결합하여 보일러의 관벽과 드럼 내면에 관석을 형성하고 이는 보일러 효율 저하, 물의 순환 저하의 원인이 되며 이로 인하여 과열, 산화 및 파열이 생기기 쉽다.

#### ② 부식(Corrosion)

물에 포함된 산소와 탄산가스 등에 의하여 부식이 발생함으로 보일러의 부식을 최소화하려면 보일러수는 약알칼리성이 좋다.

#### ③ 캐리오버

보일러수 중에 용해된 물질 또는 유지가 존재하면 보일러수면에 거품이 만들어져 캐리오버의 원인이 된다. 보일러운전에 있어서 설비의 관리미비와 취급부주의에 의해 이상과 같은 장애가 일어날 수 있으며 다음과 같이 보일러 사고의 원인이 된다.

ⓐ 보일러의 과열 : 보일러의 과열의 원인으로는 수관 및 본체의 청소 불량, 관수 부족 시 보일러의 가동, 수면계의 고장으로 인한 드럼 내 물의 감소 등을 들 수 있다.
ⓑ 보일러의 압력상승 : 보일러의 압력상승의 원인으로서는 압력계의 눈금을 잘못 읽거나 감시가 소홀했을 때, 압력계의 고장으로 압력계의 기능이 불완전할 때, 안전밸브의 기능이 부정확할 때 등을 들 수 있다.

ⓒ 보일러의 부식 : 보일러의 부식의 원인으로서는 불순물을 사용한 수관의 부식, 급수처리를 하지 않은 물을 사용할 때, 급수에 해로운 불순물이 혼입되었을 때 등을 들 수 있다.

그림 9.6 물에 기인하는 장애 및 사고

## 9.5 보일러의 방호장치

사업주는 보일러의 폭발사고예방을 위하여 압력방출장치, 압력제한스위치, 고저수위조절장치, 화염검출기 등의 기능이 정상적으로 작동될 수 있도록 유지 관리하여야 한다. 보일러 내 압력 상승의 원인은 압력계의 눈금을 잘못 읽거나 감시가 소홀했을 때, 압력계의 고장으로 압력계의 기능이 불완전할 때, 안전밸브의 기능이 부정확할 때 발생한다. 방호장치로는 고저수위조절장치 및 압력방출장치, 압력제한스위치 등이 있다.

### (1) 고저수위조절장치

보일러의 수위가 안전을 확보할 수 있는 최저수위까지 내려가기 직전에 자동적으로 경보가 울리고 즉시 연소실 내에 공급하는 연료를 자동적으로 차단하는 장치이다. 고저수위조절장치의 동작 상태를 작업자가 쉽게 감시하도록 하기 위하여 고저수위지점을 알리는 경보등 및 경보음장치 등을 설치하며 자동으로 급수, 단수되도록 설치하여야 한다.

**그림 9.7** 고저수위조절장치

### (2) 압력방출장치

보일러의 안전한 가동을 위하여 보일러 규격에 맞는 압력방출장치를 1개 또는 2개 이상 설치하고 최고사용압력(설계압력 또는 최고허용압력) 이하에서 작동되도록 조치해야 한다. 압력방출장치가 2개 이상 설치된 경우 최고사용압력 이하에서 1개가 작동되고 다른 압력방출장치는 최고사용압력 1.05배 이하에서 작동되도록 부착한다. 매년 1회 이상 국가교정업무 전담기관에서 교정을 받은 압력계를 이용하여 설정압력에서 압력방출장치가 적정하게 작동하는지를 검사한 후 납으로 봉인하여 사용해야 하며 공정안전보고서 제출 대상으로서 공정안전보고서 이행상태 평가결과가 우수한 사업장은 압력방출장치에 대하여 4년마다 1회 이상 검사가 가능하다.

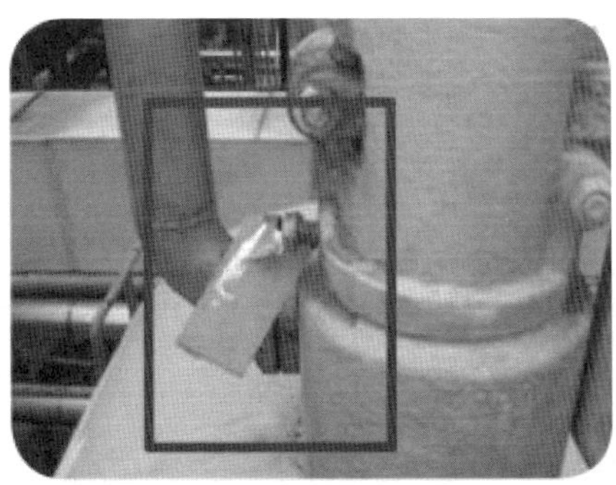

**그림 9.8** 압력방출장치 및 봉인의 예

### (3) 압력제한스위치

보일러의 증기압력 또는 발생유체의 온도가 최고 사용압력 또는 최고사용온도에 도달하기 전에 연료공급을 차단하는 장치로써 압력조절 스프링을 죄거나 풀어서 설정압력을 조정한다. 보일러 본체에서 발생되는 압력에 의하여 레버를 밀어 올리며 이 힘이 스프링을 눌러주는 힘보다 클 때 수은 스위치 또는 마이크로 스위치가 단락되어 전기를 통전 또는 끊어주는 경보가 울리면서 연료차단 밸브를 작동시킴으로써 연소를 중단케 한다. 1일 1회 이상 작동시험을 하여야 하고 이상을 발견한 때에는 즉시 보수하여야 한다.

그림 9.9 압력제한스위치

## 9.6 작업안전수칙

① 가동 중인 보일러에는 작업자가 항상 정위치를 떠나지 않는다.

② 압력방출장치, 압력제한스위치를 매일 작동 시험하여 정상작동여부를 점검한다.

③ 압력방출장치는 봉인된 상태에서 정상 작동되도록 하고 1일 1회 이상 작동시험을 한다.

④ 고저수위조절장치와 급수펌프와의 상호기능 상태를 점검한다.

⑤ 보일러의 각종 부속장치의 누설상태를 점검한다.

⑥ 노내의 환기 및 통풍장치를 점검한다.

# 9.7 보일러 손상 형태와 대책

보일러의 손상은 표 9.1에 나타낸 바와 같이 보일러 판이나 관등에 생기는 과열, 팽출 및 압궤, 균열, 부식 등을 들 수 있으며 기타 손상으로는 이완 및 누설, 내화벽돌의 탈락 및 소손 등이 있다.

[표 9.1] 보일러 손상의 분류

| | |
|---|---|
| **과열** | 과열<br>버닝 |
| **팽출, 압궤 및 만곡** | |
| **균열** | 재료의 열화<br>시임립스(Seam rips)<br>리벳공의 균열 |
| **라미네이션 및 블리스터** | |
| **가성취화** | |
| **내부부식** | 점식<br>전면부식<br>구상부식 |
| **외부부식** | 일반부식<br>저온부식<br>고온부식 |

## 9.7.1 과열

### (1) 일반사항

보일러가 운전 중에 보일러 판이나 관의 온도는 내부 보일러수의 포화온도보다 높은 것이 보통인데 증기압력이 10 kgf/cm$^2$일 때 보일러수의 포화온도는 183℃이고 보일러 전열면의 온도는 213～233℃ 정도이다. 보일러는 저탄소강을 일반적으로 사용하므로 강재의 온도가 200～300℃일 때 최고인장강도는 50 kgf/mm$^2$이나, 강재의 온도가 500℃ 정도가 되면 인장강도는 반 이하로 줄어들게 된다. 그리고 750～800℃ 이상으로 상승 시에는 재질의 결정립 변화가 두드러져 이른바 버닝 상태가 되며 이것을 소변이라고 한다.

### (2) 원인

① 보일러 내에 스케일이 부착한 경우
② 보일러 내에 유지분이 부착한 경우
③ 보일러수의 순환이 좋지 않은 경우
④ 국부적으로 복사열을 받는 경우
⑤ 다량의 불순물로 인한 보일러수의 농축
⑥ 국부적으로 화염이 세차게 충돌하는 경우
⑦ 증기기포의 이탈이 나쁜 경우
⑧ 보일러 수위가 너무 낮을 경우
⑨ 보일러수가 농축된 경우

### (3) 방지대책

① 보일러 내에 스케일이나 슬러지, 유지분이 부착하지 않도록 급수 관리를 하고 보일러수의 블로워나 내부청소 등을 철저히 하여야 한다.
② 연소 시 화염이 전열면에 직접 닿지 않도록 연소장치에 대한 관리를 철저히 하여야 한다.
③ 보일러수의 순환을 교란시킬 수 있는 2차 연소, 격벽 탈락, 냉공기 누입, 슬러지 탈락 및 누적 등의 요인을 제거한다.
④ 보일러수가 안전수위 이하가 되지 않도록 급수자동제어장치에 철저한 관리와 항시 수위를 감시토록 하여야 한다.
⑤ 보일러가 과열되었을 때 즉시 전원을 차단하고 서서히 냉각시킨다. 이 때, 급수를 하면 보일러가 폭발될 우려가 있으므로 절대로 급수를 하면 안 된다.
⑥ 보일러수를 농축시키지 말아야 한다.

## 9.7.2 팽출, 압궤, 만곡

### (1) 팽출

과열이 되면 그 부분의 강도가 저하되는데 이것이 심한 경우에는 보일러의 압력에 견디지 못하여 바깥쪽으로 부풀어 오르는 것을 팽출이라 한다. 팽출은 그림 9.10과 같이 동체, 수관, 노통보일러의 겔러웨이관(횡관)처럼 항장력을 받는 부분에서 생기기 쉽다.

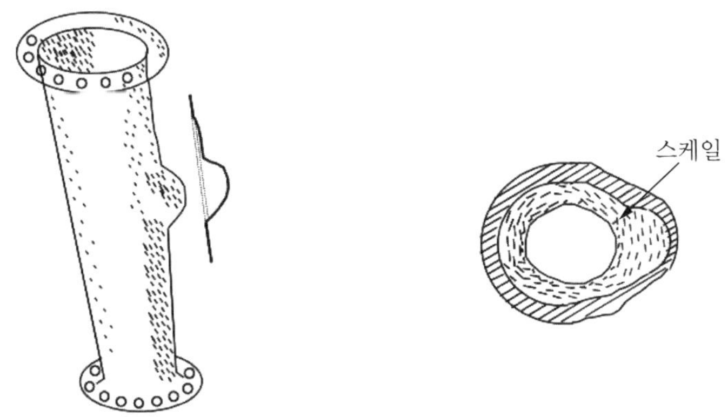


**그림 9.10** 노통보일러의 팽출

(2) **압궤**

과열이 되면 그 부분의 강도가 저하되는데 이것이 심한 경우에는 보일러의 압력에 견디지 못하여 안쪽으로 오므라드는 것을 압궤라 한다. 압궤는 그림 9.11과 같이 노통, 화실, 연관 등 압축력을 받는 부분에서 잘 생긴다.

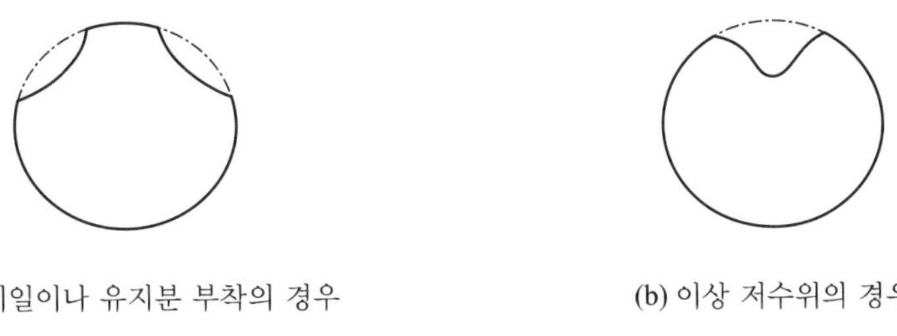


**그림 9.11** 압궤

(3) **만곡**

만곡은 보일러의 저수위시 연관에 많이 발생되고 과열기는 항상 고온을 받으므로 전체가 만곡 되는 경우가 있다. 또 설계, 공작불량으로 인해 사용압력에 견디지 못하여 생길 수 있다.

### (4) 팽출, 압궤, 만곡의 방지

① 압궤나 팽출 또는 만곡과 같은 손상의 원인은 과열에 기인하기 때문에 과열되지 않도록 주의만 한다면 이러한 사태는 방지할 수 있다.
② 설계나 공작이 불량하여 사용압력에 못 견디는 경우, 이와 같은 변형이 생길 수 있다.
③ 지름 1 m 이상 커다란 노통은 공작 기술상 완전한 원으로 만들 수 없기 때문에 바른 원과의 미세한 편차로 인하여 압궤가 생길 수도 있다.

## 9.7.3 균열(Crack)

### (1) 일반사항

보일러 강재는 증기압력이나 온도 등에 의하여 끊임없이 신축작용을 받고 있는데 강재가 이러한 신축작용을 장시간 반복해서 받으면 열화되어 항장력이 약화되고 결국에는 그 부분에 금이 가거나 갈라진다. 보일러는 강재의 특성을 충분히 고려해서 균열이 생기지 않도록 설계 및 제작 되는데, 현실적으로는 재질 이외의 여러 가지 원인에 의해 균열이 생긴다. 그림 9.12는 리벳조인트에서의 균열 및 시임립스 상태를 나타낸 것이다.

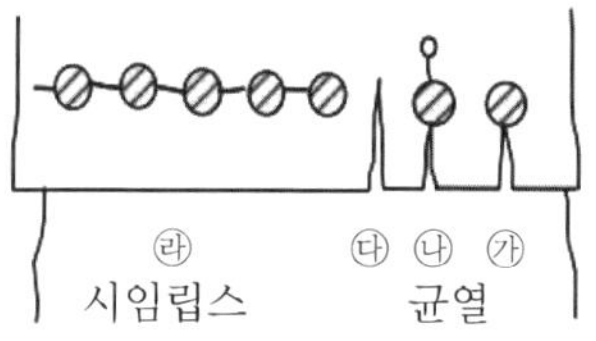

(a) 균열과 시임립스

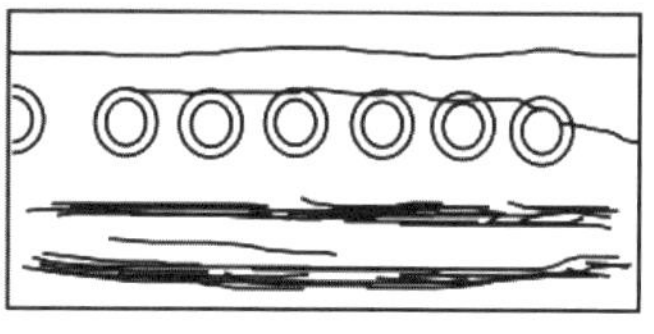
(b) 시임립스

**그림 9.12** 이음부의 균열이나 시임립스

### (2) 발생원인

① 급열, 급냉을 반복하여 운전하는 경우 : 냉각이나 시동 시에 처음부터 연소량을 증대하든지, 부하변동에 따라 연소량이나 급수조절을 하지 않고 일정한 상태에서 on, off를 반복하는 경우 등이 균열의 원인이 된다.
② 공작 시공 상에 무리가 있는 경우 : 제작 시에 용접이음부의 열처리가 불충분한 경우, 또는 동체에 구멍을 뚫은 후 보강이 불충분한 경우, 또는 이음부에 무리한 공작을 한 경우 등은 이러한 장소에 응력이 생겨 균열의 원인이 된다.

③ 과열이 발생한 경우 : 과열부분은 강도가 저하되므로 그 장소에 응력이 집중된다.
④ 수압시험을 실시할 때 과대한 압력을 가하는 경우 등

#### (3) 주요발생 위치

① 리벳이음부의 판 끝 또는 리벳구멍 사이
② 노통 플랜지의 판 끝 또는 리벳구멍 부위
③ 연관보일러 관판의 관 구멍 사이
④ 직립형 보일러의 아궁이 부분 화실판
⑤ 수관 드럼구멍 부위
⑥ 연관의 관판 구멍 부위
⑦ 관 구멍이나 급수구 부위
⑧ 가셋트스테이, 봉스테이, 스테이볼트 부착 부위
⑨ 용접이음부의 용착철 또는 그 경계선 등

#### (4) 방지대책

급냉, 급열을 반복하는 운전을 하지 말 것과 과열이 생기지 않도록 하는 것이 중요하며 또 설계 제작상의 불량 등을 발견했을 때에는 메이커나 시공업자로 하여금 이를 시정시켜야 한다.

### 9.7.4 라미네이션 및 블리스터

#### (1) 일반사항

보일러 본체나 수관, 연관 등이 사용 중에 그 일부가 그림 9.13과 같이 원형 상태에서 내부에서 2장으로 들고 일어나는 현상을 **라미네이션**(Lamination)이라 하며 이것이 가열로 인하여 혹처럼 부풀어 오른 것을 **블리스터**(Blister)라고 한다. 라미네이션은 그 부분이 2장의 판 모양으로 되어 있으므로 열의 전도율이 나쁘며 고온으로 가열되면 팽창하여 블리스터가 되는데, 더욱 심해지면 그 부분이 갈라지게 된다. 라미네이션이나 블리스터가 직접 화염이 닿은 동체나 노통판, 화실판 수관이나 연관 등에 발생하면 그 부분의 열전도가 불량하게 되며 그에 따라서 과열되거나 강도가 현저히 저하되어 위험한 사태를 초래하게 되므로 이를 발견하였을 경우에는 시급히 전문가에게 의뢰하여 시정하여야 한다. 판이나 관의 일부에서 한쪽 면에는 변형이 전혀 없는데도 그 이면에 부풀음이 있거나 그

밖에 변형이나 변색 등이 나타낼 때엔 그 징후를 조속히 발견하여야 한다.

(a) 라미네이션 (b) 블리스터

**그림 9.13 라미네이션 및 블리스터**

### (2) 발생원인

① 라미네이션이나 블리스터가 생기는 대부분의 발생원인은 제철시의 결함으로 생기는 것으로 일종의 재료 결함이다.

② 용광로에서 용해된 강을 주형으로 흘려서 인고트(Ingot)를 만들 때, 고온의 강은 수소나 질소 등의 가스를 흡수하며 강속에서는 일산화탄소가 발생하여 그 일부는 인고트 속에 축적된다. 그리고 인고트의 온도가 저하되면 점차 가스를 방출하게 되는데, 약간의 가스는 탈출하는 기회를 놓쳐버려 인고트 속에 남게 됨으로써 인고트의 내부에서 공동, 이른바 블로우 홀(Blow hole)로 바뀐다.

③ 이 인고트를 적열하여 압연기에 걸어서 강판으로 만드는데 만약 인고트 속에 블로우 홀이 있는 경우에는 압연기에 이것이 눌려서 상당히 넓은 범위에 걸쳐 하나의 층을 형성하게 된다. 이러한 결함 강판이 보일러에 사용되면 그 부분이 라미네이션이기 때문에 가열 팽창되어 블리스터로 진행한다.

## 9.7.5 내부부식

### (1) 주요 발생원인

① 급수 중에 유지류, 산류, 탄산가스, 산소, 염류 등의 불순물을 함유하는 경우

② 강재 속에 함유된 유황분이나 인분이 온도상승과 더불어 산화되거나 또는 이외의 원인으로 녹이 생긴 경우

③ 강재의 수측 표면에 녹이 생겨서 국부적으로 전위차가 발생하여 전류가 흐르는 경우

④ 보일러 재료에 부분적으로 온도차가 생겨서 고열부가 양극이 되어 열전류가 발생하는

경우

⑤ 공작불량 또는 구조상 부분적으로 큰 왜곡이 생겨서 국부적으로 전위차가 발생하여 전류가 흐르는 경우

⑥ 일반 전기배선에서의 누전으로 인하여 전류가 장시간 흐르는 경우

⑦ 특히 고온부분의 보일러 재료에서 어느 개소에 과열증기가 접촉하여 증기 분해를 일으킨 경우

⑧ 강재가 다른 금속과 접촉되는 때는 전류가 흘러 양극으로 된 금속이 부식한 경우

### (2) 내면부식 종류 및 특성

**① 점식**

점식은 공식 또는 점 형상의 부식이며 보일러수에 접하는 보일러 판에 좁쌀알, 쌀알, 콩알 크기로 점이 생기는 곰보 같은 부식이다. 동체(드럼), 경판, 노통 등의 판면은 물론, 관면 등 보일러 내면의 각부에 걸쳐서 가장 발생하기 쉬운 부식이다. 특히, 보일러수의 유속이 느린 곳이나 반대로 증발이 특히 왕성한 곳 또는 직립형 보일러의 굴뚝관 등 화염의 부딪침이 격심하고 고열이 되기 쉬운 곳의 물경계부 등에서 많이 발생한다. 그림 9.14의 (a)는 점식이 드문드문 생긴 상태이며, (b)는 이것이 서로 접근해서 생긴 상태를, (c)의 경우는 (b)상태가 더욱 악화된 것이다. 경우에 따라서는 (a)의 경우를 점식, 그리고 (b)의 상태를 반식, (c)의 상태를 집합식, 그리고 (b)나 (c)를 일괄하여 국부부식이라고 구별하거나 표현하는 경우가 있다.

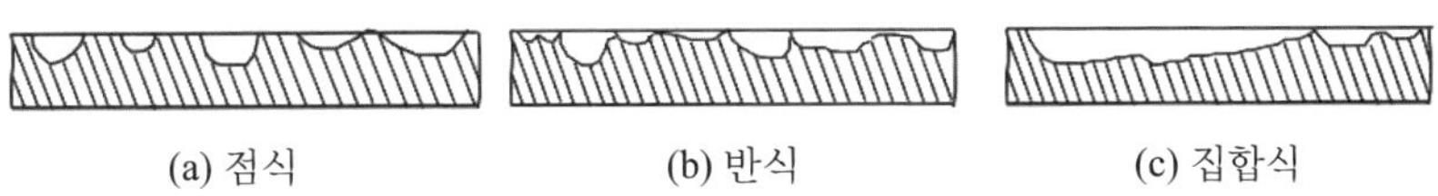


그림 9.14 점식의 형태

**② 전면부식**

전면부식은 일반쇠약 또는 전반부식이라고도 하며 상당히 넓은 면적 전체에 걸쳐서 같은 모양으로 부식하는 것이다. 일반적으로 점식이 세월의 흐름에 따라 진행되어 서로 연결되어서 결국에는 전면부식으로 이르는 경우가 많다. 점식과 마찬가지로 어느 곳에나 생기는데, 특히 화염이 심하게 닿는 면에 많이 발생하기 쉽다. 또 전면부식의

발생원인은 점식의 원인 외에도 특히 보일러수 중의 산류나 부식성 염류, 특히 염화마그네슘($MgCl_2$)에 의해서 생기는 경우가 많다. 전면부식을 방지하기 위해서는 점식의 경우와 동일한 예방조치를 취하는 동시에 산류나 부식성 염류 및 이들의 성분이 보일러수 중에 함유되지 않도록 물에 대한 처리를 하여야 한다.

③ 구상부식(Grooving)

구상부식은 구식이라고도 하며, 그림 9.15와 같이 홈이 파여진 것 같이 선형으로 부식하는 것을 말한다. 그 홈의 단면형태에 따라 U자형과 V자형으로 나누어진다. U자형은 외관적으로 부식의 시작이 크기 때문에 대단히 위험하다고 생각되지만 진행 깊이를 판정하기는 쉽다. V자형은 그 외관상으로는 부식의 시작이 좁기 때문에 대단치 않다고 생각하기 쉬우나, 진행 깊이를 판정하기가 어려우며, 매우 위험성이 큰 것으로 열식이라고도 불린다.

(a) U자형 (b) V자형

그림 9.15 구상부식의 형태

## 9.7.6 외부부식

### (1) 발생원인

① 빗물, 지하수 등에 의한 습기나 수분에 의한 작용
② 증기나 보일러수 등의 누출로 인한 습기나 수분에 의한 작용
③ 재나 회분 속에 함유된 부식성 물질(바나듐분 등)에 의한 작용
④ 연소가스 속의 부식성 가스(아황산가스 등)에 의한 작용
⑤ 연소가스 속의 수증기(연료 속의 수소 분은 연소하여 수증기로 변환)에 의한 작용

### (2) 부식 일반

외부부식은 분별하기 어려운 때가 비교적 많으며, 넓고 깊게 부식이 진행 될 때까지 간과하기 쉽다. 직립형 보일러나 노통연관식 보일러는 그 구조상 굴뚝에서 빗물이 들어가기

쉽고 또 노통보일러나 수관식 보일러는 지면상에 연도 등을 설치하는 경우가 많으므로 그만큼 용수나 지하수가 스며들기 쉽다. 보일러는 분출관의 설치부, 연관이나 수관 등의 관류 설치부 또는 각 구멍이 뚜껑 부착부 등의 설치 불량으로 인하여 미세한 틈 사이에 수분이 고이기 쉽다. 패킹의 불량이나 조임 불량, 수관의 드럼 관 구멍에서의 확관 불량, 관판의 연관 삽입 불량 등 이들 부분에서 증기나 보일러수가 누출되거나 혹은 수트 블로워(Soot blower) 증기누출 등 노 내나 연도 내에 습기의 누입이 외부부식의 주원인이 된다.

#### (3) 방지대책

① 습기나 수분이 노 내나 연도 내에 누입되지 못하게 한다.
② 전열면에 그을음이나 회분을 부착시키지 않는 동시에 부착된 것들을 청소하는 수트 블로워 등을 실시한다.
③ 유황분이나 바나듐분 등의 유해물이 함유되지 않은 연료를 사용한다.
④ 가급적 완전 연소하도록 연소방법을 개선한다.

### 9.7.7 이완 및 누설

동체, 경판, 관판 등의 리벳조인트나 관의 확관 또는 나사 설치부, 부속품의 설치부 등은 느슨해져서 누설되는 수가 있다. 누설이 되는 곳에는 염분형의 작은 덩어리가 부착되어 있으며 누설이나 이완을 방치해 두면, 균열이나 절단 또는 이탈, 나아가서는 파열과 같은 큰 사고로 연결되기 때문에 외부부식을 점검할 때는 함께 점검할 필요가 있다.

# 9장 연습문제

**01** 보일러 장애 및 사고원인에 관한 설명으로서 옳지 않은 것은?

① 수면계의 고장은 과열의 원인이 된다.
② 부적당한 급수처리는 부식의 원인이 된다.
③ 안전밸브 작동불량은 압력상승의 원인이 된다.
④ 방호장치의 작동불량은 최고사용압력 이하에서 파열의 원인이 된다.

**02** 보일러의 폭발사고 예방을 위한 장치가 아닌 것은?

① 압력방출장치
② 압력제한스위치
③ 언로드밸브
④ 고저수위조절장치

**03** 보일러에서 압력방출장치가 2개 설치된 경우 최고 사용 압력이 10 kgf/cm$^2$로 할 때 압력방출장치의 설정방법으로 가장 옳은 것은?

① 2개 모두 11 kgf/cm$^2$에서 작동되도록 설정하였다.
② 하나는 10 kgf/cm$^2$에서 작동되고 나머지는 11 kgf/cm$^2$에서 작동되도록 설정하였다.
③ 하나는 10 kgf/cm$^2$에서 작동되고 나머지는 10.5 kgf/cm$^2$에서 작동되도록 설정하였다.
④ 2개 모두 12 kgf/cm$^2$에서 작동되도록 설정하였다.

**04** 다음 ( ) 안의 (ㄱ), (ㄴ)에 알맞은 것은?

> 보일러에서 압력방출장치를 2개 설치하는 경우 1개는 ( ㉠ ) 이하에서 작동되도록 하고, 또 다른 하나는 ( ㉠ )의 ( ㉡ ) 이하에서 작동하도록 부착한다.

① ㉠ 평균사용압력, ㉡ 1.05배
② ㉠ 평균사용압력, ㉡ 1.10배
③ ㉠ 최고사용압력, ㉡ 1.05배
④ ㉠ 최고사용압력, ㉡ 1.10배

**05** 다음 ( ) 안에 들어갈 용어로 알맞은 것은?

> 사업주는 보일러의 과열을 방지하기 위하여 최고사용압력과 상용압력 사이에서 보일러의 버너연소를 차단할 수 있도록 ( )을(를) 부착하여 사용하여야 한다.

① 고저수위조절장치
② 압력방출장치
③ 압력제한스위치
④ 파열판

**06** 사업주가 보일러의 폭발사고예방을 위하여 항상 기능이 정상적으로 작동될 수 있도록 유지, 관리할 대상이 아닌 것은?

① 폭발검출기
② 압력방출장치
③ 압력제한스위치
④ 고저수위조절장치

**해설** 1. ④

보일러의 파열에는 압력이 규정압력 이상으로 상승하여 파열하는 경우와 최고사용압력 이하이더라도 파열하는 경우가 있다. 방호장치의 작동불량은 최고사용압력 이상에서 파열의 원인이 된다.

2. ③

보일러의 폭발사고예방을 위하여 압력방출장치·압력제한스위치·고저수위조절장치·화염검출기 등의 기능이 정상적으로 작동될 수 있도록 유지·관리하여야 한다. (안전규칙 제80조의 2)

3. ③

압력방출장치(안전밸브) (안전규칙 제81조)

사업주는 보일러의 안전한 가동을 위하여 보일러 규격에 적합한 압력방출장치를 1개 또는 2개 이상 설치하고 최고사용압력(설계압력 또는 최고허용압력 이하에서 1개가 작동되고, 다른 압력방출장치는 최고사용압력 1.05배 이하에서 작동되도록 부착하여야 한다.)

4. ③

압력방출장치(안전밸브) (안전규칙 제81조)

사업주는 보일러의 안전한 가동을 위하여 보일러 규격에 적합한 압력방출장치를 1개 또는 2개 이상 설치하고 최고사용압력(설계압력 또는 최고허용압력 이하에서 1개가 작동되고, 다른 압력방출장치는 최고사용압력 1.05배 이하에서 작동되도록 부착하여야 한다.)

5. ③

사업주는 보일러의 과열을 방지하기 위하여 최고사용압력과 상용압력 사이에서 보일러의 버너연소를 차단할 수 있도록 압력제한스위치를 부착하여 사용하여야 한다.

6. ①

보일러의 폭발사고예방을 위하여 압력방출장치·압력제한스위치·고저수위조절장치·화염검출기 등의 기능이 정상적으로 작동될 수 있도록 유지·관리하여야 한다. (안전규칙 제80조의 2)

# 제10장 기타기계

## 10.1 압력용기 및 공기압축기

### 10.1.1 압력용기의 종류

#### (1) 에너지이용합리화법

압력용기라 함은 용기의 내외부에서 일정한 유체(액체 또는 기체) 압력을 받는 용기를 말하며 다음과 같이 분류한다.

① **제1종 압력용기**

최고사용압력($kg/cm^2$)과 내용적($m^3$)을 곱한 값이 0.04를 초과하는 용기를 말하며 증발기, 증류기, 열교환기 등이 해당된다.

② **제2종 압력용기**

최고사용압력이 2 $kg/cm^2$를 초과하고 내용적이 0.04 $m^3$ 이상인 용기를 말하며 취사용 이중밥솥, 증기 헤더(Steam header), 진공증발기 등이 해당된다.

#### (2) 고압가스안전관리법

① **압력용기**

35℃에서의 압력 또는 설계압력이 그 내용물이 액화가스인 경우는 2 $kg/cm^2$ 이상, 압축가스인 경우는 10 $kg/cm^2$ 이상인 용기를 말한다.

② 압력용기 제외

용기의 제조기술기준 및 검사기준의 적용을 받는 용기로 설계압력($kg/cm^2$)과 내용적($m^3$)을 곱한 수치가 0.04 이하인 용기를 말한다.

③ 고압가스의 종류

ⓐ 압축가스

상용의 온도 또는 35℃에서 1 MPa 이상인 가스로 산소, 수소, 질소, 아르곤, 메탄 등이 있다.

ⓑ 액화가스

상용의 온도 또는 35℃에서 0.2 MPa 이상인 가스로 액화석유가스, 암모니아, 이산화탄소, 액화산소, 액화질소 등이 있다.

ⓒ 용해가스

다공물질에 아세톤, DMF 등의 용제에 용해시킨 가스로 용해 아세틸렌가스 등이 있다.

ⓓ 가연성 가스

공기 중에서 연소할 수 있는 가스로 아세틸렌, 산화에틸렌, 프로판, 부탄 등과 같이 LEL이 10% 이하인 가스와 CO, $NH_3$, 수소 등과 같이 UEL과 LEL의 차이가 20% 이상인 가스를 말한다.

ⓔ 조연성 가스 자신은 연소하지 않고 다른 가연성 가스의 연소를 돕는 가스로 산소, 공기 염소 등이 있다.

ⓕ 불연성 가스

불에 타지 않는 가스로 질소, 이산화탄소, 아르곤, 헬륨 등이 있다.

ⓖ 독성 가스

일정농도 이상 존재 시 인체에 유해한 영향을 미치는 가스로 허용농도 200 ppm 이하인 가스로 염소, 일산화탄소, 아황산가스, 암모니아, 산화에틸렌, 포스겐 등이 있다.

ⓗ 비독성 가스

인체에 해가 없는 가스로 산소, 질소, 아르곤, 프레온 등이 있다.

④ **제조법에 따른 용기 분류**

ⓐ 용접용기

동판 및 경판을 각각 성형하고 용접으로 집합하여 세소한 용기로 LPG, $NH_3$, $Cl_2$, R-22 등의 가스 저장에 사용되며 주로 연신율과 용접성이 좋은 재료를 사용한다.

ⓑ 이음매 없는 용기

동판 및 경판을 일체로 성형하여 이음매 없이 제조한 용기로 성형 종류에는 만네스만 방식, 에르하르트식, 딥드로잉식 등이 있으며 주로 압력이 높은 압축가스를 충전하는데 사용한다.

ⓒ 초저온 용기

−50℃ 이하인 액화가스를 충전하기 위한 용기로서 단열재로 피복하여 용기 내의 가스온도가 상용의 온도를 초과하지 않도록 조치한 용기를 말하며 주로 액화질소, 액화산소, 액화아르곤, 액화천연가스 등의 가스 충진에 사용한다.

내조는 저온 취성에 강한 오스트나이트계 강을, 외조는 저탄소강 또는 스테인리스강을 사용하며 내조와 외조의 공간은 열침입을 막기 위해 고진공 단열로 시공되어 있으며 내부에는 단열재로 충진된다.

ⓓ 접합용기

35℃에서 0.8 MPa 이하의 액화가스를 충전하기 위한 용기로 분사제로서 독성가스의 사용이 불가능하며 내용적은 1,000 mL 미만으로 제조하고 휴대용 부탄가스, 스프레이류 등의 충전에 사용한다.

### (3) 산업안전보건법

화학공정 유체취급용기 및 공기저장탱크 등으로서 사용압력이 0.2 kg/cm$^2$ 이상이고 사용압력(kg/cm$^2$)과 용기 내용적(m$^3$)의 곱이 1 이상인 것

① **갑종 압력용기**

화학공정 유체취급용기 및 설계압력이 10 kg/cm$^2$을 초과하는 공기저장탱크

② **을종 압력용기**

갑종 압력용기를 제외한 압력용기

단, 고압가스안전관리법 및 에너지이용합리화법상의 압력용기는 대상에서 제외한다.

## 10.1.2 공기압축기의 종류

공기압축기란 임펠러나 회전자의 회전운동 혹은 피스톤의 왕복운동으로 기체압송의 압력비가 입구 측의 압력 이상이거나 토출공기압력이 1 kg/cm$^2$ 이상인 기계를 말하며 그 미만의 것을 송풍기라 한다. 즉, 공기압축기나 송풍기는 대기를 흡입해서 외부에서 기계적 에너지를 가해 압축한 후 반대쪽 토출구로 공기를 공급하는 공기발생장치를 말하며, 표 10.1과 같이 분류할 수 있다.

[표 10.1] 송풍기와 압축기의 분류

| 명칭 | | | 송풍기 | | 압축기 |
|---|---|---|---|---|---|
| | | | 팬 | 블로워 | |
| 종별 \ 압력 | | | 1000 mmAq 미만 | 1 mmAq 이상<br>1 mmAq 미만 | 1 kg/cm$^2$ 이상 |
| 터보형 | 축류식 | 축류 | 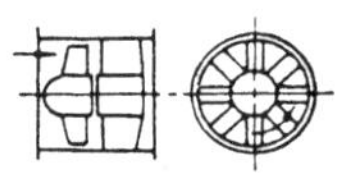 | 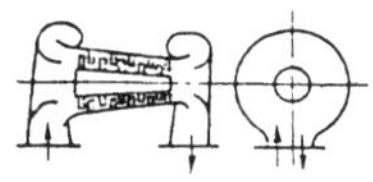 | 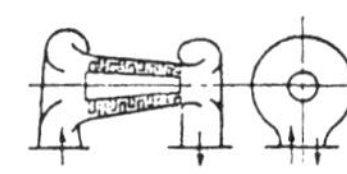 |
| 터보형 | 원심식 | 다익 | 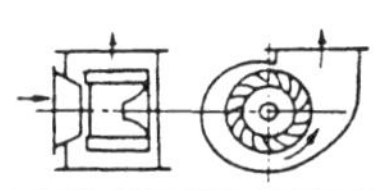 | | |
| 터보형 | 원심식 | 레이디얼 | 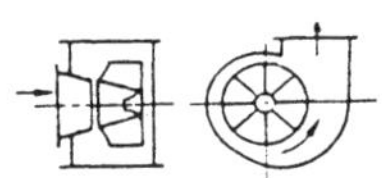 | 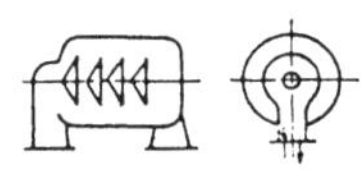 | 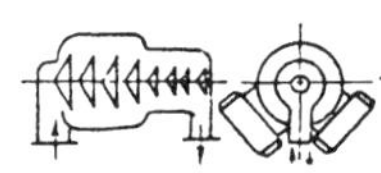 |
| 터보형 | 원심식 | 터보 | 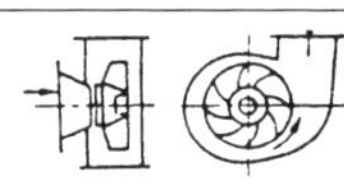 | 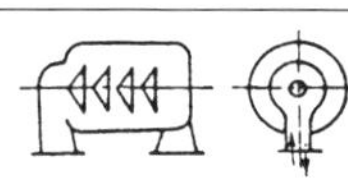 | 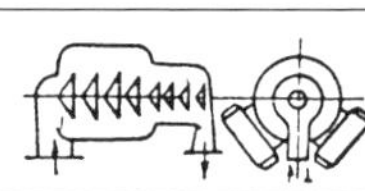 |
| 용적형계 | 회전식 | 루우츠 | | 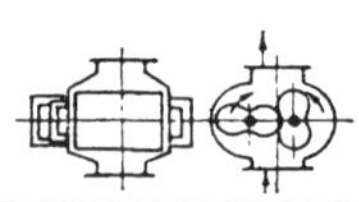 | |
| 용적형계 | 회전식 | 가동익 | | | 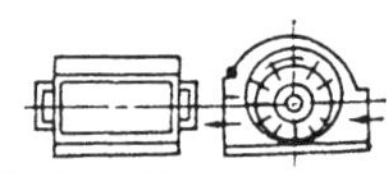 |
| 용적형계 | 회전식 | 나사 | | | 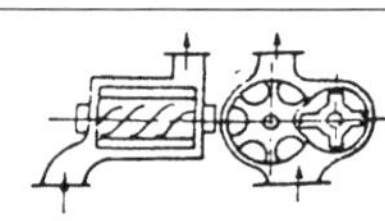 |
| 용적형계 | 왕복식 | 왕복 | | | 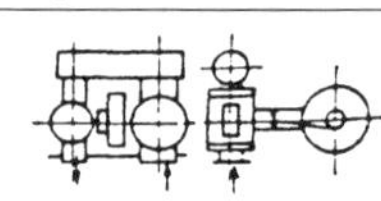 |

[표 10.2] 터보형과 용적형의 비교

<table>
<tr><th>구분</th><th colspan="2">종류</th><th colspan="2">작동원리 및 특징</th></tr>
<tr><td rowspan="4">터보형</td><td rowspan="3">원심식</td><td>터보형</td><td rowspan="4">① 맥동이 없고 연속송출이 가능하다.<br>② 소형, 경량으로 제작되어 설치면적이 작다.<br>③ 압축효율이 낮다.<br>④ 용량조절이 어렵다.<br>⑤ 써징현상이 발생한다.</td><td rowspan="4">※ 써징현상<br>토출 측 저항으로 가동 중 가스가 역류하는 현상으로 진동, 소음, 맥동 등 발생</td></tr>
<tr><td>레이디얼형</td></tr>
<tr><td>다익형</td></tr>
<tr><td colspan="2">축류식</td></tr>
<tr><td rowspan="6">용적형</td><td rowspan="3">왕복식</td><td>횡형</td><td rowspan="3" colspan="2">① 압축효율이 좋다.<br>② 용량조절이 용이하다<br>③ 고압 토출이 가능하다.<br>④ 맥동으로 인한 방진장치 시공이 필요하다.<br>⑤ 형태가 크고 무겁다.</td></tr>
<tr><td>입형</td></tr>
<tr><td>고속다기통</td></tr>
<tr><td rowspan="3">회전식</td><td>가동익형</td><td rowspan="3" colspan="2">① 맥동이 없고 연속송출이 가능하다.<br>② 가볍고 설치면적이 적다.<br>③ 압축효율이 낮다.<br>④ 용량조절이 가능하다.<br>⑤ 액 압축에 강하다</td></tr>
<tr><td>루트형</td></tr>
<tr><td>나사형</td></tr>
</table>

### 10.1.3 재해유형

**(1) 작업방법의 불량에 의해서 용기 내의 가연물이 폭발할 수 있다.**

용기 내에 저장된 내용물이 가연성 물질임에도 불구하고, 수리작업 시 내용물을 제거하지 않은 상태에서 용접작업 등에 의한 불꽃으로 가연성 물질이 폭발할 수 있다.

**(2) 내부압력의 과다로 인하여 용기가 파열될 수 있다.**

내부압력과 용기에 발생하는 응력과의 관계는 다음과 같다.

내압을 받는 얇은 원통에 있어서 원주방향의 응력(Hoop stress)은 $\sigma_1 = \frac{pr}{t} = \frac{Dp}{2t}$이고, 축방향의 응력(Axial stress)은 $\sigma_2 = \frac{pr}{2t} = \frac{Dp}{4t}$이므로 원주 응력과 축방향 응력은 위의 식에서 보면 $\sigma_1 = 2\sigma_2$이 된다.

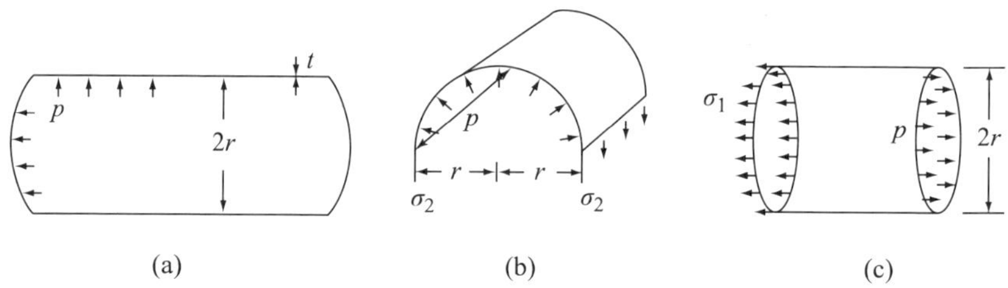


그림 10.1 내압과 응력

그러므로 종단면은 횡단면의 2배의 강도를 필요로 한다. 따라서 내압에 의한 원통의 파괴는 종단면에 따라 일어나고 원통형 압력용기 등의 리벳이음, 또는 용접이음에 의해 제작할 경우에는 세로이음은 가로이음의 2배의 강도가 되도록 설계하여야 한다. 여기서 $p$ : 내압, $D$ : 내경, $t$ : 두께이다.

**예제)** 두께 10 mm인 인장강도 30 kg/mm$^2$의 연강판으로 10 kg/cm$^2$의 내압을 받는 원통형 압력용기를 제작할 때 안전율을 5로 하면 내경을 얼마로 하여야 하는가?

**풀이)** 원주방향의 응력을 기준으로 하여야 하며,

$$\sigma_a = \frac{\sigma_u}{S} = \frac{30}{5} = 6\ \mathrm{kg/mm^2}$$

$$D = \frac{2t\sigma_a}{p} = \frac{2 \times 10 \times 6}{0.1} = 1200\ \mathrm{mm}$$

**(3) 용기내부 작업 시 가스중독이 될 수 있다.**

유해가스 용기내부의 보수를 위하여 압력용기 내에 들어갈 경우에는 반드시 유해가스를 제거하여야 가스중독의 재해를 막을 수 있다.

### 10.1.4 방호장치

방호장치로는 회전부의 덮개, 압력방출장치, 언로드밸브(압력제한스위치 포함) 등이 있으며 공기압축기의 식별이 가능하도록 공기저장탱크의 최고사용압력, 제조년월일, 제조회사명 등이 각인 표시된 것을 사용하여야 한다.

### (1) 회전부의 덮개

압력용기의 원동기, 축이음쇠, 벨트 풀리의 회전부위 등에는 덮개 또는 울을 설치한다.

### (2) 압력방출장치

과압으로 인한 폭발을 방지하기 위하여 압력방출장치를 설치하여야 하며 이는 압력용기의 최고사용압력 이전에 작동되어야 한다. 또한 압력방출장치를 설치한 후에는 1년에 1회 이상 표준압력계를 이용하여 토출압력을 시험한 후 납으로 봉인하여야 하며 1일 1회 이상 작동시험을 하는 등 성능이 유지되도록 항상 점검, 보수하여야 한다. 한편, 압력용기에 쓰이는 압력방출장치의 안전밸브 종류로서는 스프링식, 파열판식, 가용전식 등이 있다.

① **스프링식 안전밸브**

사용유체에 따라 기체가 설정한계압력에 도달하면 전부 개방하여 과압을 방출하는 안전밸브와 액체를 저압 측으로 되돌리는 것으로 설정압력 도달 시 밸브를 전체 개방하여 일제히 과압을 저압 측의 배관이나 용기로 방출하는 릴리프밸브로 구분된다. 또한, 대기와의 접촉여부에 따라 고압증기보일러, 공기압축기 등 가스 방출시 바로 대기로 방출하는 개방형과 가연성 및 독성 가스 등의 가스 방출시 방출관을 통하여 안전한 곳에 방출하는 밀폐형으로 구분된다.

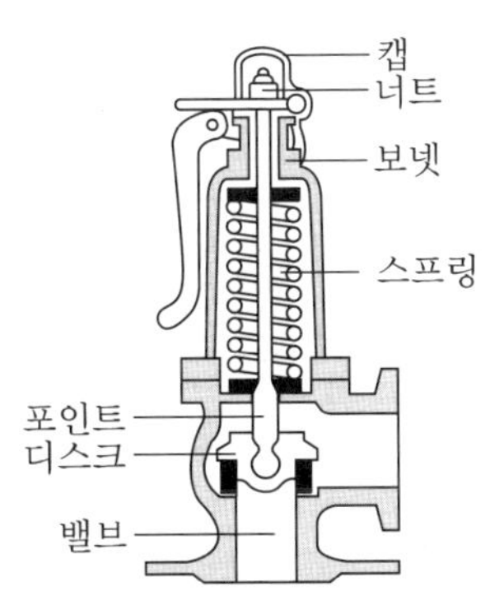


**그림 10.2** 스프링식 안전밸브

② **파열판식(Rupture disk) 안전밸브**

파열되는 얇은 금속판을 설치하여 내부의 압력이 상승하여 규정압력에서 도달 시 과압을 방출함으로써 설비를 보호하는 장치로 기계적 장치가 없는 간단한 구조를 가지고 있으며 개방시간이 신속한 것이 장점이나 한번 사용 후에는 교환하여야 하는 일회성이라는 단점이 있으며 일반적으로 단독으로 사용하거나 스프링식과 병행하여 설치한다.

③ 가용전식(Fuse metal) 안전밸브

200℃ 이하의 낮은 융점을 갖는 합금인 가용합금물을 이용하여 용융온도에 맞는 압력 상승 시 합금이 녹아 과압을 방출하여 용기의 파열을 방지하는 장치로 아세틸렌, 염소, 산화에틸렌 등의 용기에 주로 사용한다.

그림 10.3 가용전식 안전밸브

(3) 언로드밸브(Unload valve)

공기압축기에는 압력방출장치 이외에 언로드밸브를 설치하여야 하며 이는 공기탱크 내의 압력이 최고사용압력까지 달하면 공기탱크 내로의 압송을 정지하고 소정의 압력까지 강하하면 다시 압송 작업을 하도록 하는 밸브로 공기탱크의 적합한 위치에 수직이 되게 설치하여야 한다.

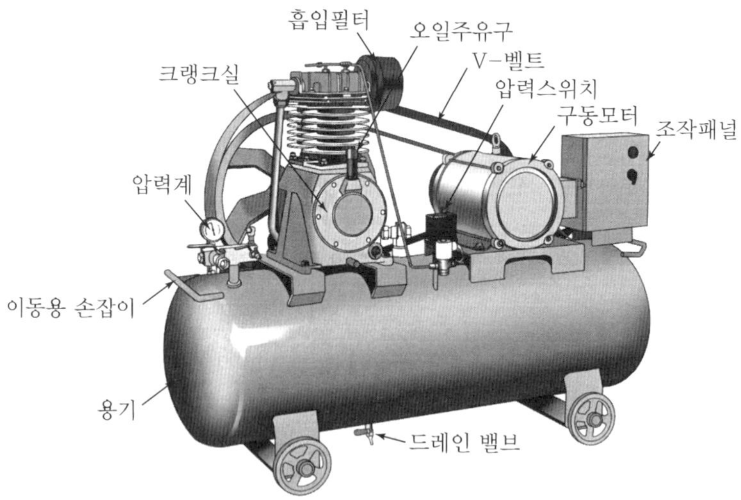


그림 10.4 공기압축기 구조

### 10.1.5 작업안전수칙

#### (1) 압력용기

① 부식성 유체를 저장하는 경우에는 내면을 내부식 재료로 코팅하고 고온반응용기의 경우에는 내면을 단열재로 보호한다.
② 압력용기를 방호벽으로 둘러싸서 관계자 이외에는 출입할 수 없도록 한다.
③ 액체의 누설은 착화, 폭발 및 중독의 위험성을 갖고 있으므로, 환기를 충분히 하고 소화설비를 비치한다.
④ 압력용기에 압력계, 온도계를 설치한다. 또한 이상이 있을 때 운전자에게 알릴 수 있도록 경보장치를 설치한다.

#### (2) 공기압축장치

① 공기압축기의 점검 및 청소는 반드시 전원을 차단한 후에 실시한다.
② 운전 중에는 어떠한 부품도 건드려서는 안 된다.
③ 공기압축기의 분해는 모든 압축공기를 완전히 배출한 뒤에 해야 한다.
④ 최대공기압력을 초과한 공기압력으로는 절대로 운전하여서는 안 된다.
⑤ 정지할 때는 언로드밸브를 무부하상태로 한 후 정지시킨다.

### 10.1.6 작업시작 전 점검사항

공기압축기를 가동할 때는 작업시작 전 다음 사항을 점검하여야 한다.
① 공기저장 압력용기의 외관상태
② 드레인밸브의 조작 및 배수
③ 압력방출장치의 기능
④ 언로드밸브의 기능
⑤ 윤활유의 상태
⑥ 회전부의 덮개 또는 울
⑦ 기타 연결부위의 이상 유무

# 10.2 섬유기계

## 10.2.1 방적기 및 제면기

방적기는 의복산업의 3대 축 중 하나인 동식물의 섬유를 가공해서 실을 만드는 기계로 방적기로 실을 뽑고 직조기로 천을 짠 후 재봉사가 용도에 맞게 옷을 재단, 재봉함으로 의복이 만들어진다. 제면기는 원면에서 목화씨를 제거하고 솜을 만드는 기계를 말한다. 방적기나 제면기는 대부분 회전체가 많고 관성이 큰 비터(Beater), 실린더(Cylinder) 등을 갖추고 있어 작업 중 신체나 의복 등이 말려드는 경우 중대재해의 위험이 있다. 따라서 회전체 등의 위험부위를 방호하는 덮개를 설치하고 시건하여야 한다.

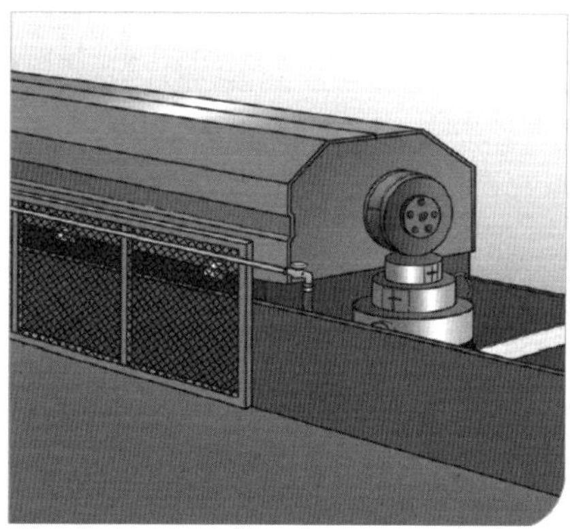

그림 10.5 방적기의 덮개

### (1) 방호장치

① 덮개(guard)

위험부위를 확실히 차단할 수 있어야 하며 이를 위한 개구부의 크기는 다음과 같다.

$$Y = X/10 + 6$$

여기서, $Y$ : 개구부의 크기(mm)

$X$ : 위험점에서 덮개까지의 거리(mm)

② 시건장치(Locking system)

위험부분을 밀폐하고 감독자 또는 책임자의 허락 없이는 함부로 열 수 없도록 시건장치를 하고 그 열쇠는 감독자가 보관한다. 시건장치는 견고히 설치되어야 하며 시건장치를 열었을 경우에는 기계가 급정지되고 시건장치를 채우지 않으면 작동되지 않아야 한다.

③ **연동장치(Interlocking)**

기계적, 전기적 방법으로 운전을 정지하지 않으면 열 수 없고 연동장치를 움직일 경우 기계의 운전은 급정지되어야만 한다.

## 10.3 기타기계

일반 산업기계들의 안전화는 계속적으로 추구되고 있기는 하지만 아직도 안전개념이 도입되지 않고 설계, 제작되어지는 경우가 많다. 특히 제3차 산업용의 시설과 새로운 기계에서 자주 발견되는 것으로서 초보적인 부주의로 인하여 비참한 사고를 일으키는 사례가 빈번히 보고되고 있다. 따라서 이들 기계의 위험점들은 설계나 제작 시는 물론이고, 사용 시에도 충분한 안전성이 고려되어야 한다.

### 10.3.1 원심기

원심기 또는 원심분리기(Centrifuge)는 회전에 의하여 발생하는 원심력을 이용하여 분리, 탈수 등을 하는 기계들을 총칭하여 말하며 원심분리기, 원심탈수기, 원심주조기 등이 있다. 원심력($F$)는 다음 식과 같이 중량($W$)에 비례하고 원주속도($v$)의 2승에 비례함으로 회전체 내부에 발생하는 응력 또한 이와 상응하여 커지게 된다. 따라서 내용물의 튀어나옴, 버켓 등의 파괴, 회전부분과의 접촉 등의 위험이 있어 이것을 방지하기 위한 방호장치를 갖추어야 한다.

$$F = mr\omega^2 = \frac{W}{g}\frac{v^2}{r}$$

여기서 $F$ : 원심력, $r$ : 반경, $v$ : 원주속도, $g$ : 중력가속도,
$\omega$ : 각속도, $m$ : 질량, $W$ : 중량

$$\sigma = \frac{\gamma}{g}v^2$$

여기서 $\sigma$ : 회전체 내부에 발생하는 응력, $\gamma$ : 회전체의 비중량

따라서 원심기에는 견고한 덮개를 설치하는 한편, 그 개폐와 기계의 운전과를 연동시키고 최고사용회전수 제한용 조속기를 설치하기도 하며 원심기로부터 내용물을 꺼낼 때에는 당해 기계의 운전을 정지하여야 하고 최고사용회전수를 초과하여 사용하여서는 안 된다.

### 10.3.2 분쇄기

분쇄기란 절단 도구가 달린 한 개 이상의 회전축 또는 플런저의 왕복운동에 의한 충격력을 이용하여 암석이나 금속 또는 플라스틱 등의 물질을 필요한 크기의 작은 덩어리나 분체로 부수는 기계를 말한다. 주요 유해·위험 요인으로는 투입부에 원료 투입 중 회전날에 끼임, 분쇄기 내부 보수·점검·이물질 제거작업 중 회전날에 끼임, 원료 투입, 점검작업 시 투입부 및 점검구 발판에서 떨어짐 등이 있다. 안전대책으로는 호퍼의 송급 개구부 크기와 칼날부에 손이 접촉되지 않도록 방호덮개를 설치하거나 비상정지스위치, 리미트스위치 등을 설치하여야 한다.

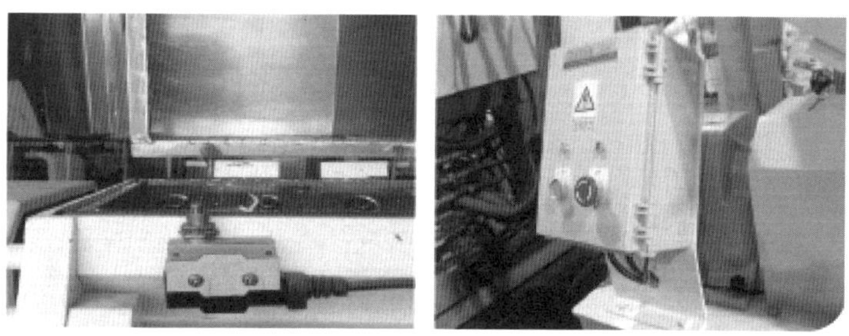

리미트스위치 설치　　비상정지스위치 설치

**그림 10.6 분쇄기 방호장치**

### 10.3.3 사출성형기

플라스틱 사출성형기는 플라스틱 재료에 열과 압력을 가하고 용해시켜 유동상태로 만든 것을 높은 압력으로 폐쇄된 금형(Mold) 내에 고속으로 유입시킨 후 응고시켜서 원하는 성형품을 만드는 기계이다. 주요 유해·위험 요인으로는 인력에 의한 취출 작업 시 금형 사이에 신체 일부 끼임, 금형 내 미취출 성형물 또는 이물질 제거, 금형 설치, 조정 작업 시 끼임, 바벨 및 노즐 접촉에 의한 감전 또는 화상, 호퍼 내 원료 투입 작업 시 떨어짐 및 중량물 취급에 따른 근골격계 질환위험 등이 있다.

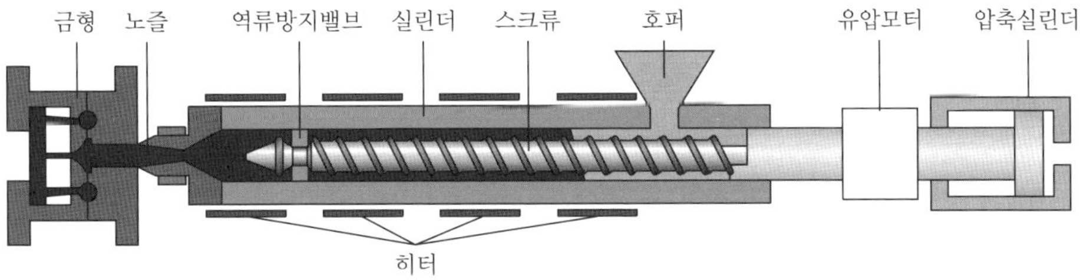


**그림 10.7** 사출성형기의 구조

사출성형기 작업의 안전대책으로는 안전문 및 안전장치를 설치하고 성형부와 안전장치 간에 연동시스템을 구축한다. 사출성형기의 이동금형과 고정금형 사이에 손 협착 등의 재해를 예방하기 위하여 조작 측과 반조작 측에 안전 도어를 설치하고 만약 안전 도어가 개방될 경우 운전이 자동으로 정지되도록 연동회로를 구성해야 한다.

기계식(정지기구) 설치 전기식(리미트스위치) 설치 유압식 설치

**그림 10.8** 사출성형기의 안전대책

### 10.3.4 신선기

신선기는 금속선재를 다이스를 통해서 끌어당겨 소요의 단면형상인 금속선을 제조하는 기계로 통상 단식 신선기와 연속식 신선기로 대별되며 단식 신선기는 다이스를 통해서 1회 끌어당겨 감는 형식의 것으로 수직형과 수평형이 있고, 주로 굵기 12 mm 이상의 철선을 신선하는데 사용된다. 신선기 작업은 작업자가 인발블록에 철선과 함께 말려들거나 절단된 철사 등에 의해 상해를 입을 우려가 있으므로 덮개, 울 등의 설치가 필요하다. 또 블록이나 릴에 말려들었을 때 자동적으로 블록의 운전을 정지시키는 비상정지장치 설치가 필요하다.

# 10장 연습문제

**01** 압력용기에 설치해야 하는 안전장치는?

① 압력방출장치 ② 압력제한스위치
③ 고저수위조절장치 ④ 화염검출기

**02** 압력용기 및 공기압축기를 대상으로 하는 위험기계기구 방호장치 기준에 관한 설명으로 틀린 것은?

① 압력용기에는 최고사용압력 이하에서 작동하는 압력방출장치(안전밸브 및 파열판을 포함)를 설치하여야 한다.
② 공기압축기에는 압력방출장치 및 언로드밸브(압력제한스위치를 포함)를 설치하여야 한다.
③ 압력용기 및 공기압축기에서 사용하는 압력방출장치는 관련 법령에 따른 안전인증을 받은 제품이어야 한다.
④ 압력방출장치는 검사가 용이한 위치의 용기본체 또는 그 본체에 부설되는 관에 압력방출장치의 밸브축이 수평이 되게 설치하여야 한다.

**03** 다음 중 압력용기의 식별이 가능하도록 하기 위하여 그 압력용기에 대하여 지워지지 아니하도록 각인 표시를 해야 하는 사항으로 가장 알맞은 것은?

① 압력용기의 최고사용압력, 제조연월일, 보관온도
② 압력용기의 최고사용압력, 제조연월일, 제조회사명
③ 압력용기의 최고사용압력, 제조연월일, 사용방법
④ 압력용기의 저장온도, 명칭, 제조회사명

**04** 압력용기 및 공기압축기에 설치해야 하는 안전장치는?

① 안전밸브 ② 압력제한스위치
③ 고저수위조절장치 ④ 화염검출기

**해설** 1. ①

압력방출장치(안전밸브)의 설치 (안전보건규칙 제261조)

- 압력용기 등에 과압으로 인한 폭발을 방지하기 위하여 압력방출장치를 설치하여야 한다.
- 다단형 압축기 또는 직렬로 접속된 공기압축기에는 과압방지 압력방출장치를 각 단마다 설치하여야 한다.
- 압력방출장치가 압력용기의 최고사용압력 이전에 작동되도록 설정하여야 한다.
- 압력방출장치는 1년에 1회 이상 국가교정기관으로부터 교정을 받은 압력계를 이용하여 토출압력을 시험한 후 납으로 봉인하여 사용하여야 한다. 다만 영 제33조의 5의 규정에 의한 공정안전보고서 제출대상으로서 노동부장관이 실시하는 공정안전관리 이행수준 평가결과가 우수한 사업장은 압력방출장치에 대하여 4년에 1회 이상 토출압력을 시험할 수 있다.

2. ④

압력방출장치는 검사가 용이한 위치의 용기본체 또는 그 본체에 부설되는 관에 압력방출장치의 밸브축이 수직되게 설치하여야 한다.

3. ②

압력용기에는 제조자, 설계압력 또는 최대허용사용압력, 설계온도, 제조연도, 비파괴시험, 적용규격 등이 표시된 이름판이 붙어 있어야 한다.

4. ①

압력방출장치(안전밸브)는 압력용기 및 공기압축기 모두 설치해야 하는 안전장치이다.

제11장

# 운반기계

## 11.1 개요

동력 운반작업은 작업자가 동력을 이용한 운반용 기계기구, 차량 등으로 화물을 운반하는 작업을 말한다. 공정 간의 운반거리가 멀거나 부피가 크고 무거워 운반기계 또는 설비를 사용할 수밖에 없는 경우에는 동력을 이용한 기계 또는 설비를 이용한다. 최근 인력 운반작업으로 발생하는 산업재해가 크게 증가하면서 사업장에서는 재해 예방과 작업능률 향상을 위해 인력 운반작업을 기계화 또는 자동화로 대체하고 있는 추세이다. 이로 인해 동력 운반작업의 작업능률은 향상되지만 운반기계별 작업안전수칙과 특성 등을 파악하여 숙지하지 않으면 인력 운반작업 대비 큰 사고와 재해로 인명 손상을 초래할 수 있으므로 재해 예방을 위한 각별한 노력이 요구된다. 운반작업은 생산활동에 수반되는 필수행위로 가공비의 30~40%가 운반비이며 공정시간의 80~90%가 운반에 소요되는 시간이고 노동으로 인한 재해의 85%(전체 재해의 약 30%)가 운반에서 발생하고 있으므로 생산활동에 있어서 운반시간, 운반재해를 줄여 운반안전을 기하는 것이 기업경영에 있어서도 매우 중요한 조건이다.

### (1) 운반기계의 선정기준

① 일정지역 내에서 계속적인 운반일 경우 : 양중기

② 불특정지역을 계속적으로 운반할 경우 : 차량계 하역운반기계

③ 2점간의 계속적인 운반일 경우 : 컨베이어

### (2) 운반기계의 분류

① 양중기 : 중화물을 상, 하, 전, 후, 좌, 우 방향으로 운반하기 위한 기계로 크레인, 화물용 승강기, 곤돌라, 리프트를 말한다.

② 차량계 하역운반기계 : 동력을 사용하여 작업자가 의도하는 불특정 장소에 대상물의 운반작업을 수행하는 차량 또는 장치로 지게차, 운반대차, 화물차 등을 말한다.

③ 컨베이어 : 운반할 대상물을 연속 또는 단속적으로 수평, 경사 또는 수직 방향으로 운반하는 기계설비를 말한다.

### (3) 운반기계에 의한 운반 작업 시 안전수칙

① 지정된 승차석 외 탑승의 제한

② 부착기구 및 보조기구의 점검

③ 정비, 보수 등의 작업 시 안전조치

④ 운반차의 화물적재 높이는 1020 mm 가량이 적당

⑤ 운반차를 밀 때의 자세는 지상 750~850 mm 가량의 높이가 적당

⑥ 옥외 설치 설비의 경우 폭풍 시 쓰러짐 방지

⑦ 운반·취급화물 적재 시 위험작업반경 내 출입자 통제

### (4) 하역운반 일반 안전조치

① 특별안전보건교육의 실시

운반용 등 하역기계를 5대 이상 보유한 사업장에서의 해당 기계로 하는 작업을 하는 경우 특별안전보건교육을 실시하여 안전작업방법을 익혀야 한다.

[표 11.1] 산업안전보건 관련 교육과정별 교육시간

| 교육과정 | 교육대상 | 교육시간 |
|---|---|---|
| 특별교육 | 해당작업종사 일용근로자 | 2시간 이상 |
| | 해당작업종사 일용근로자를 제외한 근로자 | • 16시간 이상(최초 작업에 종사하기 전 4시간 이상 실시하고 12시간은 3개월 이내에서 분할하여 실시가능)<br>• 단기간 작업 또는 간헐적 작업인 경우에는 2시간 이상 |

② 특별안전보건교육의 내용

- 운반하역기계 및 부속설비의 점검에 관한 사항
- 작업순서와 방법에 관한 사항
- 안전운전방법에 관한 사항
- 화물의 취급 및 작업신호에 관한 사항
- 그 밖에 안전·보건관리에 필요한 사항

### (5) 관리감독자 업무 수행을 통한 안전관리

운반용 하역기계를 5대 이상 보유한 사업장에서 해당 기계로 하는 작업은 위험 방지가 특히 필요한 작업으로서 관리감독자는 소속 직원에 대한 특별교육 등 안전·보건에 관한 업무를 추가로 수행한다. 관리감독자로 하여금 화물취급 작업에 대한 직무를 수행하도록 한다.

## 11.2 와이어로프와 체인

와이어로프는 양질의 탄소강(C : 0.50～0.85)의 소재를 인발한 많은 소선(Wire)을 집합하여 꼬아서 가닥(Strand)으로 만들고 이 가닥을 심(Core) 주위에 일정한 피치(Pitch)로 감아서 제작한 일종의 구조물이다. 이 중 와이어로프는 원거리에 있는 축의 전동 또는 화물의 하역작업에서 가장 중요한 위치를 차지하는 필수품이며 전동용으로서 와이어로프는 다른 섬유질로프 또는 체인보다 같은 무게에 대한 강도가 특히 크다. 그럼에도 불구하고 작업자들의 와이어로프에 관한 관심과 지식의 부족으로 재해가 빈번히 발생하고 있다. 한편, 체인은 축간 거리가 짧고 기어 전동이 불가능할 경우에 스프로킷 휠(Sprocket wheel)에 걸어 감아서 동력을 전달시키는 장치이며 매달기기구로도 자주 사용된다. 전동용으로서는 저속에 롤러 체인(Roller chain), 고속에 사일런트 체인(Silent chain), 운반용으로는 링크 또는 코일 체인(Link or Coil chain)과 블록 체인(Block chain) 등이 사용된다.

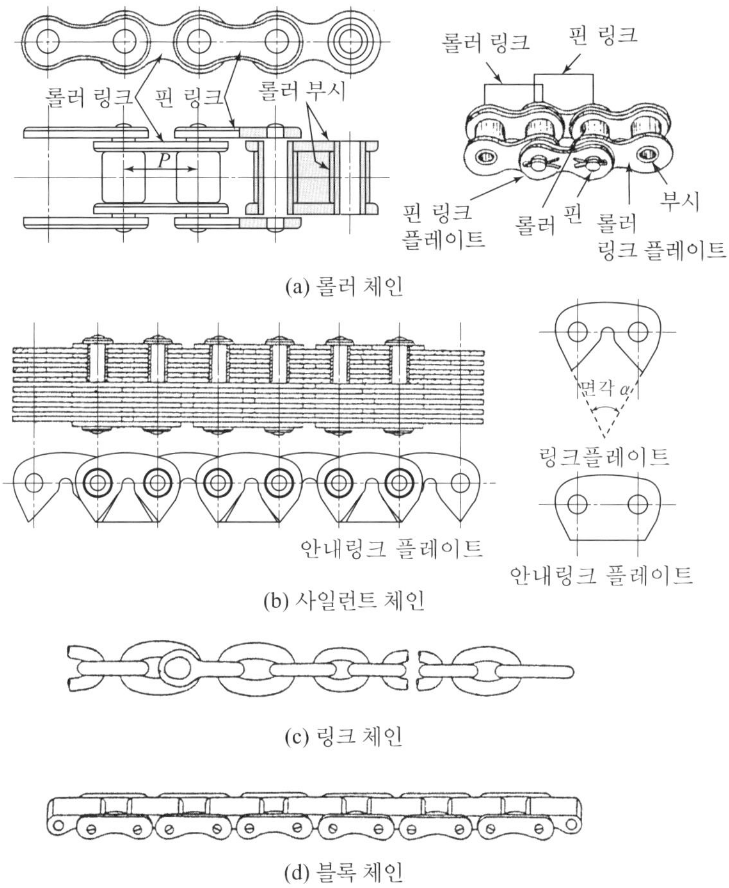

롤러 링크
핀 링크
롤러 부시
P
롤러 링크
핀 링크
핀 링크 플레이트
롤러
핀
롤러 링크 플레이트
부시
(a) 롤러 체인
면각 α
링크플레이트
안내링크 플레이트
안내링크 플레이트
(b) 사일런트 체인
(c) 링크 체인
(d) 블록 체인


**그림 11.1** 체인의 종류

(1) 와이어로프의 구성

일반적으로 사용되는 와이어로프는 질이 좋은 강선소재를 열처리하여 몇 번이고 다이스를 통과시켜서 필요한 크기로 잡아 늘려서 아연도금을 한 철사를 꼬아서 만든 것이다. 중심에 대마심을 넣는 것은 로프의 구성을 용이하게 하고 유연성을 주어서 자유롭게 굽혀지게 하며 윤활제를 포함시켜서 철사 사이의 마찰을 감소시키므로 내구성을 높이기 위해서이다. 와이어로프의 형상은 심강둘레에 3~8개의 스트랜드로 둘러싸여 있으며 스트랜드를 구성하는 것을 소선이라 하며 스트랜드가 여러 개 모여 와이어로프를 형성한다. 와이어로프의 크기는 원둘레와 지름으로 표시한다. 와이어로프의 형상은 그림 11.2와 같으며 와이어로프의 정확한 지름을 측정하는 방법도 도시하였다. 와이어로프의 사용속도는 통상 6~10 m/s(최대값 25 m/s) 범위이다. 와이어로프의 구성표시는 그림 11.3과 같이 나타낸다.

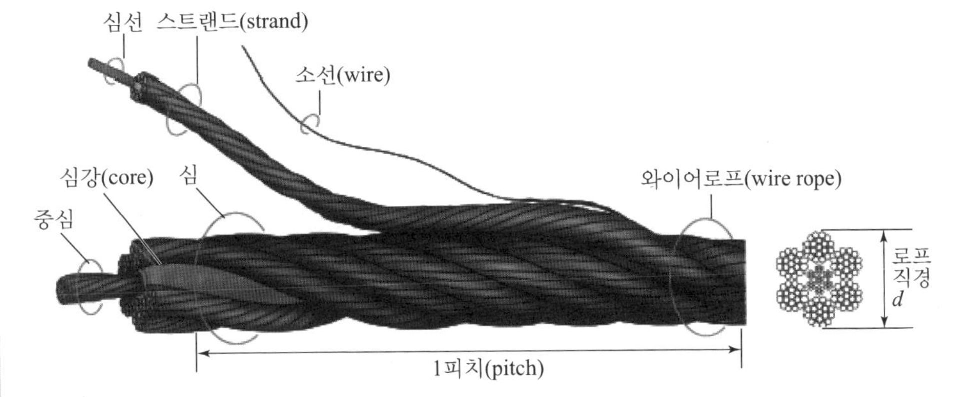


**그림 11.2** 와이어로프의 구성 및 직경측정법

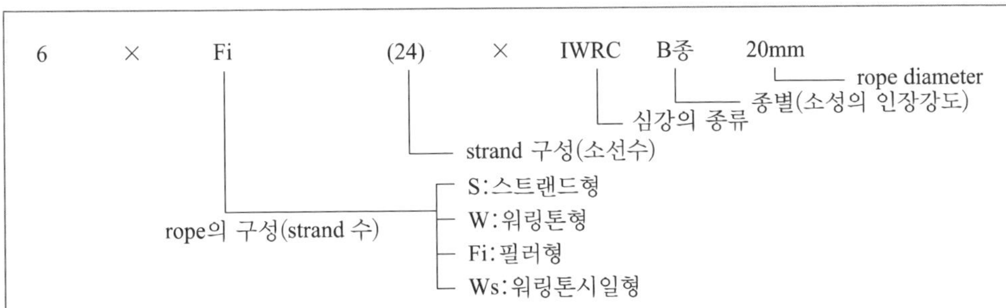


**그림 11.3** 와이어로프의 구성 표시

### (2) 와이어로프의 종류

KSD 3514에 의하면 호칭, 구성기호 및 단면에 따라 34종류로 구분된다. 그 중 일부를 그림 11.4에 나타내었다.

| 호칭 | 7개선 6꼬임 | 12개선 6꼬임 | 19개선 6꼬임 | 24개선 6꼬임 |
|---|---|---|---|---|
| 구성기호 | 6×7 | 6×12 | 6×19 | 6×24 |
| 단면 | 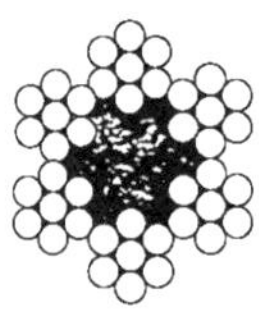 | 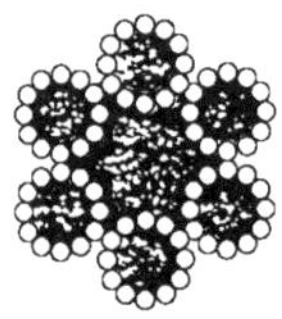 | 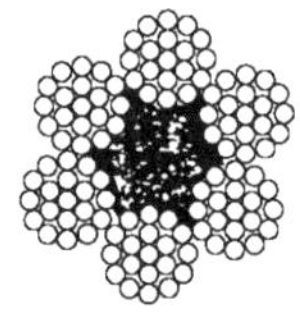 | 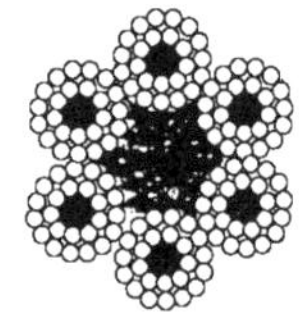 |
| 호칭 | 30개선 6꼬임 | 37개선 6꼬임 | 61개선 6꼬임 | 19개선 6꼬임 |
| 구성기호 | 6×30 | 6×37 | 6×61 | 6×S(19) |
| 단면 | 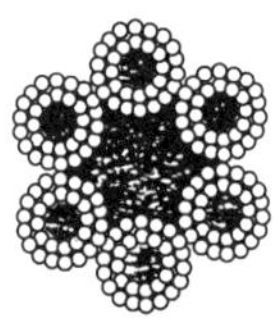 | 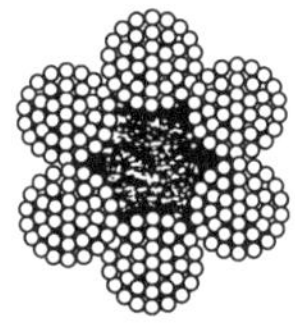 |  | 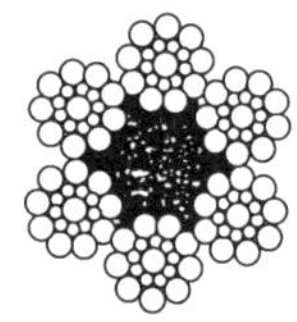 |
| 호칭 | 실형<br>19개선 6꼬임<br>로프심 듬 | 워링톤형<br>19개선 6꼬임 | 워링톤형<br>19개선 6꼬임<br>로프심 듬 | 필러형<br>25개선 6꼬임 |
| 구성기호 | IWRC 6×S(19) | 6×W(19) | IWRC 6×W(19) | 6×Fi(25) |
| 단면 | 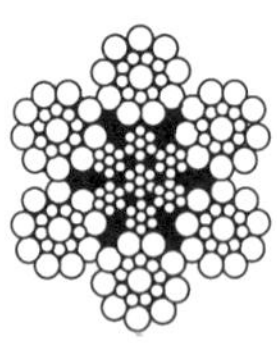 | 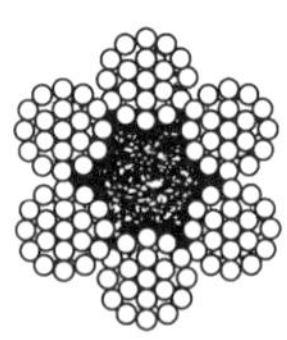 | 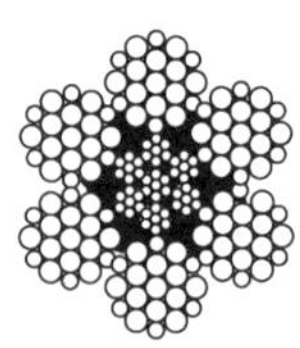 | 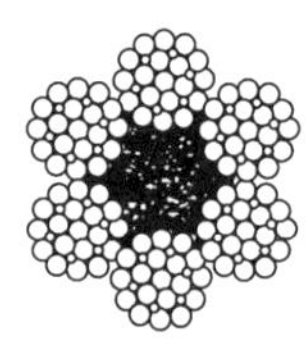 |

그림 11.4 와이어로프의 종류

### (3) 와이어로프의 꼬임 모양과 방향

와이어로프는 표 11.2에서 보듯 특수 로프를 제외하고 보통 꼬임(Regular-lay)과 랭 꼬임(Lang-lay)으로 분류될 수 있다. 그리고 보통 꼬임과 랭 꼬임에는 각각 스트랜드의 꼬임 방법이 오른 나사와 같은 방향으로 되어 있는 Z꼬임과 왼쪽 나사와 같은 방향으로 되어 있는 S꼬임의 2가지 꼬임 방법이 있다. 그 형상은 그림 11.5와 같다.

[표 11.2] 와이어로프 꼬임에 따른 비교

| 구분 \ 꼬임 | 보통 꼬임(Regular-lay) | 랭 꼬임(Lang-lay) |
|---|---|---|
| 외관 | 소선과 로프축은 평행이다. | 소선과 로프축은 각도를 가진다. |
| 장점 | 휨성이 좋으며 벤딩경사가 크다.<br>킹트(kink)가 잘 일어나지 않는다.<br>꼬임이 강하기 때문에 모양변형이 적다. | 벤딩경사가 적다<br>내구성이 우수하다.<br>마모가 큰 곳에 사용이 가능 |
| 단점 | 국부적 마모가 심하다. | 킹크 또는 풀림이 쉽다. |
| 용도 | 일반 제조 제품 산업용 | 광산 삭도(索道)용 |

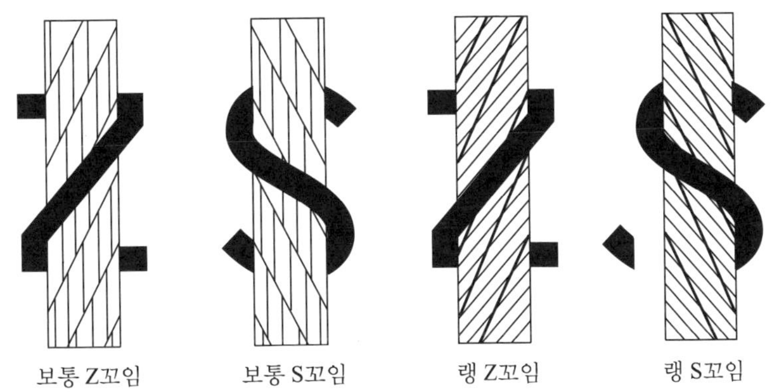


그림 11.5 와이어로프 꼬는 방법

### (4) 와이어로프의 단말가공

와이어로프는 높은 장력을 반복해서 받기 때문에 로프의 단말가공부분에도 와이어로프와 동일한 영향이 미치게 된다. 따라서 단말가공은 로프와 마찬가지로 안전과 위험을 동일하게 취급해야 하며 반복사용에 의한 피로와 가공방법에 다른 효율 등을 면밀히 검토해야 한다.

| 종류 | 형태 | 효율 |
|---|---|---|
| 소켓 (Socket) | 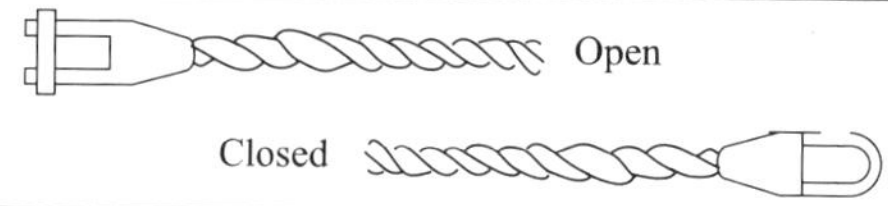  | 100% |
| 팀블 (Thimble) | 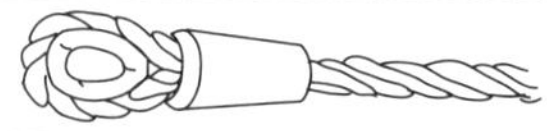 | 24 mm : 95%<br>26 mm : 92.5% |
| 웨지 (Wedge) | 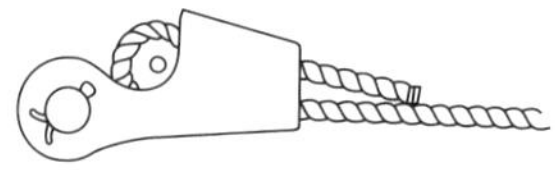 | 75~90% |
| 아이스플라이스 (Eye splice) | 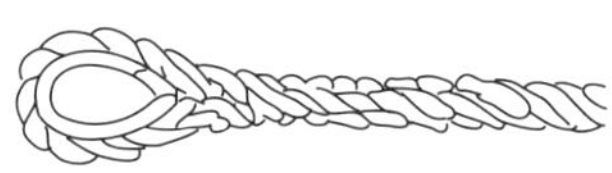 | 6 mm : 90%<br>9 mm : 88%<br>12 mm : 86%<br>18 mm : 82% |
| 클립 (Clip) | 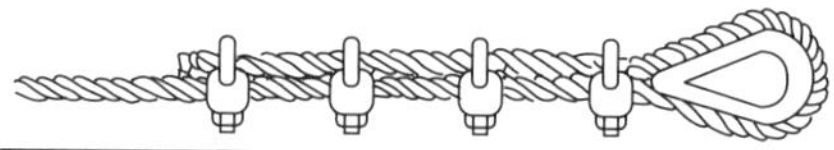 | 75~80% |

그림 11.6 와이어로프 끝단의 강도

(5) 와이어로프에 걸리는 하중의 변화

화물을 달아 올릴 때 슬링 와이어(Sling wire, 매달기용 와이어)에 걸리는 힘은 동일 하중의 화물일 경우에도 와이어로프의 매달기 각도의 크기에 따라 달라지며 매달기 각도가 클수록 장력 또한 커진다. 그림 11.7과 식 (11.1)은 매달기 각도와 장력의 관계를 보여주고 있다.

$$W_1 = \frac{\frac{W}{2}}{\cos(\theta/2)} \tag{11.1}$$

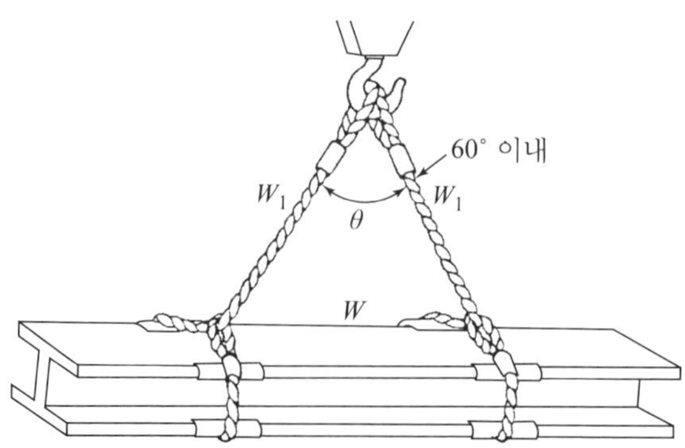


그림 11.7 매달기 각도

**예제)** 다음 그림과 같이 로프에 화물을 달아 올릴 때 와이어 한 줄에 걸리는 장력을 구하라.

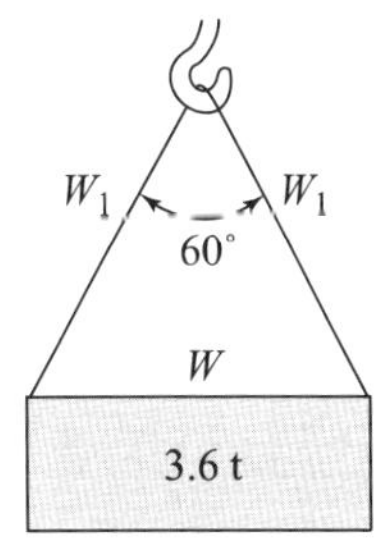


**풀이)** $W_1 = \dfrac{3.6\ \mathrm{t}/2}{\cos(60°/2)} = \dfrac{1.8\ \mathrm{t}}{0.866} = 2.08\ \mathrm{t}$

### (6) 와이어로프의 안전하중과 안전율

와이어로프의 강도를 나타내는 보증파단하중은 통상 국가산업규격으로 마련되어 있는 것이 보통이다. 이것을 실제적으로 사용할 경우에는 안전율 $S$로 나눈 값을 최대사용하중(안전하중)으로 이용하게 된다. 통상 안전율($S$)은 5 이상의 값을 택하게 된다.

$$\text{안전하중}(Q) = \frac{\text{보증파단하중}(P)}{\text{안전율}(S)}$$

$$\text{안전율}(S) = \frac{\text{로프의 가닥수}(N) \times \text{로프의 파단하중}(P)}{\text{안전하중}(Q)}$$

### (7) 와이어로프의 수명판정기준

와이어로프의 절단으로 인해 재해를 사전에 예방하기 위해서는 부적격한 와이어로프의 사용을 금지하여야 한다. 로프의 수명은 권양회수, 일의 양 등에 관련되며 이들을 매일 기록하고 매주 1~2회 정기적으로 점검을 실시하여 그 결과를 표로 작성보관하면 로프의 잔류수명을 예측할 수 있으며 사용상 안전성 확보에 큰 도움을 얻을 수 있다. 표 11.3은 수명판정기준을 정리한 것이다.

[표 11.3] 와이어로프 수명판정기준

| 판정기준 | 사용금지 기준 | 비고 |
| --- | --- | --- |
| 소선 절단 | 피치내의 소선(필러선 제외) 단선수가 10%를 초과할 때 | |
| 지름감소 | 지름감소가 공칭지름의 7%를 초과할 때<br>단면감소가 15%를 초과할 때 | 7%이상 마모된 것을 사용 시 시브의 마모급증 |
| 기타 | ① 꼬인 것(Kink된 것)<br>② 심하게 변형 또는 부식된 것<br>③ 이음매가 있는 것 | |

### (8) 와이어로프의 안전수칙

와이어로프 주요 위험요인으로는 로프가 파열되면서 매달린 화물이 낙하할 위험이 있다. 안전율을 무시하고 화물을 매달고 운반하다가 동하중, 충격하중 등에 의해 로프가 파열될 수 있고 사용금지 기준을 벗어났지만 폐기하지 않고 사용하다가 로프가 절단되는 경우도 있다. 이를 방지하기 위해서는 다음의 와이어로프 안전수칙을 지키는 것이 중요하다.

① 와이어로프에 부식, 킹크, 소선 절단 등 외적으로 강도감소가 있는지 확인한다.
② 와이어로프의 외부표면, 내부 마심의 기름 마름 현상 유무를 확인한다.
③ 안전율 및 절단하중에 따라 로프에 걸리는 최대하중을 결정한다.
④ 로프에 나타난 손상을 모두 감안해서 사용 또는 폐기 여부를 결정한다.
⑤ 와이어로프의 안전사용 하중을 지킨다.
⑥ 중량물을 매달고 운반할 때 주위 장애물과 충돌 등으로 인한 충격하중이 발생하지 않도록 조심해서 작업한다.
⑦ 중량물을 매달고 권상할 때 과도한 동하중이 부가되지 않도록 급하게 권상하지 않는다.
⑧ 슬링 와이어로프가 화물이나 구조물 등에 접촉되어 손상이 발생하지 않도록 주시하면서 작업한다.
⑨ 중량물의 무게중심을 고려하여 편하중이 발생하지 않도록 한다.
⑩ 줄걸이 작업은 정해진 사람만 실시하며 로프가 꺾이지 않도록 모서리에 직접 접촉하지 않는다.

### (9) 체인의 안전하중과 안전율

체인은 와이어로프에 비하여 내열, 내식성에 우수하며 또한 형변형이 적다는 특징이 있어 고온물체의 매달기 작업이나 특수한 작업 등에 이용되는 것이 많다. 매달기용 체인은 파괴하중을 명확히 하는 것을 선정하고 사용에 있어서는 안전율을 5 이상이 되도록 사용해야 한다.

### (10) 체인의 사용금지기준

아래와 같을 때 체인을 사용해서는 안 된다.

① 안전율이 5 미만인 것
② 링크의 단면지름의 감소가 제조 시의 링크의 지름의 10%를 초과한 때
③ 5개 링크의 길이의 신장이 제조 시 길이의 5%를 초과한 때

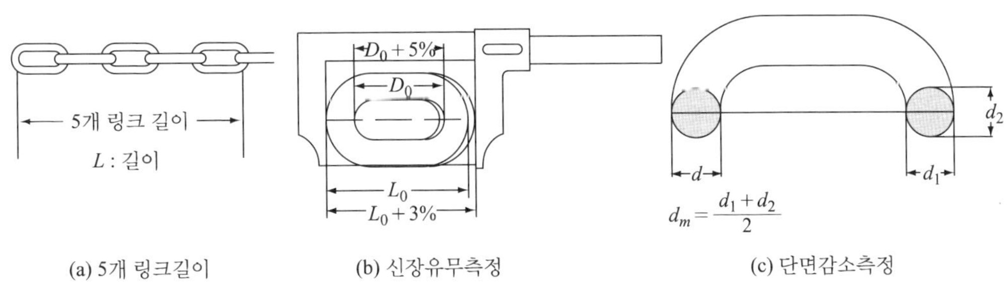


그림 11.8 체인의 사용판정법

### (11) 달기체인의 안전 취급법

① 뒤틀린 상태에서 사용하지 말 것
② 정확한 매달기 각도로 사용하고 과하중이 되지 않도록 할 것
③ 높은 장소에서 낙하시키지 말 것
④ 체인의 링크에 훅의 선단을 압입하거나, 짧게 하기 위하여 링크에 핀 등을 넣어 사용하지 말 것
⑤ 저온의 장소에서 사용하는 경우에는 충격을 주지 않도록 주의할 것

### (12) 줄걸이 용구 및 보조구의 선정

줄걸이 용구 및 보조구의 선정할 때는 하물의 질량, 중심, 형상, 권상위치, 리프팅 빔 등을 확인해야 한다. 또한 하물의 보호에 대한 줄걸이 방법 검토하고 최적의 줄걸이 용구와 보조구를 선정해야 한다.

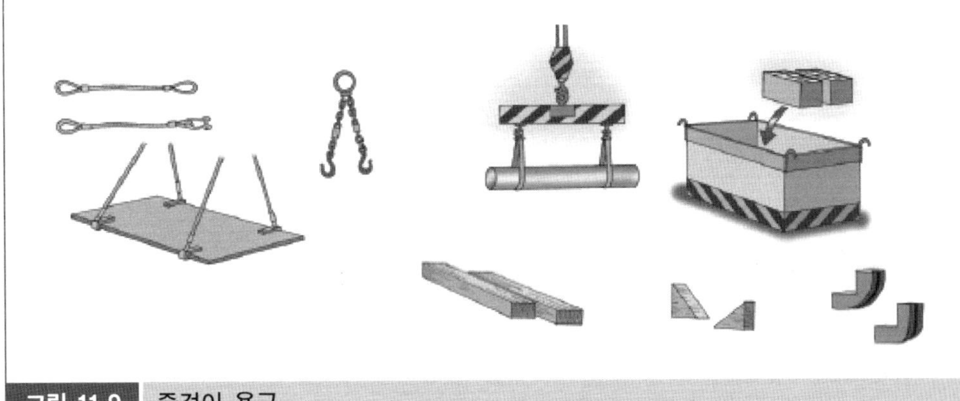

그림 11.9 줄걸이 용구

## 11.3 양중기

양중기는 작업장에서 화물 또는 사람을 올리고 내리는데 사용하는 기계로서 크레인, 이동식 크레인, 리프트, 호이스트, 곤돌라 및 승강기를 포함한다. 양중기를 사용하여 작업하는 운전자 또는 작업자가 보기 쉬운 곳에 당해 기계의 정격하중, 운전속도, 경고표시 등을 부착하여야 한다.

### 11.3.1 호이스트

호이스트(Hoist)는 작업장 내에 있어서 중량물을 체인 또는 와이어로프 기타 인양 보조구에 의하여 매달아 올리고 이것을 모노레일 등에 의해 소용의 장소, 위치까지 운반하기 위해 사용되는 기계로서 리미트스위치를 이용한 권과방지장치가 설치되어 있으며 크레인과 같이 중량이 큰 것은 운반할 수 없다.

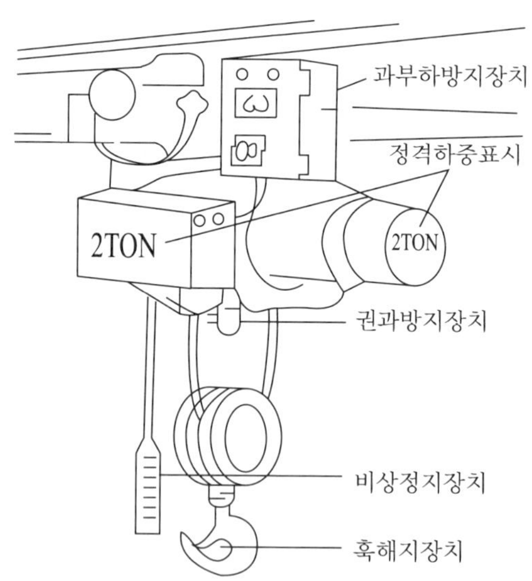


그림 11.10 호이스트 및 방호장치

#### (1) 호이스트의 종류

호이스트에는 와이어로프식, 보통식, 체인식이 있다. 체인 호이스트의 종류에는 스퍼 기어(Super gear)형, 스크루 기어(Screw gear)형, 디퍼렌셜(Differential)형이 있는데 이 중

스퍼 기어형이 가장 능률적이다.

#### (2) 후이스트 사용 시 주의사항

① 재료 이송 시 화물의 흔들림에 의한 낙하를 예방하기 위하여 훅 해지장치 설치
② 크레인에 있어서 정격하중 이상의 하중이 부하 되었을 때 자동적으로 상승이 정지되면서 경보음 또는 경보 등을 발생하는 과부하방지장치 작동여부 확인
③ 운반 작업 시 화물의 형상, 흔들림, 선회 등을 고려하여 안전거리 확보
④ 와이어로프, 체인 및 보조달기구(Sling) 작업시작 전 점검 실시

### 11.3.2 크레인

크레인(Crane)은 기중기라고도 하며 사망이나 중상자가 가장 많이 발생하는 기계이다. 이것은 무거운 물건을 작업장 내에서 이동시킴으로써 이 기계를 취급하는 작업자뿐만 아니라 주위 작업자들에게까지 피해를 주는 경우가 있다. 그림 11.11은 크레인의 대표적인 종류를 나타낸 것으로 천장크레인, 지브크레인, 언로더, 케이블크레인, 탑형 크레인 등이 있으며 그림 11.12는 천장크레인의 간략한 구조를 보여주고 있다.

그림 11.11 크레인의 종류

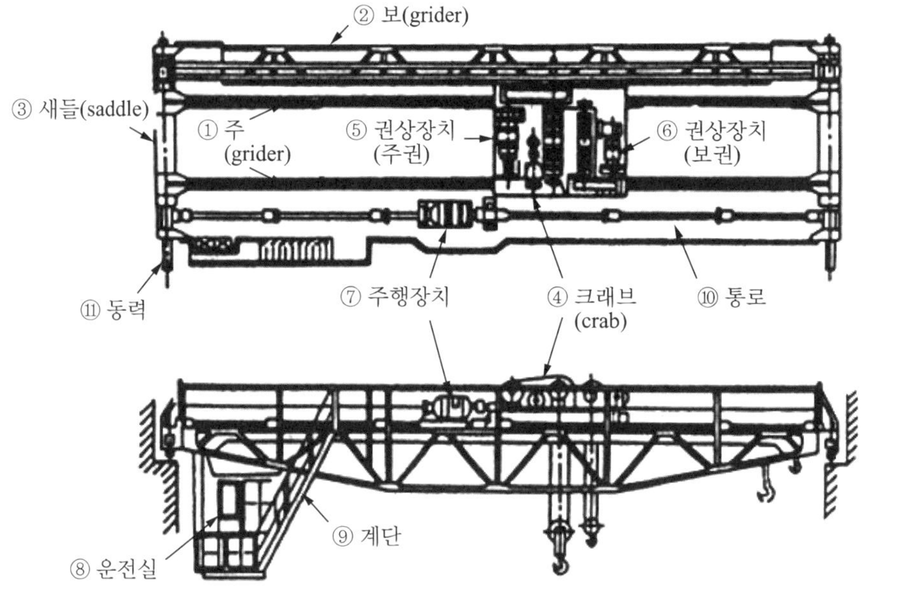


그림 11.12 천장크레인의 구조

동력을 사용하여 중량물을 매달아 상하 및 좌우로 운반하는 것을 목적으로 하는 기계 또는 기계장치를 말한다. 크레인은 그 용도에 적합하도록 다양한 구조, 형상의 것이 있지만, 그 구조, 형상 및 용도에 따라 분류되고 있다. 크레인은 중량물을 운반하기 때문에 일단 사고가 발생하면 중대재해로 이어질 위험성이 커서 안전성의 문제가 중요하다. 따라서 크레인은 그 제조로부터 폐기에 이르는 설비의 일생에 대해서 법의 규제를 받는다.

### (1) 크레인의 용도와 분류

분류방식에 따라 여러 가지 종류로 구분되며 사업장에서 사용 빈도가 높은 몇 가지 크레인에 대해 내용을 정리하면 다음과 같다.

#### 1) 천장크레인

건물의 양측 벽에 일정한 간격을 두고 설치된 주행레일 위를 이동하는 크레인으로서, 주로 공장이나 창고의 건물 또는 천장 부근에 설치되므로 천장크레인이라고 부른다. 옥외에 설치되어 주행레일 위를 이동하는 크레인도 같은 구조, 형상이면 천장크레인이라 부른다.

① 크래브식 천장크레인

통상적으로 사용되고 있는 천장크레인은 2개의 크레인 거더 위에 크래브가 위치해 있으며 권상, 횡행, 주행운동을 한다. 일반적으로 달기기구는 훅이며 보권을 갖고 있는 것도 있다. 용도는 기계공장 등에서 기계의 조립이나 부품의 운반, 주물공장에 있어서는 주형의 운반, 창고에 있어서는 물품의 정리, 반입, 반출 등으로 그 범위는 매우 넓다.

② 호이스트식 천장크레인

크래브식 천장크레인의 크래브 대신에 전동호이스트 등을 올려놓은 형식과 모노거더 아래에 호이스트를 매단 형식이 호이스트식 크레인의 주를 이루고 있으며 간결하고 경제적이므로 고속성이나 조작성 등을 중요시 하지 않는 용도에 매우 많이 쓰이고 있다. 호이스트식 천장크레인의 조작은 거의 대부분이 지상에서 조작하는 펜던트형식의 누름버튼스위치를 사용하고 있다.

#### 2) 특수 천장크레인

특수 천장크레인은 천장크레인 형식에서 특수한 사용 목적에 따른 달기기구장치를 가진 크레인으로서 원료를 노에 장입하는 장치를 가진 장입 크레인, 주물 레이들 운반용의 레이들 크레인, 강괴 취급용 장치를 가진 강괴 가열로 크레인, 단조재료를 돌리는 장치를 가진 단조 크레인, 퀜칭을 위한 급속하강장치를 가진 퀜칭 크레인, 트롤리로부터 달아매어진 가이드프레임에 따라 상하로 이동하는 포크를 가진 스테킹 천장크레인 등이 있다.

#### 3) 타워크레인

건축물 및 구조물 주위 고소에 설치되어 권상, 선회 및 횡행동작을 할 수 있는 건설기계로 고정 수직타워 상부에 지브가 설치되어 있어 중량물의 높은 인상하 작업 가능하며 작업범위가 넓기 때문에 건축물에 근접한 작업 가능하다. 특히 대도시의 밀집된 고층 건축공사에 많이 사용하고 최근에는 플랜트 건설, 댐건설, 철탑건설, 항만 하역 등 다양하게 이용된다.

① T형(T Type) 타워크레인

호이스트 모터를 이용하여 물건을 들어 올리고 내림이 가능하고 작업반경 내에서 물건이동은 회전 및 트롤리 모터를 이용하여 수평이동이 가능하며 작업 속도가 빠르나 건물 밀집지역 내에서의 작업은 불편한 특징이 있다.

② L형(Luffing Type) 타워크레인

360도 회전하며 호이스트 모터를 이용하는 것은 T형과 동일하나 호이스트가 지브(JIB) 끝에 고정되어 있어 수평이동이 불가하고 기복장치로 메인 지브를 상승·하강시켜 거리를 조절한다. 작업공간이 협소한 건물밀집 지역 또는 주택가가 형성된 지역에서 주로 사용하고 안정적인 작업을 위한 장소에 사용된다.

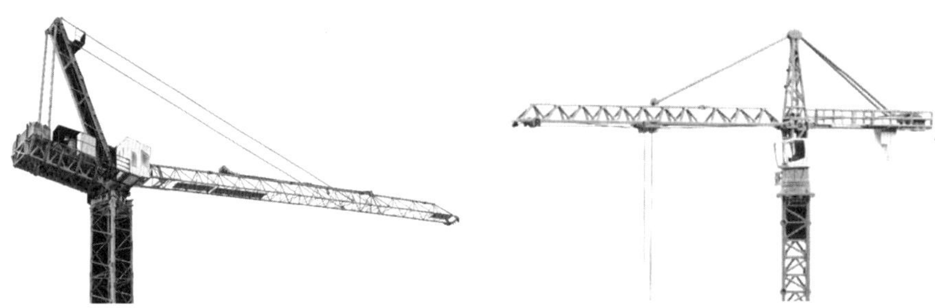

그림 11.13 타워크레인의 종류

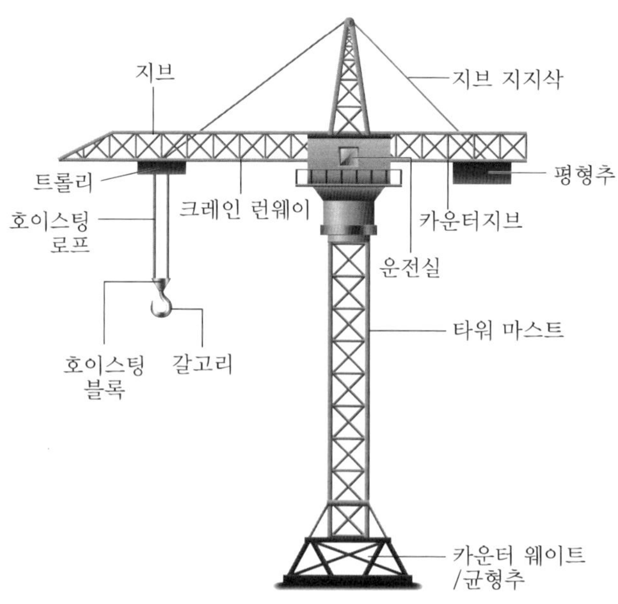


그림 11.14 타워크레인 구조 및 장치

#### 4) 갠트리 크레인

천장크레인 거더의 양끝에 다리를 설치하고 지상 또는 건물바닥에 설치한 레일 위를 주행하도록 한 것이다. 옥외에 설치된 것이 거의 대부분이며 캔틸레버를 붙여서 주행레일의 바깥쪽으로도 작업범위를 확대할 수 있다. 갠트리 크레인은 트롤리 구조에 의해 호이스트식, 크래브식, 로프 트롤리식, 맨 트롤리식, 선회 맨 트롤리식 등이 있다. 이 외에 트롤리 대신에 인입 크레인이나 바닥 지브크레인을 설치한 인입 크레인식 또는 지브크레인식의 갠트리 크레인도 있다. 갠트리 크레인은 일반공장, 부두 등에서 하역용으로 사용되는 것 외에 조선소의 선체조립에도 이용되고 제철소의 각종 원재료의 취급 등 매우 광범위하게 이용되고 있다.

#### 5) 케이블크레인

공중에 당겨놓은 메인 로프상을 트롤리가 횡행하는 형식의 크레인으로 스팬이 긴 것이 많다. 또한 메인 로프의 양끝에 고저의 높이차가 있는 것도 있으며 운전은 권상, 횡행 외에 주행운동을 하는 것도 있다. 케이블크레인에는 양탑을 고정한 고정케이블크레인, 한쪽만이 주행하는 한쪽주행 케이블크레인, 양탑이 주행하는 양측주행 케이블크레인 등이 있다. 또한 특수한 구조를 한 것으로서는 한쪽 탑이 요동하는 형식의 것도 있다. 케이블크레인의 용도로서는 댐의 콘크리트 타설, 교량의 건설 등의 토목공사에 사용된다.

#### 6) 언로더

배에서 작은 입자로 된 화물을 양육(揚陸)하는 전문 크레인으로서 대부분 크레인의 내부에 컨베이어가 설치되어 있으며 갠트리 크레인식과 인입 크레인식으로 크게 구분된다. 갠트리 크레인식 언로더는 갠트리 크레인과 마찬가지로 크래브식, 로프트롤리식, 맨 트롤리식, 선회 맨 트롤리식 등의 종류가 있으며, 인입 크레인식 언로더는 더블링크식이 있다. 인입 크레인식 언로더는 안벽에 직각인 인입운동뿐만 아니라 선회운동을 하면서 작업을 할 수도 있다.

### (2) 재해유형

크레인은 용도도 넓고 종류도 다양하지만 작업으로 인한 재해 또한 상당히 많은 실정이다. 크레인에서 발생되고 있는 재해의 유형은 다음과 같다.

#### 1) 텔레스코핑 작업 시 재해

텔레스코핑 작업은 타워크레인을 설치 및 해체 단계에서 케이지를 상하강 시켜 생긴 빈 공간에 마스트를 체결하거나 해체하기 위한 작업으로 타워크레인 재해의 50% 이상이 이 작업 중 발생하며 작업 특성상 텔레스코핑 작업 중에 지브 선회 시 바로 재해로 연결되는 특징이 있다.

그림 11.15 타워크레인 텔레스코핑 작업

#### 2) 매단 물건의 추락에 의한 재해

① 매단 물건의 중량에 비해 상대적으로 가는 직경이나 마모된 고리걸기용 와이어로프의 사용으로 인한 와이어로프의 절단
② 적재물의 적재 시 하중의 중심이 맞지 않아 물건이 로프에서 떨어짐
③ 크레인 운전조작의 난폭에 따른 매단 물건의 낙하
④ 크레인 권과방지장치 등 방호장치의 점검소홀로 인한 오동작으로 감아올리는 권상용 와이어로프가 과권되고 절단되면서 매단 물건이 낙하

#### 3) 협착에 의한 재해

① 크레인의 정비, 점검 중에 운전자가 무의식적으로 크레인을 작동시켰기 때문에 점검자가 크레인과 건물 사이에 협착
② 운전자의 위치에서 사각인 장소에 고리걸기 작업자나 그 밖의 작업보조자가 있는 것을 모르고 운전하여 매단 물건과 기타 다른 물건 사이에 협착
③ 크레인의 운전이나 고리걸기 방법의 잘못으로 매단 물건이 전도하여 그 사이에 협착

#### 4) 구조부분의 결손, 기계파괴에 의한 재해

① 정격하중을 초과하는 하중을 크레인에 매달음
② 구조상 설계불량이 있었던 곳의 결손, 파괴
③ 점검이 불충분하여 부재의 균열 등의 결함을 발견하지 못해 기계가 파괴
④ 용접, 시공 기타 공작물이 사용 부재에 대해 충실하지 못해 도괴

5) 추락에 의한 재해

크레인의 조립 작업 시와 크레인을 설치하는 공사 중 또는 크레인 각 부재의 정비, 점검 중에 높은 위치에서 추락하는 재해

### (3) 크레인의 방호장치

크레인은 운전을 잘못하게 되면 많은 위험을 일으키므로 다음과 같은 방호장치를 부착하고 유효하게 작동될 수 있도록 미리 조정하여 재해를 방지해야 한다.

1) 권과방지장치

하물 권상 시 훅 등의 달기기구가 정해진 위치보다 더 높은 위치로 권상될 시 드럼에 부딪치는 등 충격과 파손으로 인한 하물의 추락방지를 위해 자동적으로 동력 차단 및 작동을 제동하는 장치이다. 직동식, 중추식, 나사식, 캠식, 슬립 클러치식으로 구분한다. 달기기구 상부와 접촉 우려가 있는 것의 하부와의 간격은 25 cm 이상 되도록 해야 하며 용이하게 점검할 수 있는 구조여야 한다. 직동식의 권과방지장치에 있어서는 5 cm 이상이 되도록 조정해야 한다.

[표 11.4] 권과방지장치의 종류별 특성

| 종류 | 원리 | 비고 |
|---|---|---|
| 직동식 | Hook lever를 들어올려 전원차단 | Hoist식 |
| 중추식 | 추의 무게 제거에 의한 중추작용으로 캠 접점을 변경시켜 전원차단 | 대용량, 고양정 |
| 캠 식 | Chain guide 회전이 limit cam switch로 회전력이 전달되어 동력차단 | 5톤 이상 Chain hoist |
| 나사식 | 드럼과 연결된 나사봉이 권상·권하 거리에 비례하여 이동, 지정된 지점에 도달하면 동력차단 | |
| 슬립 클러치식 | Slip 발생에 의해 동력차단 | 소형 Chain hoist |

2) 과부하방지장치

기계를 안전하게 운전할 수 있도록 미리 설정된 하중 등을 초과하지 못하도록 해주는 장치이다. 정격하중의 1.1배 권상 시 경보와 함께 작동이 정지되고 주행·횡행 및 과부하를 증가시키는 동작이 불가능한 구조이며 사용자가 임의로 전류 값을 조정할 수 없도록 외함은 납으로 봉인한다. 과부하 시 운전자가 용이하게 경보를 들을 수 있어야 한다.

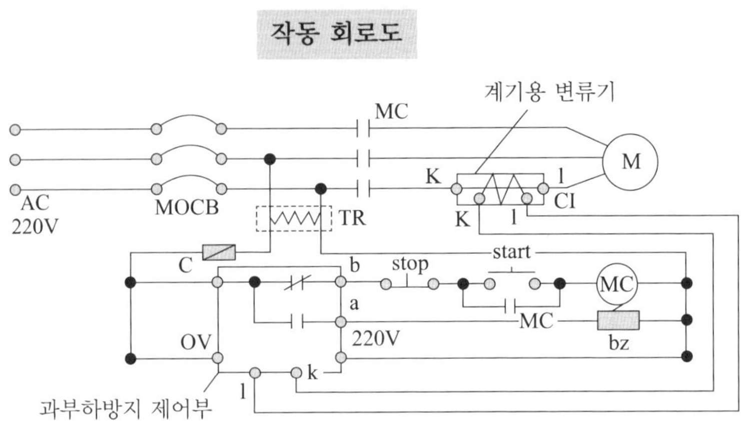


그림 11.16 권과방지장치의 작동 회로도

3) 비상정지장치

크레인에 돌발적인 상태가 발생하였을 때 안전을 유지하기 위하여 모든 전원을 차단, 크레인을 급정지시키는 장치를 말한다.

그림 11.17 비상정지장치

4) 브레이크장치

돌발적인 사태 발생 시 안전을 유지하기 위하여 모든 전원을 차단하여 급정지시키는 장치이다.

5) 기타

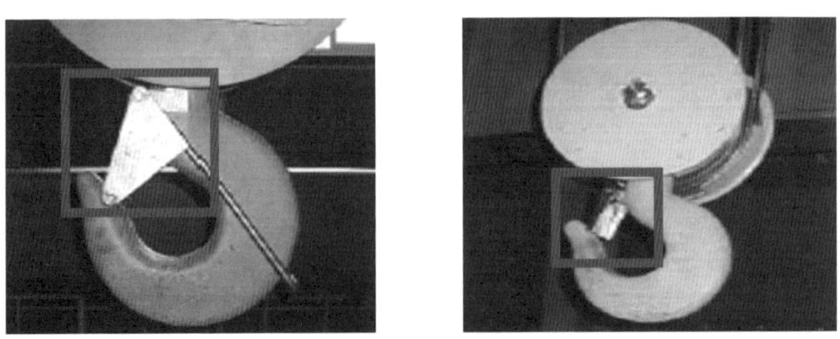

그림 11.18 스프링식 및 중추식 해지장치

① 훅 해지장치 : 줄걸이 용구인 슬링 또는 체인, 섬유벨트 등을 훅에 걸고 작업 시 임의적인 이탈을 방지해 주는 장치이다. 줄걸이 용구를 훅에서 이탈시킬 때에는 해지장치를 힘으로 조작한다.

② 스토퍼(Stopper) : 주행로에 병렬 설치되어 있는 주행 크레인에 있어서 주행 크레인끼리 충돌하거나 주행 크레인이 근로자에 접촉하는 것을 방지하기 위하여 크레인이 일정거리에 접근했을 때 전원을 자동적으로 차단하는 장치를 크레인 자체에 부착하는 것과 주행로의 끝단에 기계적인 스토퍼를 설치하는 것이 있다.

③ 이탈방지장치 : 작업 중지 또는 종료 시 미끄러짐 방지 및 미끄러짐에 의한 이탈을 방지하기 위해 설치하는 고정장치이다.

④ 안전밸브 : 수압 또는 유압을 동력으로 사용하는 크레인에 있어서 과도한 압력 상승을 방지하기 위해 안전밸브를 부착하며 크레인의 정격하중에 상당하는 하중을 건 때의 수압 또는 유압에 상당하는 압력 이하로 작동되도록 조정해 두어야 한다.

### (4) 크레인 재해방지대책

크레인은 소정의 구조요건을 갖추고 검사에 합격한 안전한 장치를 사용하여야 하며 일상적인 취급에 있어서는 다음과 같은 사항에 유의하여야 한다.

① 해지장치를 사용하여 인양물이 훅에서 이탈하는 것을 방지한다.

② 방호장치의 정비점검을 이행한다.

③ 이동식 크레인 제작사의 사용기준에서 제시하는 지브의 각도에 따른 정격하중을 준수한다.

④ 정격하중을 준수한다.

⑤ 인양물의 무게중심, 주변 장애물 등을 점검한다.

⑥ 슬링, 훅 및 해지장치, 섀클 등의 상태를 수시 점검한다.

⑦ 출입금지구역을 설정한다.

⑧ 줄걸이 와이어로프의 매단 각도는 60° 이내로 한다.

⑨ 인양작업 시 신호수를 배치하며 운전원은 신호수의 신호에 따라 인양작업을 수행한다.

⑩ 크레인의 제원에 따른 인양작업 반경과 지브의 경사각에 따른 정격하중 이내에서 작업을 실시한다.

⑪ 인양물의 충돌 등을 방지하기 위하여 인양물을 유도하기 위한 보조로프를 사용한다.

⑫ 순간풍속이 30 m/s를 초과하는 바람이 불어온 후 또는 중진이상의 지진 후에 크레인을 사용하여 작업을 하는 때에는 미리 크레인의 각 부위의 이상 유무를 점검한다.

⑬ 크레인과 건설물 사이의 통로 확보한다.

⑭ 건설물 등의 벽체와 통로와의 간격을 규제한다.

⑮ 권과방지장치에 대해서 달기구의 상면 또는 권상용 시브의 상면이 접촉할 우려가 있는 물건 하면과의 간격이 0.25 m 이상, 직동식의 권과방지장치에 있어서는 0.05 m 이상이 되도록 조정해두어야 한다.

### (5) 작업시작 전 점검사항

작업시작 전에 표 11.5에 따라 점검하여야 한다.

[표 11.5] 권과방지장치의 안전체크리스트

| 구분 | 점검항목 | 점검결과 | 조치사항 |
|---|---|---|---|
| 1 | 하부지면의 하중에 의한 지반침하발생 여부를 검토한 후 안정성이 확인된 상태에서 작업을 하는가? | | |
| 2 | 붐 길이와 각도에 적합한 적재하중 및 허용 작업반경을 설정 후 작업하는가? | | |
| 3 | 붐 끝단에 임의로 탑승설비 부착 작업을 하지 않도록 조치하는가? | | |
| 4 | 중량물 취급 작업계획서를 작성하고 관계근로자가 숙지하고 있는가? | | |
| 5 | 안전모, 안전화 등 개인보호구를 착용하였는가? | | |
| 6 | 지반은 침하우려가 없는가? 있다면 받침대는 준비되었는가? | | |
| 7 | 근접된 가공전선로에 절연용 보호구를 설치하였는가? | | |
| 8 | 작업시작 전 본체 주요부의 조임·연결상태 등을 점검하였는가? | | |
| 9 | PTO를 켜지 않은 상태에서 모든 작동레버는 중립에 위치하고 있는가? | | |
| 10 | 아우트리거는 지면과 수평을 유지하고 있는가? | | |
| 11 | 각종 계기, 지시계, 조정장치, 안전장치는 정상 작동하는가? | | |
| 12 | 작업반경 내 근로자 출입을 통제하고 있는가? | | |
| 13 | 정격하중표의 거리별 하중능력을 숙지하고 있는가? | | |
| 14 | 중량물 체결 줄걸이 수는 적정한가? | | |
| 15 | 중량물의 권상·선화속도 등은 적정한가? | | |
| 16 | 조종석 이탈시 안전조치는 하였는가? | | |
| 17 | 작업순서에 따라 장치복구는 하였는가? (윈치→텔레스코핑→붐대→아우트리거) | | |
| 18 | PTO 등 조정장치는 OFF하였는가? | | |
| 19 | 훅 및 붐대는 확실히 고정하였는가? (이동시) | | |

### (6) 크레인 작업 시 와이어로프에 걸리는 총 하중

$$\text{총 하중}(W) = \text{정하중}(W_1) + \text{동하중}(W_2)$$

$$W_2 = \frac{W_1}{g} a$$

여기서, $g$ : 중력가속도(9.8 m/s$^2$), $a$ : 가속도(m/s$^2$)

**예제)** 크레인 작업 시 로프에 2 t의 중량을 걸어 40 m/s$^2$ 가속도로 감아올릴 때 로프에 걸리는 총 하중은 얼마인가?

**풀이)** $W = W_1 + W_2 = 2000 + (2000/9.8) \times 40 = 10163$ kg

### 11.3.3 이동식 크레인

#### (1) 구조 및 기능

이동식 크레인이란 원동기를 내장하고 있고 불특정 장소로 이동할 수 있는 크레인으로 동력을 사용하여 중량물을 매달아 상하 및 좌우로 운반하는 설비로서, 「건설기계관리법」을 적용받는 기중기 또는 「자동차관리법」에 따른 화물·특수자동차의 작업부에 탑재하여 화물운반 등에 사용하는 기계 또는 기계장치를 말한다. 일정지역에서 작업하는 타워크레인과는 달리 이동할 수 있는 통로와 안전한 작업장소가 있으면 매우 높은 기동성을 가진 하역기계로 비정상적인 작업을 하는 경우가 많기 때문에 타 크레인 작업에 비해 특별한 안전상의 배려가 필요하다. 이동식 크레인 끝단에 훅 대신 탑승함을 설치하여 고소에서 공사, 점검, 보수 등의 작업에 사용되는 기계를 고소작업차라 하고 탑승함 작동을 위해 작업발판이 상승, 하강 등을 하는 설비가 추가로 장착된다. 이동식 크레인에는 트럭 크레인(Truck crane), 크롤러 크레인(Crawler crane), 휠 크레인(Wheel crane), 플로팅 크레인(Floating crane) 등이 있다. 이동식 크레인은 구조부분과 작동부분 외에도 크레인 자체를 불특정 장소로 이동시키기 위한 대차, 크롤러, 선박 등을 가진다. 동력에는 내연기관이 사용되고 유압을 병용한 설비가 많다.

**그림 11.19** 이동식 크레인

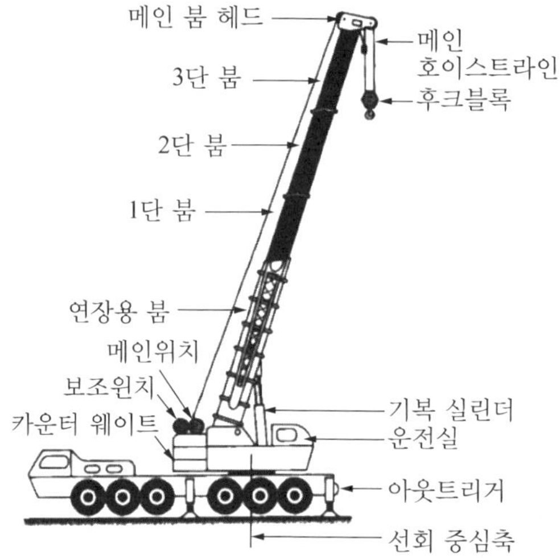


그림 11.20 이동식 크레인 구조

### (2) 재해유형

이동식 크레인은 제조·건설 및 서비스업 등 전 업종에서 광범위하게 다양한 용도로 사용되고 있으며 대형화, 고소화로 인해 매년 재해강도가 증가 추세에 있다. 또한 그 위험성에 비해 사업주와 근로자의 인식이 미흡해 결함이 있는 설비 사용, 작업절차 및 안전조치 미준수, 관리 부재 등으로 인해 재해가 많이 발생하고 있다. 이동식 크레인의 주된 재해는 정격하중 및 작업범위 초과에 의한 전도 사고가 가장 많고 매단 물건의 낙하, 협착에 의한 사고가 그 다음 순을 차지하고 있다 사고 형태는 연약지반 및 경사지에서 부적합한 지면 안착, 과부하 및 작업범위 초과 상태에서 이동식 크레인을 사용, 운전자의 기능미숙, 기타 카운터웨이트와 대차와의 사이에 협착 등의 요인에 의한 전도재해가 특히 많은 부분을 차지한다. 기타 운전자가 사각에 있는 작업자를 인지하지 못하고 이동식 크레인을 주행 또는 선회했기 때문에 재해가 일어나는 특수한 경우도 있다.

### (3) 이동식 크레인의 방호장치

이동식 크레인의 방호장치는 과부하장치, 권과방지장치, 브레이크장치, 기타(해지장치, 안전밸브) 등 크레인의 방호장치와 유사하며 방호장치를 부착하고 유효하게 작동될 수 있도록 미리 조정하여 두어야 한다.

### (4) 재해방지장치

이동식 크레인의 주된 재해는 전도에 의한 것이며 이러한 전도의 원인의 대부분은 정격 하중(정격 총 하중) 이상의 화물을 달아 올리기 때문이다.

#### 1) 정격하중

그림 11.21에서 A를 지브의 상단 포인트 핀, B를 푸트 핀이라 하고, 지브 길이 AB를 $l$, 화물의 무게를 $W$라 하자. $W$는 방향의 힘 $P$와 지브에 직각인 힘 $N$을 나눌 수 있다. 힘 $P$는 지브에 대하여 압축력으로 작용한다. 힘 $N$은 지브 푸트 핀에 크기 $N_1$의 모멘트로서 작용하고, 지브를 푸트 핀의 둘레로 회전시키려 한다.

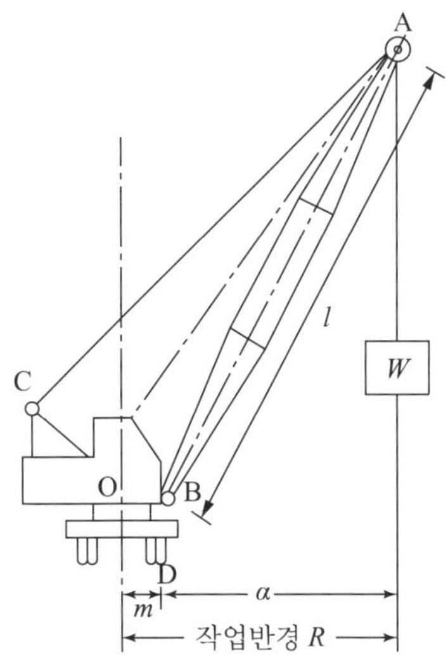


그림 11.21 하중을 걸었을 때의 트럭 크레인

이것이 트럭 크레인을 전도시키려 하는 것으로, 전도모멘트라 한다. 정확하게 말하면 트럭 크레인의 전도단에 대한 전도 측의 모멘트이다. 그림 11.22에서 푸트 핀 B가 D의 수직선상에 있다고 생각하면, 전도단 D에 대하여 $Wa$의 모멘트가 걸린다. 지브의 경사가 $a_1$, $R_1$의 위치가 되면, 지브를 압축하는 힘 $P_1$은 작아지나, 지브에 직각인 힘 $N_1$은 크게 되고 전도모멘트는 $W_1a_1$으로 크게 된다. 특히 지브를 기울이면 전도모멘트는 더욱 커지게 되고 결국은 트럭 크레인이 전도되게 된다. 지브를 기울여도 트럭 크레인이 전도되지 않기 위해서는 화물의 무게를 작게 하여야 한다.

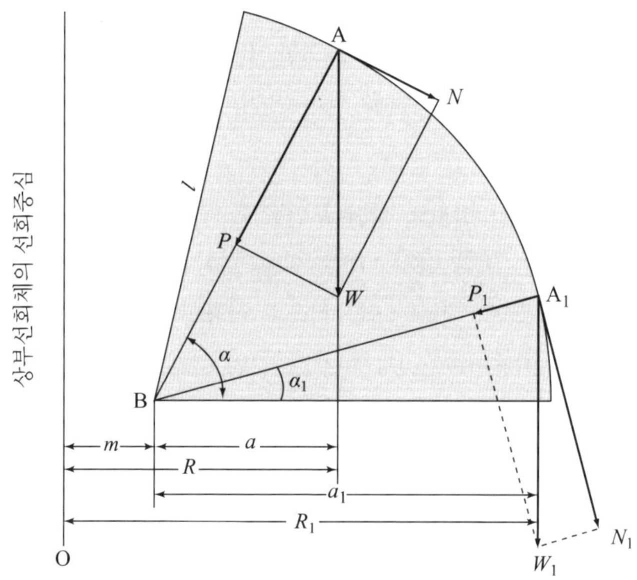


**그림 11.22** 지브에 작용하는 힘

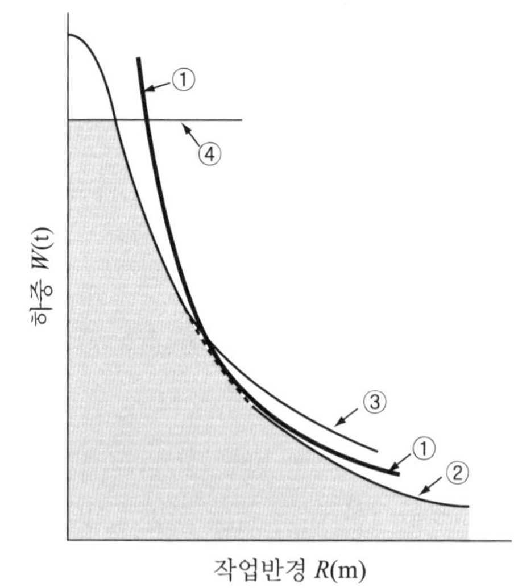


**그림 11.23** 이동식 크레인의 성능 곡선도

전도되지 않는 범위에서 매달 수 있는 최대의 하중은 지브의 경사각 또는 작업 반경에 따라서 변하게 되고 그림 11.23 ①의 곡선으로 표시된다. 이상은 지브 자체의 무게는 무시하였으나, 지브의 무게는 지브의 중심을 경계로 하여 상부는 상부 포인트 핀에 하부는 푸트 핀에 집중하고 있다고 하고 상부 포인트 핀에 집중하는 중량을 화물의 무게에 더하여 계산한다. 그림의 ② 곡신은 지브의 중량을 가산한 것이다. 다음으로 지브를 들어 올리며 작업 반경을 작게 하면, 압축력 $P$는 점점 크게 되고 지브의 강도가 압축력에 견디지 못하게 된다. 지브 등의 강도상, 견딜 수 있는 최대의 하중을 그림에 표시하면 ③의 곡선과 같다. 또한, 권상기구의 능력으로부터 달아 올리는 것이 가능한 최대하중은 제한된다. 이것을 그림에 표시한 것이 ④의 직선이다. 따라서 그림의 ②, ③ 및 ④의 범위를 넘어서 하중을 들어 올려서는 안 된다. 이 이동식 크레인의 안정 및 강도상으로부터 들어 올릴 수 있는 최대하중을 정격하중이라 하며, 작업 반경에 대한 정격하중을 표시하는 선도를 성능 곡선도라 한다.

**2) 전방안정도**

이동식 크레인에서 하중을 단 상태를 그림 11.24에 나타내었다. 전도지점으로부터 하중 측의 모멘트는 전도모멘트이고, 전도지점으로부터 본체 측의 모멘트는 안정모멘트이다. 이 안정모멘트를 분자, 전도모멘트를 분모로 하는 비를 나타내는 것이 이동식 크레인의 전방안정도이다. 전도모멘트는 단지 화물의 중량만이 아니고 지브의 중량과도 관계된다. 전방안정도의 값은 클수록 안정성이 있다.

$$\text{안정도} = \frac{\text{안정모멘트}}{\text{전도모멘트}} = \frac{W_B \times l}{W_1 \times l_1 + (W+w) \times l_2}$$

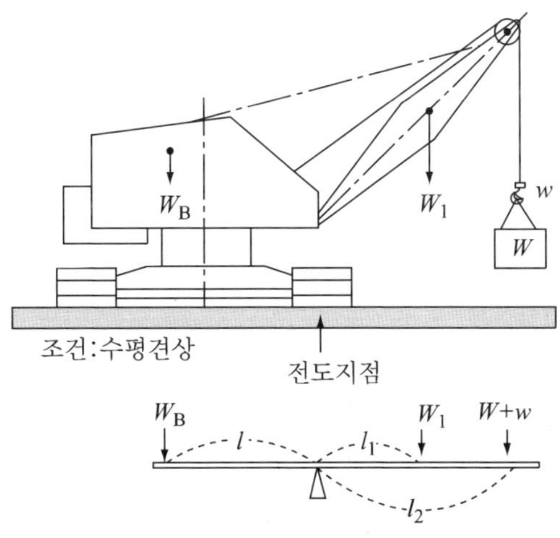


**그림 11.24** 안정모멘트와 전도모멘트

$$\text{전도상태} = W_B \times l = W_1 \times l_1 + (W + w) \times l_2$$

여기서, $W_B$ : 크레인 본체 중량

$W_1$ : 크레인 어테치먼트(지브 및 부속품) 중량

$W + w$ : 하중($W$)과 매달기기구 중량($w$)

$l$ : 전도지점으로부터 중심까지의 거리

$l_1$ : 전도지점으로부터 크레인 어테치먼트 중심까지의 거리

$l_2$ : 전도지점으로부터 하중까지의 거리

#### 3) 후방안정도

전방안정도의 식에서 알 수 있듯이 이동식 크레인 본체의 중량을 크게 하면 안정성은 좋아진다. 안정성을 좋게 하기 위하여 과대한 카운터웨이트를 부가하면 권상작업 중에 와이어로프가 절단되거나, 화물을 매달지 않은 상태로 지브를 수직에 가깝게 들어 올린다거나, 바람에 노출된다거나 할 때에 크레인이 반대방향으로 전도할 위험성이 있다. 때문에 기계 본체 측에 부당하게 중량이 걸리지 않도록 중량분배가 필요하다.

#### 4) 대책

이동식 크레인의 재해방지대책은 크레인의 재해방지대책과 공통되는 사항이 많으나 특히 전도재해를 방지하기 위해서는 이동식 크레인의 설치장소와 작업 상황에 따른 크레인의 안전성에 유의하여야 하며, 다음 사항을 지키는 것이 중요하다.

① 이동식 크레인 사용 시 정격하중 준수

② 연약지반인 경우 흙의 치환 및 다짐, 깔판의 설치 등 내력을 확보한 후 설치

③ 과부하방지장치 등 안전장치의 임의조작 금지

④ 이동식 크레인 사용 시 정격하중 준수

⑤ 이동식 크레인 장비 사양상의 경사각 및 허용하중의 범위 내에서 작업

⑥ 이동식 크레인의 아우트리거를 설치하는 때에는 지내력이 확보된 수평지면 위에 설치

#### 5) 작업시작 전 점검사항

당해 작업시작 전에 다음의 사항을 점검하여야 한다.

① 작업 반경 내 근로자의 접근금지 조치

② 작업 시는 반드시 아우트리거(Outrigger)를 사용하여 항상 수평유지 할 것

③ 권상중량을 높이기 위한 카운터웨이트(Counterweight) 중량을 증가시키지 말 것

### 11.3.4 곤돌라

#### (1) 구조 및 기능

곤돌라(Gondola)란 와이어로프 또는 달기강선 등에 의하여 달기발판 또는 운반구가 전용의 승강장치에 의하여 화물을 승강시키는 설비를 말한다. 곤돌라 구조 및 각부 명칭은 그림 11.25와 같다.

① 승강장치 : 작업목적에 맞는 작업상면을 상승 또는 하강시키는 승강장치에는 권상기의 드럼에 와이어로프를 되감는 방식의 것이나 회전하는 활차와 와이어로프 사이의 마찰력을 이용한 방식의 것들이 있다.
② 안전장치 : 와이어로프의 과권을 방지하는 권과방지장치, 과권을 방지하기 위한 경보장치, 제어장치의 조작부분이 2 이상인 개소에 설치되어있는 경우

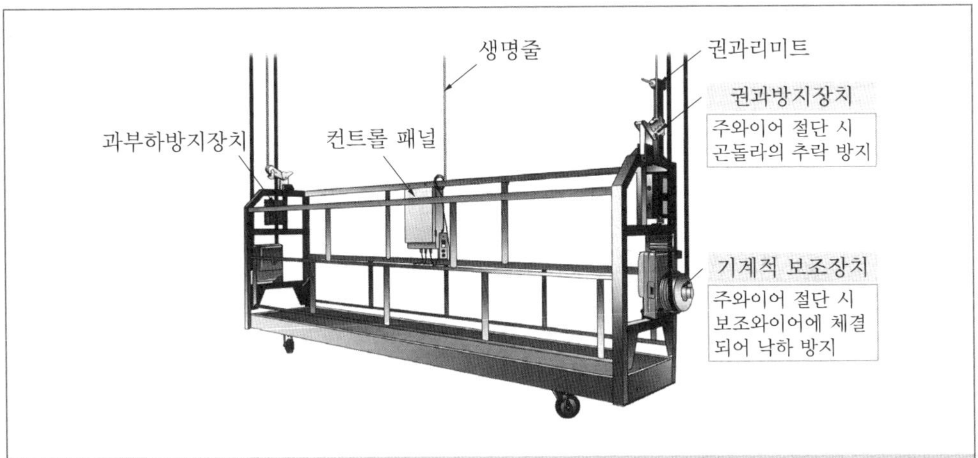


그림 11.25 곤돌라 구조 및 각부 명칭

#### (2) 재해유형

곤돌라 사용 시 가장 많은 작업 재해유형은 작업대로부터 추락위험으로 그 유형은 다음과 같다.

① 곤돌라에 탑승 중 생명줄 미설치 및 안전대 미착용으로 작업 중 추락위험
② 곤돌라 작업 중 와이어로프가 끊어지면서 곤돌라에서 추락위험
③ 최대적재하중을 무시하고 과다적재, 과다인원 탑승 작업 중 추락위험
④ 곤돌라 상부 고정부가 풀리면서 탑승 근로자가 곤돌라와 함께 추락위험

### (3) 작업시작 전 점검사항

당해 작업시작 전에 다음 각 호의 사항을 점검하여야 한다.

① 와이어로프, 달기체인, 훅, 섀클 등 하중이 걸리는 부분을 확인한다.
② 권과방지장치, 과부하방지장치, 비상정지스위치 등 방호장치 기능을 확인한다.
③ 작업대의 각 조립부 파손 및 조임 상태, 수평조작 및 유지 상태를 확인한다.
④ 작업대의 잘 보이는 곳에 적재하중을 표시하고 적재하중을 초과하는 무게는 싣지 않는다.

## 11.3.5 승강기

### (1) 개요

승강기란 건축물이나 고정된 시설물에 설치되어 동력을 사용하여 카 또는 운반구를 운전하는 것으로서 일정한 경로에 따라 사람이나 화물을 승강장으로 옮기는 데에 사용되는 시설을 말한다. 종류에는 승용 승강기, 인화공용 승강기, 화물용 승강기, 에스컬레이터 등이 있다.

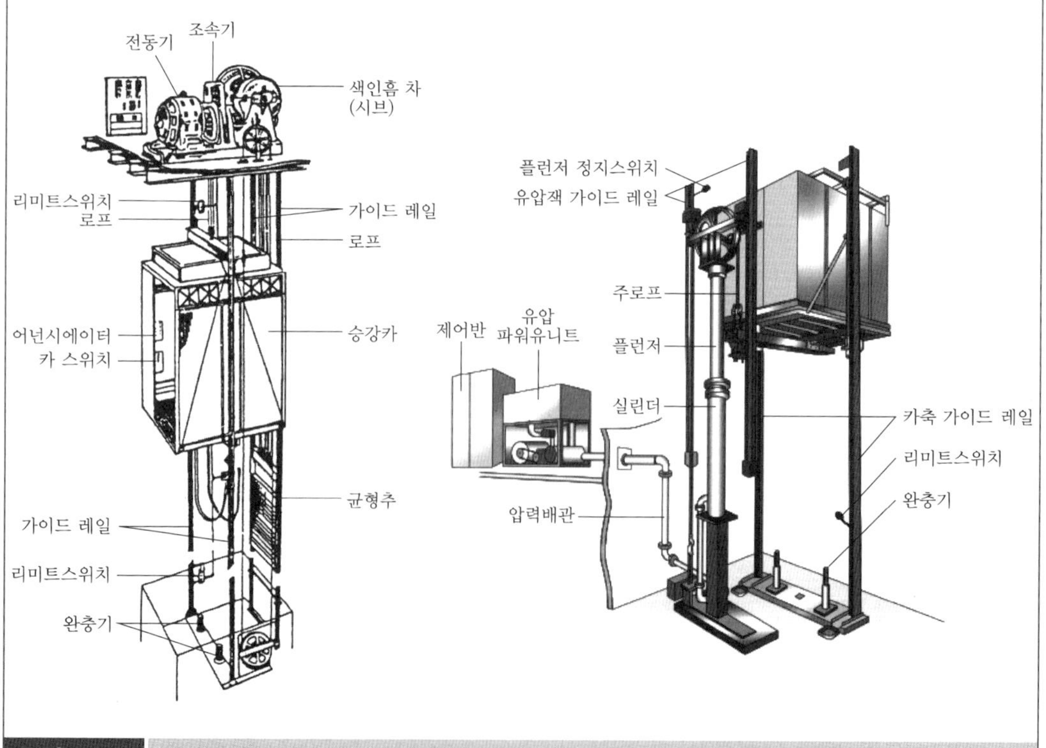


그림 11.26 엘리베이터 구조 및 각부 명칭

## (2) 승강기(엘리베이터)의 종류

### 1) 동력원에 의한 분류

① 전동식 : 현재의 엘리베이터는 거의 모두 전력을 이용한 전동기에 의해서 구동되며 교류방식은 2단속도제어, 귀환제어 및 VVVF(Variable voltage variable frequency)제어 방식이 있고 직류 방식은 모터 제너레이터를 이용한 워드 레오나드(Ward leonard)방식과 사이리스터 정류기를 이용한 정지형 레오나드(Static leonard)방식이 사용되고 있다.

② 기타 동력원 : 초기에는 증기기관 및 내연기관의 원동기로 직접 구동되는 엘리베이터가 있었으나 현재에는 사용되지 않고 있으며 수압식 역시 재래식으로 사용이 금지되어 있다. 그 밖에 수동식과 유압식이 있다.

### 2) 동력 전달방식에 의한 분류

① 로프식 : 로프에 의해 동력이 전달되는 방식이다.

② 플런저(Plunger)식 : 유압식 엘리베이터에 적용되는 방식으로 유압에 의해 승강하는 플런저에 카(Car)가 직접 연결되어 승강되는 직접식과 유압에 의해 승강하는 플런저와 카 사이를 로프로 연결시킨 구조의 간접식이 있다.

③ 래크 피니언(Rack & Pinion)식 : 톱니로 된 레일면을 카 측의 피니언인 톱니바퀴가 회전하여 이동하는 방식이다.

### 3) 사용목적에 따른 분류

| | | |
|---|---|---|
| ① 승용 승강기 | ② 화물용 승강기 | ③ 인화공용 승강기 |
| ④ 자동차용 승강기 | ⑤ 비상용 승강기 | ⑥ 에스컬레이터 |

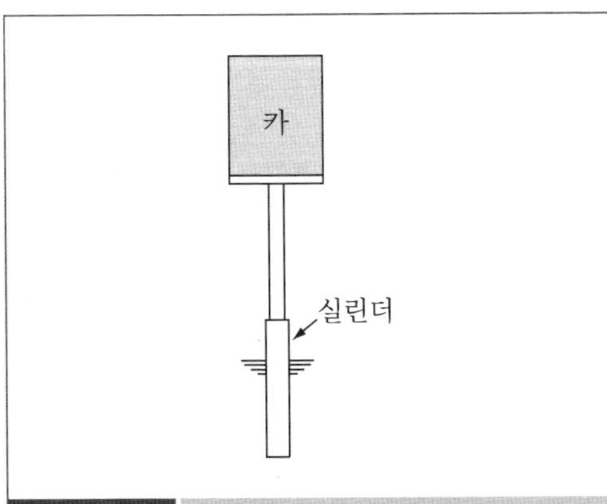


**그림 11.27** 직접식 유압 엘리베이터

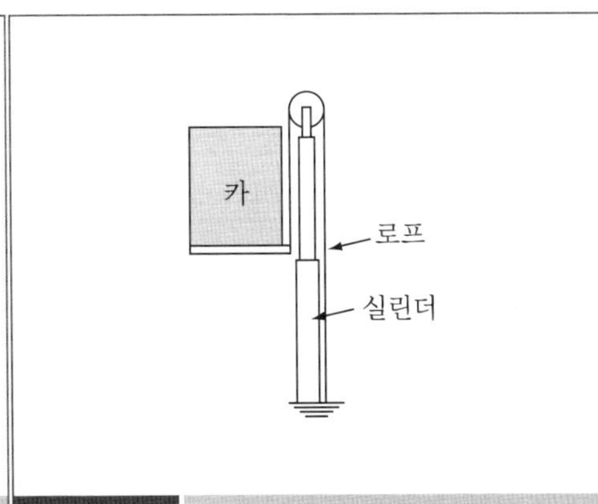


**그림 11.28** 간접식 유압 엘리베이터

### (3) 재해유형

수리·청소를 위해 문을 열던 중 균형을 잃고 추락 하거나 카가 해당 층에 없는 상태에서 문이 열리자 탑승하려다 추락, 승강로 내부에서 점검·검사업무 수행 중 다른 작업자의 조작으로 카가 운행되어 끼임 등에 재해가 많이 발생한다.

① 카(Car)에 탑승하여 물건을 내리거나 싣는 도중에 카와 같이 추락
② 감아올린 와이어로프의 절단에 의해 카가 추락
③ 유지 보수 작업 시 카와 승강로 사이에 협착
④ 카 도착 전 승강장 도어 및 조립체 이탈로 인한 피트 추락
⑤ 기계 및 회로 구조나 방호장치가 각각 소정의 구조상 요건에 부적합 시 이상 작동
- 정상적으로 문이 열려야 구간에 정지하지 않는 경우
- 정지하였으나 문이 열리지 않는 경우
- 문이 열린 상태로 운행되는 경우
- 호출층 또는 지시층으로 운행되지 않는 경우
- 최상층 또는 최하층을 지나 계속 운행되는 경우

### (4) 방호장치

과부하방지장치, 출입문 인터록 장치, 완충기, 비상정지장치, 로프 제동장치, 파이널리미트스위치, 조속기 등을 설치한다.

**① 과부하감지장치**

정격 적재하중을 초과하여 적재(승차) 시 경보를 울리고 카를 정지시키는 장치이다.

**② 출입문 인터록 장치**

카가 정지하고 있지 않은 층의 승강장도어가 열리는 것을 방지하게 하거나 승강장도어가 완전히 닫혀 있는지 여부를 제어반에 전달하기 위해 전 층의 승강장도어 중 한 층의 승강장도어라도 닫히지 않으면 안전회로를 차단하여 운행을 중단시키는 장치이다.

그림 11.29 출입문 인터록 장치

③ **완충기**

카가 어떠한 원인으로 최하층을 통과하여 피트(Pit)에 급속 강하할 때 또한, 카가 같은 원인으로 급상승하는 것에 대비하여 균형추 밑에 그 충격을 완화시키기 위한 장치로 완충기가 카나 균형추가 자유 낙하할 때 완전한 충격 완화는 불가능하고 1차로 비상정지장치가 작동, 2차적으로 완충기가 작동하여 분담하며 종류는 스프링 완충기와 유압 완충기가 있다.

그림 11.30 완충기

④ **비상정지장치**

과속 또는 로프가 파단 될 경우 가이드 레일 상에서 엘리베이터 카, 균형추 또는 평형추를 정지시키고 그 정지 상태를 유지하기 위한 기계적 장치이다.

⑤ **로프 제동장치**

승강기 추락 시 메인로프를 조임으로써 엘리베이터의 미끄러짐이나 떨어짐을 방지하는 비상제동장치를 말한다.

⑥ **파이널리미트스위치**(Final limit switch)

카가 승강로 탑의 최상단보 또는 승강로 바닥에 충돌하기 전에 동력을 차단하는 장치이다.

그림 11.31 파이널리미트스위치

⑦ **조속기**(Governor)

전동기의 고장, 적재하중의 초과로 인한 과속제어계의 이상 등으로 과속발생 시 작동하여 1차로 전동기의 입력 전원을 차단하고 2차로 전동기 브레이크를 작동시켜 카를 비상정지시키도록 하는 이상속도 감지장치이다.

그림 11.32 조속기

### (5) 재해방지대책

① 승강기 검사기관으로부터 완성·정기·수시검사 수검 실시
② 승강기 자체점검을 월 1회 실시하고 기록을 보존
③ 승강기의 기계실·조작반 등의 열쇠 및 승강장 문의 비상열쇠는 담당자가 관리하고 열쇠·비상열쇠는 보관 장소를 정해서 엄중히 보관
④ 덤웨이터의 경우, 출입구 등 잘 보이는 곳에 탑승금지 및 적재하중을 나타내는 표지 부착

### (6) 승강기 이용자 준수사항

① 정원 및 적재하중 내에서 탑승·적재한다.
② 승강기 안에서 뛰거나 출입문에 기대지 않는다.
③ 운행 중 승강기가 갑자기 정지하면 인터폰으로 구출을 요청하고, 탈출을 시도하지 않는다.
④ 화재가 발생 시 승강기를 타지 않고 비상계단을 이용한다.

## 11.3.6 리프트

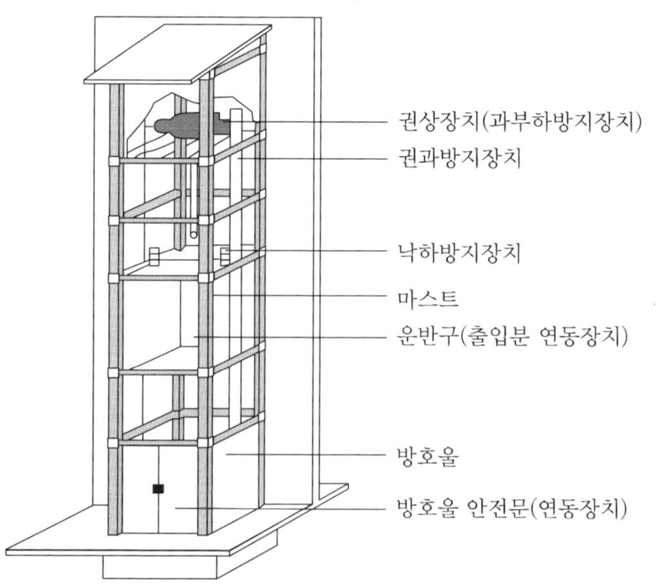


그림 11.33 일반용 리프트 구조 및 방호장치

### (1) 개요

리프트(Lift)란 자재, 콘크리트 등의 짐을 동력을 사용하여 가이드 레일을 따라 상하로 움직이는 운반구를 매날아 화물을 운반할 수 있는 설비 또는 이와 유사한 구조 및 성능을 가진 것으로 건설현장에서 사용하는 것을 말한다. 건설용 리프트는 짐을 싣는 반기, 반기의 승강로 탑, 가이드 레일, 반기의 승강장치, 제어장치 등의 기계장치 및 반기의 권상용 와이어로프, 안전장치에 의해 구성된다. 건설용 리프트의 종류는 1개 구조의 리프트, 2개 구조의 리프트, 쌍정식 리프트, 롱 리프트, 콘크리트 타설에 사용되는 와이어식 타워와 같은 특수한 것이 있다. 건설용 리프트에 대해서는 구조상의 결함에서 발생하는 재해를 방지하기 위해 건설용 리프트에 관한 규격을 정하고 있으며 또 제조단계로부터 설치해 사용할 때의 안전을 확보하기 위해 세부사항을 규정하고 있다.

### (2) 건설용 리프트

① 종류 : 동력전달방법과 형식에 따라 와이어로프 및 윈치에 의해서 작동되는 와이어로프식과 기어 및 전동기에 의해서 작동되는 랙 및 피니언식으로 구분하고 용도에 따라 화물용과 인화공용 리프트로 구분한다.

② 방호장치 : 권과방지장치, 과부하방지장치, 비상정지장치, 완충장치 등

③ 작업시작 전 점검사항 : 브레이크 및 클러치의 기능, 와이어로프가 통하고 있는 곳의 상태 점검

### (3) 간이 리프트

① 방호장치 : 방호울, 과부화장치, 권과방지장치, 낙하방지장치

② 작업시작 전 점검사항 : 리프트 방호장치 설치 및 정상 작동여부 확인 후 작업 실시

### (4) 재해방지대책

① 출입문 연동장치, 낙하방지장치, 권과방지장치, 과부하방지장치, 방호울 등 리프트 안전장치가 정상기능을 유지한 상태에서 작업한다.

② 정상 작동하지 않을 경우 사용을 멈추고 즉시 수리·점검 등 작업 실시한다.

③ 리프트의 운반구 내부에 탑승조작장치가 설치되어 있거나 수리·조정 및 점검 등의 작업 이외에는 리프트의 운반구에 근로자를 탑승시켜서는 안 된다.

④ 출입문 개방 상태에서 운행을 금지한다.

⑤ 정격하중 표지판 부착 등 과적을 금지한다.

⑥ 지반침하, 불량자재사용 또는 헐거운 결손 등으로 인하여 리프트가 전도·붕괴 또는 도괴되지 않도록 필요한 조치를 하여야 한다.
⑦ 컨트롤 장치의 부품개조 또는 변칙조작을 금지한다.

## 11.4 지게차

지게차는 하물 적재장치인 포크(Fork), 램(Ram), 승강장치인 마스트(Mast) 등이 차의 전면부에 장착된 하역용 자동차로서 포크리프트(Fork lift)라고도 부른다. 지게차는 제조·건설·운수·도소매업 등에서 중량물의 적재·하역·운반용으로 널리 사용되고 있다. 지게차의 위험성에 대한 사업주와 근로자들의 인식이 미흡해 연간 약 1200여 건의 지게차 관련 사고가 발생하고 있고 작업자가 상해를 입거나 사망에 이르기도 하며 이 밖에도 작업 중 지게차, 건물, 제품 등의 파손으로 경제적 손실을 초래하기도 한다. 지게차에 의한 재해유형을 살펴보면, 지게차와의 접촉 사고(37%), 화물의 낙하(27%), 지게차의 전도 전락(16%), 추락(14%), 기타(6%) 정도로 집계되고 있으며 지게차의 안전성을 유지하기 위해서는 구조, 화물 및 운전조작에서 신중한 검토가 선행되어야 한다.

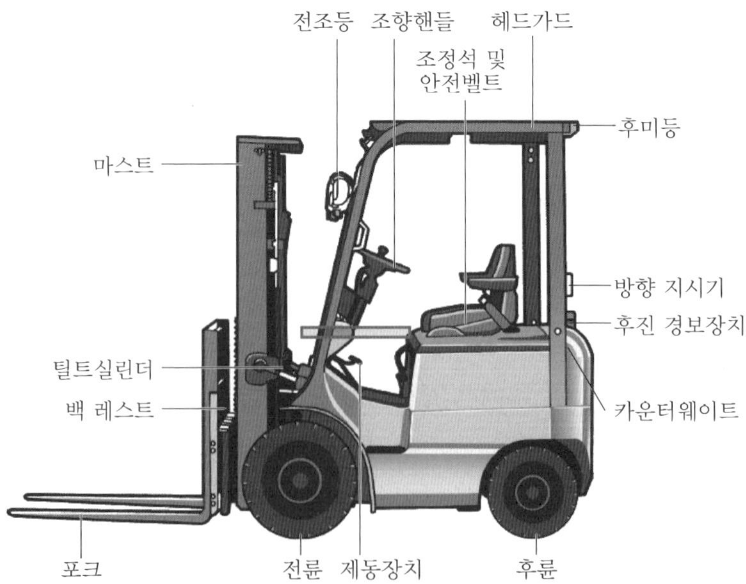


**그림 11.34** 지게차의 구조

### 11.4.1 종류 및 구조

① 카운터 밸런스형

사체 선년에는 포크와 마스트가 부착되어 있으며 차체 후면에는 카운터웨이트가 설치된 형태이다.

그림 11.35 카운터 밸런스형 지게차

② 리치형

주행 시에는 전후 바퀴 사이에 마스트와 하중이 안정되도록 하는 것으로 마스트와 포크가 일체가 되어 움직이는 마스트 리치(Mast reach)형과 오직 포크만 신축 암(Arm)으로 움직이는 포크 리치(Fork reach)형이 있다.

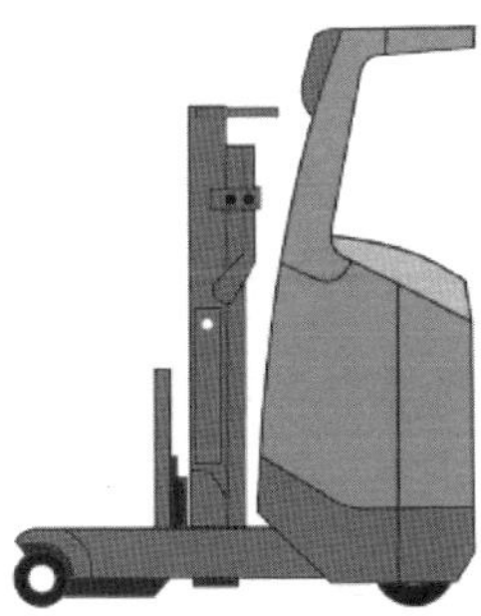

그림 11.36 리치형 지게차

### 11.4.2 재해유형

지게차로 인한 재해를 살펴보면, 보행자 등과의 부딪힘, 정비·보수작업 중 끼임, 지게차 넘어짐, 운반하물의 떨어짐, 탑승자 떨어짐 등의 형태로 나타나고 있으며 재해 발생 주요 원인은 다음과 같다.

[표 11.6] 위험성 및 위험유발요인

| 위험성 | 위험유발요인 |
|---|---|
| 물체의 낙하 | 1. 물체적재의 불안정<br>2. 부적합한 보조구 선정<br>3. 미숙한 조작<br>4. 급출발, 급정지 |
| 보행자 등과의 접촉 | 1. 구조상 피할 수 없는 시야의 악조건<br>2. 후륜주향에 따른 후부의 선회반경 |
| 차량의 전도 | 1. 미정지된 요철바닥<br>2. 취급화물에 비해 소형의 차량<br>3. 물체의 과적재<br>4. 고속 급회전 |

### 11.4.3 재해방지대책

지게차가 안정되려면 전후 안정도와 좌우 안정도가 중요하며 이 밖에도 마스트를 후방으로 기울어지게 했을 때 운반하는 물건이 떨어져 운전자에게 상해를 입히는 일이 없도록 마스트의 배면에 낙하방지가드(백 레스트)를 붙이고 물건이 낙하하는 경우를 고려해 운전자의 머리 위쪽에도 가드(헤드 가드)를 장착한다. 이것은 운전자의 방호에 필요한 강도의 크기로 하고 낙하물이 가드의 사이를 통과하지 못하도록 간격이 16 cm 이내로 하여야 한다. 지게차와 같은 이동기계에서는 운전상의 조작 잘못에 의한 사고를 막거나 갑작스런 위험이 나타났을 때에 급히 조작할 수 있는 조작장치가 중요하다. 따라서 포크의 상하 이동용이나 마스트의 경동용 레버는 물론, 전후진에 대한 레버의 조작방향은 필히 일정하게 만들어 놓아야 한다.

#### (1) 주요 안전장치

##### ① 전조등 및 후조등

지게차는 야간작업 시에 지게차 전후방의 조명을 확보하여 안전한 작업이 되도록 하기 위해 전조등과 후미등을 갖추어야 한다.

② **헤드 가드**(Head guard)

운전자 위쪽에서 석재낙이 떨어져 운전자가 다치는 위험을 막기 위해 머리 위에 설치하는 덮개를 말한다. 이것은 지게차의 최대하중의 2배가 되는 등 분포정하중에 견딜 수 있는 강도를 가져야 하고 낙하물이 가드 사이를 통과하지 못하도록 상부 틀의 각 개구의 폭 또는 길이가 16 cm 미만이 되게 하며 운전자가 앉아서 조작하는 방식의 지게차에는 운전자 좌석의 상면에서 헤드 가드 상부 틀의 하면까지의 높이가 1 m 이상, 운전자가 서서 조작하는 방식의 지게차에서는 운전석의 바닥면에서 헤드 가드 상부 틀의 하면까지의 높이가 2 m 이상이 되도록 한다.

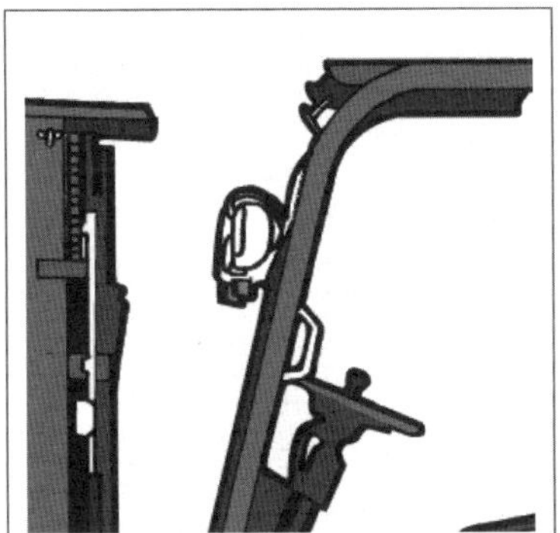

그림 11.37 전조등 및 후미등

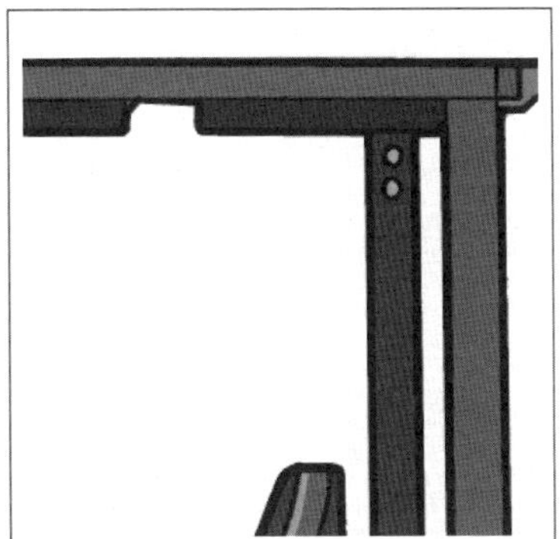

그림 11.38 헤드 가드

③ **백 레스트**(Back rest)

지게차로 상자, 포대 등이 적재된 팰릿을 싣거나 옮기기 위하여 마스트를 뒤로 기울일 때 화물이 마스트 방향으로 떨어지는 것을 방지하기 위한 짐받이 틀을 말한다.

그림 11.39 백 레스트

④ **팰릿**(Pallet) **또는 스키드**(Skid)

짐을 운반할 때에 사용되는 짐대를 말하며 하역 운반 작업에 사용하는 팰릿 또는 스키드는 충분한 강도를 갖고 심한 손상, 변형 또는 부식이 없어야 한다.

### (2) 안정성 조건

지게차의 안전성은 힘의 평형 및 모멘트 평형 원리에 그 바탕이 있고 이 때 지게차의 구동 바퀴가 받침대 역할을 하게 된다. 지게차에 화물을 적재하면 카운터웨이트의 중량에 의해서 평형이 이루어진다. 지게차가 안정되기 위해서는 아래와 같은 관계를 유지하여야 한다.

$$Wa < Gb$$

여기서, $W$ : 화물 중량

$G$ : 차량의 중량

$a$ : 전차륜에서 화물의 중심까지의 최단거리

$b$ : 전차륜에서 차량의 중심까지의 최단거리

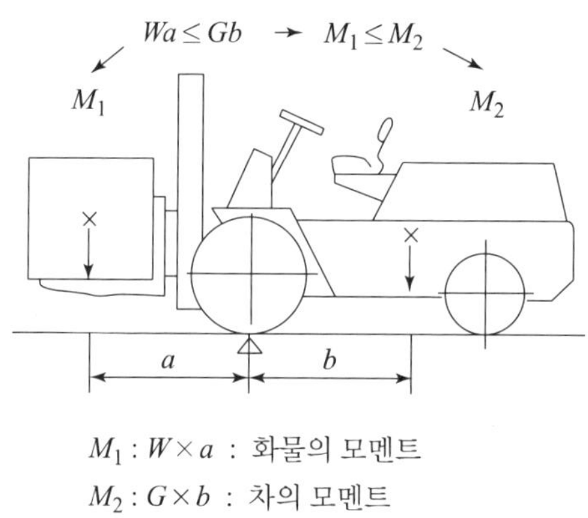


그림 11.40 지게차의 안정조건

이상은 하역작업 시 전후 안정도에 관한 안정조건이며 주행 시 전후 안정도, 하역 시 좌우 안정도, 주행 시의 좌우 안정도의 경우 규정에서 정하고 있는 기준은 표 11.7과 같다.

### (3) 지게차 작업시작 전 점검사항

① 제동장치 및 조종장치 기능의 이상 유무

② 하역장치 및 유압장치 기능의 이상 유무

③ 차륜의 이상 유무

④ 전조등, 후조등, 방향지시기 및 경보장치 기능의 이상 유무

### (4) 지게차 운행 시 주의사항

① 중량물을 운반 중인 경우에는 반드시 제한속도를 유지한다.
② 평탄하지 않은 땅, 경사로, 좁은 통로 등에서는 급주행, 브레이크 급조작, 급선회를 절대 하지 않는다.
③ 하물은 마스트를 뒤로 젖힌 상태에서 가능한 한 낮춰 운행한다.
④ 하물이 시야를 가릴 때는 후진하여 주행하거나 유도자를 배치한다.
⑤ 경사로를 올라가거나 내려갈 때는 적재물이 경사로의 위쪽을 향하도록 하여 주행하고, 경사로를 내려올 때는 엔진 브레이크, 발 브레이크를 걸고 천천히 운전한다.
⑥ 지게차 자체의 무게와 하물의 무게를 감안하여 바닥상태 등을 확인한다.
⑦ 후륜이 뜬 상태로 주행해서는 안 된다.

[표 11.7] 지게차의 안정조건

| 안정도 | 지게차의 상태 | |
|---|---|---|
| 하역작업 시 전후 안정도<br>4%<br>(5톤 이상의 것은 3.5%) | 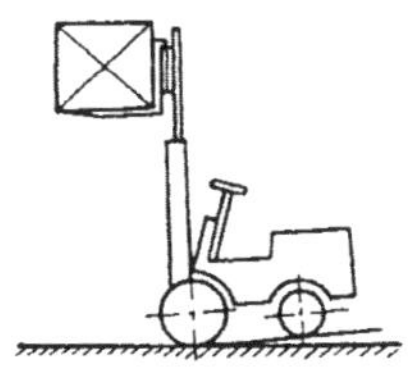 | 위에서 본 상태<br>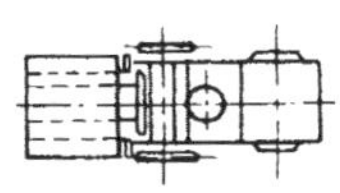 |
| 주행 시의 전후 안정도<br>18% |  | |
| 하역작업 시 좌우 안정도<br>6% | 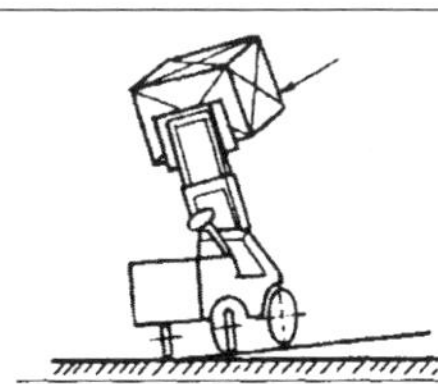 | 위에서 본 상태<br>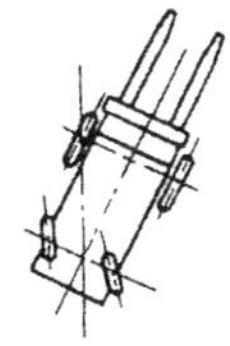 |
| 주행 시의 좌우 안정도<br>(15+1.1 $V$)%<br>$V$ : 최고속도(km/h) | 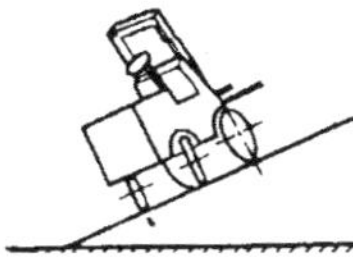 | |
| 안정도$=\frac{h}{l}\times 100\%$ | 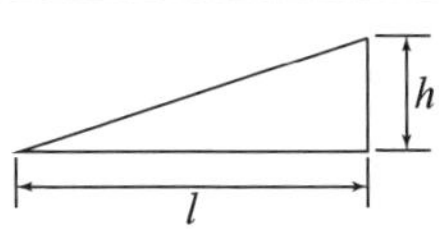 | |

(5) 지게차 하역 시 주의사항

① 공동작업은 작업지휘자의 신호에 따른다.
② 적재 허용하중을 초과하는 하물의 적재는 금한다.
③ 하물 위에 사람이 탑승하지 않도록 한다.
④ 무너질 위험이 있는 물체는 반드시 묶는다.
⑤ 가벼운 것은 위로, 무거운 것은 밑으로 적재한다.

## 11.5 컨베이어

컨베이어(Conveyor)는 수평 및 수직 운반을 주목적으로 하는 연속작업의 운반기계이다. 산업현장에서는 운반작업이 인력작업에서 컨베이어로 대체되고 있으며 운반만을 고려한 컨베이어에서 최근에는 자동으로 이동, 적재, 회전, 조립, 포장 등의 성능을 요구하고 있고 자동제어의 적용과 더불어 컨베이어의 사용은 급속하게 그 응용 범위를 넓히고 있다. 고용노동부 고시 「위험기계·기구 자율안전확인 고시」에서 정한 컨베이어란 재료·반제품·화물 등을 동력에 의하여 단속 또는 연속 운반하는 기계장치를 말하며 주요 구조부는 구동축, 벨트/체인 등 이송장치, 지지기둥 또는 지지대로 구분한다, 그 대표적인 종류는 표 11.8과 같다.

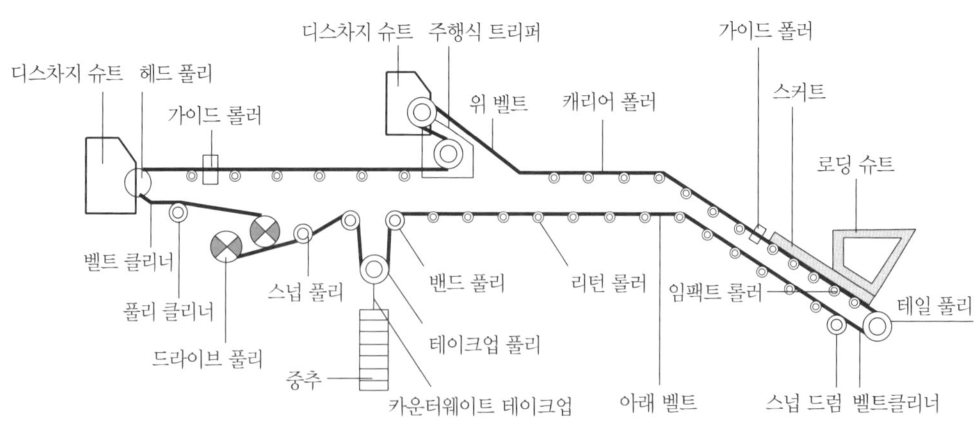


그림 11.41 벨트 컨베이어 구조

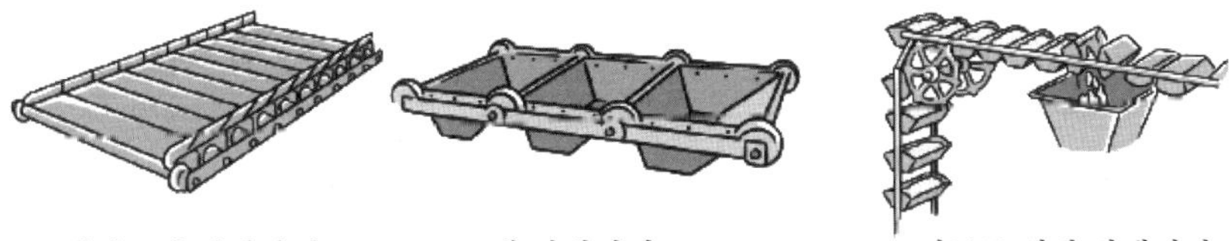


그림 11.42 체인 컨베이어 종류

[표 11.8] 컨베이어의 종류

| 종류 | 구조 | 응용분야 |
|---|---|---|
| 롤러 컨베이어<br>(Roller conveyor) | 롤러 또는 휠을 많이 배열하여 그것으로 화물을 운반하는 컨베이어 | 시멘트 포장품 이동 |
| 스크루 컨베이어<br>(Screw conveyor) | 관속의 화물을 스크루에 의해 운반하는 컨베이어 | 시멘트의 운반 |
| 벨트 컨베이어<br>(Belt conveyor) | 프레임의 양 끝에 설치한 폴리에 벨트를 엔드리스로 설치 그 위로 화물을 싣고 운반하는 컨베이어 | 시멘트, 골재, 토사 등의 운반 |
| 체인 컨베이어<br>(Chain conveyor) | 엔드리스(Endless)로 감아 걸은 체인에 의하여 또는 체인에 슬랫(Slat), 버킷(Bucket) 등을 부착하여 화물을 운반하는 컨베이어 | 시멘트, 골재, 토사 등의 운반 |
| 진동 컨베이어<br>(Vibrating conveyor) | 판을 진동시켜 화물을 운반하는 컨베이어 | 시멘트 등 분체(粉體), 소형부품의 운반 |
| 유체 컨베이어<br>(Fluid conveyor) | 판 속의 유체를 매체로 하여, 화물을 운반하는 컨베이어 | 시멘트 등 분체의 운반 |
| 공기필름 컨베이어<br>(Air film conveyor) | 공기막에 의하여 마찰을 경감시켜 화물을 운반하는 컨베이어 | 시멘트 등 분체의 운반 |
| 엘리베이팅 컨베이어<br>(Elevating conveyor) | 급경사 또는 수직으로 화물을 운반하는 컨베이어 | 시멘트, 골재 등의 운반 |

### (1) 컨베이어 작업시작 전 점검사항

① 원동기 및 풀리 기능의 이상 유무

② 이탈 등의 방지장치기능의 이상 유무

③ 비상정지장치기능의 이상 유무

④ 원동기, 회전축, 치차, 풀리 등의 덮개 또는 울의 이상 유무

### (2) 컨베이어의 일반적 주의사항

① 점검 시에는 중앙운전실과 연락하고 전원을 차단한 후 전원스위치 키는 작업자가 휴대하고 「점검 중」임을 알리는 표지판을 설치한다.

② 퇴적 및 침적물이 최소화 되도록 스크레이퍼의 상태를 점검하고 간격을 조정한다.

③ 벨트의 손상, 마모, 사행 유무, 롤러의 파손 및 비회전, 테이크업의 작동상태, 비상정지 장치운반물의 적재 적정성 등을 점검하고 항상 정상을 유지토록 관리한다.

④ 작업자가 설비의 운전 중 위험상황에 신속하게 대응할 수 있도록 위험구역 근처에 비상정지장치를 설치하고 운전 중인 컨베이어 위에서 성능테스트 등의 작업을 하는 때에는 작업자의 위험을 방지하기 위해 점검대를 설치한다.

### (3) 컨베이어 작업안전수칙

① 정전·전압강하 등에 따른 화물 또는 운반구의 이탈 및 역주행을 방지하는 장치를 갖추어야 한다.

② 근로자의 신체의 일부가 말려드는 등 근로자가 위험해질 우려가 있는 경우 및 비상시에는 즉시 컨베이어 등의 운전을 정지시킬 수 있는 장치를 설치하여야 한다.

③ 컨베이어 등으로부터 화물이 떨어져 근로자가 위험해질 우려가 있는 경우에는 해당 컨베이어 등에 덮개 또는 울을 설치하는 등 떨어짐 방지를 위한 조치를 하여야 한다.

④ 운전 중인 컨베이어 등의 위로 근로자를 넘어가도록 하는 경우에는 위험을 방지하기 위하여 건널다리를 설치하는 등 필요한 조치를 하여야 한다.

⑤ 컨베이어의 수리 정비 작업 시에는 스위치에 시건 장치 또는 「작업 중」 표지판을 부착하여 다른 작업자의 스위치 오조작을 방지하여야 한다.

**그림 11.43** 가드(덮개) 및 건널다리 설치

그림 11.44 비상정지장치 설치

## 11.6 에스컬레이터

에스컬레이터는 동력을 이용하여 계단을 오르내려야 하는 불편함을 없애고 편리한 이동을 위한 운반기계로 사람들이 오르내리는데 사용되는 경사지고 연속적으로 움직이는 계단을 말하며 승객 및 화물용으로 크게 대각으로 움직이는 에스컬레이터와 수평으로 움직이는 수평보행기로 구분된다.

### (1) 구조 및 장치

에스컬레이터는 그림 11.45에서 보듯 철골구조의 트러스를 상하층 바닥고에 걸쳐 설치하고 그 안에 좌우 리본에 무단연속 스텝체인의 일정간격으로 스텝을 설치하여 체인의 구동에 의해 스텝을 순환시켜 사람을 수송시키는 수단으로 주 구동장치와 핸드레일 구동장치가 함께 하나의 전동기에 의해 같은 속도로 구동되는 방식으로 되어 있다.

### (2) 사고 위험요인

에스컬레이터 사고는 주로 아이러니하게도 위험 상태 시 예방을 위해 설치해 놓은 안전장치로 인한 급정지 시 발생하는 경우가 빈번하며 그 외에 과부하, 신체 끼임, 안전장치 작동 시 브레이크 작동불량 등을 원인으로 들 수 있으며 주요 위험요인을 정리하면 다음과 같다.

① 에스컬레이터 사고의 대부분은 아이러니하게 방호를 위한 안전장치가 작동하여 발생
② 장치 파손 및 이물질 끼임으로 인한 안전장치 작동이 빈번

③ 에스컬레이터 스텝 틈새에 신체 및 이물 끼임
④ 이동을 방해하는 판매대, 마네킹, 진열받침대 등 설치물과의 충돌
⑤ 손잡이를 잡지 않아서 균형을 잃거나 넘어질 위험
⑥ 손잡이 밖으로 몸을 숙이거나 기대다가 머리, 손, 팔 등이 구조물과 부딪힘

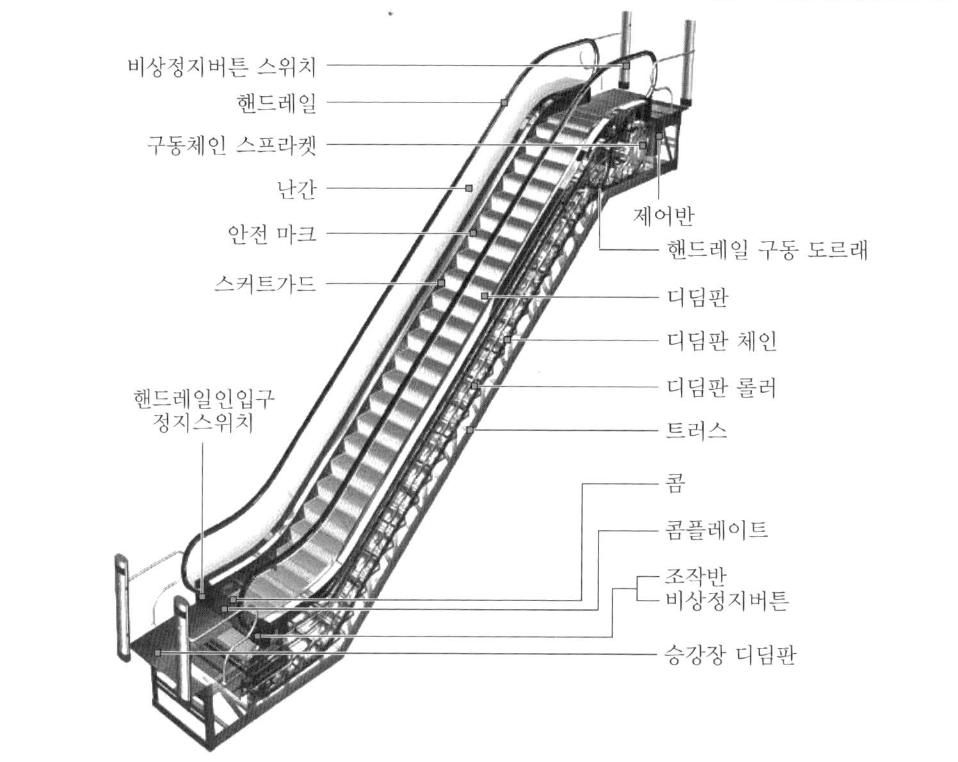


그림 11.45 에스컬레이터 구조 및 장치

그림 11.46 에스컬레이터 사고 위험요인

## (3) 방호장치

### 1) 구동체인안전장치

구동체인이 늘어나거나 끊어지는 경우 에스컬레이터의 운행을 정지 또는 역주행을 방지

**그림 11.47** 구동체인안전장치

### 2) 핸드레일인입구스위치

핸드레일인입구에 이물질이 끼이는 경우에 이를 감지하여 에스컬레이터의 운행을 정지

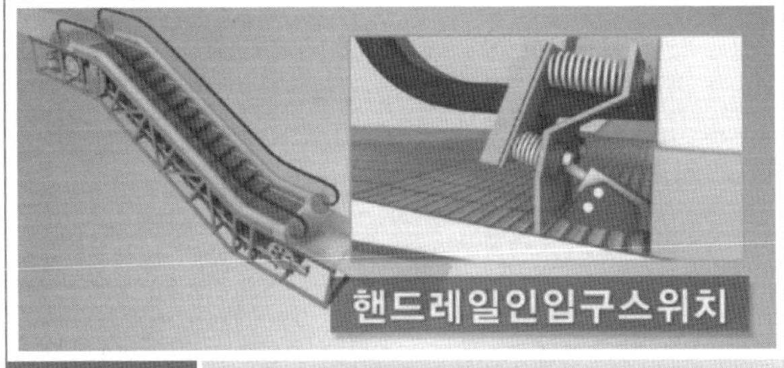


**그림 11.48** 핸드레일인입구스위치

### 3) 콤스위치

스텝과 콤 사이에 이물질이 끼이는 경우 이를 감지하여 에스컬레이터를 정지

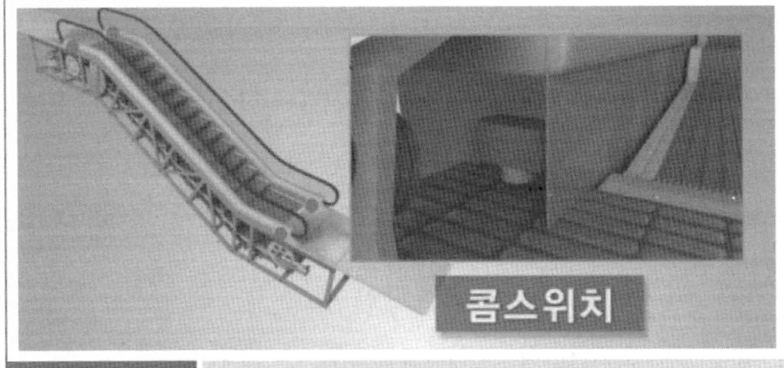


**그림 11.49** 콤스위치

4) 스커트가드안전스위치

스커트가드와 스텝 측면의 틈새에 이물질이 끼이는 경우 이를 감지하여 에스컬레이터를 정지

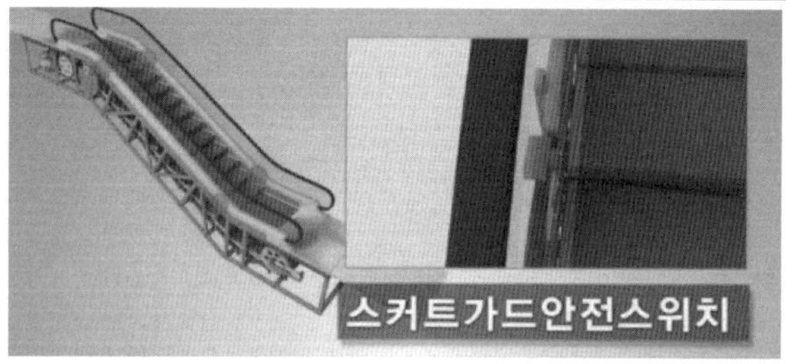


그림 11.50 스커트가드안전스위치

5) 스텝체인안전장치

스텝체인이 늘어나거나 이상 원인으로 감겨지는 경우 이를 감지하여 에스컬레이터를 정지

그림 11.51 스텝체인안전장치

### (4) 관리자 안전대책

① 에스컬레이터의 난간 바깥쪽과 천장이 만나는 지점에 방호물 설치
② 비상정지장치를 설치하고 근로자가 위치와 작동법을 바로 알기
③ 담당자가 검사해 위험이 없다고 판정하고 지시할 때까지 재가동 하지 않기
④ 경사도는 30도 이하로 핸드레일과 디딤판의 속도는 30 m/mim 이하로 유지
⑤ 착지지점 바닥에 부착물, 박스, 기타 걸려 넘어질 물체 두지 않기
⑥ 에스컬레이터 사고 예방 문구 표지판 설치
⑦ 천장과의 충돌을 방지하기 위한 삼각부 안내판 설치

### (5) 승객 안전대책

① 무겁거나 부피가 큰 물체를 에스컬레이터로 옮기지 않기
② 발판 위에서 걷거나 뛰지 않기
③ 반드시 황색 안전선 안에서 정지한 상태로 에스컬레이터 이용하기
④ 에스컬레이터를 탈 때 반드시 핸드레일을 잡고 타기
⑤ 옷이나 물건 등이 틈새에 끼이지 않도록 주의하기
⑥ 핸드레일 이외의 내측판에 몸을 기대지 않기, 몸을 내밀지 않기

## 11.7 기계식 주차장

기계식 주차장은 기계장치에 의하여 자동차를 주차할 장소로 이동시키는 설비를 갖춘 노외주차장 및 노상주차장을 말하는 것으로 차량을 운반 및 주차시키는 대표적인 운행 시스템이라 할 수 있다. 소득의 향상 및 경제규모의 성장, 급격한 도시화와 인구의 도시집중 등의 원인으로 인하여 차량이 급격히 증가하였으나, 사회기반시설이 이를 대응하지 못해 심각한 교통체증과 여러 가지 사회적 문제를 발생시키고 있다. 특히 주차공간의 부족 현상은 우리 사회의 기본 윤리마저 흔들고 있는 심각한 상태에 이르러 많은 우려를 낳고 있다. 국토 면적이 좁은 한반도의 특성과 도시의 높은 인구 밀집으로 인하여 많은 주차공간을 필요로 하고 있는데, 이 문제점을 해결시키기 위해서는 장기적인 안목에서 총체적인 토지이용의 합리화와 정책의 개발 시행으로 체계적이고 합리적인 주차공간을 확보함으로서 원활한 교통의 흐름을 유도, 도시 제 기능을 발휘하게 함이 필요하고 가장 효과적으로 해결하기 위한 대안으로는 좁은 공간에 많은 주차공간을 확보할 수 있는 기계식 주차장의 확대 보급이 유일한 대안이라고 할 수밖에 없다.

### (1) 종류 및 구조

기계식 주차장의 종류는 그림 11.52와 같으며 주차 방식에 따라 타워식, 지하식, 다단식으로 나누어지며, 타워식은 지상의 건물 내장형 또는 철탑형 형태로 설치된다. 구동 시스템에 따라 수직순환식과 승강기식으로 나누어지고 지하식은 일반적으로 건물의 지하공간에 설치되는 형태로 다층순환식, 수평순환식, 평면왕복식, 승강기 슬라이드식으로 구분된다. 2단, 다단식은 주차 구획 층의 높이에 따라 2단식과 3층 이상의 다단식으로 나누어진다.

| 종류 | 정의 |
|---|---|
| <br>수직순환식 | 주차에 사용되는 부분(이하 "주차구획"이라 함)에 자동차를 들어가도록 한 후 그 주차구획을 수직으로 순환 이동시켜 자동차를 주차하도록 설계한 주차장치 |
| 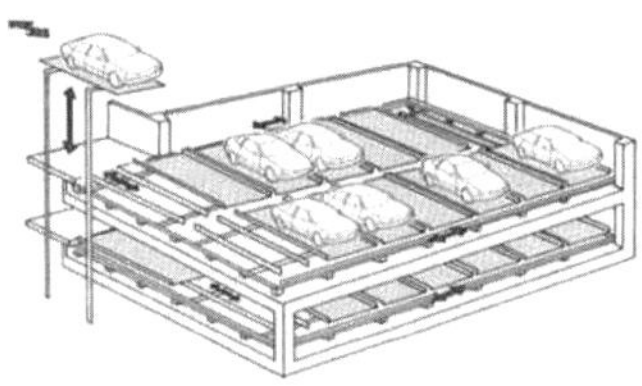<br>수평순환식 | 주차구획에 자동차를 들어가도록 한 후 그 주차구획을 수평으로 순환 이동시켜 자동차를 주차하도록 설계한 주차장치 |
| 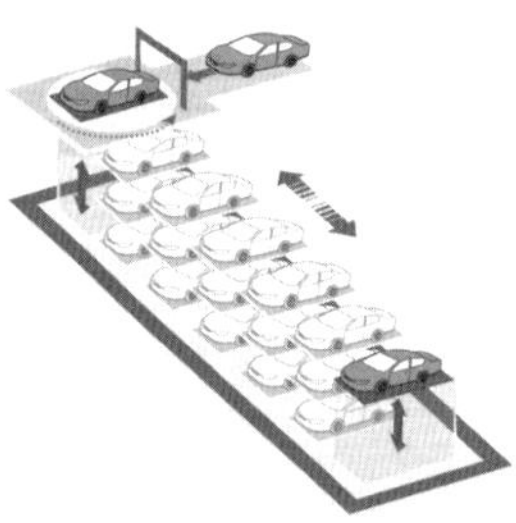<br>다층순환식 | 주차구획에 자동차를 들어가도록 한 후 그 주차구획을 여러 층으로 된 공간에 아래·위 또는 수평으로 순환 이동시켜 자동차를 주차하도록 설계한 주차장치 |
| 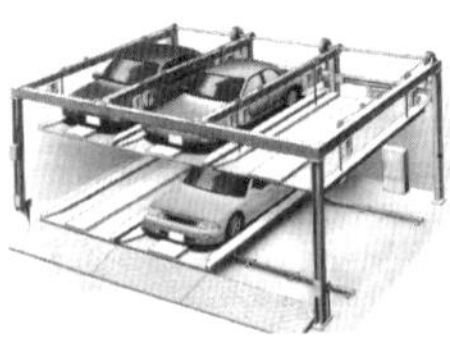<br>2단식 | 주차구획이 2층으로 배치되어 있고 출입구가 있는 층의 모든 주차구획을 주차장치 출입구로 사용할 수 있는 구조로써 그 주차구획을 아래·위 또는 수평으로 이동시켜 자동차를 주차하도록 설계한 주차장치 |
| <br>다단식 | 주차구획이 3층 이상으로 배치되어 있고 출입구가 있는 층의 모든 주차구획을 주차장치 출입구로 사용할 수 있는 구조로써 그 주차구획을 아래·위 또는 수평으로 이동시켜 자동차를 주차하도록 설계한 주차장치 |

**그림 11.52** 기계식 주차장의 종류 및 정의

| 종류 | 정의 |
|---|---|
| 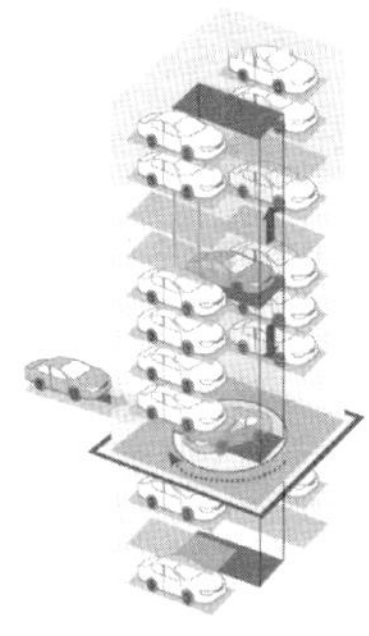 승강기식 | 여러 층으로 배치되어 있는 고정된 주차구획에 아래·위로 이동할 수 있는 운반기를 이용하여 자동차를 자동으로 운반 이동시켜 주차하도록 설계한 주차장치 |
|  승강기 슬라이드식 | 여러 층으로 배치되어 있는 고정된 주차구획에 아래·위 및 옆으로 이동할 수 있는 운반기를 이용하여 자동차를 자동으로 운반 이동시켜 주차하도록 설계한 주차장치 |
| 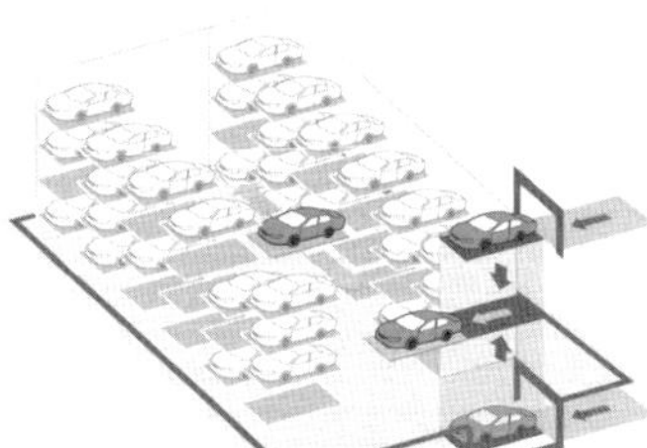 평면왕복식 | 평면으로 배치되어 있는 고정된 주차구획에 운반기를 이용하여 자동차를 운반 이동시켜 주차하도록 설계한 주차장치 |
|  특수방식 | 위 8가지 종류에 포함시킬 수 없는 가정용이나 특수하게 제작·설치되는 덤프형식이나 크레인형식 등의 주차장치 |

**그림 11.52** (계속)

또한, 기계식 주차장치는 그림 11.53과 같이 출입구의 위치에 따라 하부, 중간, 상부 승입식으로 분류되며 ① 자동차를 운반기에 주차, ② 조작반을 통해 입고정보 입력, ③ 센서 등을 통해 안전상태 확인, ④ 제어반에서 구동장치로 동작신호 전달, ⑤ 구동장치로 입고위치에 차량이 이동 등의 순서로 작동하고 그림 11.54에서 보듯 운반기, 신호장치, 감지장치, 조작반(Operation Panel Board), 구동장치(Motor, Reducer, Brake) 등으로 구성되어 있다.

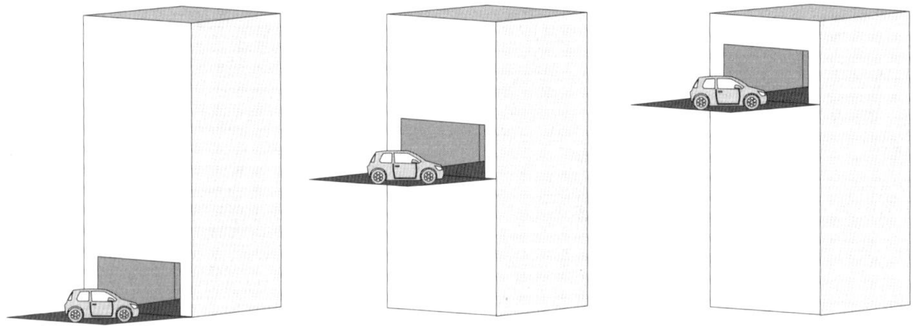

하부 승입식 중간 승입식 상부 승입식

**그림 11.53** 출입구 위치에 따른 분류

| 구 분 | 용 도 |
|---|---|
| <br>운반기 | - 자동차를 운반하는 역할을 하는 부분<br>- 팰릿, 트레이, 대차 등의 용어로도 사용 |
| <br>신호장치 | - 주차구획으로 진입가능 여부 또는 기계식 주차장치의 동작상태를 알려주는 장치<br>- 신호등 또는 문자 안내 등의 방식 |

**그림 11.54** 기계식 주차장의 장치 및 용도

| 구 분 | 용 도 |
|---|---|
|  감지장치 | - 사람이나 자동차의 폭, 길이, 높이 또는 운반기 위치 등을 감지하여 제어장치로 신호를 보내는 장치 |
| 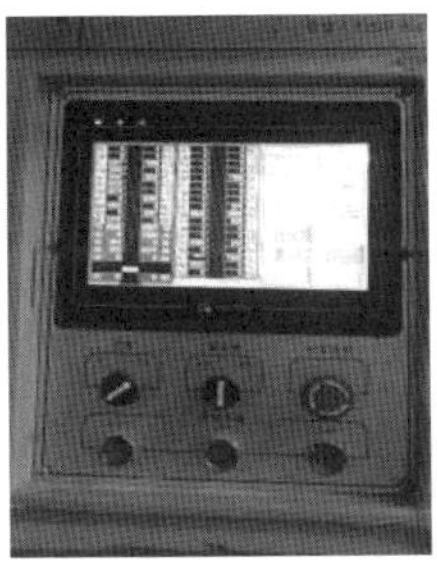 조작반(터치형) | - 기계식 주차장치를 조작하는 장치<br>- 일반버튼방식, 터치스크린방식, 마이컴방식 등 |
|   구동장치(승강기식) | - 기계식 주차장치를 기계적으로 움직이는 장치<br>- 전동기(Motor), 감속기(Reducer), 제동기(Brake) 등으로 구성 |
| 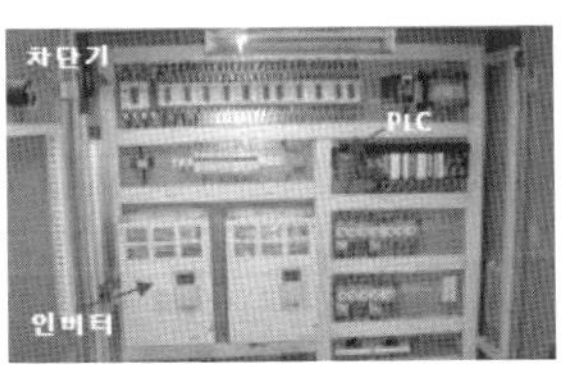  제어반 | - 기계식 주차장치를 전기적으로 제어하는 장치 |
|  방향전환장치 | - 주차장 출입구 전면에 충분한 공간이 없어도 차량의 입·출고가 원활하게 이루어질 수 있도록 설치하는 장치<br>- 360° 회전하며 방향을 전환시키는 것이 특징 |

**그림 11.54** (계속)

### (2) 재해 유형 및 대책

기계식 주차장은 매년 증가추세에 있으나 운전자가 직접 기계식 주차장을 이용하면서 기계식 주차장치의 조작 실수와 오작동으로 인해 차량 운전자나 동승자가 사망하거나 부상하는 사고가 빈번하게 발생하고 있다.

표 11.9에서 보듯 1995년부터 2016년까지 발생한 77건의 기계식 주차장 사고분석통계를 보면, 인적요소에 의한 사고가 53.2%로 많은 비중을 차지하고 인적요소의 세부내용을 보면 관리자 과실이 24.7%, 이용자 과실이 15.6%, 보수점검자 과실이 13.0%를 각각 나타내고 있다. 이를 개선하기 위해 주차장법령을 개정하여 20대 이상 기계식 주차장에는 관리인을 의무 배치하도록 하였으며 동법 시행규칙을 개정하여 한국교통안전공단에서 기계식 주차장 관리인 교육 시행하고 있다. 기계식 주차장치의 사고예방과 안전관리를 위해 안전기준 및 주차장치 규격 확대 등 설치기준 강화, 기계식 주차장치 작동법 및 긴급조치 요령 안내문 부착 등 제도개선을 시행하였고 노후 기계식 주차장치의 정밀안전검사제도 및 사고조사제도 도입 등 다양한 안전도 확보를 위한 지속적 방안이 마련되고 있다.

[표 11.9] 기계식 주차장의 원인별 재해유형

| 재해원인 | | 재해건수 | 비율(%) |
|---|---|---|---|
| 인적요인 | 관리자 과실 | 19 | 24.7 |
| | 이용자 과실 | 12 | 15.6 |
| | 보수자 과실 | 10 | 13.0 |
| | 소 계 | 41 | 53.2 |
| 물적요인 | 기계 결함 | 23 | 29.9 |
| 환경요인 | 환경적 결함 | 7 | 9.1 |
| 기 타 | | 6 | 7.8 |
| 합 계 | | 77 | 100 |

# 11장 연습문제

**01** 와이어로프(wire rope) 소켓(socket) 멈춤 방법 중 밀폐법(Closed Socket)인 것은?

① 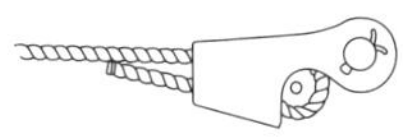
② 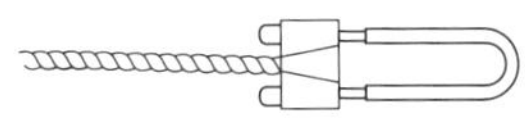
③ 
④ 

**02** 질량 100 kg의 화물이 와이어로프에 매달려 2 m/s$^2$의 가속도로 권상되고 있다. 이때 와이어로프에 작용하는 장력의 크기는 몇 N인가? (단, 여기서 중력가속도는 10 m/s$^2$로 한다.)

① 200 N
② 1000 N
③ 1200 N
④ 2000 N

**03** 양중기에서 화물의 하중을 직접 지지하는 와이어로프의 안전율(계수)은 얼마 이상으로 하는가?

① 3
② 5
③ 7
④ 9

**04** 3000 kg의 질량을 가진 물체를 45도 각도로 그림과 같이 와이어로프가 직접 들어올릴 때, 안전율이 고려된 가장 적절한 와이어로프 지름을 표에서 구하면? (단, 안전율은 산업안전기준에 관한 규칙을 따른다.)

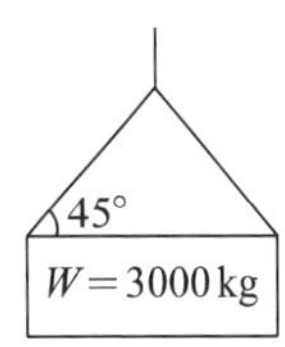


와이어로프 지름 및 절단강도

| 와이어로프 지름(mm) | 절단강도(ton) |
|---|---|
| 10 | 5.76 |
| 12 | 9.00 |
| 14 | 11.30 |
| 16 | 14.70 |

① 10 mm
② 12 mm
③ 14 mm
④ 16 mm

**05** 그림과 같이 500 kgf의 중량물을 와이어로프 상부 60°의 각으로 들어 올릴 때 로프 한 선에 걸리는 하중( $T$ )는?

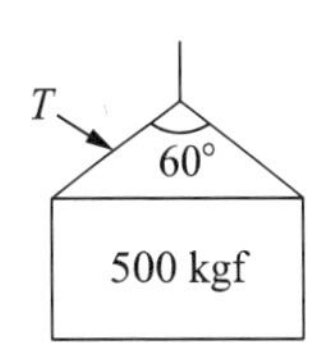


① 168.49 kgf
② 248.58 kgf
③ 288.68 kgf
④ 378.79 kgf

**06** 양중기에 사용하는 와이어로프에서 한 꼬임(스트랜드)에서 끊어진 소선의 수가 몇 퍼센트 이상일 경우 사용하지 말아야 하는가?

① 5% ② 10%
③ 15% ④ 20%

**07** 컨베이어 작업시작 전 점검사항에 해당하지 않는 것은?

① 브레이크 및 클러치 기능의 이상 유무
② 비상정지장치 기능의 이상 유무
③ 이탈 등의 방지장치기능의 이상 유무
④ 원동기 및 풀리 기능의 이상 유무

**08** 지게차의 안정을 유지하기 위한 안정도 기준으로 틀린 것은?

① 5톤 미만의 부하상태에서 하역작업 시의 전후 안정도는 4% 이내이어야 한다.
② 부하상태에서 하역작업 시의 좌우 안정도는 10% 이내이어야 한다.
③ 무부하상태에서 주행 시의 좌우 안정도는 $(15+1.1V)$% 이내이어야 한다.
(단, $V$는 구내 최고속도[km/h])
④ 무부하상태에서 주행 시 전후 안정도는 18% 이내이어야 한다.

**09** 산업안전기준에 관한 규칙에서 컨베이어 작업의 작업 시작 전 점검사항이 아닌 것은?

① 비상정지장치 기능의 이상 유무
② 원동기 및 풀리 기능의 이상 유무
③ 이탈방지장치 기능의 이상 유무
④ 원동기 급유의 이상 유무

**10** 산업안전기준에 관한 규칙에서 정의하고 있는 동력을 사용하여 사람이나 화물을 운반하는 것을 목적으로 사용하는 리프트의 종류에 해당하지 않는 것은?

① 승강용 리프트
② 건설작업용 리프트
③ 일반작업용 리프트
④ 간이 리프트

**11** 지게차의 작업상태별 안정도에 관한 내용으로 틀린 것은? (단, $V$는 최고속도[km/h]이다.)

① 주행 시의 전후 안정도는 18%이다. (기준 무부하상태)
② 하역작업 시의 좌우 안정도는 6%이다. (기준 무부하상태)
③ 하역작업 시의 전후 안정도는 20%이다. (기준 무부하상태)
④ 주행 시의 좌우 안정도는 $(15+1.1V)$%이다. (기준 무부하상태)

**12** 트롤리 컨베이어, 토우 컨베이어, 에이프런 컨베이어가 공통으로 속하는 컨베이어 종류 명칭은?

① 체인 컨베이어
② 벨트 컨베이어
③ 롤러 컨베이어
④ 유체 컨베이어

**13** 다음 중 지게차를 이용한 작업을 안전하게 수행하기 위한 장치와 가장 거리가 먼 것은?

① 헤드 가드
② 전조등 및 후미등
③ 훅 및 섀클
④ 백 레스트

**14** 크레인에서 권과방지장치의 달기구 윗면이 권상장치의 아랫면과 접촉할 우려가 있는 경우에는 몇 cm 이상 간격이 되도록 조정하여야 하는가? (단, 작동식 권과방지장치의 경우는 제외한다.)

① 25
② 30
③ 35
④ 40

## 해설

1. ①

① Wedge Socket, ② Bridge Socket, ③ Open Socket, ④ Closed Socket

2. ③

$$\text{동하중} = \frac{\text{정하중}}{\text{중력가속도(g)}} \times \text{가속도} = \frac{100}{10} \times 2 = 20\text{ kg}$$

총 하중 = 정하중 + 동하중 = 100 + 20 = 120 kg

장력의 크기(N) = 총 하중 × 중력가속도 = 120 × 10 = 1,200 N

3. ②

와이어로프 등의 안전계수 (안전규칙 제164조)

사업주는 양중기의 와이어로프 또는 달기체인(고리걸이용 와이어로프 및 달기체인을 포함한다. 이하 이 절에서 같다.)의 안전계수(와이어로프 또는 달기체인 절단하중의 값을 그 와이어로프 또는 달기체인에 걸리는 하중의 최대값으로 나눈 값을 말한다.)가 다음의 기준에 적합하지 아니하는 경우 이를 사용하여서는 아니 된다.

- 근로자가 탑승하는 운반구를 지지하는 경우에는 10 이상
- 화물의 하중을 직접 지지하는 경우에는 5 이상
- 이 외의 경우에는 4 이상

4. ③

와이어로프에 걸리는 하중($T$)을 먼저 구하면 평형법칙에 의해서 $2 \times T \times \cos 45° = 3{,}000$

$T = 2{,}121.3$ kg, 안전율은 5이므로, $2{,}121.3 \times 5 = 10{,}661$ kg $= 10.661$ ton

그러므로 절단강도가 11.3 ton인 14 mm 와이어로프를 선택하면 된다.

5. ③

평행법칙에 의해서 $2 \times T' \times \cos 30° = 500$, 따라서 $T' = 288.68$ kgf

6. ②

와이어로프의 사용금지기준 (안전규칙 제167조)

1. 이음매가 있는 것
2. 와이어로프의 한 꼬임(Strand)에서 끊어진 소선의 수가 10% 이상인 것
3. 지름의 감소가 공칭지름의 7%를 초과하는 것
4. 꼬인 것
5. 심하게 변형 또는 부식된 것

7. ①

산업안전보건기준에 관한 규칙 별표3(작업시작 전 점검사항)

| 작업의 종류 | 점검내용 |
|---|---|
| 컨베이어 등을 사용하여 작업을 할 때 | 가. 원동기 및 풀리 기능의 이상 유무<br>나. 이탈 등의 방지장치 기능의 이상 유무<br>다. 비상정지장치 기능의 이상 유무<br>라. 원동기, 회전축, 기어 및 풀리 등의 덮개 또는 울 등의 이상 유무 |

8. ②

지게차 안정도

| 안정도 | 지게차의 상태 | |
|---|---|---|
| 하역작업 시 전후 안정도<br>4%<br>(5톤 이상의 것은 3.5%) |  | 위에서 본 상태<br>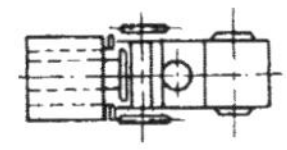 |
| 주행 시의 전후 안정도<br>18% |  | |
| 하역작업 시 좌우 안정도<br>6% |  | 위에서 본 상태<br>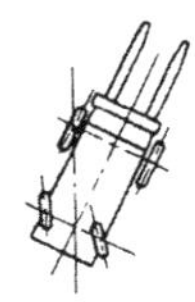 |
| 주행 시의 좌우 안정도<br>$(15+1.1V)\%$<br>$V$ : 최고속도(km/h) | 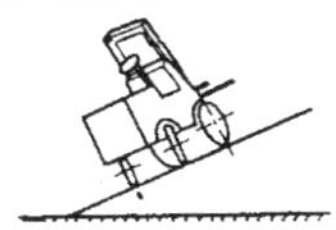 | |
| 안정도 $= \frac{h}{l} \times 100\%$ | 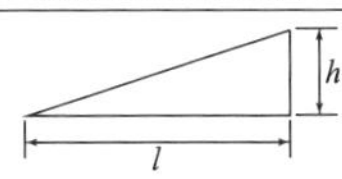 | |

9. ④

참고. 산업안전보건기준에 관한 규칙 별표3(작업시작 전 점검사항) (문제 7번 해설)

10. ①

리프트의 종류에는 건설작업용 리프트, 일반작업용 리프트, 간이 리프트가 있다.

11. ③

참고. 지게차 안정도 (문제 8번 해설)

12. ①

컨베이어의 종류 및 용도

| | |
|---|---|
| 1. 롤러(Roller) 컨베이어 | 롤러 또는 휠을 많이 배열하여 그것으로 하물을 운반하는 컨베이어 |
| 2. 스크루(Screw) 컨베이어 | 도량 속의 하물을 스크루에 의하여 운반하는 컨베이어 |
| 3. 벨트(Belt) 컨베이어 | 프레임의 양 끝에 설치한 풀리에 벨트를 엔드리스로 감아 걸고 그 위에 화물을 싣고 운반하는 컨베이어 |
| 4. 체인(Chain) 컨베이어 | 엔드리스로 감아 걸은 체인에 의하여 또는 체인에 슬랫, 버킷 등을 부착하여 하물을 운반하는 컨베이어. 종류로는 트롤리 컨베이어, 토우 컨베이어, 에이프런 컨베이어가 있다. |

13. ③

지게차를 이용한 작업을 안전하게 수행하기 위해서는 전조등 및 후미등, 헤드 가드, 백 레스트가 있다.

14. ①

안전규칙 제123조(방호장치의 조정)

- 사업주는 이동시 크레인에 과부하방지장치, 권과방지장치 및 브레이크장치 등 방호장치를 부착하고 유효하게 작동될 수 있도록 미리 조정하여 두어야 한다.
- 제1항의 권과방지장치는 훅, 버킷 등 달기구의 윗면(그 달기구에 권상용 도르래가 설치된 경우에는 권상용 도르래의 윗면)이 지브 선단의 도르래 등의 아랫면과 접촉할 우려가 있는 때에는 그 간격이 0.25 m 이상(작동식 권과방지장치는 0.05 m 이상)이 되도록 조정하여야 한다.

# 제12장
# 공장자동화와 산업용 로봇

## 12.1 공장자동화의 개요

공장자동화가 탄생한 것은 1960년대 후반으로서 그 배경에는 여러 가지가 있겠으나 그 중에서도 가장 큰 요인으로는 수요자의 요구의 다양화 대응과 생산제품의 원가절감 및 납기단축의 요청에 의한 것이라 하겠다. 즉, 이러한 의미에서 공장자동화란 다양한 것을 어느 정도 이상의 수준으로 자동적으로 만들어내는 생산시스템이라고 할 수 있을 것이다.
공장자동화란 공장의 무인화, 공장의 지적화, 공장의 CAM화를 궁극적 목적으로 하며 좁은 의미로는 생산현장의 공정을 단순하게 부분적 혹은 단위기계 공정의 자동화로부터 출발하여 넓은 의미로는 기계전자의 복합기술, 정보처리기술, 제어통신 등을 이용해 생산의 효율성과 유연성을 동시에 달성할 수 있도록 제품 수주에서부터 설계, 제조, 검사 및 출하에 이르기까지 전 생산 공정을 자동화 및 시스템화하는 활동의 총체라 할 수 있다. 더 나아가서는 전체 경영기능을 정보로 일체화하려는 방식을 이용하므로 장치의 자율화 개념이 포함되지 못하는 문제점을 해결하기 위해 생산시스템의 하부구조에서 인간과 기계의 관계를 중시하는 21세기형의 첨산생산시스템인 지적생산시스템(Intelligent Manufacturing System : IMS)까지 나타나고 있다.
공장자동화의 개념을 용어적 측면과 자동화 기술적 측면으로 분류하고 용어적 측면부터 살펴보면, 공장자동화(Factory Automation : FA)에서 F는 공장이란 의미와 유연성(Flexibility)의 의미를 포함하고, Automation이란 자동적(Automatic)과 운용(Operation)의 합성어로서 이를 종합하면 Factory Automation이란 의미와 Flexible Automation이란 의미를 함축하고 있다. 자동화 기술적 측면에서 보면 공장자동화 기술 도입은 급진적 공정기술혁신을 의미하는 것으로 생산기계의 분류면에서는 노동의존형 기계에서 자본의존형 기계로 나아가 지식의존형 기계로 생산방식을 변화하는 것을 말한다. 생산시스템의 자동화 유형면에서는 양산에 적합했던 고정자동화(Fixed Automation)에서 다품종소량생산 지향의 프로그램형 자동화로의 이행으로 더 나아가 유연성과 양산의 효과를 통합할 수 있는 유연자동화를 지향한다고 볼 수 있다.

유연성이 풍부한 중품종중소량 생산을 중심으로 하여 하나의 공장전체에 일관자동화로 진전한 것을 FMS(Flexible Manufacturing System), FMF(Flexible Manufacturing Factory), FA(Factory Automation), IMS(Integrated Manufacturing System) 등으로 부르고 있으며 시스템의 개발도 급속히 진전되고 있다. 한편, FMS로서 구비하여야 할 기본기능으로서는 계층제어방식의 공작기계기능(NC, CNC, MC), 자동반송시스템기능, 자동창고기능과 조립기능, 자동계측기능(측정, 검사), 자동보수점검기능, 총합 소프트웨어기능 등이 있다. FMS에 의한 생산라인의 개념은 그림 12.1과 같다.

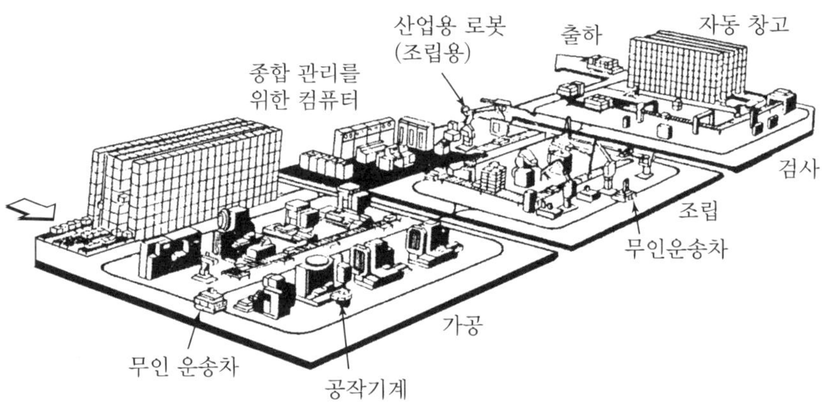


그림 12.1 FMS에 의한 생산라인의 개념

그림 12.1에서 보면, 자동창고에서 소재가 반출되어 무인 반송차에 의해 가공기계로 보내진다. 수치제어(NC)의 프로그램에 따라 가공되어 생산된 부품은 치수, 정도가 자동적으로 검사된다. 완성된 여러 가지 부품은 조립위치에 보내져 조립용 로봇 등에 의해 조립된다. 이 때 외주에 의해 가공된 부품도 조립되므로 부품보관을 위한 자동창고가 설치되기도 한다. 조립이 끝난 제품은 자동적으로 완제품 검사를 거쳐 출하된다. 결국, 공장자동화의 개념은 다양한 제품을 높은 생산성, 경제성으로 유연하게 제조하는 것을 목적으로 생산에 필요한 하드웨어, 소프트웨어의 양면을 포함하는 주요기능으로 자동화를 실시한 시스템이다.

이러한 공장자동화의 기술발전은 다음을 가능케 하였다. 첫째, 하드웨어 분야의 기술발전은 '자동화'를 지향하는 것으로 전자기술과의 결합을 통해 메카트로닉스(Mechatronics)라는 신기술을 창출해 작업 및 제어기능까지 기능하게 되있다. 둘째, 소프트웨어 분야의 발전은 '시스템화'를 지향하는 것으로 단계와 목적에 따라 제품설계(Production design), 공정계획(Process planning), 생산계획(Production planning), 단체기기의 제어, 재고관리(Inventory control), 공정관리(Shop floor control)등 독립적으로 발전되어 왔다. 자동화 기술의 개념도는 아래 그림 12.2와 같다.

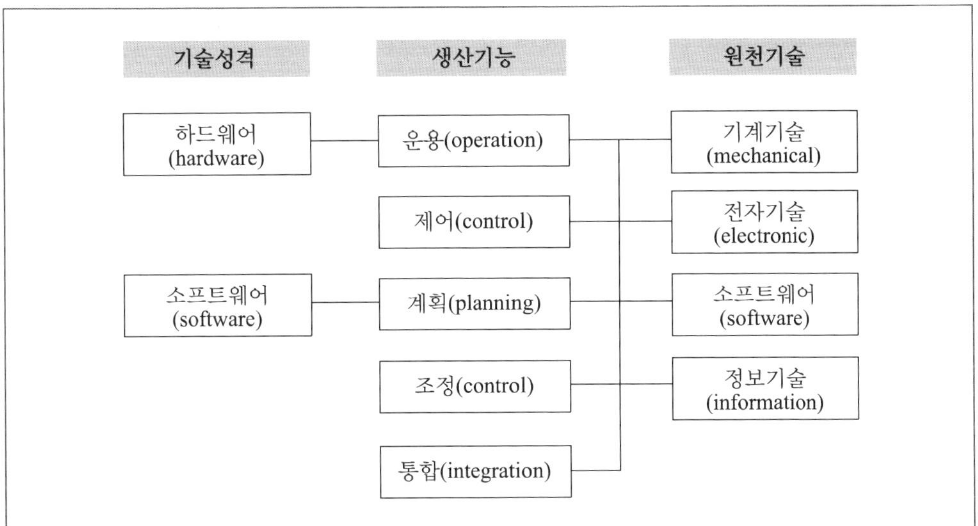


**그림 12.2** 자동화 기술의 개념도

## 12.2 설비의 분류

### 12.2.1 수치제어 공작기계

수치제어(Numerical Control : NC) 공작기계는 가공공정이 수치·문자·부호 등으로 구성된 프로그램의 지시에 의해 제어되는 장치이다. CNC란 Computer Numerical Control의 약자로서 Computer를 내장한 NC를 말한다. NC와 CNC는 다소 차이가 있으나 최근 생산되는 CNC를 통상 NC라 부르고 NC와 CNC를 외관상으로 쉽게 구별하는 방법은 모니터가 있는 것과 없는 것으로 구별할 수 있다.

그림 12.3 CNC 공작기계

수치제어 공작기계의 발전과정을 살펴보면 1950년대 컴퓨터의 등장 이후 마이크로컴퓨터의 개발로 NC가 컴퓨터수치제어(Computerized Numerical Control : CNC)화 됨으로써 유연성(Flexibility)과 생산성이 비약적으로 향상되고 중앙컴퓨터로 여러 대의 NC설비를 유기적으로 운영하는 직결수치제어(Direct Numerical Control : DNC) 기계로 개발되었다.

### (1) 수치제어(NC)기계의 특징

#### ① 품질의 향상

종래의 핸들 조작하는 공작기계에서는 도저히 상상할 수 없을 정도로 복잡한 곡면형상을 갖는 공작물을 쉽고 단시간에 가공할 수 있다. 작업자의 기분이나 피로 등에 영향을 주지 않으며 오동작을 일으키는 것이 적고 가공물에는 불량품이 적게 된다. 반복정도가 높고 가공물의 균일성이 좋아 조립이 용이하게 된다. 절삭속도나 절삭량 등의 절삭조건을 미리 선정할 수 있기 때문에 절삭시간이나 가공 면을 최적으로 할 수 있다.

#### ② 검사의 생략

균일한 고정도의 가공물이 가공되어 품질의 저하나 불량품의 발생이 적기 때문에 검사항목도 줄어드는 것이 된다. 따라서 검사에 필요한 시간과 원가가 절감된다. 또한 복잡한 형상을 검사하기 위한 검사기구가 필요 없게 된다.

#### ③ 치공구비용의 절약

치구를 대폭 절약할 수 있고 치구류의 제작비, 제작시간, 보관장소, 보관비용이 절약

된다. 그 대신에 가공지영정보(종이테이프 등)의 제작이나 보관비용이 들지만 전체적으로 보면 결국은 비용이 적게 되고 치구제작에 사용되는 지그보링기 등의 고정도기계가 필요 없게 된다. 또한 검사에 이용되는 게이지도 불필요하기 때문에 제작에 따른 시간과 비용이 대폭 감소한다.

④ **가공소요시간의 단축**

기계가 실제로 가공하고 있는 시간, 치공구, 기타 준비시간이나 절차시간이 단축된다. 특히 머시닝센터는 1대의 기계에서 가공하는 공작물의 가공종류가 많기 때문에 다공정에 따른 기계간의 운반시간, 대기시간 및 절차시간이 단축된다.

⑤ **생력효과**

가공위치 등을 미리 표시하는 공정이 필요하지 않아 표시시간이 생략된다. 기계의 한 대 한 대에 숙련자가 필요치 않고 미숙련자도 한 명이 여러 대의 NC기계를 조작할 수 있다. 기계의 가동률이 높고 전체 가공에 소요되는 시간이 감소하며 부품 한 개 제작에 필요한 연시간을 줄일 수 있다. 특히 공구자동 교환장치, 자동공작물 교환장치, 자동공작물 반송장치 등을 장착한 가공시스템에는 거의 무인으로 운전한다.

⑥ **재고비용의 절약**

가공시간이 단축되기 때문에 재요입고에서 제품의 완성까지의 기간이 단축되고 처음부터 재고비용에 대한 부담이 줄게 되어 운전비용을 절감할 수 있다.

⑦ **관리상의 효과**

기계는 테이프의 지영대로 움직이기 때문에 관리자가 테이프 제작의 감독을 잘하면 운영관리를 철저히 할 수 있다. 공정은 프로그램의 설정대로 진행하고 납기의 계산도 용이하여 생산의 안정을 주며 생산계획도 용이하게 된다.

⑧ **안전의 확보**

기계 가공 시 칩이 발생되어도 안전유리로 된 덮개를 덮어 안전성을 높였다.

이와 같은 특성으로 수치제어기계는 다품종소량 생산체제에서 생산 자동화의 중요한 위치를 차지한다. 즉 제품의 변경에 따른 가공공정의 변동은 간단한 지시프로그램의 변경만으로 가능하며 이러한 유연성이 수치제어시스템의 가장 큰 장점으로 꼽힌다.

### (2) 제어방식

① **위치결정제어(Positioning control)**

위치결정 NC는 공구의 최종 위치만을 찾아 제어하므로 정보처리가 매우 간단하다. 이동 중에는 공구가 가공물에 접촉하지 않기 때문에 PTP(Point To Point control) 제어라고도 하며, 드릴이나 스폿(Spot) 용접기 등에 사용한다.

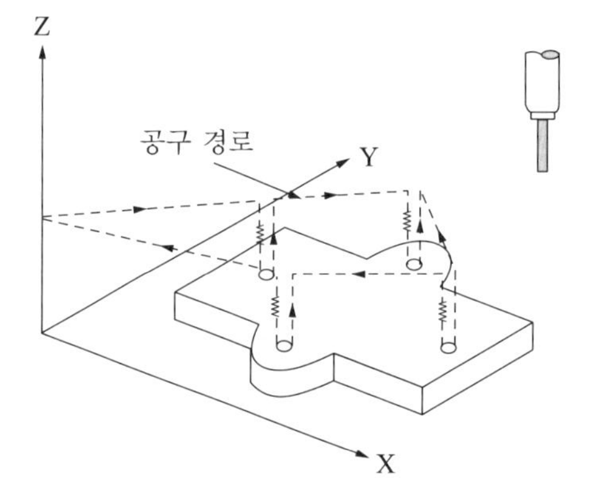


**그림 12.4** 위치결정제어

② **직선절삭제어(Straight cutting control)**

이동 중 직선절삭 하는 동안에 축 방향으로 가공할 수 있는 제어로써 위치결정제어보다 다소 차원은 높으나, 직선절삭(X, Y, Z축에 평행) 이외에는 할 수 없고 주축속도, 공구선택, 공구보정 등의 보조기능이 필요하다.

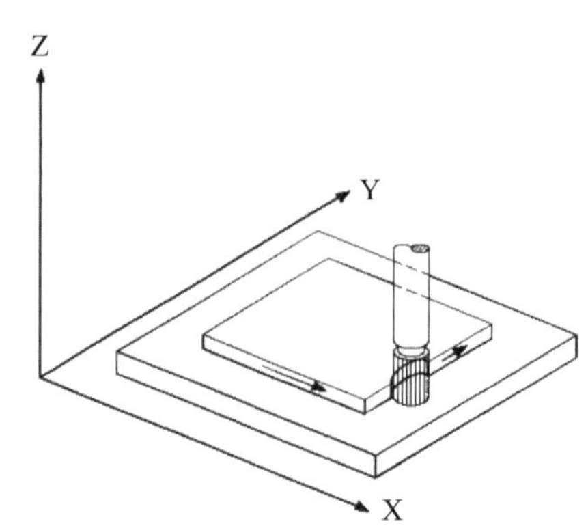


**그림 12.5** 직선절삭제어

③ 윤곽절삭제어(Contouring cutting control)

복잡한 형상을 연속적으로 윤곽 제어할 수 있는 가장 복잡한 시스템으로 점과 점의 위치결정과 직선절삭작업을 할 수 있고 여러 축의 움직임을 동시에 제어할 수 있으며 2차원 또는 3차원 이상의 제어에 사용한다.

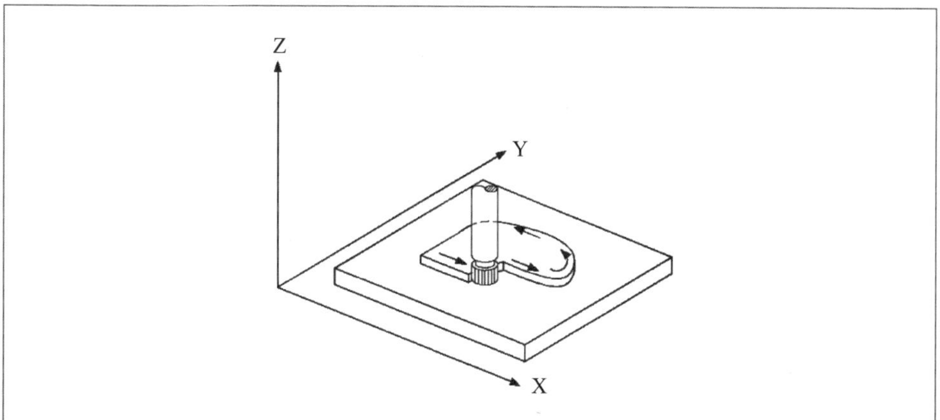


그림 12.6 윤곽절삭제어

### (3) NC 제어시스템

① 개방 회로 방식

감지기가 현재 위치를 검출하여 비교하는 기능을 삭제 방식으로 정밀도가 낮기 때문에 오늘날 NC 공작기계에서는 거의 사용되지 않는다. 구성이 간단하고 고장이 없지만 정밀도가 낮은 단점을 가지고 있으며 위치검출에 의한 보정이 불가능하다.

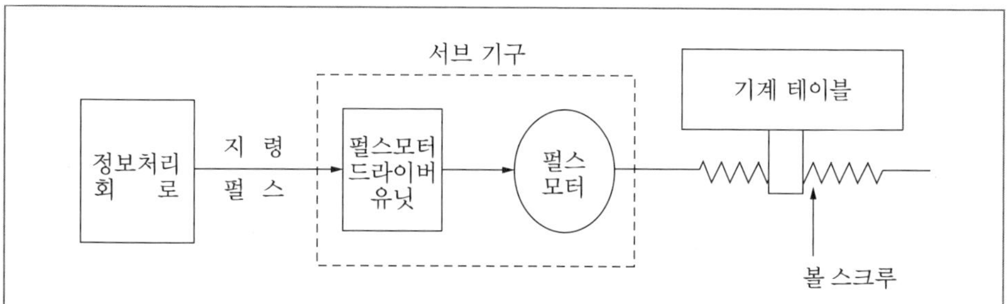


그림 12.7 개방 회로 방식

② 반 폐쇄 회로 방식

모터 축의 회전 각도를 검출하거나 볼 스크루(Ball screw)의 회전 각도를 검출하는 방식으로 테이블 직선운동을 회전운동으로 바꾸어 검출한다. 오늘날 대부분 NC 공작기계에서는 높은 정밀도의 볼 스크루가 개발되어 있어 실용상의 정밀도가 문제되지 않아 대부분이 방식을 채택하고 있다. 테이블의 직선운동을 회전운동으로 바꾸어 검출한 위치오차를 피드백 하여 보정함으로써 NC 지령과 구동의 동일성을 확보한다.

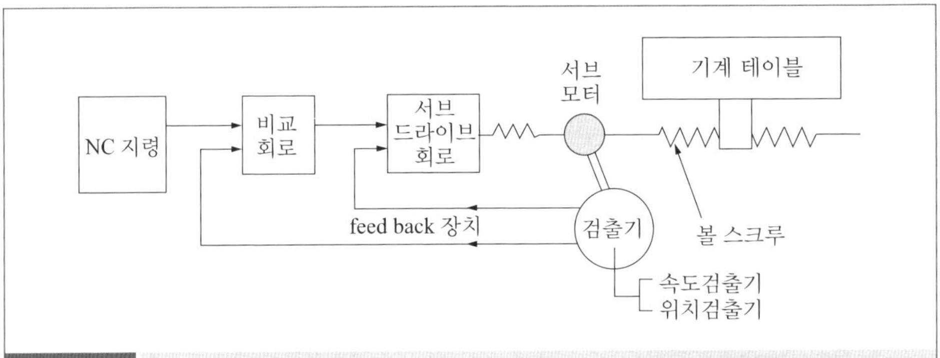


그림 12.8 반 폐쇄 회로 방식

③ 폐쇄 회로 방식

테이블에 스케일을 부착하여 위치를 검출한 후 위치 편차를 피드백 하여 사용한다. 즉 이 방식은 볼 스크루의 백래시(두 톱니 사이의 틈)양의 변화 등을 정확히 제어할 수 있다는 장점이 있다. 특별히 정도를 필요로 하는 정밀공작기계나 대형공작기계에 사용한다. 위치오차의 요인은 볼 스크루의 피치오차(Pitch error)와 백래시(Backlash)이다.

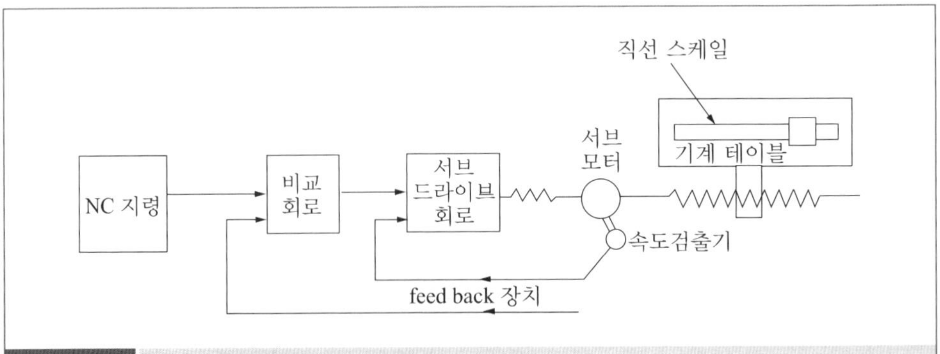


그림 12.9 폐쇄 회로 방식

④ 복합제어 방식

반 폐쇄 및 폐쇄 회로 방식을 절충한 것으로 정밀도를 향상시킬 수 있어 대형의 공작 기계에서 많이 사용되고 있다.

### 12.2.2 산업용 로봇

산업용 로봇은 생체 운동부의 기능에 유사한 유연한 동작기능을 갖고 또한 지적 기능을 갖춘 것으로 인간의 요구에 따라서 동작하는 것을 로봇을 말하며 주로 공장 등에서 생산성 향상이나 노동력 절감을 위하여 산업용 로봇을 사용한다. 산업용 로봇은 다양한 동작이 가능한 동작특성을 갖고 있으며 이로 인해 다종 소량생산의 자동화가 가능해졌다. 산업용 로봇은 인간의 노동력을 대신함으로써 인건비를 감소시키며 작업의 정밀도와 생산성을 향상시켜 준다. 또한 산업용 로봇은 생산 공정의 유연성을 증대시키며 인간을 대신하여 반복적이고 위험한 작업을 수행함으로써 인간의 작업환경을 개선하여 준다.

(a) 조립용 로봇 (b) 용접 로봇 (c) 물류운반 로봇 (d) 페인팅 로봇

그림 12.10 각종 산업용 로봇

#### (1) 산업용 로봇의 분류

산업용 로봇은 분류의 기준에 따라 여러 가지로 분류될 수 있다. 그러나 사업현장에서 많이 사용되고 있는 산업용 로봇의 분류방법은 용도 또는 구조적 동작특성에 따라 분류하는 것이다.

### 1) 용도에 따른 분류

산업용 로봇은 인간의 팔 동작 기능과 유사하여 다양한 동작 기능을 갖는 산업용으로 이용되는 장치이며 여러 가지 형태의 로봇 팔과 무인운반차가 이에 해당된다. 또 광의의 개념에서 본 산업용 로봇은 자동화 제조장비 중에서 컴퓨터로 제어되는 첨단장치를 포함한다. 현재 사용되는 산업용 로봇은 전방 산업군에 적용되는 용도에 따라 분류가 가능하며 용접, 조립, 물류, 검사, 진공용, 클린룸용, 반도체 및 FPD 등으로 나눌 수 있다.

### 2) 구조적 동작특성에 따른 분류

산업용 로봇을 로봇의 구조적 동작특성에 따라 분류한 것은 로봇의 설계 또는 응용에서 가장 많이 사용하는 분류방법이다. 산업용 로봇은 기계적인 구조에 따라 직각좌표 로봇, 수평 다관절 로봇(스카라 로봇), 원통좌표 로봇, 구형좌표 로봇, 수직 다관절 로봇 등으로 분류될 수 있다.

① 직교좌표 로봇

일명 XY로봇이라고도 불리는 직교좌표 로봇은 그림 12.11에서와 같이 직선운동을 수행하는 축으로만 구성되어 있는 로봇이다. 일반적으로 X, Y, Z의 3축으로 구성되며 경우에 따라서는 1개 또는 2개의 축만을 사용하기도 한다. 또한 잡은 물체의 방향을 바꿀 수 있도록 하기 위하여 로봇의 선단에 회전축을 붙여 4축으로 구성한 것도 있다. 직교좌표 로봇은 기계적으로 튼튼하고 안정적이며 위치 정밀도가 우수하다. 또한 인간에게 가장 익숙한 직교좌표계를 사용함으로써 이용자가 쉽게 사용할 수 있다는 장점을 가지고 있다. 그러나 동작영역에 비하여 설치 면적이 큰 것이 단점이다.

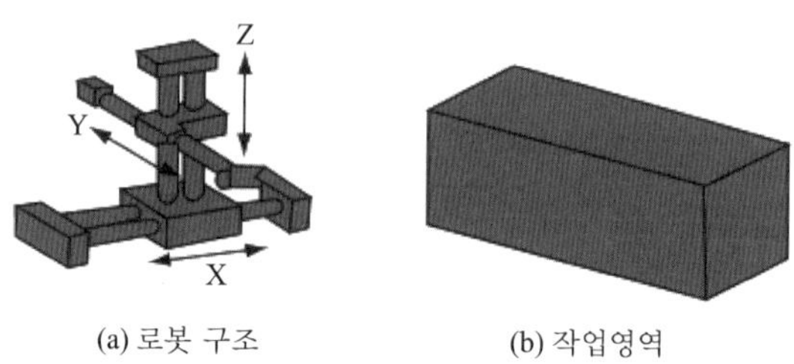


(a) 로봇 구조 (b) 작업영역

**그림 12.11** 직교좌표 로봇

② 원통좌표 로봇

원통좌표 로봇은 그림에서와 같이 원통의 길이와 반지름 방향으로 움직이는 2개의 직선축과 원주 방향으로 움직이는 하나의 회진축으로 구성된 로봇이다. 원통좌표 로봇은 작업영역이 넓고 설치 면적도 적으며 위치 정밀도도 우수하다. 그러나 로봇의 엔드 이펙터(End effector)에 과중한 하중이 걸리는 작업이나 일감의 중량이 크면 위치 정밀도가 떨어지는 단점을 가지고 있다.

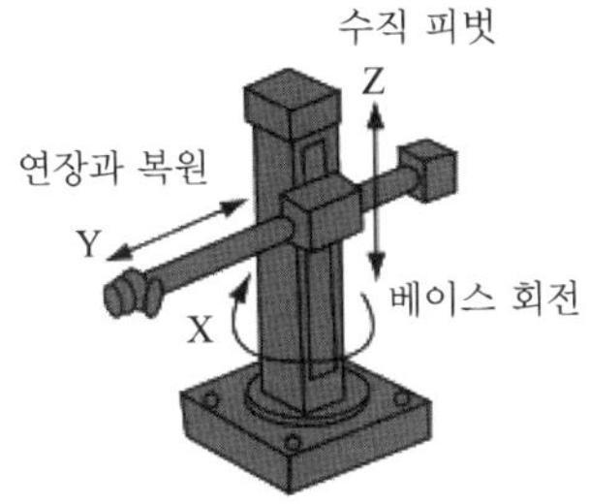


(a) 구조

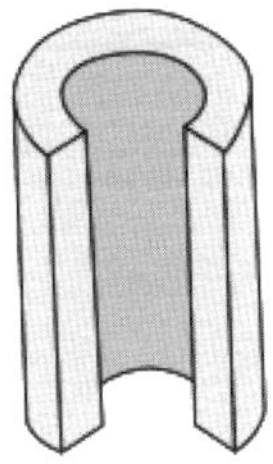

(b) 작업영역

**그림 12.12 원통좌표 로봇**

③ 극좌표 로봇

극좌표 로봇(Polar coordinate robot)은 1개의 직선축과 2개의 회전축을 그림에서와 같이 조합하여 구성한 로봇이다. 극좌표 로봇은 수직면에 대하여 상하운동 특성이 우수하여 작업영역이 넓고 경사진 위치에서 작업을 수행할 수 있으므로 용접작업이나 도장작업에 적합하다.

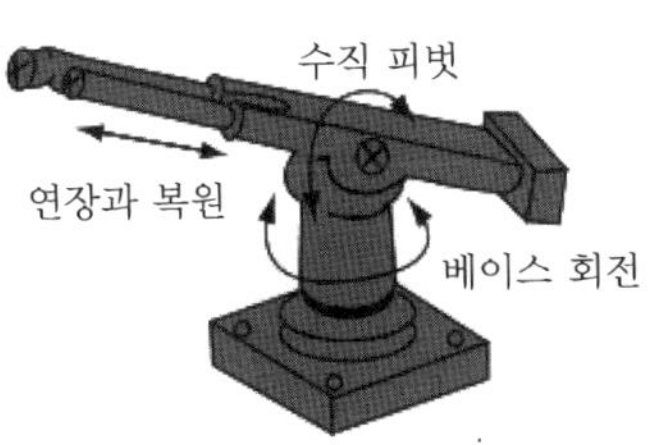


(a) 구조

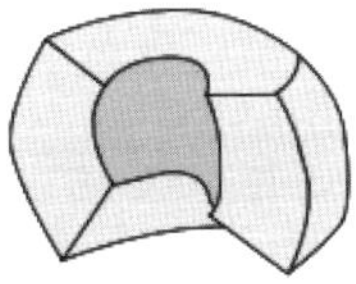

(b) 작업영역

**그림 12.13 극좌표 로봇**

④ 수평 다관절 로봇

스카라 로봇이라고도 불리는 수평 다관절 로봇은 그림 12.14와 같이 3개의 회전축과 하나의 직선축으로 구성된 다관절 구조의 로봇이다. 1, 2축은 수평 회전운동을 하고 3축은 수직 상하운동을 하며 4축은 다시 회전운동을 한다. 스카라 로봇은 수평면상의 운동 특성을 가지고 있으므로, 조립작업 또는 팰리타이징(Palletizing)작업에 적합하다.

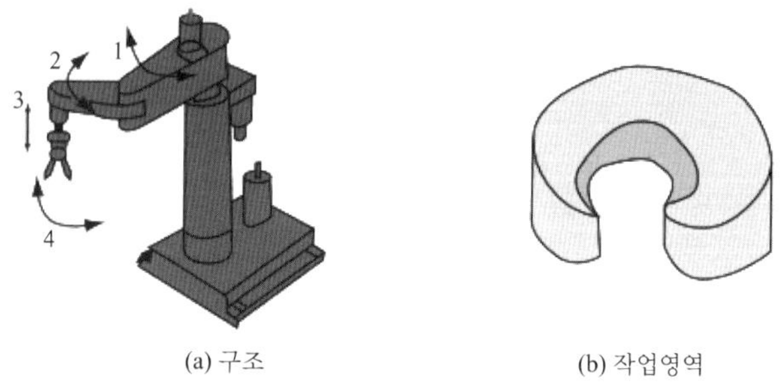


**그림 12.14 수평 다관절 로봇**

⑤ 수직 다관절 로봇

용접 및 도장 작업 등에 가장 많이 사용되고 있는 수직 다관절 로봇은 그림 12.15와 같이 관절의 구동이 모두 회전축에 의하여 수행되는 구조를 가지는 로봇이다. 일반적으로 6개의 회전 관절을 가지고 있으며 작업공간 내에 위치하는 임의의 작업지점에 임의의 방향으로 접근이 가능하다. 회전 관절만으로 구성되어 있어 제어와 사용이 어렵지만 속도가 바르고 공간 활용 능력이 우수하며 설치 면적과 본체의 체적이 작다는 장점을 가지고 있다.

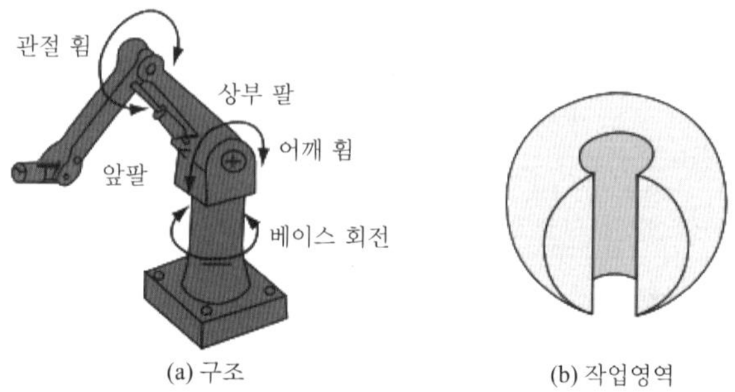


**그림 12.15 수직 다관절 로봇**

### (2) 산업용 로봇의 구성

산업용 로봇은 풍부한 자유도의 움직임과 충분한 속도와 정밀도를 부여하고 사용자의 의지에 따라서 의미가 있는 움직임이 되어야 하는데 로봇의 구성은 기구부 혹은 구동부, 제어부 및 감각인식부로 대별된다.

**기구부**는 동작기능, 파지기능, 이동기능을 수행하는 부분으로 인간의 팔에 해당하는 매니퓰레이터(Manipulator)와 본체를 이동시키기 위한 다리기능을 가진 구동부로 이루어진다. **제어부**는 기구부에 조작신호를 보내주는 것으로 제어기능은 동작제어기능과 교시기능으로 나누어진다. 동작제어기능은 산업용 로봇의 움직임을 제어하는 동작순서 제어기능으로 이루어지며 교시기능은 산업용 로봇에 미리 작업내용을 정확하게 가르쳐주고 기억시켜 필요할 때 동작기능을 할 수 있게 하는 기능을 말한다. 로봇의 **감각인식부**는 계측기능과 인식기능을 갖고 있으며 계측기능은 로봇 자신의 팔, 다리, 손목 등의 위치, 속도, 또는 힘에 관한 상태를 알아내는 내계 계측기능과 외부대상물의 위치, 힘, 상대운동, 음향을 파악하는 외계 계측기능으로 구분된다. 이 경우 내계 계측용 장치를 제어센서, 외계 계측용은 감각센서라고 부른다. 그리고 인식기능으로는 단순인식, 형상인식 및 음성인식 기능이 있다. 산업용 로봇은 단독으로 작업하는 것이 이상적인 형태이지만 대부분 다른 기계나 장치와 같이 쓰이고 있다. 로봇을 도입할 때 필요로 하는 기기나 장치를 주변장치라 하며 여기에는 공급장치, 운송장치 및 이송장치가 있다.

#### 1) 기구부

일반적인 산업용 로봇은 인간의 손의 기능에 해당하는 것이 대부분이다. 즉, 대상이 되는 물체를 파지하기 위한 손이 있고 이 손을 목표위치로 이동시키기 위한 다리 기능을 가진 것이 있는데 이 부분을 기구부라 하며 로봇의 본체에 해당한다. 기구부에는 매니퓰레이터라는 것이 있는데 매니퓰레이터는 격리된 별실에서 사람의 손이 직접 닿지 않고도 위험한 방사선 물질을 취급할 수 있도록 개발되었는데 이것이 로봇 연구의 시초이다. 이 당시 매니퓰레이터는 일종의 사람의 손의 기능 증대라고 생각되며 작업자의 손에 의하여 매니퓰레이터를 제어하며 매니퓰레이터에 가해진 힘은 피드백하여 작업자의 손에 전달된다. 따라서 작업자는 시각에 의하여 대상물을 보면서 촉각에 의하여 조작할 수 있었다. 매니퓰레이터는 팔부분, 구동부분, 몸체부분으로 구성되어 있다. 팔은 대상물을 조작하기 위하여 실제로 움직이는 부분이며 손을 포함한다. 구동부분은 팔을 움직이기 위한 구동장치 부분이며, 몸체부분은 팔을 고정시키고 구동부분과 동력원을 붙이기 위한 프레임 부분이다. 산업용 로봇의 기본이 되는 매니퓰레이터에서 팔과 몸체, 팔과 손 사이에는 인공적인 관점이 있어야 한다. 즉, 인간의 팔이 해부학적으로 뼈와 뼈 사이에 관절이 있어 이 관절을 중심으로 팔이 움직이는 것과 같다.

### 2) 관절 구동 기구

산업용 로봇의 관절 구동 기구는 액추에이터와 액추에이터로부터 발생한 구동력을 관절의 동작으로 변환하는 동력 전달 기구로 구성된다. 산업용 로봇에서 사용되고 있는 액추에이터는 표 12.1에서와 같이 전기식, 유압식, 공압식의 3종류가 있다.

[표 12.1] 액추에이터의 종류 및 특징

| 구분 | 특징 | 종류 |
|---|---|---|
| 전기식 | • 고속 고정도 위치 결정이 가능하다.<br>• 장치가 소형이다.<br>• 정기 점검 및 유지 보수가 용이하다. | 스테핑 전동기<br>직류 서브모터<br>교류 서브모터 |
| 유압식 | • 큰 출력을 얻을 수 있다.<br>• 고속 응답을 얻을 수 있어 신속한 동작이 용이하다.<br>• 제어성이 좋고 고빈도에 강하다. | 유압 실린더<br>유압 모터 |
| 공압식 | • 손쉽게 사용할 수 있다.<br>• 구조가 단순하고, 신뢰성이 높으며 보수가 용이하다.<br>• 파워 중량비가 높다.<br>• 정밀한 위치 결정 제어가 어렵다. | 공압 실린더<br>공압 모터 |

액추에이터에서 발생한 구동력은 동력 전달 기구를 통하여 관절의 실제적인 동작을 구현한다. 현재 산업 현장에서 사용되고 있는 대부분의 산업용 로봇은 간접 구동형 관절로 구성되어 있다. 산업용 로봇의 액추에이터로서 일반적으로 사용되고 있는 서보모터의 정격 회전수는 2000～4000 rpm이며 출력이 비교적 작다. 따라서 산업용 로봇은 동력 전달 기구의 일부로 다양한 형태의 감속기를 사용하고 있다. 감속기는 서보모터의 회전속도를 감소시킬 뿐만 아니라 모터의 토크를 증폭시키는 역할을 한다. 산업용 로봇에서 사용되는 감속기는 백래시(Backlash) 및 진동이 작고 강성이 크며 고정밀도의 위치 결정이 가능해야 한다. 현재 산업용 로봇에서 적용되고 있는 감속기의 감속비는 일반적으로 1/40～1/200 정도이다.

### 12.2.3 프로그래머블 로직 컨트롤러 (Programmable Logic Controller : PLC)

PLC(Programmable Logic Controller)는 Process 혹은 Equipment의 제어를 위한 논리연산, 시퀀스(Sequence) 제어, 지연, 계산 및 산술연산 등의 제어동작을 시키기 위해 제어순서를 일련의 명령어 형식으로 기억하는 메모리를 갖고 이 메모리의 내용에 따라 디지털, 아날로그의 입출력 모듈을 통해 여러 가지 기계와 프로세스를 제어하는 디지털 조작형 전자장치를 말한다. 여기서 시퀀스 제어란 다음 단계에서 해야 할 제어동작이 미리 정해져 있어서 앞 단계의 제어동작 완료, 혹은 제어동작 완료 후 일정시간이 경과 후에 다음 단계로 제어결과를 이행하는 일련의 제어동작을 말하는데 다음과 같은 문제점을 가지고 있었다.

① **시퀀스 로직 변경의 어려움**

생산조건의 변경요구가 있을 경우에는 그 제어시스템까지 변경하여야 한다. 릴레이 시퀀스는 제어시스템을 변경할 경우에 납땜이나 전기결선의 변경 등을 필요로 하기 때문에 비용의 부담 및 장시간의 소요를 필요로 하고 특히 설비 가동 중에는 시스템의 변경이 불가능한 경우가 대부분이다.

② **설비 신뢰성 부족**

릴레이(Relay)는 기계적인 기구이기 때문에 정해진 수명(Lifetime)을 가지고 있어서 이의 적절한 유지보수를 위해서는 정기적인 교체를 필요로 하며 설비의 거대화에 따라 릴레이의 개수도 증가하게 되어있어 한 개의 릴레이 오작동으로도 전체 과정의 폐쇄(Shutdown)를 유발시킬 수 있다.

PLC의 발달 과정으로 산업사회의 발전에 따라 대규모, 고도화, 복잡화에 따라서 다양한 형태의 제어시스템 요구 제어시스템을 변경하기 위해서 많은 시간과 비용이 소요되었다. 종전 제어시스템은 회로도에 따라 여러 관련소자(Relay, Contractor, Timer, Counter 등)들을 연결하여 사용함으로써 실제 배선 작업이 어려웠고 시퀀스 제어를 위하여 많은 공간이 필요하였으며 처리 속도에 한계가 있었다. 이에 비해 PLC는 릴레이 제어방식에 비해 제어내용의 수정·변경의 용이성 처리속도의 신속성, 제품의 소형화, 뛰어난 제어기능 및 신뢰성을 구비해 복잡한 제어기능을 수행할 수 있다는 장점을 가지고 있다. PLC의 공정제어 구조는 그림 12.16과 같이 이루어진다.

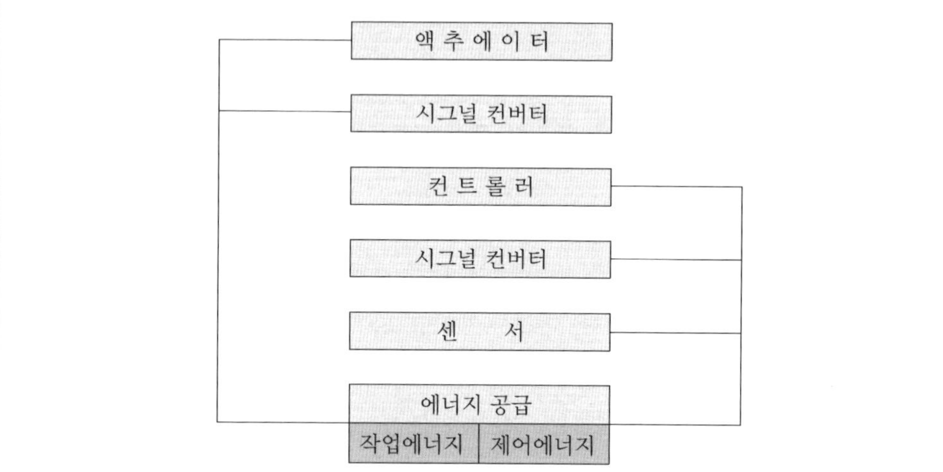


**그림 12.16** **제어시스템 구조**

한편 PLC를 제어장치로 사용함으로써 얻어지는 이용효과로서는 다음과 같은 것들이 있다.

① 설계의 단순화 : 부품배치도의 간략화와 시퀀스 설계의 용이성, 시운전 및 조정의 용이함 등 대폭적인 설계의 단순화를 이룰 수 있다.

② 신뢰성의 향상 : 무접점 회로를 이용함으로써 릴레이, 타이머 등에서 발생되는 하드웨어적 접점사고에 의한 문제를 감소시켜 신뢰성이 향상된다.

③ 정비의 용이성 : PLC는 동작표시기능, 자기진단기능, 감시기능 등 상태표시기능을 내장하고 있어 정비가 용이하다.

④ 소형화 및 표준화 : 반도체 소자를 이용하므로 릴레이 컨트롤 패널의 크기에 비해 현저하게 소형이며 제품의 표준화가 가능하다.

⑤ 제어내용 보존성의 향상 : 제어내용을 디스크(Disk)나 롬(Rom) 등의 외부기기에 쉽게 보존할 수 있어 유사한 제어 로직의 구성 시에 응용이 용이하다.

### 12.2.4 컴퓨터 지원 설계/제조(CAD/CAM)

CAD/CAM(Computer Aided Design/Manufacturing)은 소프트웨어로써 1950년대 후반부터 1960년대 사이에 컴퓨터 그래픽 기술에서 파생된 것으로써 제품의 설계단계에서 제조과정에 이르기까지의 다양한 기술적 활동과 정보의 흐름을 컴퓨터에 의하여 통합하고 효율적으로 처리하는 시스템 기술로 1950년대 말 항공산업을 중심으로 사용되고

1970년대 이후 전 산업에 보급되기 시작하였다. 그 발전과정을 보면 CAD/CAM 기술은 당초 2차원의 작도시스템에서 탄생되었으나 미니컴퓨터의 기술발달로 턴키(Turn-key)형 CAD 시스템이 발전하게 되었고 단순한 제도시스템에서 생산관리 기능이 추가되어 CAM형 시스템으로 기술영역이 확대되었으며 나아가 설계 효율화를 위하여 CAD 시스템이 작도, 도면편성 시스템으로 구상 설계 등 고도기능과 인공지능의 활용까지 발전될 것으로 보인다. CAD/CAM 기술의 진전 이력은 그림 12.17과 같다.

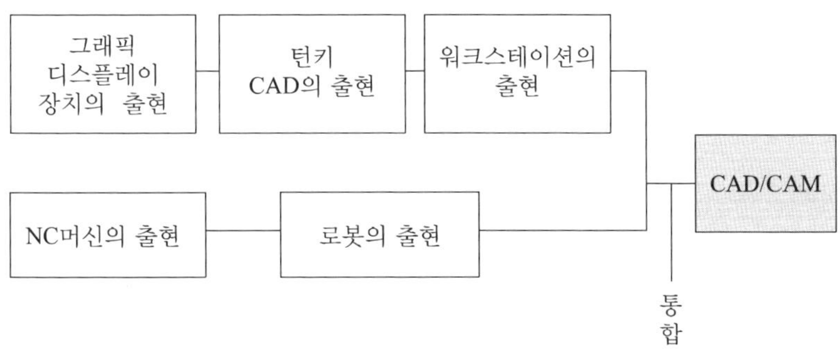


**그림 12.17** CAD/CAM 기술의 진전

CAD/CAM이 주는 유연성과 고도의 기술 인력에 대한 필요성의 감소가 기술사용의 주된 동기로 적용범위를 도식하면 그림 12.18과 같다.

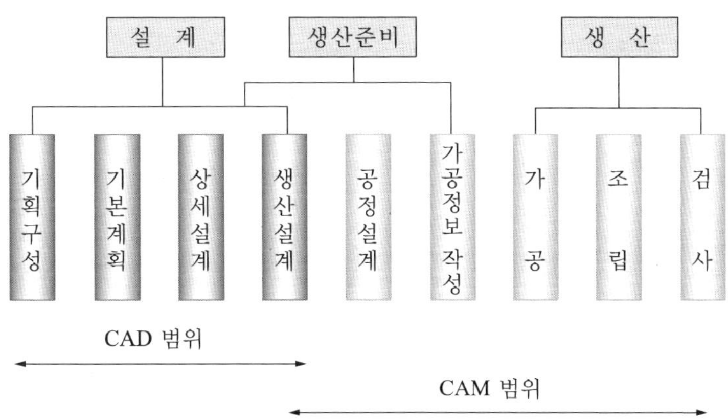


**그림 12.18** CAD/CAM의 적용 범위

구체적으로 컴퓨터통합시스템(CIM) 구축의 일부가 되는 중요한 요소기술로서의 그 기능을 살펴보면 CAD의 기능은 제도 기능, 형상모델링 기능, 계산 기능, 시뮬레이션 기능이 있으며 이런 CAD의 자료에 의해 CAM은 전 제조공정에 컴퓨터를 활용하는 기술일체를 의미하는 것으로 공정설계, 가공, 검색, 조립의 기능을 가지고 있다. 오늘날 CAD/CAM 시스템은 과거 도면 제작 생산성을 높이는데 이용되던 한계를 벗어나 점차 컴퓨터 통합 시스템(CIM)의 핵심 요소로 결합되어가고 있고 제품의 초기 사양결정·로직·설계·회로검증·IC 등에 인쇄회로기관(PCB)레이아웃, 모델 견품 생산 및 시험검사 제품양산에 이르는 모든 과정에서 그 활용이 확대되고 있다.

### 12.2.5 컴퓨터 통합 시스템(Computer Integrated Manufacturing : CIM)

CIM이란 컴퓨터에 의한 통합적 생산시스템을 뜻한다. 즉 컴퓨터를 이용, 기술개발·설계·생산·판매에 이르기까지 하나의 통합된 체제를 구축하는 것이다. 고객이 새로운 상품을 요구하면 시장수요를 반영한 신제품은 신속하게 설계되고 제작도면, 제품의 규격 등이 컴퓨터를 통해 생산기술자에게 즉시 전달돼 생산준비가 이뤄진다. 또 납기·규격·수량 등의 제조지시는 판매부문으로부터 네트워크를 통해 생산현장에 전달되어 자동적으로 알게

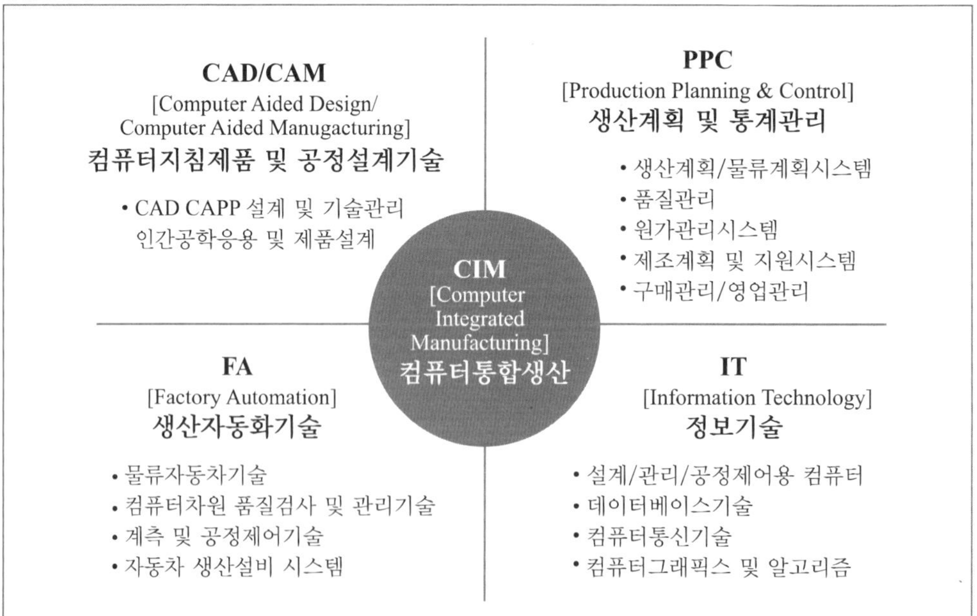


그림 12.19 CIM의 구성

된다. 생산현황에 관한 정보는 생산현장에서 뿐만 아니라 판매부문에서도 동시에 검토됨으로써 기업전체가 하나로 통합된 생산, 판매 시스템을 갖는 것이다. 결국 CIM은 새로운 생산시스템으로서 필요한 제품을 필요한 시기에 필요한 양만큼 생산을 가능토록 한다. 오늘날 제조업에 있어서 여러 문제들인 매 시장의 요구의 다양화, 짧은 제품 수명 주기, 종업원의 고령화와 고임금화 시장의 국제화의 심각성이 높아지고 있다. 이에 기업은 과거의 규모의 경제개념에서 범위의 경제개념으로 환경의 변화에 응하고자 다품종 소량생산에

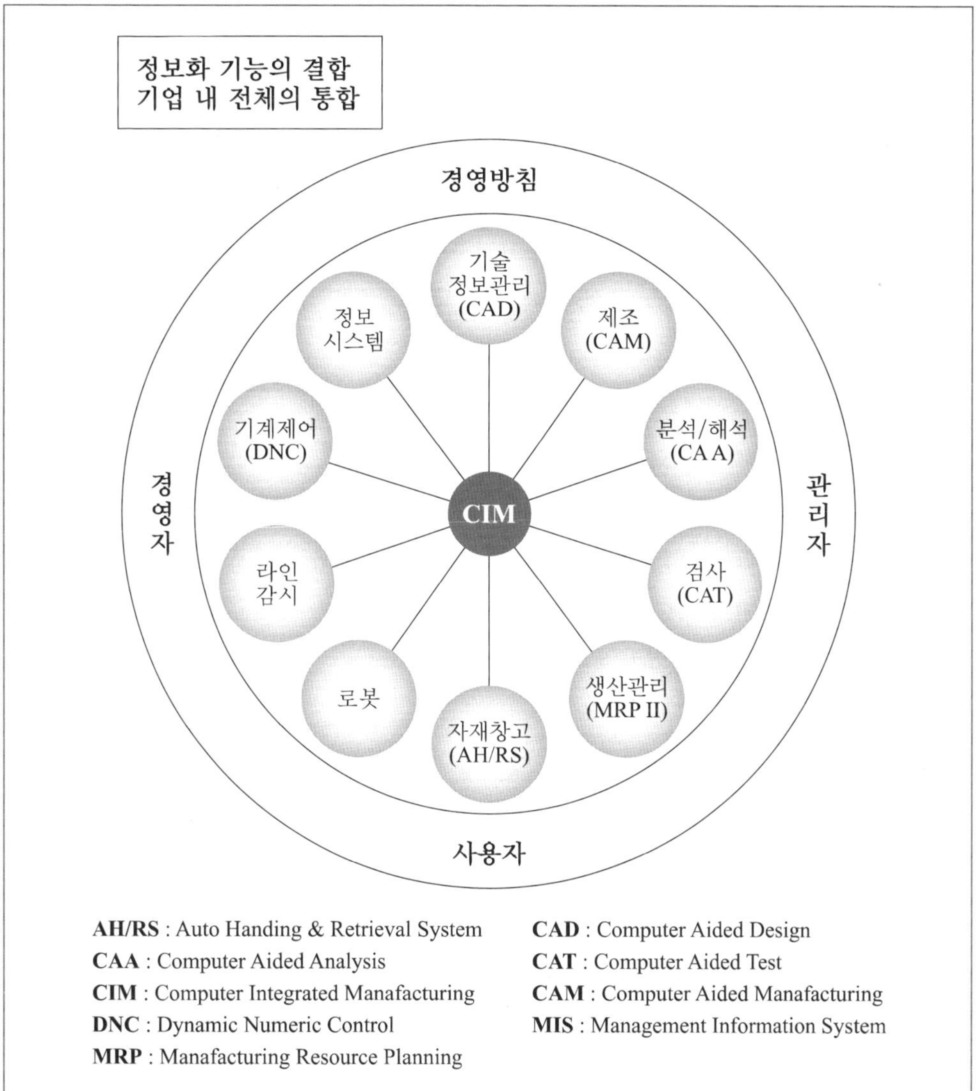


**그림 12.20** CIM의 개념

대응, 짧은 조달기간, 생력화와 자동화, 고품질과 낮은 제조비용에 주의력을 집중하고 있으며 다른 한편으로는 컴퓨터 일련 정보기술의 진보를 기업환경에 적극으로 이용하고 있다. CIM은 미래의 공장을 구현시킬 수 있는 기술로 여기에서 미래의 공장이란 기록운용의 완성, 소량생산, 조달기간의 감소, 생산 시에 최소한의 노동력이나 무 노동력, 공장의 소규모화와 같은 특성을 갖는 공장이다. CIM이 출현한 이유는 생산성 증대를 위해 제조시스템에 각종 자동화기법을 이용하고자 하는 의도에서다. 따라서 순수 엔지니어링에서 엔지니어는 CIM을 CAD(Computer Aided Design)와 CAM(Computer Aided Manufacturing)의 통합으로 본다. 이러한 관점에서 CIM의 기능은 생산형태, 기업의 조직, 제품의 특성에 따라 달라지지만, 일반적으로 제품설계기능, 생산기능, 계획 및 관리기능, 정보관리기능으로 나눌 수 있다. 이를 구체적으로 살펴보면 다음과 같다.

① **제품설계기능**

제품을 설계하기 위해서는 제품을 구성하는 모든 품목에 대한 설계를 하여야 한다. 또 제품의 생산에 필요한 공구나 고정구도 설계하여야 한다. 설계기능에서는 이와 관련된 기본설계, 공학적 분석, 상세설계 등을 수행하며 이것을 지원하기 위하여 CAD를 활용하고 있다.

② **생산기능**

생산의 측면에서 CIM은 가공이나 조립을 비롯하여 생산에 필요한 기능을 수행한다. 가공을 위하여 NC 프로그램과 같은 자동생산을 위한 가공 프로그램을 작성하고 자동창고를 비롯한 자재의 보관이나 자재의 흐름을 제어하는 프로그램도 작성한다. 또한 각종 자동장비의 가공, 조립, 운반에 대한 운영 및 보존기술과 제품의 품질을 보증하기 위한 검사 및 측정도 포함된다.

③ **계획 및 관리기능**

계획 및 관리기능으로는 제품의 생산을 위한 공정계획, 생산능력계획, 자재소요계획, 일정계획, 생산현장 시뮬레이션 등을 비롯하여 작업표준설정, 구매관리, 재고관리, 품질관리, 부하관리 등이 있다.

④ **정보관리기능**

정보관리기능에는 데이터베이스의 구축 및 유지, 컴퓨터 통신체계 확립, 시스템의 통합과 같은 요소가 있다. 그리고 주문 및 고객관리, 수요예측, 그리고 경제 분석 등과 같은 것을 통하여 경영지원을 하기도 한다.

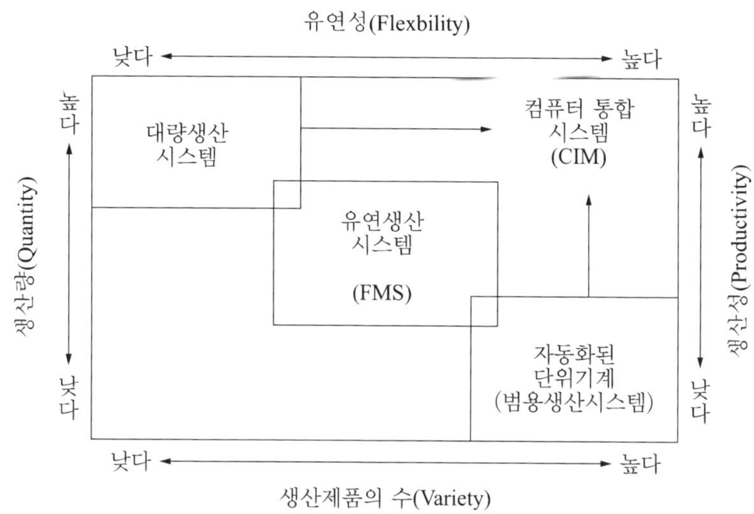


**그림 12.21 생산시스템의 질적 비교**

정보화 사회에서 기업의 첨단 제조기술은 경쟁업체들과의 우위전략 수립을 위한 새로운 전략적 대안을 제공함으로써 생산을 통한 경쟁무기화를 가능하게 하고 생산이 기업부문의 중심적 통합자 역할을 수행하고 있다. 이는 컴퓨터와 통신기술의 발전에 따른 제조기술의 변화가 생산공정의 흐름을 통합하고 복잡한 생산의 계열화를 촉진시키며 조직의 범위를 넓혀 새로운 형태의 생산을 위한 수단으로 작용하여 생산체계의 유연성과 통합성을 높였기 때문이다. 생산시스템의 자동화를 구축하기 위해서는 세부적으로 공장자동화, 물류자동화 등을 효율적으로 운영해야 하며 첨단제조기술인 공학기술과 생산기술을 통합화하는 것이 매우 중요한 생산전략이 된다. 이러한 생산전략적 차원에서 생산공정의 자동화와 경영관리의 전산화의 결합인 CIM이 최선의 전략이 된다. CIM에는 CAD, CAM, CAP, OA 등과 같은 여러 가지 요소기술이 필요하고 이들 기술은 다음과 같은 유기적 기능을 수행함으로서 유연성을 높일 수 있다.

① 생산요소를 생산물로 변환하는 제조기능으로 제조, 품질관리, 공정관리와 관련된 CAM기능이 있어야 한다. CAM영역에서 CIM은 무인화와 다품종 소량생산의 자동화를 가능하게 하는 이점을 지니고 있다.

② 제품설계, 공정설계, 설비배치 설계와 관련된 CAD기능의 지원이 가능해야 한다. CAD의 기능은 신속한 부품, 제품설계에 있으며 가능한 표준화된 방식으로 운용하는 것이 효과적이다.

③ 생산계획, 일정계획, 작업계획 등과 같은 생산활동 전반의 계획 수립기능인 CAP기능이 요구된다. 시장이 요구하는 다양한 제품의 생산계획을 신속하게 세우고 납기관리를 가능하게 하는 CAP를 통한 제조리드타임의 단축과 납기 서비스율을 향상시킴으로서 생산전략상 우위를 확보할 수 있다.

④ 전략적 계획을 위한 사무실 업무의 자동화 기능인 OA기능을 지원한다. OA기능은 사무실 전반의 필요 업무를 컴퓨터 정보기술에 의해 처리하는 일련의 방법으로 사무자동화를 통해 생산과정의 흐름을 통합화하고 생산의사결정을 가능하게 함으로서 생산 전략 수립의 기본방향을 설정할 수 있다.

세부기술의 고도화와 부분적 최적화를 추구해온 하드웨어기술과 생산공정의 시스템적 인식을 토대로 전체적인 통합을 추구해온 소프트웨어기술의 결합을 통해 상승효과를 모색하는 과정에서 자연스럽게 생겨난 산물이 CIM 생산체제이다. 그러므로 CIM은 처음부터 그 구조나 형태를 정형화·표준화하고 이에 필요한 단위설비들을 일정한 기준에 의해 배열하는 정태적, 물리적 결합체라기보다는 생산공정의 합리화, 통합화를 추구하는 과정에서 단위설비의 내용과 구성기준이 합목적적으로 달라지는 동태적, 유기적 모형으로 인식하는 것이 정확하다 할 수 있다. 유연생산시스템(Flexible Manufacturing System : FMS)이 기업 환경변화에 대한 생산부문의 대응이라면 CIM은 생산부문을 포함한 기업 전 부문 차원의 대응으로서, 생산현장만의 효율을 지향한 종래의 자동화 개념을 넘어서 설계·엔지니어링 부문, 판매·마케팅 부문 및 경영전략 부문 등 기업 활동영역 전체를 정보통신기술에 의해 연계시켜 기업의 경쟁력을 보다 강화하기 위한 전사차원의 시스템이다.

## 12.3 공장자동화의 안전

### (1) 위험성 요인

자동화는 본래 생산성의 향상을 목적으로 한 것이고 또 성력화, 특히 숙련의 불필요·정밀도나 품질의 안정 등에 대해서도 그 효과는 크며 안전 측면에서도 이점이 많으나 다음과 같은 문제점이 있다고 할 수 있다.

① 단조로운 노동 등 비인간적인 작업을 가져오게 된다.
② 자동화되지 않은 작업이 남는다.
③ 고장에 의한 재해의 위험성이 있다.
④ 대형화·고속화에 의한 위험성이 크다.
⑤ 작업자의 근로의욕을 저해한다.

### (2) 방호대책

공장자동화에는 안전상의 문제점이 내재되어 있고 이에 대한 대책은 자동화 추진에 있어 불가결한 요건이다.

**① 컨베이어 시스템의 재검토**

단순작업을 불가피하게 하는 컨베이어 시스템은 라운드 테이블(round table)방식 등으로 대치토록 하는 것이 바람직하다. 이때 자동화의 최대이점인 생산성의 향상, 품질, 정밀도 안전성과의 조정이 필요하다. 한편, 인간성의 회복은 직장의 인간관계나 작업면 이외의 스포츠, 클럽활동 등 복지면에서 보충하는 것도 고려하여야 할 것이다.

**② 방책 등의 설치**

자동화 라인은 부속장치의 운동이나 이송장치 등에 의한 많은 위험부분이 있으므로 원칙적으로 작동 중에는 사람이 들어갈 수 없는 방책·방벽 등을 설치하고 준비·조정의 목적을 위해 그 방책 내에 들어갈 필요가 있을 때는 출입구에 저속운전 이외는 운전할 수 없는 인터록 장치를 설치하여야 한다. 또한 고장, 오조작 등에 의해 공구·가공물 등이 튀어나올 염려가 있는 부분에는 견고한 덮개를 만들 필요가 있다.

**③ 점검의 원활화**

자동기계에는 유효한 집중윤활시스템을 비치하고 보전용 점검회로를 설치하며 마모 또는 고장부분의 교환을 쉽게 하기 위해서는 유닛 시스템의 채택이 바람직하다. 또한, 자동화 라인 내에 들어가지 않고 점검할 수 있는 감시장치, 점검용 통로, 점검대 등을 설치할 필요가 있다.

**④ 고장 방지**

자동기계의 고장에 의한 재해를 방지하기 위하여 중요한 부품에는 신뢰성이 높은 것을 사용하고 정전 또는 공유압원의 이상으로 일감이나 공구 등이 낙하 혹은 튀어나오지 않도록 대책을 취해야 한다. 비상정지버튼은 정지로 인하여 2차 재해를 발생시킬 우려가 있는 시스템 이외는 가급적 많은 개소에 설치할 필요가 있다.

⑤ 이상 시 작업기준의 확립

자동화시스템이라 하여도 그것은 인간의 관리에 의존하고 있어 오조작, 특히 이상 시의 오조작에 의한 위험은 대단히 크다. 그래서 운전·점검·보전이나, 특히 이상 시에 대한 작업기준의 확립이 필요하다. 그러나 자동화시스템의 경우는 그 내용이 복잡하고 또한 개개의 시스템 특유의 위험성도 많기 때문에 제조자, 사용기술자와 현장작업자가 협력하여 작업기준을 확립하도록 하는 노력이 필요하다.

⑥ 기술교육

자동화시스템은 일반적으로 복잡하여 그 수리 등은 제조자 또는 전문업자에게 위임되는 경우가 많은데 작업기준의 준수나 이상시 대책뿐만 아니라, 작업자 근로의욕의 저하를 방지하기 위해서도 가능한 시스템의 구성·기능 등에 관하여 교육을 하고 수리 시에는 작업자도 입회시켜 이해를 시키는 등의 배려가 필요하다.

⑦ 초기단계의 안전화

자동화시스템은 그것이 대형화되면 될수록 완성 시의 안전대책은 그 효과가 적다. 따라서 계획·설계 단계에서 안전상의 범위 및 제한을 정하고 제조자와 협력하여 시스템의 안전화를 도모할 필요가 있기 때문에 시스템 안전의 각종 방법이 이용되어야 한다.

## 12.4 산업용 로봇의 안전

### (1) 위험성과 재해유형

매니퓰레이터(Manipulator)에 인간이 부딪칠 때의 충격정도를 알아보기 위하여 인형을 사용하여 실험을 한 결과에 의하면 유압식 대형 로봇에서는 200G, 전기식 중형 로봇에서는 900G의 충격가속도가 각각 발생하였다. 인간이 100G의 가속도를 받으면 사망할 수 있다고 하므로 로봇의 매니퓰레이터가 얼마나 위험한가를 짐작할 수 있고 이로 인한 재해유형을 살펴보면 다음과 같다.

① 작업자의 실수로 로봇을 작동시켜서 재해가 발생할 수 있다.
② 로봇이 작동 중에 문제점을 발견한 작업자가 순간적으로 처리하려다가 재해를 발생시킨다.

③ 로봇의 가동범위 내에 무방비한 상태로 접근했을 때 로봇의 사각으로부터 충격을 받아 재해가 발생할 수 있다.

④ 로봇이 일시정지(대기상태)하고 있을 때 문제점을 발견한 작업자가 안심하고 접근하였을 경우 위험한 작동부가 작동하여 재해를 발생시킬 수 있다.

⑤ 이상을 발견하고 정지중인 로봇에 접근하였을 때 불의에 작동 또는 정지하지 않아서 재해를 발생시킨다.

### (2) 매니퓰레이터와 가동범위

산업용 로봇의 큰 특징 중 한 가지는 인간의 팔에 해당하는 암(Arm)이 기계의 본체의 외부에 조립되어 암의 끝부분(인간이라면 손)으로 물건을 잡기도 하고 도구를 잡고 작업을 행하기도 한다는 것이다.

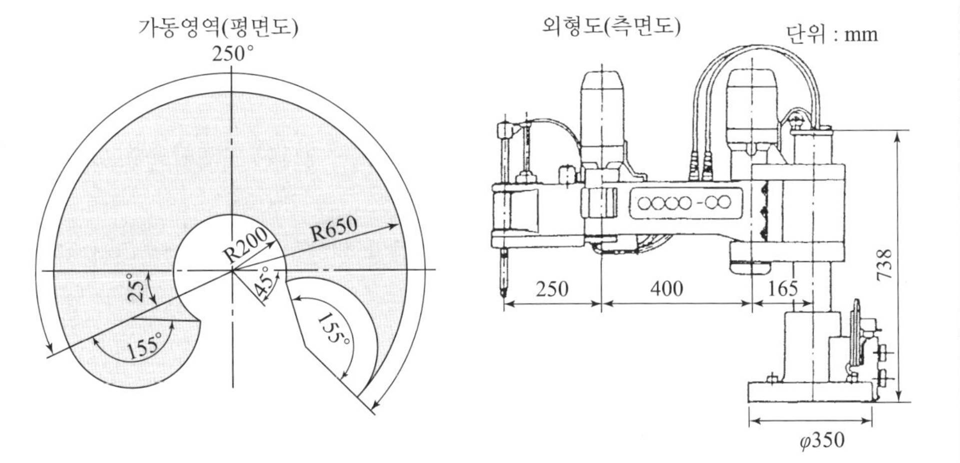


**그림 12.22** 외형도와 가동영역

이와 같은 기능을 갖는 암을 매니퓰레이터라 한다. 산업용 로봇에 의한 재해는 주로 이 매니퓰레이터에서 발생하고 있다. 매니퓰레이터가 움직이는 영역을 가동범위라 하고 이때 매니퓰레이터가 작동하여 사람과 접촉할 수 있는 범위를 위험범위라 한다. 그러므로 프로그램을 짤 때 산업용 로봇의 고장으로 인한 이상 상태에서 움직일 경우에 가동범위를 중심으로 한 위험지역 전체를 예측하지 않으면 안 된다.

### (3) 로봇 안전방호의 기본사항

로봇의 안전방호에 관한 기본적 사항은 다음과 같다.

① 로봇의 안전방호를 확보하기 위하여 로봇 자신이 가지고 있는 안전방호 기능과 그 사용 관리에 있어서의 안전방호를 양립시킬 것
② 로봇이 자동의 상태에 있는 동안은 사람이 위험영역에 침입하는 것을 저지하는 안전방호 울타리 및 안전매트 등을 설치하거나 또는 위험영역 내에 침입한 사람이 상해를 입기 전에 로봇을 정지시키는 등의 기능을 가지게 할 것
③ 안전방호는 작업자에 대해서 뿐만 아니라, 타인에 대하여도 상해를 방지할 것
④ 안전방호에 관한 모든 설비 및 대책은 원칙으로 페일 세이프하고, 또한 신뢰성을 높일 것
⑤ 로봇 및 그 주변에 부수시킨 안전방호설비 및 안전방호대책의 효력을 정당한 이유 없이 저감 또는 잃게 하지 않을 것
⑥ 개조, 개선을 하였을 경우에는 새로운 위험을 수반하는 우려가 있으므로 필요하면 이에 대한 안전방호설비 또는 안전방호대책을 강구할 것

### (4) 로봇 설계 및 계획단계에 있어서의 안전방호

로봇의 설계 및 계획단계에 있어서는 다음 각 항에 근거하여 안전방호를 위한 조치를 취하여야 한다.

① 로봇의 잘못된 동작에 의한 위험성을 방지하기 위하여 이상을 검출해서 로봇을 정지시키는 등, 원칙적으로 페일 세이프의 기능을 가지게 할 것
② 전압, 유압 혹은 공기압의 변동 또는 정전 그 밖의 이상 시에는 위험성을 방지하기 위하여 로봇을 정지시키는 등 원칙적으로 페일 세이프의 기능을 가지게 할 것
③ 사람이 부주의로 위험영역에 침입하는 것에 대하여 침입을 검출해서 로봇을 정지시키는 등 원칙적으로 페일 세이프의 기능을 가질 것
④ 관련기기의 이상 시에는 로봇에 의한 위험성을 방지하기 위하여 로봇을 정지시키는 등 원칙적으로 페일 세이프의 기능을 가지게 할 것
⑤ 로봇 및 관련기기의 이상에 의하여 로봇이 정지하였을 경우에는 원칙적으로 그것을 외부에 알리는 기능을 가지게 할 것
⑥ 로봇에는 동력 차단장치 및 비상 정지기능을 갖출 것
⑦ 보전, 점검, 조정, 청소 등의 작업 안전을 확보할 수 있도록 할 것
⑧ 위험영역에서 실시되는 교시작업 등의 안전을 확보하기 위하여 로봇을 안전한 동작속도로 설정할 수 있는 기능을 가지게 할 것

⑨ 사용상 필요한 부분을 제외하고 로봇에는 협착, 전단, 감겨들어감, 긁힘, 끊어짐 등의 우려가 있는 위험부분이 없도록 할 것
⑩ 특수한 환경 하에서 사용되는 로봇에는 그 환경에 적응하는 재료, 구조 및 기능을 가지게 할 것

#### (5) 교시 등의 예기치 못한 작동 또는 오조작에 의한 안전방호

산업용 로봇의 작동범위에서 해당 로봇에 대하여 교시 등의 작업을 하는 경우에는 해당 로봇의 예기치 못한 작동 또는 오조작에 의한 위험을 방지하기 위하여 다음의 조치를 하여야 한다. (안전보건규칙 제222조)

① 다음 각 목의 사항에 관한 지침을 정하고 그 지침에 따라 작업을 시킬 것
가. 로봇의 조작방법 및 순서
나. 작업 중 매니퓰레이터의 속도
다. 2명 이상의 근로자에게 작업을 시킬 경우의 신호방법
라. 이상을 발견한 때의 조치
마. 이상을 발견하여 로봇의 운전을 정지시킨 후 이를 재가동시킬 경우의 조치
바. 그 밖의 로봇의 예기치 못한 작동 또는 오조작에 의한 위험을 방지하기 위하여 필요한 조치
② 작업에 종사하고 있는 근로자 또는 그 근로자를 감시하는 사람은 이상을 발견한 때에는 즉시 로봇의 운전을 정지시키기 위한 조치를 할 것

#### (6) 로봇 작업 시의 안전방호사항

로봇을 사용하는 단계에서는 다음의 각 항에 의거한 안전방호를 위한 조치를 취하여야 한다.
① 로봇의 사용조건에 따라 위험영역을 명확히 함과 동시에, 안전방호 울타리 등을 설치하여, 로봇이 작동의 상태로 운전 또는 대기하고 있는 동안, 사람이 쉽게 위험영역에 들어갈 수 없도록 할 것
② 로봇이 자동의 상태로 운전 또는 대기하고 있는 동안은 그 상태에 있다는 것을 광학적 수단 등에 의하여 주위에 명시할 것
③ 높이가 2 m 이상인 곳에서 로봇, 그 밖의 설정, 조정, 보전 등의 작업을 실시할 필요가 있는 경우에는 플랫폼을 설치할 것

④ 위험영역 안에 작업자가 있는 경우에는, 자동의 상태로 사용하지 않을 것. 또한 교시 등의 경우에는 안전한 속도로 억제하여 실시할 것

### (7) 주요 방호장치

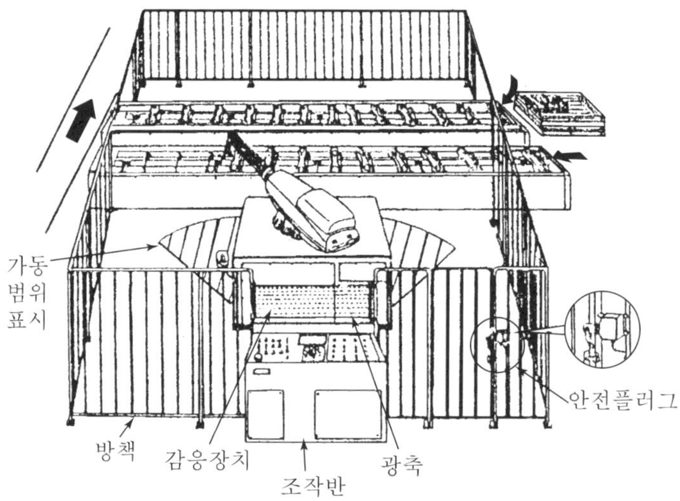


**그림 12.23** 산업용 로봇의 방호장치

#### 1) 동력차단장치

로봇의 동력차단장치는 다음 각 항에 적합하여야 한다.

① 동력차단장치(스위치, 클러치, 유공압 제어밸브 등)는 다른 기기와는 독립되어 있을 것

② 동력차단장치는 접촉이나 진동 때문에 갑자기 작동 또는 복귀하지 않을 것

③ 동력차단장치는 작동한 후, 자동적으로 복귀하지 않고, 또 사람이 부주의로 복귀시킬 수 없을 것

#### 2) 비상정지기능

로봇의 비상정지기능은 다음 각 항에 적합하여야 한다.

① 비상정지기능은 사람이 비상정지 누름버튼스위치를 조작하였을 때, 로봇을 빠르고 확실하게 정지시키는 능력을 가질 것 또는 동력차단장치를 비상정지기능으로서 사용할 경우에는 빨리 정지시키기 위한 조치를 취할 것

② 비상정지 누름버튼스위치는 빨간색으로 할 것

③ 작업자가 작업위치를 떠나지 않고 쉽게 조작할 수 있는 위치에 누른다, 당긴다, 접촉한다, 광선을 차단한다 등의 동작에 의해 비상정지시키는 장치를 설치할 것
④ 비상정지기능은 작동한 후, 자동적으로 복귀하지 않고 사람이 부주의로 복귀시킬 수 없을 것

#### 3) 안전방호 울타리(방책) 등

안전방호 울타리 등은 다음 각 항에 적합하여야 한다.

① 안전방호 울타리 등은 작업 중에 발생하는 진동, 충격, 그 밖의 환경조건에 충분히 견딜 수 있는 강도를 갖고 조정, 철거, 타넘기 등을 할 수 없는 구조로 할 것
② 안전방호 울타리 등은 예리한 가장자리, 돌기 등의 위험부분이 없을 것
③ 안전방호 울타리 등은 원칙적으로 고정식으로 할 것
④ 안전방호 울타리 등에 출입문 등을 설치하는 경우에는 문을 여는 것과 로봇의 정지를 연동시킬 것

#### 4) 안전매트

안전매트란 위험지역 입구 바닥에 설치하여 임의로 접근하여 이를 밟을 경우 압력을 감지하여 비상정지장치를 작동시키도록 되어 있는 매트를 말하며 이상 시 즉시 운전을 정지하는 것이 가능하고 운전을 정지한 경우에 사람이 재가동 조작을 하지 않으면 운전이 개시되지 않아야 하고 한편, 산업용 로봇의 위험한계 범위 이내를 충분히 방호할 수 있는 크기로 설치하여야 한다. 로봇을 운전하는 경우에 근로자가 로봇에 부딪칠 위험이 있을 때에는 안전매트 및 높이 1.8 m 이상의 방책을 설치하는 등 위험을 방지하기 위하여 필요한 조치를 하여야 한다.

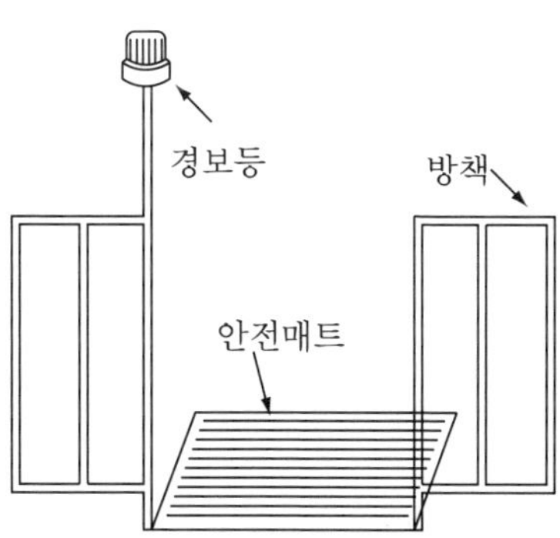


**그림 12.24** 안전매트

[표 12.2] 안전매트의 성능기준 및 시험방법

<table>
<tr><th>구분</th><th>내용</th></tr>
<tr><td>종류</td><td>안전매트의 종류는 연결사용 기능여부에 따라 아래 표와 같이 한다.<br><br>안전매트의 종류<br><table><tr><th>종류</th><th>형태</th><th>용도</th></tr><tr><td>단일 감지기</td><td>A</td><td>감지기를 단독으로 사용</td></tr><tr><td>복합 감지기</td><td>B</td><td>여러 개의 감지기를 연결하여 사용</td></tr></table></td></tr>
<tr><td>일반구조</td><td>일반구조는 다음 각 목과 같이 한다.<br>가. 단선경보장치가 부착되어 있어야 한다.<br>나. 감응시간을 조절하는 장치는 부착되어 있지 않아야 한다.<br>다. 감응도 조절장치가 있는 경우 봉인되어 있어야 한다.</td></tr>
</table>

### (8) 작업시작 전 점검사항

산업용 로봇의 작동범위 내에서 당해 로봇에 관하여 교시 등의 작업을 할 때에는 작업시작 전에 다음의 상황을 점검하여야 한다.

① 외부전선의 피복 또는 외장의 손상 유무

② 매니퓰레이터 작동의 이상 유무

③ 제동장치 및 비상정지장치의 기능

# 12장 연습문제

**01** 산업용 로봇의 작동범위 내에서 해당 로봇에 대하여 교시 등의 작업 시 예기치 못한 작동 및 오조작에 의한 위험을 방지하기 위하여 수립해야 하는 지침사항에 해당하지 않는 것은?

① 로봇 구성품의 설계 및 조립방법
② 2명 이상의 근로자에게 작업을 시킬 경우의 신호방법
③ 로봇이 조작방법 및 순서
④ 작업 중의 매니퓰레이터의 속도

**02** 산업용 로봇이 작동범위에서 그 로봇에 관하여 교시 등의 작업을 할 때 작업시작 전 점검사항이 아닌 것은?

① 외부 전선의 피복 또는 외장의 손상 유무
② 매니퓰레이터 작동의 이상 유무
③ 제동장치 및 비상정지장치의 기능
④ 윤활유의 상태

**03** 산업용 로봇에 사용되는 안전매트의 종류 및 일반구조에 관한 설명으로 틀린 것은?

① 안전매트의 종류는 연결사용 가능여부에 따라 단일 감지기와 복합 감지기가 있다.
② 단선 경보장치가 부착되어 있어야 한다.
③ 감응시간을 조절하는 장치가 부착되어 있어야 한다.
④ 감응도 조절장치가 있는 경우 봉인되어 있어야 한다.

**04** 일반적으로 산업용 로봇을 운전하는 경우, 해당 로봇에 접촉함으로써 근로자에게 위험이 발생할 우려가 있을 때 설치하는 방책의 높이 기준은?

① 1.2 m 이상
② 1.5 m 이상
③ 1.8 m 이상
④ 2 m 이상

**05** 산업용 로봇의 작동범위 내에서 교시 등의 작업을 하는 때에 작업시작 전에 점검해야 하는 사항에 해당하는 것은?

① 언로드밸브 기능의 이상 유무
② 자동제어장치 기능의 이상 유무
③ 제동장치 및 비상정지장치 기능의 이상 유무
④ 권과방지장치의 이상 유무

**06** 산업용 로봇 중 교시 프로그래밍을 통해서 입력된 작업 프로그램을 반복해서 실행할 수 있는 로봇은?

① 시퀀스 로봇
② 플레이백 로봇
③ 수치제어 로봇
④ 지능 로봇

**07** 산업용 로봇의 작업시작 전 점검사항이 아닌 것은?

① 외부전선의 피복 손상 유무
② 압력방출장치의 이상 유무
③ 매니퓰레이터 작동 이상 유무
④ 제동장치 및 비상정지장치의 기능

**해설** 1. ①

교시 등 (안전보건규칙 제222조)

산업용 로봇의 작동범위에서 해당 로봇에 대하여 교시 등의 작업을 하는 경우에는 해당 로봇의 예기치 못한 작동 또는 오조작에 의한 위험을 방지하기 위하여 다음 각 호의 조치를 하여야 한다. 다만, 로봇의 구동원을 차단하고 작업을 하는 경우에는 제2호와 제3호의 조치를 하지 아니할 수 있다.

1. 다음 각 목의 사항에 관한 지침을 정하고 그 지침에 따라 작업을 시킬 것
   가. 로봇의 조작방법 및 순서
   나. 작업 중 매니퓰레이터의 속도
   다. 2명 이상의 근로자에게 작업을 시킬 경우의 신호방법
   라. 이상을 발견한 경우의 조치
   마. 이상을 발견하여 로봇의 운전을 정지시킨 후 이를 재가동시킬 경우의 조치
   바. 그 밖에 로봇의 예기치 못한 작동 또는 오조작에 의한 위험을 방지하기 위하여 필요한 조치
2. 작업에 종사하고 있는 근로자 또는 그 근로자를 감시하는 사람은 이상을 발견하면 즉시 로봇의 운전을 정지시키기 위한 조치를 할 것

2. ④

작업시작 전 점검사항(로봇의 작동범위 내에서 그 로봇에 관하여 교시 등의 작업을 하는 때) (안전보건규칙 별표3)

(1) 외부전선의 피복 또는 외장의 손상 유무
(2) 매니퓰레이터 작동의 이상 유무
(3) 제동장치 및 비상정지장치의 기능

3. ③

안전매트의 성능기준 및 시험방법

| 구분 | 내용 |
|---|---|
| 종류 | 안전매트의 종류는 연결사용 기능여부에 따라 아래 표와 같이 한다.<br>안전매트의 종류<br>종류 / 형태 / 용도<br>단일 감지기 / A / 감지기를 단독으로 사용<br>복합 감지기 / B / 여러 개의 감지기를 연결하여 사용 |
| 일반구조 | 일반구조는 다음 각 목과 같이 한다.<br>가. 단선경보장치가 부착되어 있어야 한다.<br>나. 감응시간을 조절하는 장치는 부착되어 있지 않아야 한다.<br>다. 감응도 조절장치가 있는 경우 봉인되어 있어야 한다. |

4. ③

운전 중 위험방지 (안전보건규칙 제223조)

로봇을 운전하는 경우에 근로자가 로봇에 부딪칠 위험이 있을 때에는 안전매트 및 높이 1.8 m 이상의 방책을 설치하는 등 위험을 방지하기 위하여 필요한 조치를 하여야 한다.

5. ③

참조. 작업시작 전 점검사항(로봇의 작동범위 내에서 그 로봇에 관하여 교시 등의 작업을 하는 때) (안전보건규칙 별표3) (문제 2번)

6. ②

기능수준에 따른 분류

| 구분 | 특징 |
|---|---|
| 매니퓰레이터형 | 인간의 팔이나 손의 기능과 유사한 기능을 가지고 대상물을 공간적으로 이동시킬 수 있는 로봇 |
| 수동 매니퓰레이터형 | 사람이 직접 조작하는 매니퓰레이터 |
| 시퀀스 로봇 | 미리 설정된 순서와 조건 및 위치에 따라 동작의 각 단계를 점차 진행해가는 로봇 |
| 플레이백 로봇 | 미리 사람이 작업의 순서, 위치 등의 정보를 기억시켜 그것을 필요에 따라 읽어내어 작업을 할 수 있는 로봇 |
| 수치제어(NC) 로봇 | 로봇을 움직이지 않고 순서, 조건, 위치 및 기타정보를 수치, 언어 등에 의해 교시하고 그 정보에 따라 작업을 할 수 있는 로봇 |
| 지능 로봇 | 감상기능 및 인식기능에 의해 행동 결정을 할 수 있는 로봇 |

7. ②

참조. 작업시작 전 점검사항(로봇의 작동범위 내에서 그 로봇에 관하여 교시 등의 작업을 하는 때) (안전보건규칙 별표3) (문제 2번)

# 제13장
# 설비진단 및 비파괴검사

## 13.1 설비진단 개요

기계설비 분야는 산업의 발전과 함께 그 수요가 증가하고 있으나 설비 작업조건의 열악성, 현장 전문 인력의 감소, 노령화에 따른 위험도 인식 부족, 첨단설비에 관한 지식 부족 등으로 인한 재해가 끊임없이 발생하고 있는 실정이다. 따라서 기계설비는 설계단계부터 시운전단계까지 설계기준, 시방서, 작업순서 및 안전기준 등을 충분히 검토하여 설비작업 시 떨어짐, 화재·폭발, 끼임, 맞음, 부딪힘 등의 관련 재해를 예방할 수 있도록 사전 위험성평가를 통한 기계설비 안전작업계획을 수립하고 예방정비(Preventive maintenance), 예지정비(Predictive maintenance) 측면에서 그 계획에 따라 설비 보전을 수행하는 것이 매우 중요하다. 설비의 상태를 정확하게 파악하고 기술적인 근거에 입각하여 다음과 같이 설비안전관리가 수행하여야 하며 또한, 첨단 ICT 기술(센서, 빅데이터 등)을 활용한 정비방식의 근본적인 변화를 추진하기 위해 선진 정비시점 예측기술인 PHM (Prognostics and Health Management, 건전성 예측 및 관리)의 도입 활성화가 필요하다.

① 보수나 교체의 시기와 범위를 결정해 두어야 한다.
② 시공계획 수립 시 충분한 공간 확보 및 인력에 의한 중량물 운반을 최소화 한다.
③ 기계 기구 및 자재 등의 배치, 반입순서, 반출순서, 설치순서 등 작업계획서를 작성한다.
④ 작업과 통행에 지장이 없도록 작업장바닥의 돌출물 및 장해물을 제거 또는 이전한다.
⑤ 안전무결제도 확립의 방법을 결정해 둔다.

설비의 모든 활동을 효율적이고 정확하게 실시하기 위해서는 설비의 열화나 고장, 성능이나 강도 등을 정량적으로 관측하고 그 장래를 예측하는 설비진단기술(Machine Condition Diagnosis Technique; CDT)이 필요하게 된다. 설비진단기술은 설비를 분해하지 않고 설비의 상태 즉, 설비에 가해지는 스트레스, 고장이나 열화, 강도 및 성능 등을 정량적으로 파악해서 신뢰성이나 성능을 진단에 의해 예측하고 만일, 어떠한 이상이라도 있다면 그 원인, 위치, 위험도 등을 식별하여 평가하며 그것을 수정, 시정, 보완하기 위한 방법을 결정하는 기술이다. 설비진단기술을 단순한 점검의 계기화나 고장검출기술이 아닌 안전화를 위한 기본 기술임을 재인식하여야 할 것이다. 이러한 설비진단기술의 개념을 도시하면 그림 13.1과 같다.

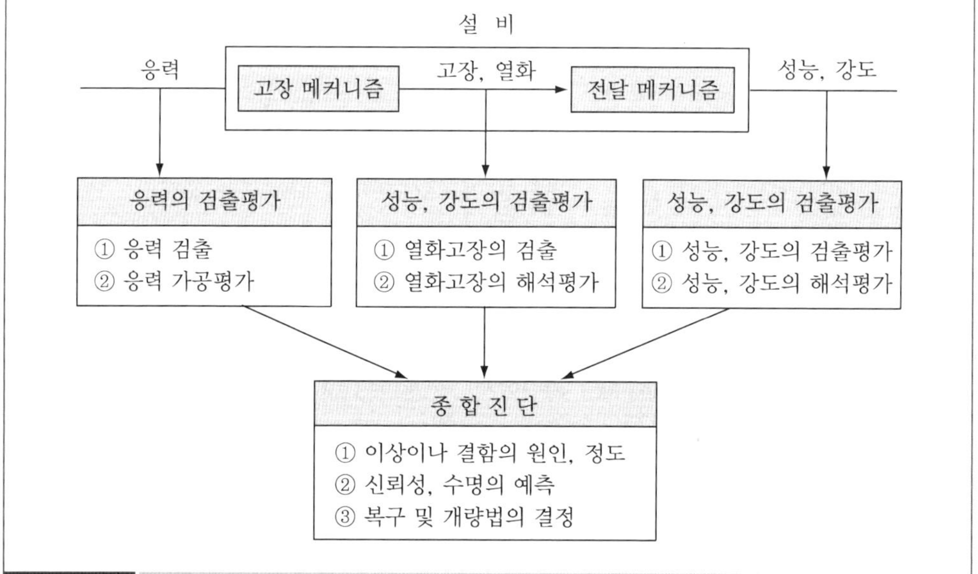


**그림 13.1** 설비진단기술의 개념

## 13.2 설비보전

보진이란 설비가 완전한 상태 또는 가장 좋은 상태를 유지하게 하는 것이다. 설비보전이란 시스템이나 설비를 정비 및 조정해 놓고 그 기능을 언제라도 필요한 때에 최적상태로 발휘할 수 있도록 해 두는 것을 의미하며 설비보전의 본질은 설비의 최적상태(Maintenance)의 유지와 지속적 개선(Continuous Improvement)으로 요약할 수 있다.

보전활동을 분류하면, 계획보전, 예방보전, 사후보전, 개량보전, 보전예방으로 나눌 수 있다. 예방보전(PM : Preventive Maintenance)은 예정된 시기에 점검 및 시험, 급유조정 및 분해정비 계획적 수리 및 부분품 갱신 등을 하여 설비 성능의 저하와 고장 및 사고를 방지함으로써 설비의 성능을 표준 이상으로 유지하는 보전활동이다. 사후보전(BM : Break down Maintenance)은 기계설비의 고장이나 결함이 발생한 후에 이를 수리 또는 보수하여 회복시키는 활동이다. 보전주기에 의거하여 실시하는 시간기준보전(TBM : Time Based Maintenance), 설비의 상태에 의거하여 보전주기나 보전방법을 결정하는 상태기준보전(CBM : Condition Based Maintenance), 또한 생산 상황이나 설비의 노후 정도 등의 주변 환경도 고려하여 설비상태를 파악, 보전을 실행하는 적응보전(AM : Adaptive Maintenance)으로 분류할 수 있다. 또한, 고장을 감소시키고 설비를 안정적으로 가동시키기 위해서는 개량보전(CM : Corrective Maintenance)이 필요하다.

가동에 장애가 되거나 보전비용을 증가시키는 요인은 설비의 개량, 개선으로 대책을 강구한다. 일반적으로 노후화가 진행되어 통상의 보전으로는 비용이나 생산 상의 리스크가

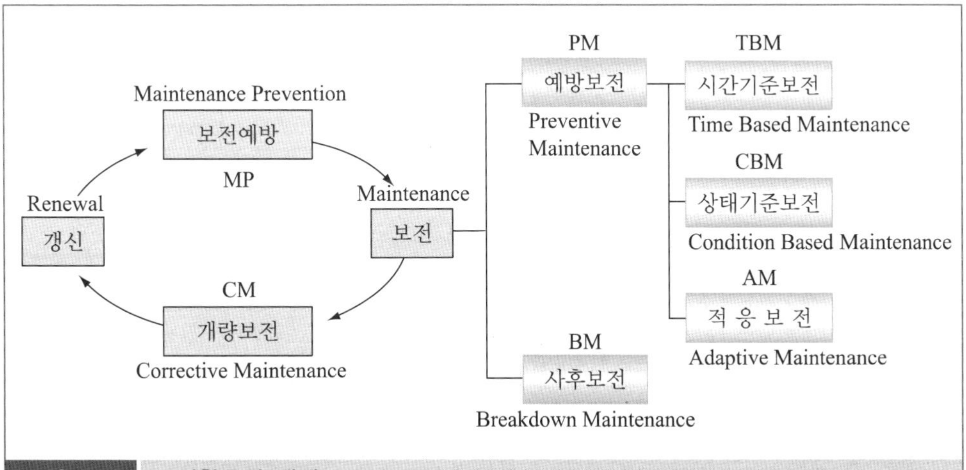


**그림 13.2** 보전활동의 체계

소정의 보전비에 적합하지 않거나 설비 기술적으로 진부화되거나 부품공급에 지장이 있는 경우에 설비갱신이 이루어진다. 이와 같은 갱신의 경우에는 보전성이나 안전성, 신뢰성 등의 보전이 실행되며, 기존설비를 대상으로 했던 보전보다도, 설계, 제작 단계까지 소급해서 보전에 손 쓸 필요가 없는 설비로 하는 것이 기본적으로 필요하다는 의미에서 보전예방(MP : Maintenance Prevention)이 받아들여지고 있다. 최근에는 제조업이 운영하는 설비시스템의 상태를 실시간 파악하여 고장시기를 미리 예측할 수 있다면 큰 사고를 방지할 수 있고 무엇보다도 관련 비용을 크게 절감할 수 있다는 점에서 예지보전(Predictive Maintenance)이 도입되고 있는 추세이며 AI(인공지능)의 기술 발전과 함께 머신 러닝 기법을 실시간으로 적용하여 유지정비를 수행할 최적의 시기를 예측할 수 있게 되었다.

## 13.3 설비진단

### 13.3.1 설비진단기술의 기본구성

설비진단기술의 기본 시스템은 그림 13.3에서처럼 설비의 1차 기능진단기술로서, 대체로 현장작업자들에 의해서 실시되는 간이진단기술과 주로 의사결정을 위해서 전문스텝이 실시하는 정밀진단기술 등 2가지로 나누어 생각할 수 있다.

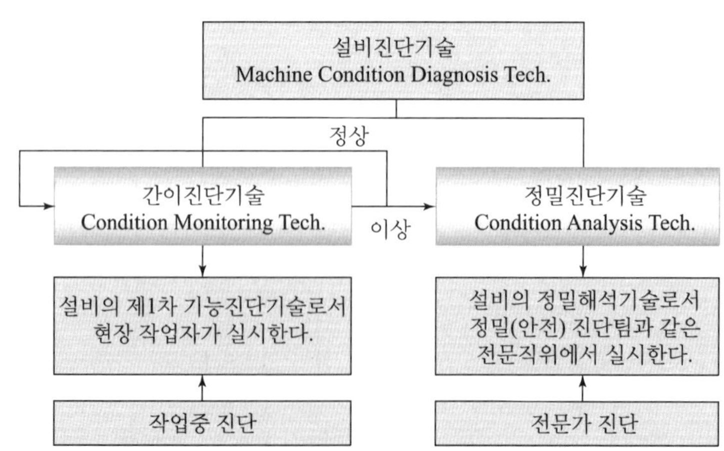


그림 13.3 설비(안전)진단기술의 기본 시스템

간이진단기술은 제1차 기능진단에 해당하는 것으로서 설비의 상태를 신속하면서도 효율적으로 관찰하고자 하는 것으로 다음과 같은 특징이 있으며 이것은 설비가 현장에서 실제로 가동하고 있을 때 작업자들이 피부로 느낄 수 있는 성능상의 문제와 안전상의 문제를 있는 그대로 찾아보자는 것으로 이때는 아무리 작은 문제일지라도 불편하거나 거북한 점이 있으면 곧 문제제기를 해 볼 수 있는 안전의식이 요구되는 것이다.

① 설비에 걸리는 응력의 경향관리와 이상응력의 검출
② 설비의 열화, 고장의 경향관리와 조기발견
③ 설비의 성능, 효율 등의 경향관리와 이상검출
④ 설비의 감시 및 보호
⑤ 설비의 안전상 문제점의 추출

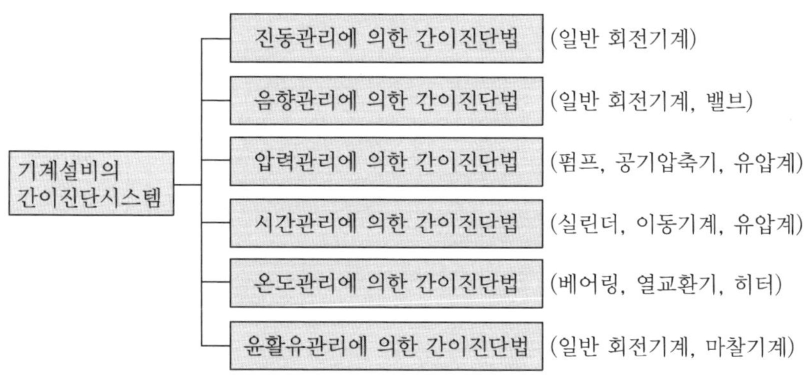


**그림 13.4 간이진단기술의 분류**

정밀진단기술은 간이진단기술에 의해서 추출된 바 있는 이상이 있는 것 같다고 생각된 설비를 전문적이면서도 정밀하게 진단해서 필요한 대책을 마련하고자 하는 기술로서, 그 특징으로는 다음과 같은 것이 필요하게 된다.

① 이상의 형태나 종류와 그 범위를 결정하는 일
② 이상의 원인을 파악하는 일
③ 위험도를 파악하고 그 진행을 예측하는 일
④ 방호장치의 필요성과 가능성에 대하여 결정을 내리는 일

이를 위해서는 단순한 측정이나 해석만이 아니라, 응력 정량화 기술, 고장 검출 및 해석 기술, 강도 및 성능 정량화 기술 등이 요구된다. 이는 그림 13.5에서 보는 바와 같이 각종 계산 프로그램이나 고장물리 분야인 고장해석기술 등도 필요하게 되며 이 때 반드시 필요한 것은 이른바 안전의식이다. 안전의식은 고유설비 기술에서 탈피하거나 그것을 전제로 안전을 생각하지 않으면 안 된다.

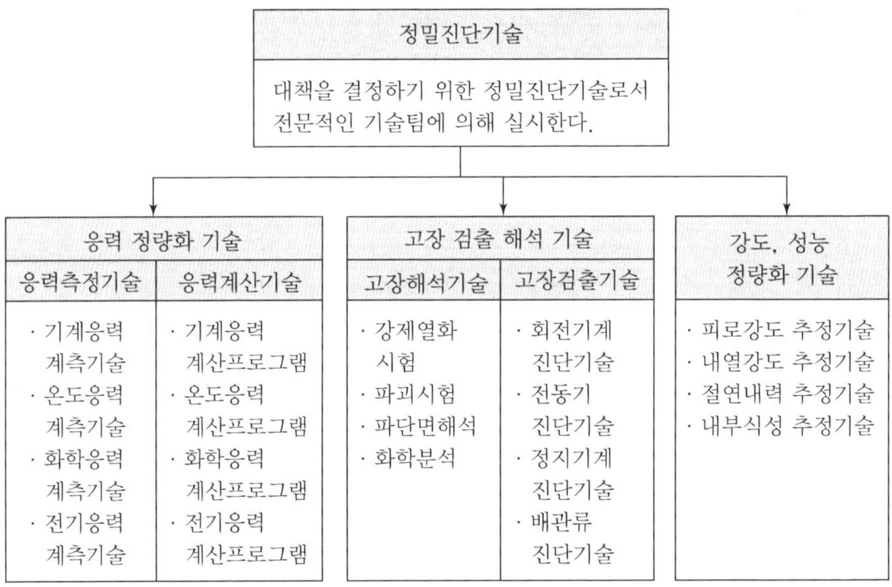


**그림 13.5** 정밀(안전)진단기술의 기능

## 13.3.2 설비진단기술의 도입

그림 13.6에서 보듯 설비수명(Bath-tub) 곡선과 라이프 사이클(Life cycling)의 관계를 예를 들어 설비진단기술의 중요점을 설명하면 다음과 같다. 일반적으로 설비는 설치직후부터 운전개시 후 1~2년 사이에 초기고장이 많이 발생한다. 장치의 길들임 불량, 제작시의 불량, 기계장치와의 언매칭, 설치불량 등이 초기단계에서 나타난다. 특히, 이 단계에서는 제작사나 설치사에 의하여 설치, 시운전된다. 이 단계에서의 트러블은 표면화되지 않는 것이 보통이지만 운전을 계속하는데 있어서의 중요한 정보를 내포하고 있거나 설비의 초기상태 데이터로서 유효한 정보임을 이해하고 시운전기간의 진단에 특히 주목하는 것이 중요하다. 즉 설비의 건전한 가동은 이 시기에 따라 결정된다 해도 과언이 아니다. 설

비도 운전으로부터 수년이 경과하면 안전가동영역에 들어가는데 이 시기에는 불의의 고장이 발생하는 경우가 있다. 이것을 우발고장이라고 하고 이 시기를 **우발고장기**라고 한다.

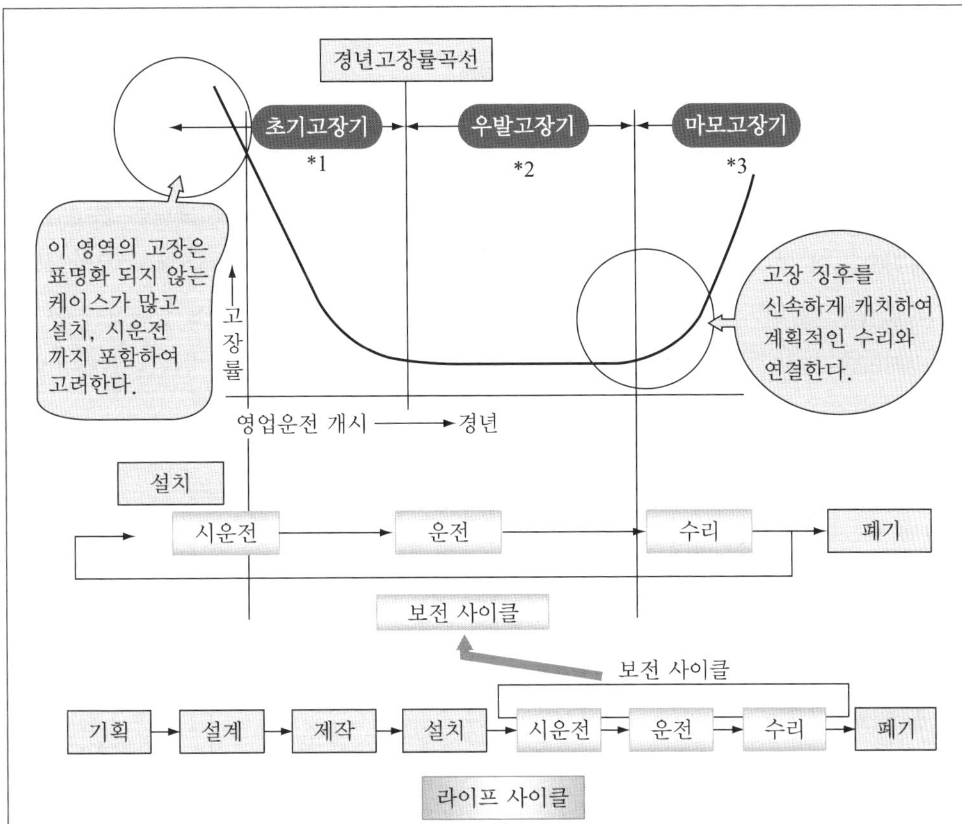


※1 초기고장 : 설계, 제작, 설치상 또한 재료 결함 등 신규설치 전후 또는 수리, 오버 홀 직후 등에 발생하는 고장.
(예 : 미스 얼라인먼트에 의한 베어링 파손)

※2 우발고장 : 안전운전 중에 갑자기 발생하여 각 부품, 부재의 이론수명에 적합하지 않아 예방보전이 곤란한 것.
(예 : 기계적 외력에 의한 베어링 파손)

※3 마모고장 : 부품, 부재의 마모, 반복피로, 열화에 의하여 생기는 고장이며 일반적으로 고장 징후를 진단하면 예방할 수 있는 것.
(예 : 베어링 수명, 절연물 열화)

**그림 13.6** 배스텁 곡선과 라이프 사이클의 관계

이 시기는 안정된 가동을 하는 시기인 만큼 설비진단을 적용해도 불량징후의 추출이 곤란하고 수년에 걸쳐 정기진단을 반복해도 데이터의 변화가 거의 없으며 고장을 목적으로 한 진단기술의 적용은 그 효과가 거의 나타나지 않는 기간이다. 따라서 이 시기에는 중점 설비만으로 압축한 정기진단을 실시하는 것이 효과적이다. 그러나 우발고장이 발생하면 설비는 서서히 열화하기 시작하여 고장률이 급격히 증가하는데 설비에 사용되고 있는 각 부품에 따라 이 고장률의 증가경향이 다르기 때문에 수명의 추정이 어렵다. 이 시기는 마모고장기라고 부르며 설비진단기술의 적용으로 효과적인 보전을 실행하는 것이 가능한 시기이기도 하다. 이 마모고장기에 있는 설비에 대하여 고장의 징후를 정확히 파악하여 보수 계획 시에 대상설비의 우선순위 부여에 반영하거나 설비갱신계획의 참고자료로 활용함으로써 합리적 보전계획이 되기 때문에 판단도 용이해진다. 종전의 사람의 경험에 의한 판단에 비하여 정량화된 데이터에 의한 판단은 보전비의 전략적 운용에 큰 효과를 가져다준다. 여기서 설비의 라이프 사이클의 각 영역에 맞춘 진단 방식을 그림 13.7에 나타내었다.

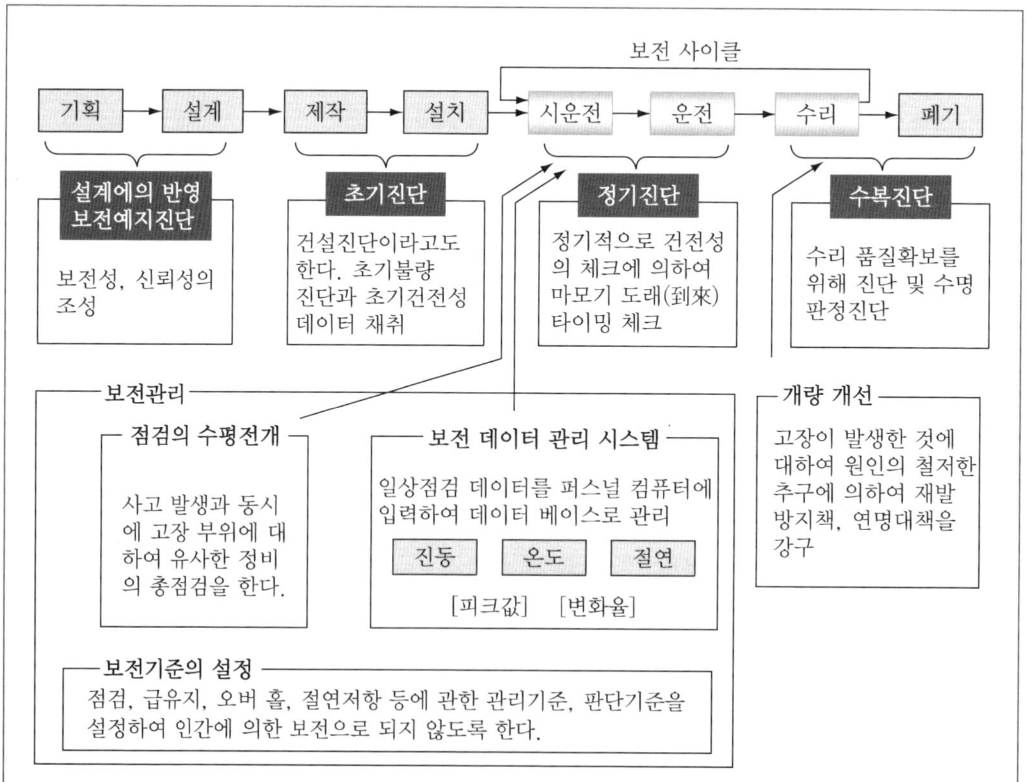


**그림 13.7** 설비의 라이프 사이클과 진단

일반적으로 설치, 시운전에 실시하는 초기진단과 운전 중에 실시하는 정기진단, 그리고 수리완료 후의 품질진단을 위해 실시하는 수복진단으로 분류할 수 있다. 물론, 각 진단 시기에 따라 진단 항목이나 목적이 다르나. 초기진단은 주로 건설시의 설치불량이나 설계, 제작미스에 의한 초기고장을 방지하기 위한 것과 설비의 초기데이터를 수집하여 정기진단 시의 판정 자료로 활용하기 위해 실시한다. 또한, 정기진단은 정기적으로 설비의 건전성을 평가하거나 마모 열화시기에 있는 설비의 고장 징후를 진단하여 보수시기의 판정에 활용하기 위해 실시한다. 수복진단은 보수 전에 수집한 데이터에 대하여 보수에 의해 개선된 정도를 평가하거나 보수품질을 보증하기 위해 진단하는 것이다.

## 13.4 비파괴검사

### 13.4.1 비파괴검사 개요

물리적 현상의 원리를 이용하여 검사할 대상물을 손상시키지 않고 그 대상물에 존재하는 불완전성을 조사하고 판단하는 기술적 행위를 말한다. 즉, 재료나 제품을 물리적 현상을 이용한 특수방법으로 검사하여 대상물을 파괴, 분리 또는 손상을 입히지 않고 결함의 유무와 상태 또는 그것의 성질, 상태, 내부구조 등을 알아내는 모든 검사를 말한다. 검사 종류로는 와전류탐상시험(ECT), 방사선투과시험(RT), 초음파탐상검사(UT), 자분탐상검사(MT), 액체침투탐상검사(PT)등이 있으며 어떠한 검사방법을 어떻게 이용하여 비파괴시험을 수행하는가에 대하여서는 그 목적에 따라 다르므로 각기 그 목적에 따라서 가장 적합한 시험법 및 시험조건을 선택해서 수행하는 것이 바람직하다. 비파괴시험의 일반적인 목적은 구조물의 안전성을 확보하기 위해 구조물을 구성하고 있는 재료, 부품의 신뢰성을 향상시키기 위해서이다. 이러한 신뢰성 향상을 통해 철저한 품질관리가 가능해 지고 구조물을 믿고 사용할 수 있게 된다. 즉 적절한 비파괴검사를 각각의 목적에 맞게 적용함으로써 건전성을 확인하고 신뢰성을 향상시킬 수 있다. 또한 비파괴검사의 결과를 분석 검토하여 제조조건을 수정 보완함으로써 제조기술의 개선이 가능하며 제조기술을 향상시킬 수 있으며 제조공정에서 적당한 시기에 적절한 비파괴검사를 적용하여 불량품을 조기에 발견하고 조치함으로써 시간과 재료를 절감할 수 있다.

### 13.4.2 비파괴시험의 적용 예

#### (1) 조립구조품 내부구조 조사

구조상으로 분해할 수 없든가 또는 분해할 수 있어도 재조립이 곤란한 것의 내부구조 또는 내용물의 조사에 활용된다.

#### (2) 재료 및 용접부의 결함검사

비파괴시험이 가장 많이 이용되고 있는 분야이며 제작 때에 실시하는 결함검사와 사용개시 후 일정한 시기마다 실시하는 결함검사가 있다.

① 품질평가 : 소재나 용접부의 제조과정 중 수행하는 검사는 제조된 것이 규정된 규격 혹은 사양서에 따라 제조되고 규정된 품질을 만족하고 있는가의 여부를 확인할 목적으로 행해지는 것이며 비파괴검사는 이 목적을 달성하기 위한 품질관리의 한 수단으로서 행해지는 것이다. 따라서 이 검사의 결과를 이용해서 행하는 재료 및 용접부의 평가는 품질평가이며 이때 주어지는 판정기준은 품질관리를 위한 관리단계를 나타내는 것이다.

② 수명평가 : 초기 사용 이후 일정기간마다 수행하는 검사는 다음 검사 시기까지 안전하게 사용될 수 있는가 여부를 추정 평가하고자 하는 것이며 설비의 수명을 평가하기 위한 것이라고 할 수가 있다. 즉 정기검사, 보수검사, 운전 중 검사에서는 사용조건에 근거해서 새롭게 발생한 이상상태를 검출하여 그 종류, 형상, 크기, 발생개소, 응력, 응력방향과 관계 등으로부터 향후 검사시기까지 이상상태의 성장을 예측하고 보수 또는 폐기여부를 결정해야 한다.

#### (3) 재료 및 기기의 계측검사

정기검사일 때 실시되는 것으로 재료 또는 기기부품의 변형량 또는 부식량을 정량적으로 측정하여 사용의 가부를 결정하고자 하는 것이다.

#### (4) 재질검사

구조물의 안전성은 사용되는 각종 재료의 안전성이 최우선으로 설계상 요구되는 조직을 갖는 재료 또는 규정된 각종 처리가 되어 있는 재료를 사용하는 것이 구조물의 안전성을 증명하기 위한 최우선 단계인데, 비파괴실험은 재질이 올바른 것인가 아닌가의 여부 또는 규정된 처리가 된 것인가의 여부를 점검하기 위하여 사용된다.

### (5) 표면처리층의 두께 측정

내마모성이 요구되는 부품 또는 내부식성이 요구되는 부품 등의 표면처리로 인해 경화된 깊이라든가 도금 두께가 규정된 두께로 되어 있는가 하는 것을 조사한다.

### (6) 변형률 측정

설계의 안전성은 응력해석의 결과가 바람직한 것인가에 따라 평가된다. 그리고 그것은 최종단계의 하중시험 또는 압력시험을 할 때 부재의 변형률 측정을 실시하여 강도를 파악할 수 있다.

## 13.4.3 비파괴시험의 종류

### (1) 방사선투과검사(RT : Radiographic Test)

방사선투과검사는 강이나 기타 재질에 대하여 방사선 및 필름을 이용하여 시험체의 내부에 존재하는 불연속(결함)을 검출하는데 적용하는 비파괴검사방법 중의 하나이다. 진공 튜브내의 필라멘트에서 발생한 열전자가 광전압에 의해 가속되어 빠르게 이동할 때 양극 쪽의 타깃(Target)에 부딪혀 X-선이 발생한다. 이 X-선이 검사재를 통과하여 필름에 맺힌 화상의 흑화도 차를 식별하여 소재 내·외부의 결함 이상 유무를 평가한다.

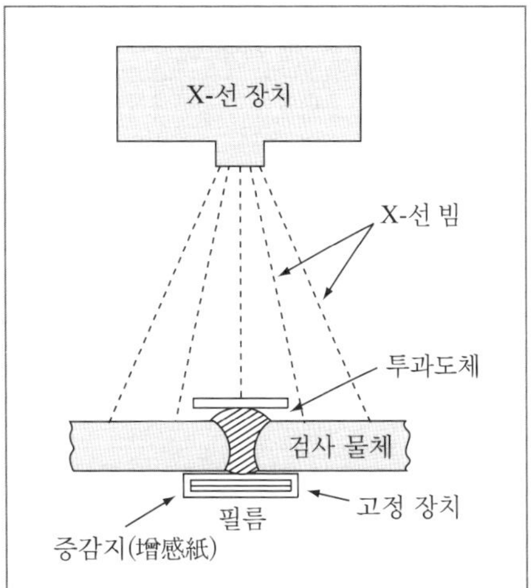


그림 13.8 X선 촬영 방식의 예

방사선투과검사를 수행하기 위해서는 기본적으로 방사선원, 필름, 시험체가 있어야 한다. 그 원리는 방사선원의 에너지 및 시험체의 밀도와 두께에 따라 방사선의 투과량이 달라지며 투과된 방사선원은 필름을 감광시키는데 이때 투과된 방사선량에 따라 필름의 감광 정도가 다르게 되고 이를 현상하여 필름에 나타난 밝고 어두운 정도를 비교하여 시험체 내부의 상태를 알아볼 수 있다. 방사선투과검사의 장점으로는 거의 모든 재질을 검사할 수 있으며 검사결과는 필름으로 영구적으로 기록을 남길 수 있다는 것이다. 그러나 방사선투과검사는 검사비용이 많이 들고 방사선 위험 때문에 안전관리의 문제가 있으며 제품의 형상이 복잡한 경우에는 검사하기 어려운 단점이 있다.

### (2) 초음파탐상검사(UT : Ultrasonic Test)

초음파탐상검사란 가청주파수 이상의 주파수를 갖는 초음파를 이용하여 소재의 내부결함을 검출하거나 두께측정에 이용하는 것으로, 탐촉자에서 발생한 초음파는 소재의 내부로 침투되어 진행하며 초음파의 경로상에 결함이 존재할 경우, 그 결함에 의해 초음파는 반사되어 되돌아오고 그 신호를 받아 초음파가 진행한 거리만큼 지시화면에 신호로 나타나게 된다. 지시화면에 나타난 신호의 위치 및 크기를 읽어 그 결함이 존재하는 깊이 및 크기를 평가한다.

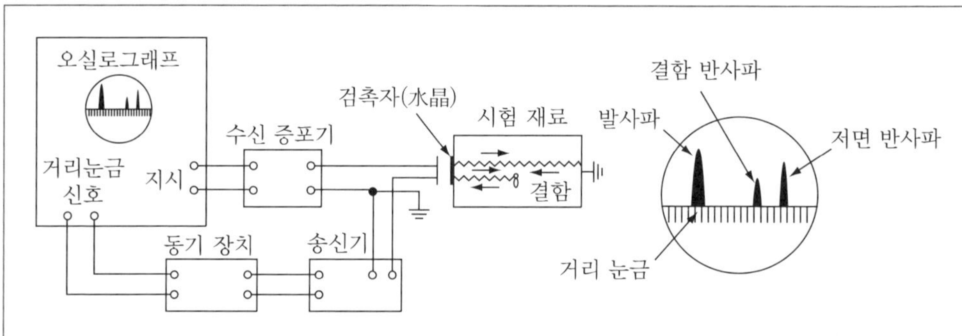

**그림 13.9** 초음파탐상장치의 예

### (3) 자분탐상검사(MT : Magnetic Particle Test)

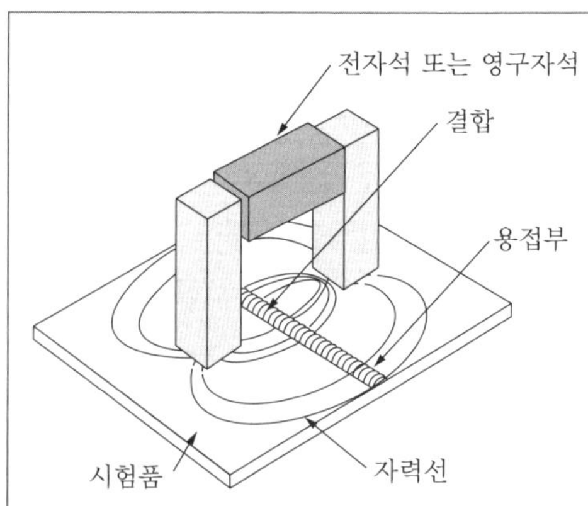

**그림 13.10** 자분탐상검사(MT)

강자성체인 시험체를 자화시켰을 때 시험체 조직의 변화 또는 결함 등이 존재하는 경우에는 이로 인하여 시험체에 형성된 자장의 연속성이 깨어져 이 부분에 누설자장이 형성된다. 이때 시험체의 표면에 자분을 산포하면 누설자장이 형성된 부위에 자분이 달라붙어 시험체 조직의 변화 또는 결함 등의 존재 유무, 위치, 크기, 방향 및 범위 등을 검사할 수 있다. 자기탐상검사는 우선적으로 시험체가 자화될 수 있는 재질, 즉 강자성체이어야 검사가 가능하며 시험체 표면에 존재하는 결함의 검출에 적당하다. 또한 검사조건에 따라서는 시험체 표면으로부터 최대 1/4인치 깊이에 존재하는 표면 바로 밑에 존재하는 결함도 검출가능하다. 미세한 표면균열 검출에 가장 적합하며 시험체의 크기, 형상 등에 크게 구애됨이 없이 검사 수행이 가능하다. 단점으로는 자분탐상검사는 모든 재질에 대해 적용할 수 있는 것이 아니라 자화가 가능한 강자성체에만 국한되고 시험체의 표면근처에 존재하는 결함만을 검출할 수 있어 내부전체의 건전성을 판별하기 위해서는 다른 검사방법을 병행하여 수행해야 하며 검사방법에 따라서는 전기접촉 부위에서의 아크 발생으로 시험체가 손상될 우려가 있다.

### (4) 침투탐상검사(PT : Penetrant Test)

모세관의 원리를 이용하여 표면 미세 균열을 검출하는 검사방법으로 시험편 표면에 침투액을 적용시켜서 균열 등의 불연속부에 침투시킨 후 과잉의 침투제를 제거하고 현상제를 적용시켜 침투된 침투액을 추출시켜 불연속부의 위치, 크기 및 지시모양을 검사한다. 침투탐상에 적용되는 침투제는 낮은 표면장력과 높은 모세관 현상의 특성이 있어 시험체에 적용하면 표면의 불연속등에 쉽게 침투하게 된다. 이렇게 모세관현상에 의해 침투제가 침투하게 되고 침투하지 못한 침투제를 제거한 후 현상제를 적용하면 불연속부에 들어있는 침투제가 현상제 위로 흡착되어 가시적으로 표면개구부의 위치 및 크기를 알 수 있게 하는 방법이다. 특징으로는 검사체의 크기나 재료에 관계없이 표면에 위치한 결함을 쉽게 찾을 수 있다.

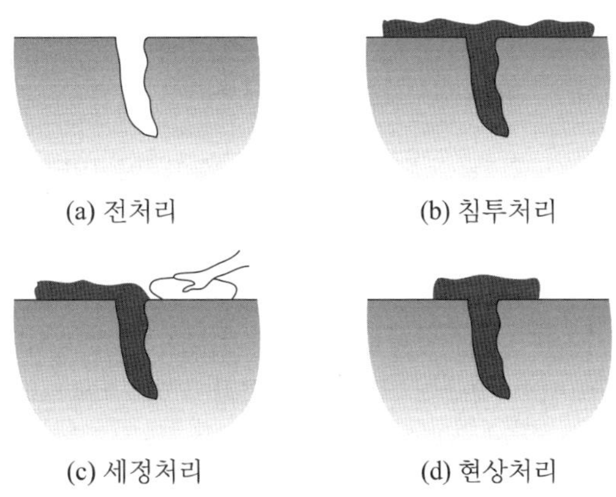


그림 13.11 침투탐상검사(PT)

### (5) 와류탐상검사(ET : Eddy Current Test)

유도코일에 전류가 흐르면 그 전류주위에는 자장이 형성되고 그 자장의 영향을 받아 검사재의 표면에는 자장으로부터 유도되는 와전류가 발생하게 되며 이 와전류를 2개의 감지코일로 결함의 유무 및 크기를 측정한다. 도체에 생긴 와전류의 크기 및 분포는 주파수, 도체의 전도도와 투자율, 시험체의 크기와 형상, 코일의 형상과 크기, 전류, 도체와의 거리, 균열 등의 결함에 의해 변한다. 따라서 시험체에 흐르는 와전류의 변화를 검출함으로서 시험체에 존재하는 결함의 유무, 재질등의 시험이 가능해진다. 코일의 종류에 따라 관통형 방식, 회전형 방식 및 내삽형 방식으로 구분한다. 특히 발전설비나 화학장치 내열 교환기 튜브 등의 부식, 흠 등의 검출에 유용한 검사법이므로 시설의 안전성 유지나 가동률 제고를 위해서 주기적 검사가 필요하다.

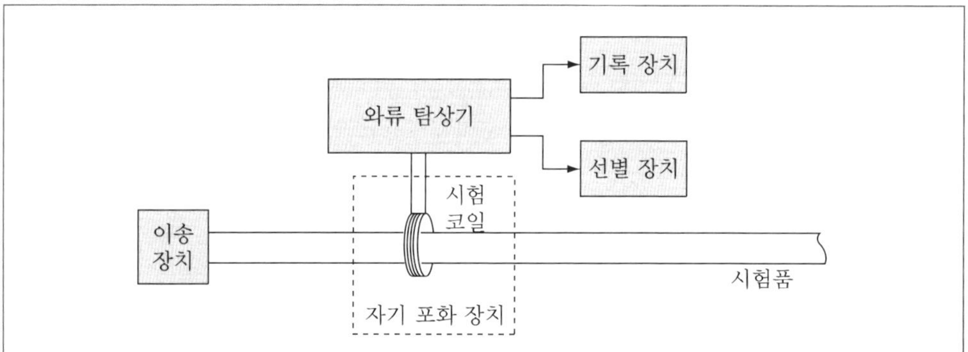


**그림 13.12** 자동식 와류탐상장치

### (6) 음향탐상검사(AE : Acoustic Emission Test)

재료에 외력을 가하면 전위가 움직여 어느 점에서 수립하거나 또는 쌍정변형을 일으켜 소성변형이 일어나게 되고 더 큰 힘을 받으면 균열이 발생한다. 전자일 경우 외부로 방출되는 에너지는 작고 연속적이나 후자일 경우 변위의 개방에 의해 큰 에너지가 방출된다. 이 에너지는 주파수 범위가 50 MHz 정도의 초음파로 방출되며 이 초음파를 검출함으로서 시험체 내부의 변화를 알아내고 파괴를 예지할 수 있게 된다. 시험체에 하중을 가했을 때 처음에는 소성변형으로 진폭이 작은 연속형 음향방출이 일어나지만 균열이 발생하기 시작하면서 진폭이 큰 음향방출이 돌발적으로 일어나는데 이를 돌발형 음향방출이라고 한다. 파단이 가까워지면 진폭이 큰 음향방출이 빈번하게 일어나게 되므로 파단을 예측할 수 있게 된다.

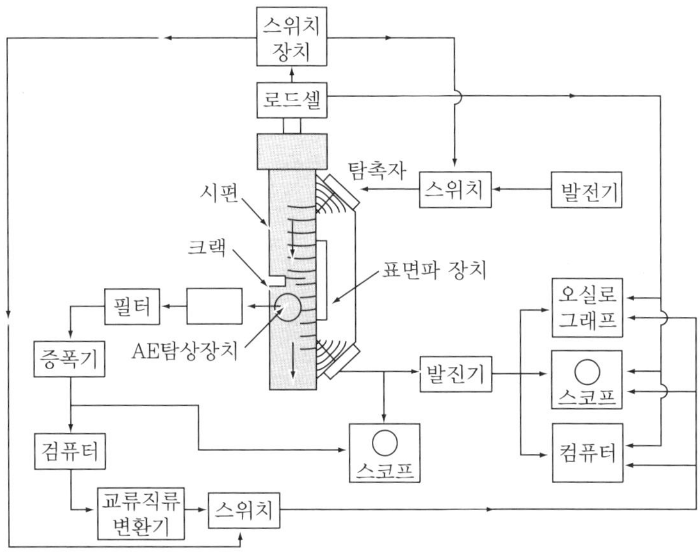


**그림 13.13** AE탐상장치의 계통도

## (7) 응력측정법

최근에 공학과 공업의 고도성장에 따라 응력측정의 이론과 기술적인 면에서 획기적인 발전을 보이고 있고 특히 전자공학의 발전에 따라 응력측정기술도 더욱 고도의 정밀측정이

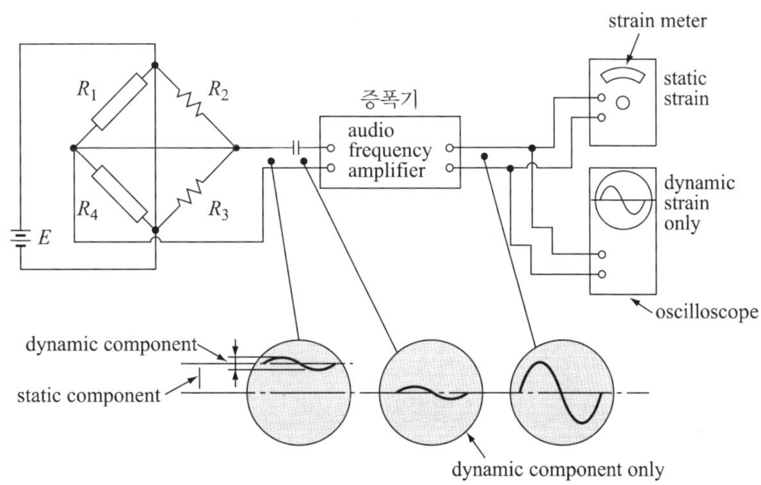


**그림 13.14** 스트레인 측정용 구조 계통도

가능하게 되었다. 외력에 의하여, 혹은 물질 자체의 자중에 의하여 기계 및 구조물에는 육안으로 볼 수 있는 변형에서부터 원자거리의 지극히 적은 미소변형에 이르기까지 적은 변형률의 측정이 가능하여 응력해석이 되고 있다.

### 13.4.4 비파괴시험 안전수칙

#### (1) 작업 전 안전수칙

① 방사선작업종사자는 방사선취급에 수반되는 모든 방사선의 위험에 대하여 적절한 조치를 취할 수 있는 지식을 갖춘다.

② 방사선작업종사자는 방사선으로부터 자기 스스로 및 주위의 개개인을 방어할 의무가 있음을 자각한다.

③ 필요한 개인 방호기구는 항상 몸에 착용하고 작업에 임하여야 하며 수시로 점검한다.

④ 작업시작 전 모든 방사선장비의 이상 유무를 사전 점검한다.

⑤ 작업시작 전 방사선 관리구역을 설정하고 방사선표지를 부착한다.

⑥ 기타 안전관리규정에 대한 제반사항을 철저히 준수한다.

#### (2) 작업 중 안전수칙

① 작업 시 방사선 방어의 3대 원칙(시간, 거리, 차폐)을 준수하고 불필요한 피폭은 하지 않는다.

② 방사선장비의 고장이나 방사성동위원소의 분실 등 사고 발생 시에는 방사선 위험구역을 설정하고 안전관리자에게 즉시 보고한다.

③ 방사선작업종사자는 작업장소의 형편을 파악하여 작업조건의 개선을 꾸준히 모색하고 노력한다.

④ 작업용 비계 위에서 작업 시 안전대를 반드시 사용한다.

⑤ 작업대에는 표준안전난간을 설치한다.

⑥ 작업대의 발판은 전면에 걸쳐 빈틈없이 설치한다.

⑦ 최대적재하중을 표시하고 노 내부 출입인원에 대한 관리감독을 철저히 실시한다.

⑧ 작업장 하부에서는 동시에 작업하지 않는다.

# 13.5 안전검사

## 13.5.1 안전검사의 의의

유해하거나 위험한 기계·기구·설비로서 대통령령으로 정하는 것을 사용하는 사업주는 유해·위험기계 등의 안전에 관한 성능이 고용노동부장관이 정하여 고시하는 검사기준에 맞는지에 대하여 고용노동부장관이 실시하는 검사(이하 "안전검사"라 한다)를 받아야 한다. 이는 산업안전보건법 제1조에 규정하고 있는 바와 같이 산업안전보건에 관한 기준을 확립하여 산업재해를 예방하고 근로자의 안전과 보건을 유지, 증진함을 목적으로 하며 사업장에서의 안전과 보건의 확보를 위한 여러 가지 기준 중의 하나로서 사업장에서 사용하고 있는 기계, 기구 중에서 특별히 중요하다고 생각되는 14개의 기계, 기구 및 설비를 지정하여 사업주로 하여금 스스로의 안전과 보건을 확보할 수 있게 하기 위한 조치인 것이다. 각 사업주 및 근로자는 기계, 기구의 원활한 운전 및 자신의 안전과 경제적 손실을 예방하기 위하여 안전검사를 받고 있으나, 특별히 각 법령에 안전검사를 의무적으로 실시하도록 한 것은 생산량을 증가시켜 기업이윤을 증대시키려는 의욕 때문에 기계, 기구의 검사가 소홀히 될 우려가 있으며 더욱이 검사항목을 지정하지 않으면 형식적인 검사가 되어 사고를 유발하기 쉽기 때문이다. 또한 이 검사는 기계, 기구 및 설비에 따라 각 검사주기를 정하여 정기적으로 자체검사를 실시함으로써 단순한 산업재해의 예방뿐만 아니라 당해 기계, 기구나 설비의 성능을 보장하는 의미도 가지고 있다.

## 13.5.2 안전검사기준의 근거법령

1) 법 제36조에서는 고용노동부령으로 정하는 기계, 기구 및 설비에 대하여는 매월 또는 2월에 1회까지 빈도로 자체검사를 실시하여 안전사고 방지에 최선을 다하여야 할 의무를 사업주에 부담시키고 있다. 즉, 동법 시행령 제28조의6에서 안전검사 대상기계, 동법 시행규칙 제9장에 안전검사의 면제, 신청, 주기, 검사원의 자격 등을 규정하고 있다. 또한 안전규칙에 제57조(프레스 및 전단기), 제69조(원심기), 제85조(보일러), 제91조(압력용기), 제104조(양중기), 제163조(승강기), 제300조(화학설비 및 그 부속설비), 제307조(건조설비 및 그 부속설비), 제315조(아세틸렌 용접장치), 제322조(가스집합 용접장치) 등이 규정되어 있다.
2) 또한 안전규칙 제58조는 자체검사 실시의 구체적인 내용을 포함한 자체검사서를 작성하여 ① 검사년월일 ② 검사방법 ③ 검사부분 ④ 검사결과 ⑤ 검사자의 성명 ⑥

검사결과에 따른 조치의 개요를 동법 제64조(서류보존)에 의해 3년간 보존하도록 하고 있으며, 이는 검사의 실시 근거로서 필요하며 자체검사 시마다 그 기록을 보존함으로써 기계, 기구의 마모, 손괴, 변형상태를 판단할 수 있어 안전사고예방에 대처할 수 있게 하기 위함이다.

3) 사업주가 이상의 각 규정에 의한 자체검사를 실시하지 아니하는 경우에는 산업안전보건법 제69조에 의하여 천 이하의 벌금에 처하도록 규정하고 있다.

### 13.5.3 안전검사의 종류

안전검사란 제품이나 기계, 기구 또는 설비 등이 본래의 목적에 위배됨이 없이 유지되고 있으며 사용목적에 적정한 성능을 발휘하고 있는지를 육안검사, 타진검사 혹은 검사장비를 이용하여 당해 기계, 기구의 운전자나 전문검사원에 의하여 판정하는 것을 말한다. 이러한 검사의 종류는 대상에 의한 분류와 검사방법에 의한 분류가 있다. 검사대상에 의한 분류로는 기능검사, 형식검사, 규격검사 등으로 나누어지며 검사방법에 의한 분류로는 육안검사, 기능검사, 검사기기에 의한 검사, 시험에 의한 검사 등으로 구분할 수 있다. 이 법에서 말하는 검사는 사용상의 성능에 관한 검사로서 육안에 의한 검사, 기능검사, 검사기기에 의한 검사, 시험에 의한 검사 등을 말하며 이러한 검사방법에 따라 확인할 사항은 다음과 같다.

① 내외면의 변형의 유무
② 부식의 유무와 그 정도
③ 마모상태
④ 손상의 유무
⑤ 기능의 정상적 작동상태 등으로 성능에 영향을 주는 것들이다.

### 13.5.4 안전검사원의 자격

법 제36조의2 제2항 제1호 및 제2호에서 고용노동부령으로 정하는 자격 및 경험을 가진 사람 및 고용노동부령으로 정하는 바에 따라 검사원 양성교육을 이수하고 해당 분야의 실무경험이 있는 사람(이하 “검사원”이라 한다)이란 다음 각 호의 어느 하나에 해당하는 사람을 말한다.

1) 「국가기술자격법」에 따른 기계·전기·전자·화공 또는 산업안전 분야에서 기사 이상의 자격을 취득한 사람으로서 해당 분야의 실무경력이 3년 이상인 사람
2) 「국가기술자격법」에 따른 기계·전기·전자·화공 또는 산업안전 분야에서 산업기사 이상의 자격을 취득한 사람으로서 해당 분야의 실무경력이 5년 이상인 사람
3) 「국가기술자격법」에 따른 기계·전기·전자·화공 또는 산업안전 분야에서 기능사 이상의 자격을 취득한 사람으로서 해당 분야의 실무경력이 7년 이상인 사람
4) 「고등교육법」에 따른 학교 중 수업연한이 4년인 학교(같은 법 및 다른 법령에 따라 이와 같은 수준 이상의 학력이 인정되는 학교를 포함한다)에서 기계·전기·전자·화공 또는 산업안전 분야의 관련 학과를 졸업한 사람으로서 해당 분야의 실무경력이 3년 이상인 사람
5) 「고등교육법」에 따른 학교 중 제4호에 따른 학교 외의 학교(같은 법 및 다른 법령에 따라 이와 같은 수준 이상의 학력이 인정되는 학교를 포함한다)에서 기계·전기·전자·화공 또는 산업안전 분야의 관련 학과를 졸업한 사람으로서 해당 분야의 실무경력이 5년 이상인 사람
6) 「초·중등교육법」에 따른 고등학교·고등기술학교에서 기계·전기 또는 전자·화공 관련 학과를 졸업한 사람으로서 해당 분야의 실무경력이 7년 이상인 사람
7) 제43조에 따른 양성교육을 이수하고, 해당 분야의 실무경력이 1년 이상인 사람

### 13.5.5 검사 대상과 범위

#### (1) 검사의 대상

안전검사의 대상은 시행규칙에서 각 분야별로 자체검사 대상을 정하고 있다. 당해 기계, 기구 또는 설비를 사용하고 있거나 제조하는 사업장은 모두 이 기준의 적용대상이 된다. 화학설비는 업종이 화학계열이 아니더라도 화학설비의 일부라도 설치하여 사용하고 있거나 당해 설비를 제작하는 사업장은 모두 자체검사의 대상이 된다. 대상기계, 기구를 세분화하면 다음과 같이 구분되어진다.

[표 13.1] 자체검사 대상기계

| 번호 | 대상기계기구명 | | 검사주기 | 법적근거 | 비고 |
|---|---|---|---|---|---|
| 1 | 프레스 및 전단기 | | 1년에 1회 이상 | 산업안전보건법 시행규칙 제73조 별표3 참고 | |
| 2 | 원심기 | | 1년에 1회 이상 | | 화학설비에 해당하지 아니한 것 |
| 3 | 보일러 | | 6월에 1회 이상 | | |
| 4 | 압력용기, 공기압축기 | | 6월에 1회 이상 | | |
| 5 | 양중기 | 크레인, 리프트, 곤돌라 | 6월에 1회 이상 | | |
| 6 | | 승강기 | 1년에 1회 이상 | | |
| 7 | 화학설비 및 그 부속설비 | | 2년에 1회 이상 | | |
| 8 | 특정화학설비 및 그 부속설비 | | 1년에 1회 이상 | | |
| 9 | 건조설비 및 그 부속설비 | | 1년에 1회 이상 | | |
| 10 | 아세틸렌 용접장치 및 가스집합 용접장치 | | 1년에 1회 이상 | | |
| 11 | 국소배기장치 및 그 부속설비 | | 1년에 1회 이상 | | |

### (2) 검사범위

#### 1) 프레스 및 전단기

가. 프레스

① 방호장치의 이상 유무
② 크랭크축 또는 플라이휠 기타 동력전달장치의 이상 유무
③ 클러치, 브레이크, 기타 공압제품의 이상 유무
④ 1행정 1정지 기구, 급정지기구 및 비상정지장치의 이상 유무
⑤ 연결봉 및 슬라이드와의 상호기능 상태의 이상 유무
⑥ 전자밸브, 압력조정밸브 기타 공압계통의 이상 유무
⑦ 전자밸브, 유압펌프 기타 유압계통의 이상 유무
⑧ 리미트스위치, 릴레이 기타 전자부품의 이상 유무

나. 전단기

① 방호장치의 이상 유무
② 클러치 및 브레이크의 이상 유무
③ 슬라이드 기능의 이상 유무
④ 1행정 1정지 기구, 급정지기구 및 비상정지장치의 이상 유무
⑤ 전자밸브, 감압밸브 및 압력계의 이상 유무
⑥ 배선 및 개폐기의 이상 유무

2) 원심기

① 회전체의 이상 유무
② 주축의 축수부(베어링부)의 이상 유무
③ 브레이크 이상 유무
④ 외관의 이상 유무
⑤ 볼트의 풀림 유무

3) 양중기

가. 크레인, 리프트, 곤돌라

① 과부하방지장치, 권과방지장치 기타 방호장치의 이상 유무
② 브레이크 및 클러치의 이상 유무
③ 와이어로프 및 달기체인의 이상 유무
④ 훅 등 달기기구의 손상 유무
⑤ 배선, 집전장치, 배전반, 개폐기 및 컨트롤러의 이상 유무

나. 승강기

① 비상정지장치, 과부하방지장치 기타 방호장치의 이상 유무
② 브레이크 및 제어장치의 이상 유무
③ 와이어로프의 손상 유무
④ 가이드레일의 이상 유무
⑤ 옥외 설치된 화물용 승강기의 가이드 로프 연결부위의 이상 유무

4) 화학설비 및 그 부속설비

① 당해 설비 내부에 폭발 또는 화재 우려가 있는 물질의 유무
② 내면 및 외면의 현저한 손상, 변형 및 부식상태의 이상 유무
③ 뚜껑, 플랜지, 밸브, 코크 접합상태의 이상 유무
④ 안전밸브, 긴급차단장치, 기타 방호장치 기능의 이상 유무
⑤ 냉각장치, 가열장치, 교반장치, 압축장치, 계측장치 및 제어장치 기능의 이상 유무
⑥ 예비동력원의 기능의 이상 유무

5) 건조설비 및 그 부속설비

① 내면 및 외면과 내부의 선반, 틀 등의 손상, 변형 또는 부식의 이상 유무
② 위험물 건조설비에 있어서 건조에 인하여 발생하는 가스, 증기, 분진 등으로 인한

폭발 또는 화재의 위험을 예방하기 위한 설비의 이상 유무

③ 감시창, 출입구, 배기구 등 개구부의 이상 유무

④ 내부에 설치하는 전기 기계, 기구 또는 배선의 이상 유무

⑤ 연소실 기타 점화하는 부분의 환기를 위한 설비의 이상 유무

⑥ 내부온도의 측정장치 및 조정장치의 이상 유무

#### 6) 아세틸렌 용접장치 또는 가스집합 용접장치(매설부분 제외)

① 당해장치의 손상, 변형, 부식의 유무

② 당해장치의 성능상태

#### 7) 국소배기장치 및 제진장치 등(분진, 연, 유기용제, 특정화학물질)

① 후드의 이상 유무

② 덕트의 이상 유무

③ 팬 모터의 이상 유무

④ 흡기 및 배기능력의 이상 유무

#### 8) 보일러

① 방호장치의 이상 유무

② 보일러 본체의 손상 유무

③ 연소장치의 이상 유무

④ 자동제어장치의 이상 유무

- 압력방출장치 기능의 토출상태
- 압력제한스위치의 표준압력에 의한 작동시험
- 고저수위조절장치와 급수펌프와의 연동된 작동상태
- 기타 제어장치의 기능상태

⑤ 각종 밸브의 정상작동상태

#### 9) 압력용기

① 압력용기 등의 본체의 상태

② 표준압력계에 의한 압력방출장치를 토출시험 후 납으로 봉인되었는지의 여부

③ 언로드밸브의 작동시험(공기압축기에 한함)

④ 드레인밸브의 조작과 배수상태

⑤ 기타 부속장치의 부식 및 균열 등의 이상 유무

# 13장 연습문제

**01** 침투탐상검사방법에서 일반적인 작업 순서로 맞는 것은?

① 전처리 → 침투처리 → 세척처리 → 현상처리 → 관찰 → 후처리
② 전처리 → 세척처리 → 침투처리 → 현상처리 → 관찰 → 후처리
③ 전처리 → 현상처리 → 침투처리 → 세척처리 → 관찰 → 후처리
④ 전처리 → 침투처리 → 현상처리 → 세척처리 → 관찰 → 후처리

**02** 방사선투과검사에서 투과사진의 성질을 점검할 때 확인해야 할 항목으로 거리가 먼 것은?

① 투과도계의 식별도
② 시험부의 사진농도 범위
③ 계조계의 값
④ 주파수의 크기

**03** 철강업 등에서 10일 간격으로 10시간 정도의 정기 수리일을 마련하여 대대적인 수리, 수선을 하게 되는데 이와 같이 일정기간마다 설비보전활동을 하는 것을 무엇이라 하는가?

① 사후보전(Break down Maintenance; BM)
② 시간기준보전(Time Based Maintenance; TBM)
③ 개량보전(Concentration Maintenance; CM)
④ 상태기준보전(Condition Based Maintenance; CBM)

**04** 사전에 회전축의 재질, 형상 등에 상응하는 종류의 비파괴검사를 실시해야 하는 고속회전체는?

① 회전축의 중량이 1톤을 초과하고, 원주속도가 100 m/s 이상인 것
② 회전축의 중량이 1톤을 초과하고, 원주속도가 120 m/s 이상인 것
③ 회전축의 중량이 0.5톤을 초과하고, 원주속도가 100 m/s 이상인 것
④ 회전축의 중량이 0.5톤을 초과하고, 원주속도가 120 m/s 이상인 것

**05** 초음파탐상법의 종류에 해당하지 않는 것은?

① 반사식
② 투과식
③ 공진식
④ 침투식

**06** 재료에 대한 시험 중 비파괴시험이 아닌 것은?

① 방사선투과시험 ② 자분탐상시험
③ 초음파탐상시험 ④ 피로시험

**07** 기계의 각 작동부분 상호간을 전기적, 기구적, 유공압 장치 등으로 연결해서 기계의 각 작동부분이 정상으로 작동하기 위한 조건이 만족되지 않을 경우 자동적으로 그 기계를 작동할 수 없도록 하는 것은?

① 인터록기구 ② 과부하방지장치
③ 트립기구 ④ 오버런기구

**08** 비파괴검사방법이 아닌 것은?

① 음향탐상시험 ② 초음파탐상시험
③ 와류탐상시험 ④ 인장시험

**09** 반복 응력을 받게 되는 기계구조부분의 설계에서 허용 응력을 결정하기 위한 기초강도로 가장 적합한 것은?

① 항복점(Yield point) ② 극한 강도(Ultimate strength)
③ 크리프 한도(Creep limit) ④ 피로 한도(Fatigue limit)

**10** 원심압축기 및 펌프의 자체검사 항목이 아닌 것은?

① 모터의 절연저항을 측정한다.
② 유입 측의 압력을 측정한다.
③ 축수부의 발열상태를 조사한다.
④ 윤활유의 주유상태 및 열화의 유무를 조사한다.

**11** 유해·위험기계·기구 중에서 진동과 소음을 동시에 수반하는 기계설비로 가장 거리가 먼 것은?

① 컨베이어 ② 사출성형기
③ 아세틸렌 용접장치 ④ 공기압축기

**해설** 1. ①

침투탐상시험법의 시험순서 : 전처리 – 침투처리 – 세척처리 – 현상처리 – 후처리

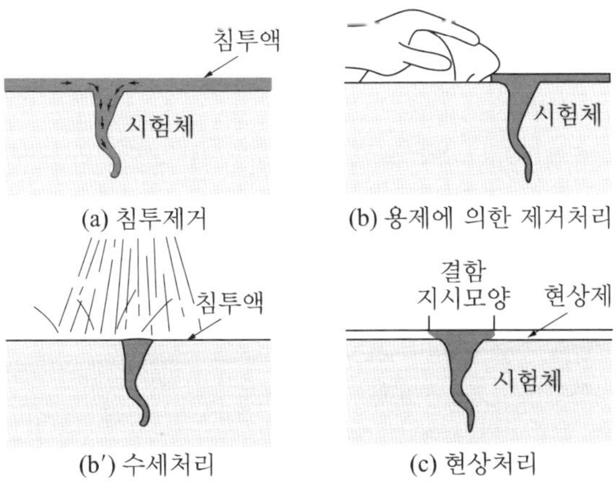


[침투탐상시험에 의한 결함지시모양의 형성 프로세스]

2. ④

용접부의 방사선투과검사를 행하는 경우, 강용접이음부에 대해서는 KS B 0845(강용접이음부의 방사선투과시험방법)에 투과사진의 필요조전이라는 항목이 있고, 촬영된 투과사진이 규정하는 상질을 가지고 있는지의 여부를 확인해야 한다. 확인해야 할 항목은 다음과 같다.

(1) 투과계의 식별 최소선정

(2) 시험부의 사진농도

(3) 계조계의 값(농도차/농도)

3. ②

시간기준보전(TBM)은 일정기간마다 수리, 수선 등 보수를 하는 것

4. ②

고속회전체(회전축의 중량이 1톤을 초과하고 원주속도가 매 초당 120 m 이상인 것에 한한다)의 회전시험을 하는 때에는 미리 회전축의 재질 및 형상 등에 상응하는 종류의 비파괴검사를 실시하여 결함 유무를 확인하여야 한다. (안전규칙 제75조)

5. ④

초음파탐상법의 종류는 원리에 따라 크게 펄스반사법, 투과법, 공진법으로 분류되며, 이 중에서 펄스반사법이 가장 일반적이며 많이 이용된다.

6. ④

비파괴시험의 종류

(1) 표면결함 검출을 위한 비파괴시험방법

1) 외관검사 : 확대경, 치수측정, 형상 확인

2) 침투탐상방법 : 금속, 비금속 적용가능, 표면개구 결함 확인

3) 자분탐상시험 : 강자성체 적용, 표면, 표면의 저부결함 확인

4) 와전류탐상법 : 도체 표층부 탐상, 봉, 관의 결함 확인

(2) 내부결함 검출을 위한 비파괴시험방법
1) 초음파탐상시험 : 균열 등 면상 결함 검출능력이 우수하다.
2) 방사선투과시험 : 결함 종류, 형상판별 우수, 구상결함을 검출한다.
피로시험은 파괴시험의 일종이다.

7. ①
인터록장치는 승강기의 경우 문이 열려 있을 경우 상승이 되지 않은 것을 말한다.

8. ④
비파괴시험의 종류
(1) 표면결함 검출을 위한 비파괴시험방법
1) 외관검사 : 확대경, 치수측정, 형상 확인
2) 침투탐상방법 : 금속, 비금속 적용가능, 표면개구 결함 확인
3) 자분탐상시험 : 강자성체 적용, 표면, 표면의 저부결함 확인
4) 와전류탐상법 : 도체 표층부 탐상, 봉, 관의 결함 확인
(2) 내부결함 검출을 위한 비파괴시험방법
1) 초음파탐상시험 : 균열 등 면상 결함 검출능력이 우수하다.
2) 방사선투과시험 : 결함 종류, 형상판별 우수, 구상결함을 검출한다.
인장시험은 파괴시험이다.

9. ④
기계나 구조물 중에는 반복응력을 받아서 파괴되는 것을 피로파괴라 하고, 어느 응력에 대하여 되풀이 횟수가 무한대가 되는 한계가 있는데 이 같은 응력의 최대한을 피로한도(피로강도)라 한다.

10. ②
2009년부터 자체검사와 정기검사가 통합되어서 안전검사로 되었음. 자체검사는 없어짐.

11. ③
아세틸렌 용접장치는 진동과 소음을 동시에 수반하지 않는다.

제14장

# 파괴검사 및 기초역학

## 14.1 파괴 개요

기계가 정상적으로 작동하지 않는 원인에는 마모, 헐거움, 진동, 파손 등을 생각할 수 있으며 운전 중의 소음, 이상음, 진동, 과열 등의 이상 징후들과 관련이 깊다. 파손은 파괴, 파단, 손상 등의 용어와 같이 사용되고 파손이 피해손상이 축적된 상태를 나타내며 파괴는 균열이 발생한 상태를 의미한다. 파손고장은 외력이 재료강도를 상회할 때 발생하며 사용 도중 발생되는 재료 내부의 결함 및 균열의 성장에 의한 기계 구조물의 파괴를 방지하기 위하여 기계를 설계 및 제작하는 시점에서 인장, 굽힘, 충격 등의 여러 경우를 상정하여 강도부족이 발생되지 않도록 해야 한다. 파괴는 파괴기구에 따라 크게 연성파괴와 취성파괴로 구분된다. 금속재료, 비금속재료 할 것 없이 최종파괴까지 현저한 신장(Elongation)을 동반하는 파괴를 연성파괴(Ductile fracture), 동반하지 않으면 취성파괴(Brittle fracture)라고 한다. 슬립면 분리 및 미소 공동 합체에 의한 성장파괴는 연성파괴, 벽개에 해당하는 것은 취성파괴가 된다. 거시적으로는 순금속 점상파괴, 판상재료의 전단파괴, 환봉의 컵콘파괴, 슬립면파괴는 연성파괴이며 전단선을 동반하지 않는 인장파괴 및 평탄파괴는 취성파괴형태이다. 연성재료의 경우 항복응력(Yield strength)이 설계의 기준이 된다. 항복강도를 넘어 부하하면 재료는 소성변형을 동반하는 변형률 경화(Strain hardening)가 발생하고 변형 저항이 증가한다. 파괴까지의 공칭응력의 최대치를 인장강도(Tensile strength)라 하는데 취성재료의 경우는 인장강도가 설계에 있어서의 기준강도가 된다.

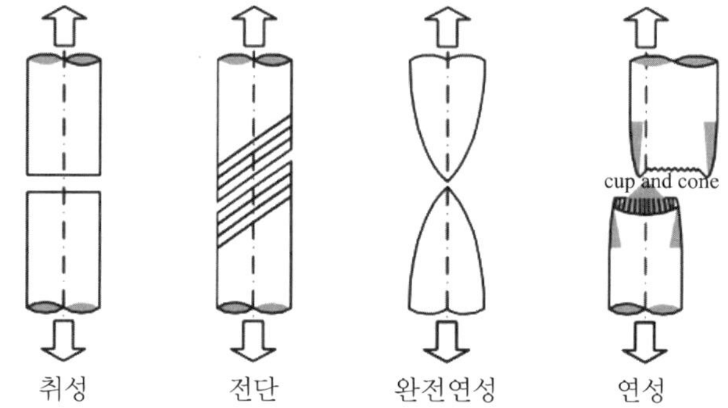


그림 14.1 인장에서 나타나는 파괴의 형태

## 14.2 파괴 기구

### (1) 벽개

벽개는 특정의 저 기지 격자면에 따라서 인장분리가 발생하는 결과로써 소성변형은 거의 발생되지 않는다. 파면은 결정면을 단위로 하여 완전히 평탄하고 무특징적인 면을 관찰할 수 있다. 다결정에서는 개개의 결정립의 방위가 다르므로 거시적으로는 파면이 인장 최대응력의 방향과 수직으로 나타나도 미시적으로는 그 면에서 약간 떨어진 각각의 결정립의 벽개면을 단위로 하는 파면에 의해 이루어져 있다. 실제적으로 파괴는 단일 벽개면을 따라 생기는 경우는 드물고 다수의 평행하지 않는 벽개면을 이루므로 진행방향에 따라 벽개단이 발생된다. 파면상에는 단이 합류하는 모양이 나타나는데 이것을 리버 패턴(River pattern)이라 한다. 이 리버 패턴의 흐름방향에 의해 파괴의 진행방향과 파괴기점을 추정할 수 있다.

### (2) 미소 공동의 성장과 합체

금속재료가 연성인 경우 전단분리가 우선으로 나타나 항복(Yeld)하게 된다. 항복 후 소성변형이 계속되면 제2상입자와 기지(Matrix)의 계면이 분리되어 그 공격이 미소 공동(Micro void)이 된다. 미소 공동은 성장하여 서로 합체하고 파면을 형성하여 파괴된다. 일반적으로 금속재료의 파면은 거시적으로 요철이 현저하고 둔한 번쩍임을 나타내는 섬유상의 양상으로 관찰된다. 이 파면을 전자 현미경으로 관찰하면 많은 봉오리 모양이 발달되어 있는 것을 볼 수 있는데 이것을 딤플(Dimple)이라 한다. 딤플의 형상은 응력상태 및 인장응력방향과 파면이 이루는 각도에 의해서 정해진다. 미소 공동의 성장과 합체에 의해 파괴하는 경우의 거시적인 파괴형태는 인장파괴, 컵콘파괴, 전단파괴가 있다.

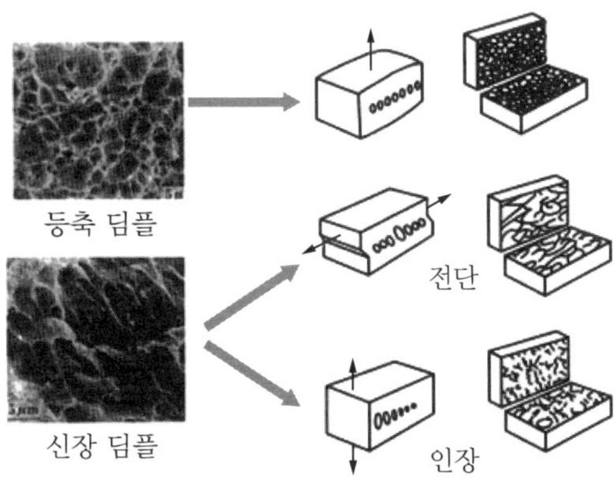


**그림 14.2** 부하 방향과 딤플 형성 관계

컵앤콘파괴(Cup & Cone fracture)가 생기는 과정은 다음 그림에서 (b)처럼 소성변형 진행에 동반하는 외부의 잘록함이 발생하면 시험면 중앙부는 소성구속 때문에 3축 인장응력상태가 되어 미소 공동이 합체 성장하게 된다. 따라서 (c)처럼 중앙부에 합체 성장에 의한 파괴가 진행되게 된다. 즉 동전형의 균열이 발생하여 계속적으로 공동과 합체 성장을 해서 시험편 자유단에 이르게 되면 소성구속이 없어지고 균열은 최대전단 응력면을 따라 (d)처럼 파단하게 된다. 표면 근처의 이 전단파괴는 전단선(Shear lip)을 나타내고 컵앤콘 파면이 형성된다.

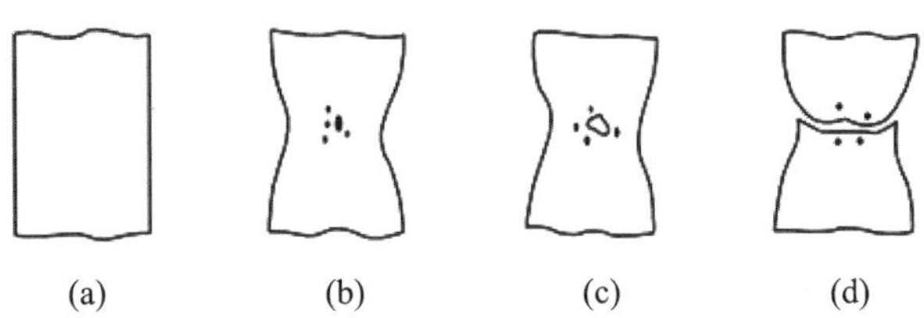


**그림 14.3** Cup-Cone fracture 파괴 과정

### (3) 슬립면 분리

고순도 금속에서는 핵이 되는 제2상입자가 존재하지 않기 때문에 미소 공동은 형성되지 않고 미끄러짐의 결과로서 표면적만 증대되어 간다. 표면과 파면은 구별이 되지 않고 슬립 모양으로 나타나는데 이것이 슬립면 분리이다.

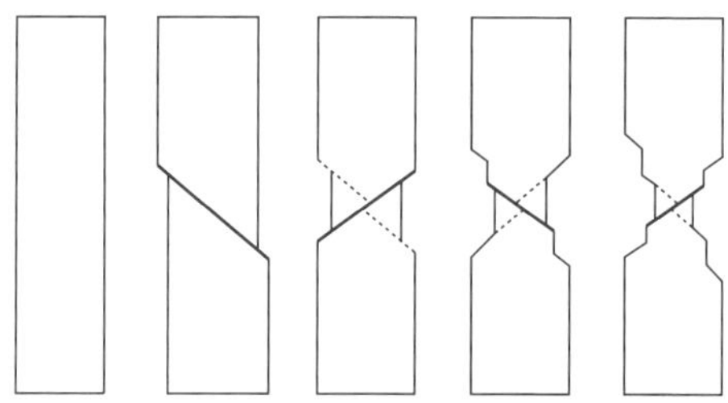

그림 14.4 슬립면 분리

## 14.3 파괴검사의 개요

파괴검사는 재료가 사용 목적과 조건에 부합하는지를 확인하고 안전한 하중의 한계와 변형 능력을 확인하기 위해 모재, 용착 금속 또는 이음을 절단, 굽힘, 인장 또는 기타의 변형을 주어 파괴하여 시험하는 방법으로 정적 시험에는 인장시험(Tension or Tensile Test), 굽힘시험(Bending Test), 압축시험(Compression Test), 경도시험(Hardness Test) 등의 종류가 있으며 동적 시험에는 충격시험(Impact Test), 피로시험(Fatigue Test) 등이 있고 기타 고온 크리프시험(Creep Test) 등이 있다.

기계구조물 안전사고의 대부분은 기계구조물의 손상에서 기인하며 정적 및 동적 부하 상태에서 파괴가 일어나지 않게 하기 위해서는 사전에 각각의 하중 조건에서 견딜 수 있는 한계최대 허용 하중을 검토하고 이하로 작업이 진행될 수 있도록 하는 것이 매우 중요하다. 실제 작업 현장에서 기계구조물을 구속하는 역학 상태는 보통 한 종류의 하중 형태가 작용하기 보다는 여러 종류의 하중이 복합적으로 작용하는 매우 복잡한 문제가 발생하게 되고 어떤 종류의 하중이 작용하는가에 따라 그 파괴 또는 파단 양상도 큰 차이를 나타낸다. 그래서 실제 대상 기계구조물에 미치는 역학 상태를 검토하여 사용이 가능한 하중 범위를 정하기 위해 하중 종류별로 혹은 이를 조합하여 파괴시험을 수행해야 할 필요가 있으며 하중 종류별 시험방법에 따른 재료 내부의 응력 상태 및 각각의 시험방법을 정리하면 다음과 같다. 파괴검사는 사용조건에 따라 직접적이고 확실한 측정이 가능하고 정량적 시험이므로 설계와 표준화에 도움이 되는데 비해 사용 중 시험이 불가능하고 시험편 가공을 필요로 하는 등 단점을 가지고 있다.

## 14.4 인장시험과 응력

재료가 인장 하중에 의해 파단 할 때의 최대 응력을 말한다. 최대 하중을 시험편 원래의 단면적에서 나눈 값을 kg/cm$^2$의 단위로 나타낸다. 인장특성은 재료의 인장 시 재료가 받는 여러 가지 특성을 측정하는 시험항목으로 기계적 물성 시험 중 가장 일반적인 항목이다. 인장강도는 크게 항복점에서의 인장강도와 파단점에서의 인장강도로 나뉘며 항복점(Yield point)은 재료가 받는 최고점에서의 힘을 의미하며, 파단점(Break point)은 재료가 끊어지는 시점에서의 힘이다. 인장시험기에는 인장시험만을 하는 시험기와 인장, 굽힘 시험을 모두 할 수 있는 만능시험기가 있다. 이들 시험기의 부하장치를 보면 유압식과 기계식이 있다.

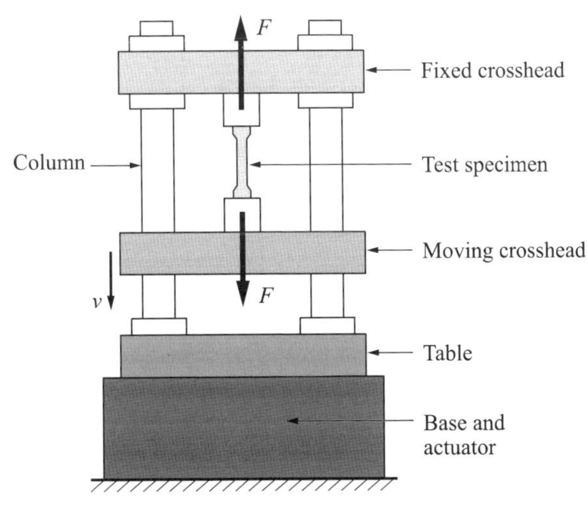


그림 14.5 인장시험기

눈금판에는 눈금지시바늘 외에도 또 하나의 최고하중지시바늘이 있어서 부하될 때 2개가 같이 움직이다가 최대 하중 이후에는 눈금지시바늘은 하중강하로 후퇴하지만 최고하중지시바늘은 후퇴하지 않고 최대 하중을 가리키도록 되어 있다. 원통은 시험편의 변형에 따라 회전하도록 되어 있다. 정확한 측정을 하려면 하중은 하중 측정장치로 변형량은 시험편에서 직접 측정한다. 또한 전자관식 자동 평형 기록계가 붙어 있는 시험기도 있다. 인장시험은 비교적 간단하기 때문에 재료가 가지는 하중-변형 특성을 구하기 위한 여러 가지 시험법들을 이용할 때 가장 보편적으로 쓰인다. 인장시험의 절차는 규격(ASTM, KS)에 맞는 시편을 준비하여 인장시험기로 시험한다. 인장시험을 할 수 있는 시험기는 현재 다양한 종류가 개발되어 있다. 인장시편은 판재나 관재의 형상도 있지만 대부분의 경우는 원형 단면을 가진 봉재 형상으로 제작된다. 공학적 응력(Engineering stress)혹은 공칭응력(Nomina stress)은 원래 단면적에 대한 작용하중의 비율로 정의되며 다음과 같다.

$$\sigma = \frac{P}{A_0}$$

공학적 변형률은 다음과 같이 계산되어진다.

$$\epsilon = \frac{(l - l_0)}{l_0}$$

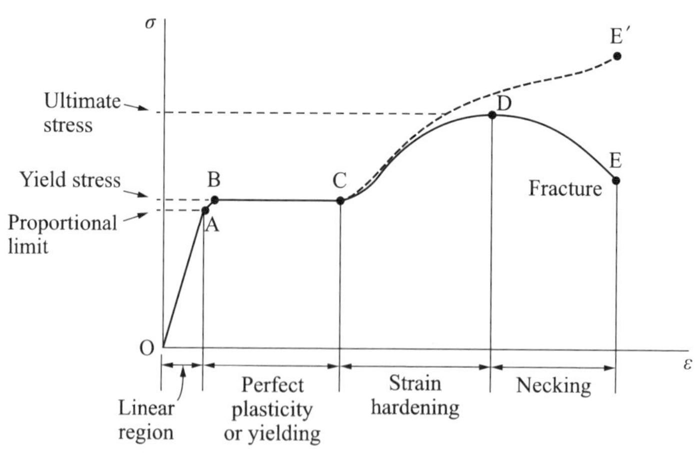


그림 14.6 응력-변형률 선도

인장시험 시 시편은 비례한도(Proportional limit)에 도달하기까지 작용하중에 비례하여 늘어난다. 따라서 이 구간에서의 재료의 거동을 선형 탄성거동(Linear elastic behavior)이라고 한다. 비례한도점부터 항복점(Y)까지는 엄격히 선형거동은 아니지만 소재는 여전히 탄성변형을 한다. 따라서 항복점에 도달하기 전에 하중을 제거하면 시편은 원래 형상으로 되돌아온다. 탄성계수(Elastic modulus 혹은 Young's modulus)의 정의는 다음과 같다.

$$E = \frac{\sigma}{\epsilon}$$

이와 같은 선형적인 응력-변형률 관계식을 Hooke의 법칙이라고 하며 $\sigma = E\epsilon$로 나타낼 수도 있다. 시편이 길이 방향으로 늘어나면 횡방향(즉, 단면방향)으로는 줄어든다. 길이 방향에 대한 횡방향 변형률 비의 절대값을 푸아송 비(Poisson's ratio) $\nu$라고 하고 응력-변형률 곡선 아랫부분에서 재료의 항복점 Y까지의 면적을 이 재료의 탄성에너지율(Modulus of resilience)라고 한다.

$$\nu = -\frac{\epsilon_{\text{lateral}}}{\epsilon_{\text{axial}}}$$

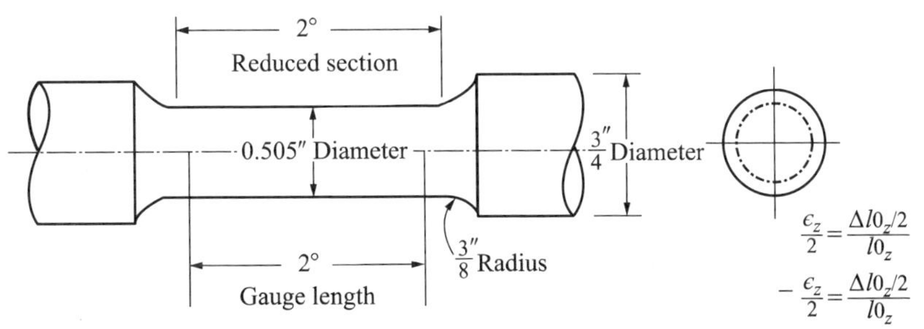


**그림 14.7** 표준 인장응력 시험편

## 14.5 굽힘시험과 응력

굽힘시험은 재료에 굽힘모멘트가 걸렸을 때 변형저항이나 파단강도를 측정하여 재료의 연성(Ductility) 또는 강도(Strength)를 결정하기 위하여 시행하며 일반적으로 대(Strip), 박판, 후판, 인발, 압출봉, 각봉 및 용접재 등에 적용된다. 그 종류로는 굽힘에 대한 재료의 저항력(굽힘강도), 재료의 탄성계수 및 탄성에너지를 결정하기 위한 굽힘저항시험과 전성, 연성 및 균열의 유무를 시험하는 굽힘균열시험이 있다. 여기서 굽힘균열시험은 가공의 적성여부를 결정하기 위한 시험이다. 굽힘모멘트 $M$이 작용할 때, 단면에서의 응력 분포도는 그림 14.8과 같다. 여기서 $c$는 중립축에서 양단까지의 거리를 말하며, $I$는 중립축에 대한 관성모멘트를 말한다.

$$F = \int \sigma \, dA = 0$$

$$M = \int \sigma \, b \, dy \, y = \int \sigma \, dA \, y$$

굽힘실험에서 탄성계수는 하중의 크기와 굽힘 변형을 측정하여 구한다. 보통 굽힘 변형과 하중과의 관계는 전단에 의한 영향을 고려하지 않을 경우 다음과 같은 일반식으로 표시할 수 있다.

$$\delta_b = \frac{P l^2}{NEI}$$

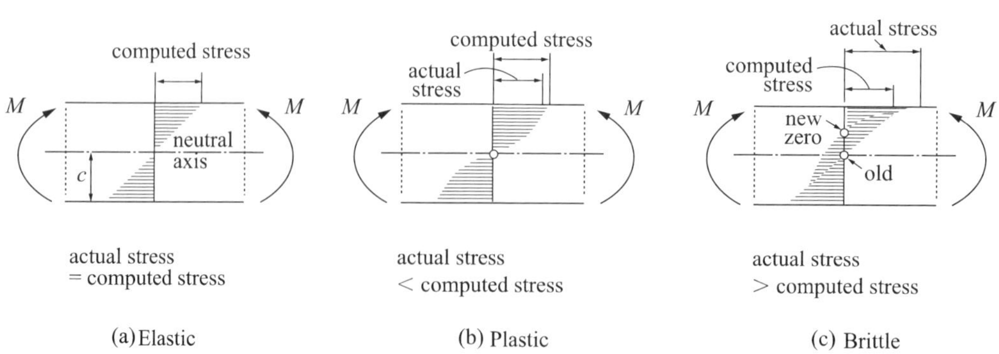


그림 14.8 여러 재료의 굽힘 응력 분포 특성

여기서 $P$는 전체하중, $l$는 빔 지점간의 거리, $N$은 지지형식 및 부하의 종류에 따라 결정되는 상수, $\delta_b$는 굽힘 변형이다.

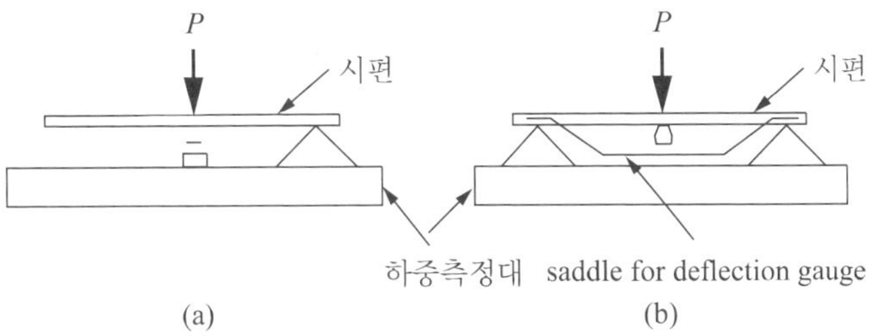


그림 14.9 굽힘 변형 측정장치

## 14.6 전단시험과 응력

재료의 전단(면에 평행방향 작용) 저항을 측정하는 것으로 시험이 비교적 간단하고 전단시험으로 전단강도를 구해 인장강도를 간단하게 환산할 수 있다. 전단시험의 목적은 봉, 판 등을 전단하는 작업이나, 일정한 모양의 금형을 사용해서 판을 일정한 형상으로 만드는 작업은 금속가공상 극히 중요한 부분을 점하고 있다. 또 연결부분의 핀과 같이 전단력을 직접 받는 기계요소도 많다. 더욱이 물리학적으로는 금속의 소성변형은 거의 미끄럼을 일으켜, 특별한 결정면상에서 미끄럼에 의해서 이루어진다는 것을 생각하면 전단력에 대해서 재료의 저항성을 실험하는 것은 극히 중요하다고 생각된다. 그러나 실제로는 전단시험은 거의 실시되지 않고 있다. 그것은 순수하게 전단력만을 가할 수 있는 시험기를 제작할 수 있는 것은 대단히 곤란하기 때문이다. 최대전단응력 이론(Maximum shear stress theory, Tresca Criterion)은 재질의 최대전단응력 값에 도달했을 때, 항복이 시작된다는 가설로 어떤 점에서 최대전단응력은 세 개의 주응력 중 가장 큰 값과 가장 작은 값의 대수차의 반이므로 최대전단응력은 아래식과 같으며 인장강도의 절반 값에 도달했을 때 항복이 시작된다.

$$\sigma_{shear} = \frac{(\sigma_1 - \sigma_2)}{2}$$

여기서, $\sigma_1 - \sigma_2$는 응력밀도(Stress intensity)라 정의하며, 연성재료의 인장파손은 45도 최대 전단면에서 발생한다. 풀림 처리한 연성재료는 거의 이 이론에 따라 파손되나 이 이론은 항복파손만을 예측하므로 연성재료에 대해서만 유효하다. 전단변형에너지이론(Distortion energy theory, Von-Mises Henky Theory)은 가장 널리 사용되며, Von-Mises응력 또는 유효응력($\sigma_e$)이 항복강도에 도달했을 때, 항복에 의한 파손이 발생한다는 이론으로 아래의 식과 같이 정리되어지며 응력상태가 아무리 복잡해도 전체적인 응력상태를 표현할 수 있다는 장점이 있다.

$$\sigma_e = \left[ \frac{(\sigma_1 - \sigma_2)^2 + (\sigma_2 - \sigma_3)^2 + (\sigma_3 - \sigma_1)^2}{2} \right]^{1/2}$$

그림 14.10은 평면응력상태의 세 가지 연성파손이론을 그림으로 표현한 것이다. 위의 이론에 따른 응력상태는 사각형, 육각형, 타원형상의 폐곡선으로 표시되, 폐곡선상과 그 외부에 위치한 응력상태는 항복이 일어난 상태로 판단할 수 있다. 최대전단응력 이론이 보수적이긴 하지만 설계의 관점에서 허용할만하고 시험데이터와 비교해 보았을 때, 전단변형 에너지 이론이 가장 실제와 근접한 결과를 보여준다. 이 세 가지 이론 중 하나의 항복기준을 선택하기 위해서는 우선 그 재료의 속성(연성 또는 취성)이 어느 이론에 적합한지를 판단하여야 하며 설계조건상 얼마나 보수적으로 설계를 할 것인가를 판단해야 한다.

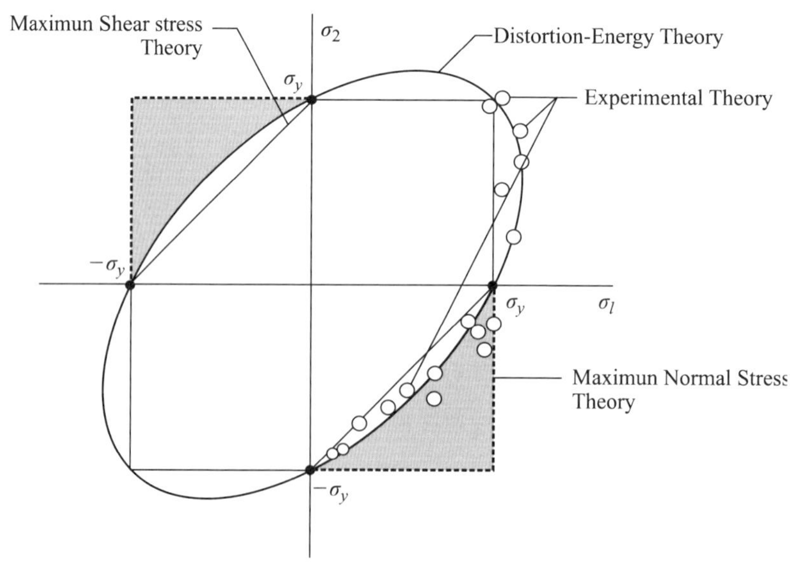


**그림 14.10** 연성 파손 이론

## 14.7 피로파괴시험과 응력

피로파괴는 단일 하중에 의해 일어나는 응력보다 낮은 하중을 반복해서 받을 경우에 발생되는 파괴로 비교적 장기간에 걸쳐서 서서히 진행된다. 피로에 의한 파괴는 큰 변형을 수반하지 않고 언뜻 보기에 취성파괴의 양상을 나타내며 거시적으로는 파면이 주 인장방향에 수직인 방향으로 나타난다. 피로파괴는 흔히 파면의 형태로 판정할 수 있으며 균열이 전파할 때 상호 마찰에 의해서 형성되는 평활한 영역과 시편의 잔여 단면적이 하중을 지탱하지 못하게 될 때 연성파괴를 일으키는 거친 영역으로 이루어진다. 피로파괴의 특징에는 응력변동 시의 균열발생지점으로부터 내부로 진행되는 원형자국의 **비치마크**(Beach mark)가 나타나는데 이는 응력이 반복될 때 균열의 전파 및 정지와 파단면 부식 정도 차이에 형성되는 파면으로 파도가 해변에 만드는 흔적과 비슷하다 해서 붙여진 이름이다. 또한 미시적으로는 스트라이에이션(Striation)이라는 미세한 줄무늬가 나타나는데, 이 미세한 줄무늬의 간격이 1회의 반복하중이 걸리는 것에 의한 균열의 전파량에 해당한다. 피로파괴의 특징 중 하나는 종종 여러 점에서 시작되는 것과 어느 한계응력 이하에서는 아무리 많은 반복하중이 가해져도 피로현상이 생기지 않으며 이 한계를 피로한계라고 한다. 또한 피로형상으로 재료가 파괴되었을 때 연성재료라 할지라도 마치 취성재료가 파괴된 것처럼 거의 변형 없이 갑자기 파괴되어 균열의 점진적 발생부와 급격 파괴부를 뚜렷이 구분할 수 있다.

그림 14.11에서 나타낸 S-N 곡선이란 재료에 반복해서 가해져 파괴시키는 응력의 반복 횟수와 그 진폭과의 관계를 나타내는 곡선을 말한다. 재료의 어느 부분에 대해 응력을 반복적으로 가할 때 $\sigma_{\max}$을 상한응력, $\sigma_m$을 평균응력, $\sigma_a$를 응력진폭이라 하며 $\sigma_a$와 $N$과의 관계를 나타내는 곡선을 **S–N 곡선**이라 한다. 여기서 파괴될 때까지의 반복수를 피로수명이라 하며 그래프는 응력진폭을 세로축에, 반복수를 가로축에 잡고 log-log 그래프로 그린다. 피로한도란 S-N 곡선에서 응력진폭이 어느 한계치 이하이면 반복수가 아무리 증가하여도 파괴가 생기지 않고 곡선은 수평이 될 때, 이 한계치 응력. 피로한도는 회전 굽힘, 인장압축, 반복 비틀림 등의 부하 형식에 따라 다르다.

$$\sigma_a = \frac{\Delta\sigma}{2} = \frac{\sigma_{\max} - \sigma_{\min}}{2}$$

$$\sigma_m = \frac{\sigma_{\max} + \sigma_{\min}}{2}$$

$$\sigma_{\max} = \sigma_m + \sigma_a \quad \text{그리고} \quad \sigma_{\min} = \sigma_m - \sigma_a$$

$$R = \frac{\sigma_{\min}}{\sigma_{\max}}, \quad A = \frac{\sigma_a}{\sigma_m}$$

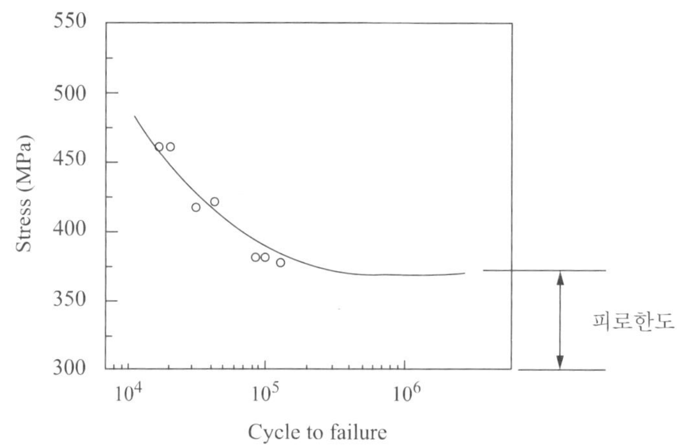


그림 14.11 S-N 곡선의 피로한도

## 14.8 충격시험과 응력

충격시험의 목적은 실험재료가 완전 파괴될 만한 충분한 충격을 주어 파괴저항을 구하는 시험으로 대표적인 시험기계로는 샤르피(Charpy) 충격시험기가 있다. 충격시험은 시편의 파괴저항 또는 충격저항을 측정하는데 그 목적이 있다. 시편을 충격적으로 파단시켜 이때 흡수된 에너지의 많고 적음으로써 재료의 인성 및 취성을 판정하기 위한 것이다. 재료의 이러한 성질은 하중이 가해지는 속도에 영향을 받는데, 인성은 인장시험, 즉 정적인 시험을 통해 어느 정도 결정할 수 있으나 취성은 인장시험만으로는 구별이 되지 않으므로 이러한 재료의 특성을 정확히 판정하기 위해서는 정적인 시험 외에 동적인 충격시험이 요구된다. 일반적으로 건축구조물에는 충격하중이 가해지는 경우가 많은데 건축구조물에 사용되는 재료에 대해서는 인장시험보다 충격시험이 더욱 중요하다. 샤르피 충격시험방법은 가장 널리 사용되는 충격시험방법으로 샤르피(Charpy) 충격시험기를 이용

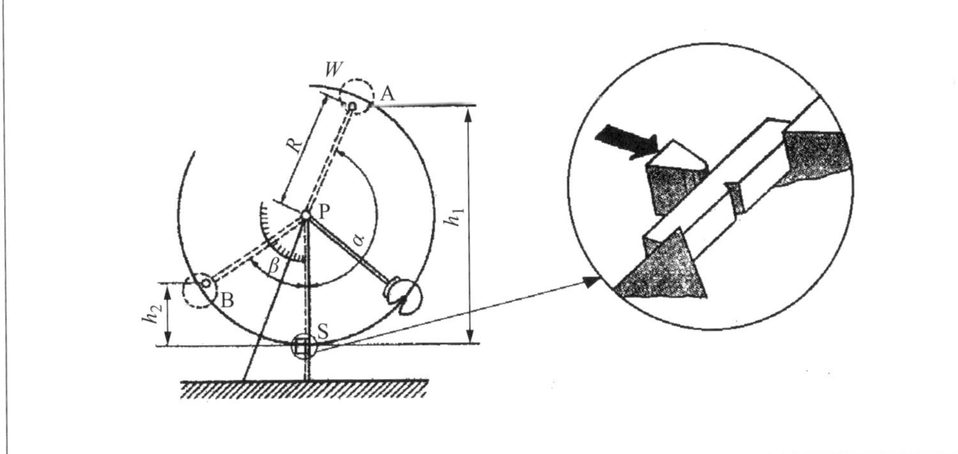


**그림 14.12** 샤르피 충격시험

하여 재료의 강도에 따른 충격에너지를 산출하고 그 변화를 관찰하고 분석한 후 파단된 재료의 단면을 관찰하여 취성 및 인성을 판정한다. 실험방법은 충격굽힘시험법으로 시험편을 양단힌지로 고정한 다음 시험편의 노치(Notch)부분이 정확하게 중앙에 오도록 수평으로 놓는다. 이때 시험편이 중앙점에 충격하중을 가하여 시험편이 파단되는데 소요된 흡수에너지 $E$ (kgf · m)로 충격치를 나타낸다. 핸들을 돌려서 해머가 $\alpha$ 되는 각도의 위치에 고정시키고 펜듈럼 해머의 날이 시험편의 노치 부분에 오도록 시험편을 바른 위치에 놓은 다음, 해머를 낙하시켜서 시험편을 파괴시키고 해머가 각도 $\beta$만큼 올라가게 한다. 이때 파괴되는데 소모된 에너지 $E$ (kgf · m)는 다음과 같다.

① $E = Wh_1 - Wh_2$

② $Wh_1 = WR(1 - \cos\alpha)$

③ $Wh_2 = WR(1 - \cos\beta)$

따라서, 소모된 에너지 $E = WR(\cos\beta - \cos\alpha)$이다.

샤피 충격치 $U$는 시험편을 절단하는데 필요한 에너지 $E$ (kgf · m)를 노치부의 원단면적 ($\text{cm}^2$)으로 나눈 값으로 표시된다. 즉, 충격치 $U$는 다음과 같다.

$$U = \frac{E}{A} \qquad \therefore\ U = \frac{WR(\cos\beta - \cos\alpha)}{A}\ (\text{kgf} \cdot \text{m/cm}^2)$$

시험편은 중앙파단부에 V 또는 U형상의 노치를 만들어 응력집중 효과를 나타내게 된다.

## 14.9 비틀림시험과 응력

비틀림이란 모터의 축이나 동력장비의 토크관과 같은 구조부재가 종축을 회전시키는 모멘트에 의해 비틀림 작용을 받는 것을 말한다. 비틀림실험은 항복강도, 파단계수, 전단탄성계수 등과 같은 성질을 결정하기 위하여 행한다. 또한 사용 중 비틀림 하중을 받는 축, 차축, 비틀림 드릴 등과 같은 부품에 대해서는 실제 크기로 실험할 때도 있다. 또한 재료의 단조성을 평가하기 위하여 고온에서도 비틀림시험을 행한다. 기본 이론은 한쪽 끝이 고정되어 있다고 가정하고 토크를 받는 원통형 봉을 생각해보자. 이러한 토크는 재료의 단면에 형성되는 전단응력에 의하여 저항을 받는다. 중심에서는 전단응력이 0이고 반지름을 따라서 선형적으로 증가한다. 내부저항모멘트와 비틀림모멘트를 같다고 놓으면,

$$T = \frac{\tau}{r}\int_0^a r^2 dA$$

$$\int_0^a r^2 dA = J = \frac{\pi D^4}{32}$$

$$\tau = \frac{T \times r}{J} = \frac{16 \times T}{\pi \times D^3}$$

탄성범위 내에서는 $\tau = G \times \gamma$

$$G = \frac{T \times L}{J \times \theta}$$

위 관계에서 강성률을 구할 수 있다. 강성률은 탄성계수로서 재료의 강성과 유연성의 척도가 된다. 이 강성률은 재료가 응력과 변형률 관계에서 선형적이라 가정하고 그러한 구간내의 기울기를 의미한다. 또한 재료마다 고유한 값을 갖기 때문에 재료를 구분 짓는 특성이 될 수가 있다. 항복강도를 지나 소성영역으로 넘어갔을 경우 더 이상 전단응력은 축으로부터 선형적 함수가 될 수가 없다.

# 14.10 기초역학

## (1) 개요

재료역학(Mechanics of materials)은 여러 종류의 하중을 받는 고체의 거동을 취급하는 응용역학의 한 분야이다. 이 분야의 다른 이름은 재료의 강도(Strength of materials)와 변형체 역학(Mechanics of deformable bodies)이다. 재료역학의 주요 목적은 구조물과 그 부재에 작용하는 하중에 의한 응력, 변형률 및 변위를 구하는 것이다. 파괴를 야기하는 하중에 이르기까지의 모든 하중 값에 대해 이와 같은 값들을 구할 수 있다면, 이 구조물의 기계적 거동에 대한 완전한 윤곽을 파악할 수 있다. 기계적 거동에 대한 이해는 항공기와 안테나, 빌딩과 교량, 기계와 모터 또는 선박과 우주선이든 간에 모든 형태의 구조물 안전 설계에 필수적이다. 이로 인해 재료역학은 기계안전공학 분야에 있어서도 기본 과목이 되며 하중을 받아 변형을 일으키는 유한차원의 물체 내 응력과 변형률을 계산할 수 있다. 응력과 변형률을 결정하기 위해서는 여러 가지 이론적인 법칙과 개념뿐만 아니라 재료의 물리적 성질도 사용한다.

## (2) 응력과 변형률

재료역학의 가장 기본적인 개념은 응력(Stress)과 변형률(Strain)이다. 이 개념은 축하중을 받는 균일단면봉을 살펴봄으로써 가장 잘 설명할 수 있다. 균일단면봉(Prismatic bar)은 전 길이에 걸쳐 동일한 단면을 갖는 직선형 구조 부재이고, 축하중(Axial force)은 부재의 축방향으로 작용하는 하중으로서 봉에 인장이나 압축을 일으킨다. 그림 14.13에서 견인봉은 인장을 받는 균일단면 부재이고 착륙장치의 지주는 압축을 받는 부재이다. 다른 예로는 교량 트러스, 자동차 엔진의 커넥팅로드, 자전거 바퀴의 스포크, 빌딩의 기둥, 소형 항공기의 날개 지주 부재 등이 있다.

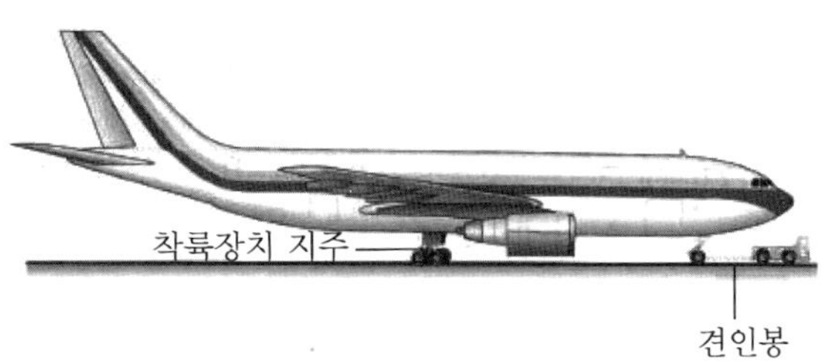


그림 14.13 축하중을 받는 구조 부재

자유물체도를 그릴 때, 봉의 자중은 무시하고 유일하게 작용하는 힘은 양 끝에 작용하는 축하중 $P$라고 가정한다. 봉의 원래 길이는 $L$로 표시하고, 하중에 의해 늘어난 길이는 그리스문자 $\delta$(delta)로 표시한다. 봉의 $mn$면에 가상의 절단면을 만들면, 봉의 내부 작용들이 드러난다. 이 면은 봉의 축방향에 대해 수직이므로 이를 단면(Cross section)이라고 한다.

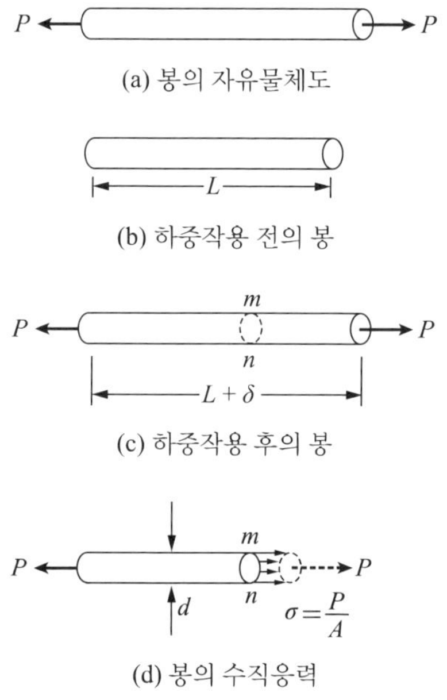


**그림 14.14 인장을 받는 균일단면봉**

이제 봉 단면의 왼쪽 부분을 자유물체도로 분리하자. 이 자유물체의 오른쪽 끝(단면 $mn$)에는 잔여 부분에 대한 봉의 제거된 부분(즉, 단면 $mn$의 오른쪽 부분)의 작용을 보여준다. 이 작용은 전체 단면에 걸쳐 연속적으로 분포된 응력들로 구성되며 단면에 작용하는 축하중 $P$는 이러한 응력들의 합력(Resultant)이다. 응력은 단위면적당 힘의 단위를 가지며 그리스문자 $\sigma$(Sigma)로 표시하고 응력의 합력은 응력의 크기와 봉의 단면적 $A$를 곱한 것과 같다. 즉, $P = \sigma A$이다. 따라서 응력의 크기에 관한 다음 식을 얻는다.

$$\sigma = \frac{P}{A}$$

봉이 하중 $P$에 의해 늘어나는 경우 이 응력은 인장응력(Tensile stress)이라 하고 하중의 방향이 반대로 되어 봉이 압축을 받는 경우 이 응력을 압축응력(Compressive stress)이라고 한다. 이 응력은 절단면에 수직으로 작용하기 때문에 수직응력(Normal stress)이라고 부르고 인장응력은 양으로 하고 압축응력은 음으로 하는 것이 관례이다. SI 단위에서는 힘은 뉴턴(N)으로, 면적은 제곱미터($m^2$)로 표시된다. 따라서 응력의 단위는 제곱미터당 뉴턴($N/m^2$)이며 즉 파스칼(Pa)이다. 그러나 파스칼은 응력을 나타내는 작은 단위이기 때문에 큰 배수를 이용해서 나타내야 하며 보통 메가파스칼(MPa)을 사용한다.

**예제)** 봉의 지름 $d$가 2 m이고 하중 $P$의 크기가 6 N일 때 봉에 발생하는 응력을 계산하시오.

**풀이)** $\sigma = \dfrac{P}{A} = \dfrac{P}{\pi d^2/4} = \dfrac{6\ \mathrm{N}}{\pi(2\ \mathrm{m})^2/4} = 1.91\ \mathrm{Pa}$

직선봉은 축방향의 하중을 받으면 길이가 변화하는데, 인장을 받으면 길어지고 압축을 받으면 짧아진다. 이 봉의 신장량 $\delta$(그림 14.14(c))는 봉의 전체 체적에 걸친 모든 재료 요소의 신장량이 누적된 결과이다. 봉의 절반만 고려하면 신장량은 $\delta/2$가 될 것이고, 봉의 4분의 1만 고려하면 신장량은 $\delta/4$가 될 것이다. 일반적으로 어떤 일부분의 신장량은 그 부분의 길이를 전체 길이 $L$로 나누고 여기에 전체 신장량 $\delta$를 곱한 것과 같다. 따라서 단위길이를 가진 봉의 신장량은 $1/L$과 $\delta$를 곱한 것과 같다. 이 양을 단위길이당 신장량, 또는 변형률이라고 하며, 이를 그리스문자 $\epsilon$(epsilon)으로 표시한다. 변형률은 다음 식으로 주어진다.

$$\epsilon = \frac{\delta}{L}$$

봉이 인장을 받는 경우의 변형률은 인장변형률(Tensile strain)이라 하고 압축을 받는 경우의 변형률은 압축변형률(Compressive strain)이라 부르고 인장변형률은 보통 양으로, 압축변형률은 음으로 표시된다. 변형률은 두 길이의 비이므로 무차원량으로 단위를 갖지 않는다. 따라서 변형률은 어떤 단위체계를 사용하든 상관없이 간단히 숫자만으로 나타난다. 구조용 재료로 만들어진 봉은 하중이 작용할 때 길이 변화가 미소하므로, 보통 변형률의 수치 값은 매우 작다.

**예제)** 길이 $L$이 2.0 m에 큰 인장하중이 작용하여 봉이 1.4 mm 늘어났다면 이때의 변형률은?

**풀이)** $\epsilon = \dfrac{\delta}{L} = \dfrac{1.4\ \mathrm{mm}}{2.0\ \mathrm{m}} = 0.0007 = 700 \times 10^{-6}$

## 14.11 재료의 기계적 성질

기계나 구조물을 설계할 때는 적절하게 기능을 수행하는 데 사용될 재료의 기계적 거동에 대한 이해가 필요하다. 통상적으로, 재료가 하중을 받을 때 어떻게 거동하는가를 결정하는 유일한 방법은 시험을 수행하는 것이다. 통상적인 과정은 재료의 작은 시편(Specimen)을 시험기에 장착하고 하중을 가하여 결과적인 변형을 측정하는 것이다. 대부분의 재료 시험실은 인장과 압축의 정하중 또는 동하중을 포함하여 다양한 방법으로 시편에 하중을 가할 수 있는 장비가 갖추어져 있다. 전형적인 인장시험기를 그림 14.15에 나타내었다. 시험기의 두 개의 큰 그립 사이에 시편이 설치되고 인장하중을 받는다. 측정장치는 변형을 기록하고 자동제어 및 자료처리 시스템은 결과를 도표화하고 그래프를 그린다. 자세한 인장시편 모양을 그림 14.16에 나타내었다. 그립이 잡고 있는 원형시편의 양단을 크게 만들어 그립 근처에서는 파괴가 일어나지 않도록 한다. 그립 부근의 응력 분포는 균일하지 않기 때문에, 끝부분의 파괴는 재료에 대해 요구되는 정보를 제공하지 못한다. 양쪽 팔에 의해 시편에 부착된 왼쪽의 장치는 하중작용 중의 신장량을 측정하는 신장측정기(Extensometer)이다.

그림 14.15 인장시험기

게이지 표지는 신장측정기의 팔이 부착되는 시편의 지점을 말한다. 시편이 늘어날 때 축하중은 자동적으로 또는 다이얼에서 읽어서 측정되고 기록된다. 게이지 길이의 신장량은 같은 종류의 기계적 게이지나, 전기저항 스트레인 게이지에 의해 동시에 측정된다. 정적 시험에서는 하중이 천천히 가해지며 정확한 하중의 부하속도는 시편의 거동에 영향을

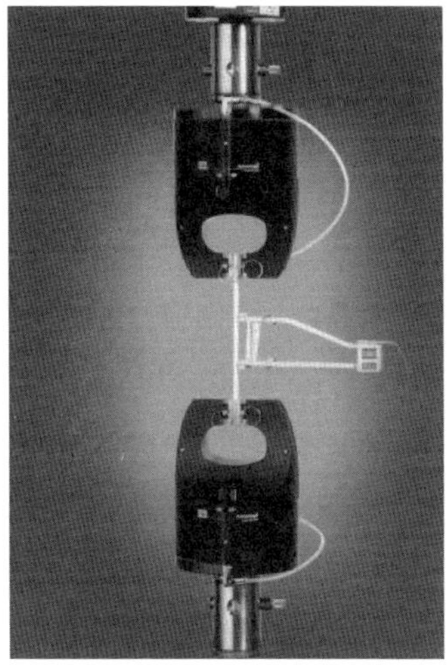

그림 14.16 인장시험 시편

미치지 않으므로 관심의 대상이 아니다. 그러나 동적 시험에서는 하중이 빠르게 가해지고 때로는 주기적인 방법으로 작용한다. 동하중의 특성은 재료의 성질에 영향을 미치므로 하중의 부하속도 또한 측정되어야 한다. 금속의 압축시험(Compression test)은 통상 정육면체나 원기둥 모양의 작은 시편으로 행해진다. 시험기에 의해 작용된 하중과 시편의 줄어든 길이가 측정된다. 줄어든 길이는 양 끝단의 영향을 제거하기 위해 시편의 전체 길이보다 짧은 게이지 길이에 대해 측정되어야 한다.

### (1) 응력-변형률 선도

시험결과는 일반적으로 시험에 사용되는 시편의 크기에 관련된다. 시편과 크기가 같은 부품을 가진 구조물을 설계하는 경우는 거의 없기 때문에, 어떤 크기의 부재에도 적용될 수 있는 형태로 시험결과를 표시해야 한다. 이 목적을 달성하기 위한 간단한 방법은 시험결과를 응력과 변형률로 변환하는 것이다. 시편의 최초 단면적을 계산에 사용할 때의 응력을 공칭응력(Nominal stress)이라고 부르고 축응력의 더욱 정확한 값을 진응력(True stress)이라고 하는데, 이는 파괴가 일어나는 단면에서의 봉의 실제 단면적을 사용하여 계산할 수 있다. 인장시험에서 실제 단면적은 항상 최초 단면적보다 작기 때문에 진응력은 공칭응력보다 크다. 여러 가지 하중 값에 대해 인장이나 압축시험을 하고 응력과 변형률을 결정한 후에 응력 대 변형률의 선도를 그릴 수 있다. 이러한 응력-변형률 선도(Stress-strain diagram)는 시험에 사용되는 특정 재료의 특성을 나타내고 기계적 성질과 거동의 형태에 관한 중요한 정보를 제공한다. 인장을 받는 전형적인 구조용 강의 응력-변형률 선도를 그림 14.17에 나타내었다.

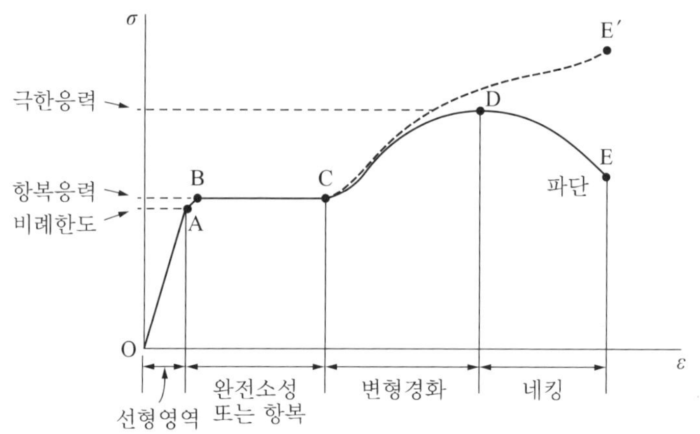


**그림 14.17 응력-변형률 선도**

응력-변형률 선도는 원점 O에서 A점까지 직선으로 시작되며, 이는 응력과 변형률이 초기 영역에서 선형적이며 비례적임을 나타낸다. 이때 점 A를 지나서는 응력과 변형률 사이의 비례성이 사라지는데 점 A에서의 응력을 비례한도(Proportional limit)라 한다. O에서 A까지의 직선의 기울기를 탄성계수(Modulus of elasticity)라고 한다. 이 기울기는 응력을 변형률로 나눈 단위를 가지므로, 탄성계수는 응력과 단위가 같다. 비례한도를 넘어 응력이 증가하면 변형률은 응력의 증가분보다 훨씬 빨리 증가하기 시작한다. 결과적으로, 응력-변형률 곡선은 기울기가 점점 작아지다가 점 B에서는 수평이 된다. 이 점에서부터 인장력이 거의 증가하지 않더라도 시편이 상당히 많이 늘어난다. 이런 현상을 재료의 항복(Yielding)이라고 하며, 점 B를 항복점(Yield point)이라 한다. 이에 대응되는 응력을 항복응력(Yield stress)이라고 한다. B에서 C까지의 영역에서는 재료가 완전소성(Perfectly plastic)상태가 되며, 이는 작용하중의 증가 없이도 변형이 일어남을 의미한다. 완전소성영역에서의 연강 시편의 신장량은 선형영역에서 일어나는 신장량보다 10～15배에 이른다. 소성영역에서 매우 큰 변형률이 생기기 때문에 선도를 축척에 맞게 그리지 않는다. BC영역에서 항복이 일어나는 동안 큰 변형률이 생긴 후에, 강은 변형경화(Strain harden)를 일으키기 시작한다. 변형경화가 일어나는 동안에, 재료는 결정구조의 변화를 일으키며, 그 이상의 변형에 대한 재료의 저항력을 증가시킨다. 이 영역에서는 시편의 신장은 인장하중의 증가가 필요하며, 따라서 응력-변형률 선도는 C부터 D까지 양의 기울기를 갖게 된다. 하중은 결국 최대치에 도달하며 이때의 응력을 극한응력(Ultimate stress)이라 한다.

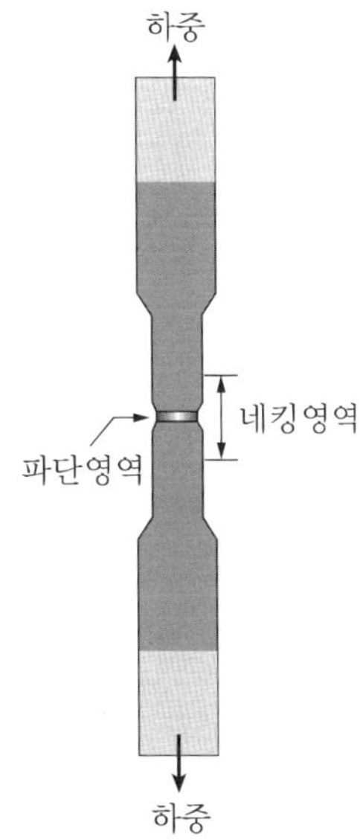

그림 14.18 연강봉의 네킹 파단

이 점을 넘어서면 하중이 감소하는데도 봉의 늘어남은 계속되어 결국 그림 14.17의 E점에서 그림 14.18과 같이 파단(Fracture)이 일어난다. 재료의 항복응력과 극한응력은 각각 항복강도(Yield strength)와 극한강도(Ultimate strength)라고도 한다. 강도(Strength)는 일반적으로 구조물이 하중에 저항하는 능력을 나타내는 것으로 예를 들면 보의 항복강도는 보에서 항복이 일어나는 데 필요한 하중의 크기이며, 트러스의 극한강도는 트러스가 견딜 수 있는 최대 하중, 즉 파괴하중을 말한다. 그러나 특정 재료의 인장시험을 할 때, 시편에 작용하는 전체 하중보다는 시편의 응력에 의한 하중부하능력을 정의한다. 결과적으로, 재료의 강도는 통상적으로 응력으로 나타낸다.

응력을 계산하는 데 목의 좁은 부분에서의 실제 단면적을 사용하면, 진응력-변형률 곡선(True stress-strain curve)이 구해진다. 극한응력에 도달한 후에는 봉이 견딜 수 있는 총 하중이 실제로 감소하는데, 이러한 감소는 봉의 단면적의 감소 때문으로 재료 자체의 강도의 손실 때문은 아니다. 실제에 있어서는 재료는 파단(E'점)에 이르기까지 진응력의 증가에 견딘다. 대부분의 구조물은 비례한도 이하의 응력에서 기능을 하도록 설계되므로, 시편의 원래 단면적을 근거로 하면서 결정하기도 쉬운 관습응력-변형률 곡선(Conventional stress-strain curve) OABCDE는 공학설계에 사용하는 데 있어 충분한 자료를 제공한다.

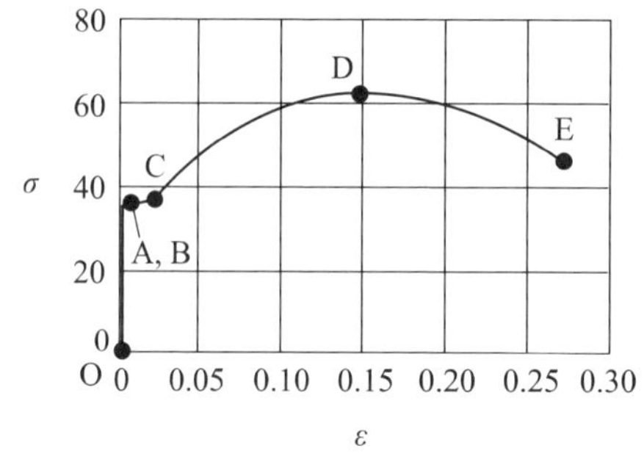


그림 14.19 구조용 강의 응력-변형률 선도

인장 시 비교적 작은 변형률 값에서 파단되는 재료는 취성(Brittle)재료로 구분된다. 콘크리트, 돌, 주철, 유리, 세라믹 재료, 여러 가지 금속 합금 등이 이에 속한다. 취성재료는 비례한도를 지나서 조금만 더 늘어나 파단된다. 게다가 면적 감소가 아주 작기 때문에 공칭파단응력은 진극한응력과 값이 같다. 보통 유리는 연성이 거의 없기 때문에, 이상적인 취성재료이다. 인장을 받는 유리의 응력-변형률 곡선은 근본적으로 직선이며 어떤 항복도 일어나기 전에 파단된다.

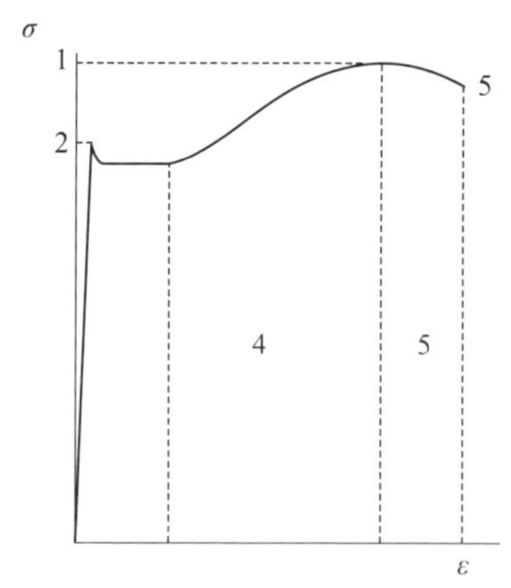


그림 14.20 연성재료의 응력-변형률 선도

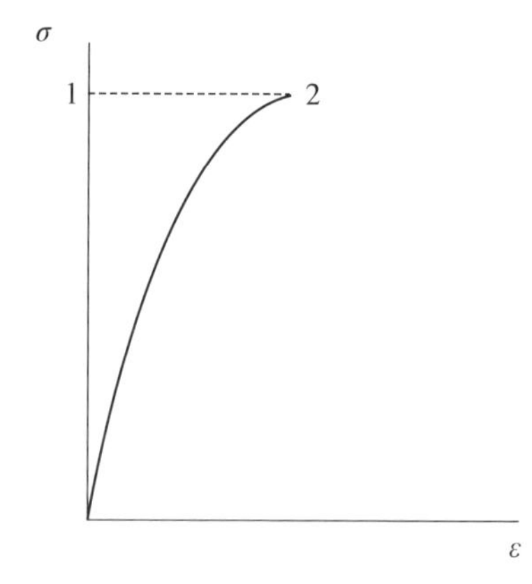


그림 14.21 취성재료의 응력-변형률 선도

### (2) 압축

압축에 대한 재료의 응력-변형률 곡선은 인장에 대한 곡선과 모양이 다르다. 강, 알루미늄, 구리와 같은 연성재료의 압축에서의 비례한도는 인장에서의 비례한도와 거의 같은 값을 가지며 압축 또는 인장 시 응력-변형률 선도의 초기영역은 거의 비슷하다. 그러나 항복이 시작되면 그 거동은 아주 달라진다. 인장시험에서는, 시편이 늘어나서 네킹이 발생하고 궁극적으로 파단이 일어난다. 재료가 압축될 때는, 시편과 양쪽 플레이트 사이의 마찰 때문에 가로방향의 팽창이 일어나지 않으므로, 양쪽 옆에 부풀어 오른 통 모양이 된다. 하중이 증가하면, 시편은 납작하게 되어 줄어듦에 대한 저항력이 훨씬 더 커진다. 이러한 특성은 그림 14.22와 같은 구리에 대한 압축응력-변형률 선도에서 잘 볼 수 있다. 압축시험에 사용되는 시편의 실제 단면적은 최초 단면적보다 크기 때문에, 압축시험의 진응력은 공칭응력보다 작다.

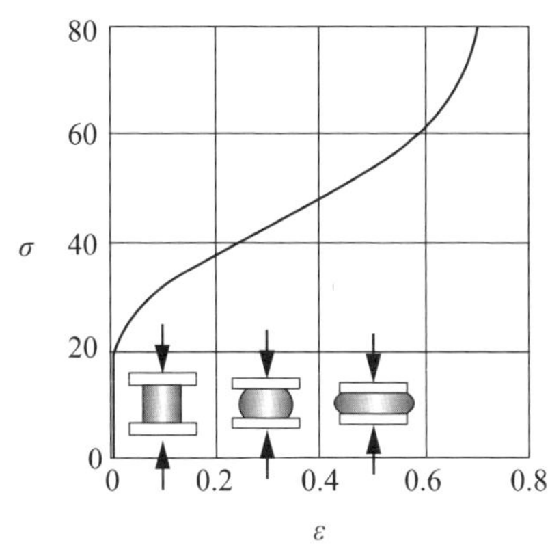


그림 14.22 압축하중 시 응력-변형률 선도

압축을 받는 취성재료는 초기의 선형영역을 가지며 그 다음에는 하중에 비해 큰 비율로 줄어드는 영역을 갖는다. 인장과 압축에 대한 응력-변형률 곡선은 모양이 거의 같지만, 압축에서의 극한응력은 인장에서의 극한응력보다 값이 더 크다. 또한 압축될 때 납작해지는 연성재료와는 달리, 취성재료는 최대 하중에서 실제로 파단이 일어난다.

## 14.12 탄성, 소성 및 크리프

인장-변형률 선도는 재료가 인장 또는 압축하중을 받을 때 공학재료의 거동을 나타낸다. 인장시편에 하중을 가해 응력과 변형률이 그림 14.23(a)에 있는 응력-변형률 곡선의 원점 O에서 A점까지 변하고 또한 하중이 제거될 때, 재료가 원점 O까지 정확히 같은 곡선을 따라 복귀한다. 이와 같이 하중이 제거될 때 원래 치수로 돌아가는 재료의 성질을 탄성(Elasticity)이라고 하며, 재료 자체는 **탄성적**이라고 말한다.

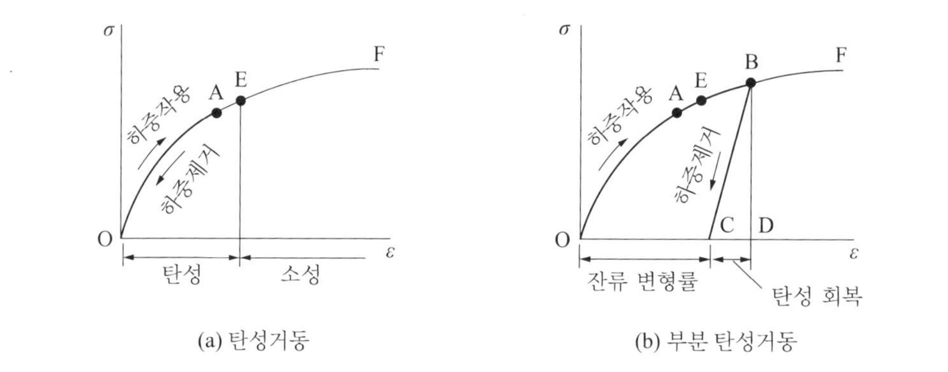


**그림 14.23 응력-변형률 선도**

이제 똑같은 재료에 훨씬 큰 하중을 가해 응력-변형률 선도의 점 B에 도달하고 점 B에서 하중이 제거되면, 재료는 선도상의 선 BC를 따른다. 이러한 하중제거선은 하중곡선의 초기부분에 평행하다. 즉, 선 BC는 원점에서의 응력-변형률 곡선의 기울기에 평행하다. 점 C에 도달하면 하중은 완전히 제거되나, 선 OC로 표시되는 잔류 변형률(Residual strain) 또는 영구 변형률(Permanent strain)이 재료에 남게 되어 결과적으로, 시험에 사용된 봉은 하중을 가하기 전보다 길어지는데 봉의 잔류 신장량을 영구 변형(Permanent set)이라고 부른다. O에서 B까지 하중을 가하는 동안 발생하는 전 변형률 OD 중에서, 변형률 CD는 탄성적으로 회복되었고 변형률 OC는 영구 변형률로 남는다. 따라서 하중이 제거되는 동안 봉은 부분적으로 원래의 모양으로 돌아오게 되므로 이 재료는 부분 탄성적(Partially elastic)이라 한다. 이러한 하중을 가하거나 제거하는 과정은 계속해서 더 높은 응력 값까지 반복될 수 있다. 결과적으로, 응력은 하중이 제거되는 동안 모든 변형률이 완전 복구가 되지 않는 값까지 도달한다. 이런 과정에 의해 탄성영역의 상한에서의 응력을 구할 수 있으며 이 점(E)에서의 응력을 재료의 탄성한도(Elastic limit)라 한다. 상기

설명한 응력-변형률 선도는 시편의 정적 하중작용 및 하중제거에 관련된 인장시험에서 얻어진 것이며 시간의 경과는 제외되었다. 그러나 장시간에 걸쳐 하중을 작용할 때 어떤 재료에는 추가적인 변형이 일어나며 이를 **크리프(Creep)**라고 한다. 수직봉이 서서히 힘 $P$를 받아 $\delta_0$만큼 늘어나고 하중작용과 신장이 $t_0$라는 시간간격 동안에 일어난다고 할 때 $t_0$시간에 이르기까지 하중은 일정하다. 그러나 하중에 변화가 없더라도, 봉은 크리프 때문에 그림 14.24(b)에서 보는 바와 같이 점점 더 늘어난다. 이러한 거동은 많은 재료에서 발생하는데, 때로는 이 변화가 너무 적어서 관심을 갖지 않기도 한다. 크리프는 일반적으로 상온보다는 고온에서 더욱 중요하므로 엔진, 용광로 및 오랜 시간 동안 높은 온도에서 작동하는 기타 구조물의 설계에서 반드시 고려해야 한다.

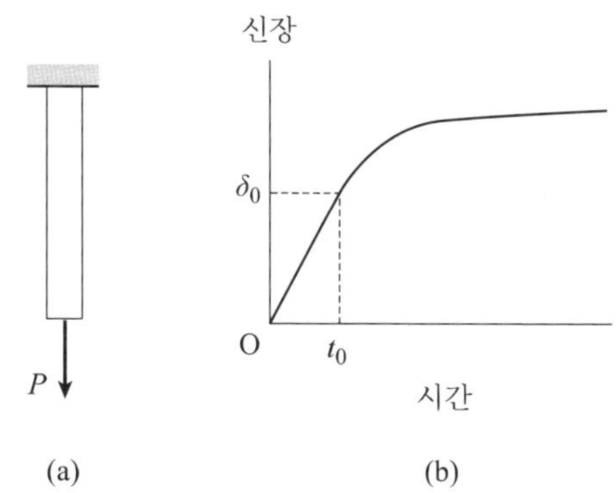


**그림 14.24** 일정한 하중을 받는 봉의 크리프

## 14.13 훅의 법칙 및 푸아송 비

대부분의 금속, 목재, 플라스틱 및 세라믹을 포함하는 많은 구조용 재료는 초기에 하중작용 시 탄성적이며 선형적으로 거동한다. 따라서 이들의 응력-변형률 곡선은 원점 O에서 비례한도까지 선형적이고 탄성적인 영역을 갖는다. 재료가 탄성적으로 거동하고 응력과 변형률 사이에 선형 관계를 가질 때, 이를 선형 탄성적이라고 부르며 이러한 형태의 거동은 명백하게 공학에서 매우 중요하며, 구조물과 기계를 이 영역 안에서 동작하도록 설계함으로써, 항복으로 인한 영구 변형을 피하도록 한다.

### (1) 인장에서의 훅의 법칙

단순인장이나 압축을 받는 봉에 대한 응력과 변형률 사이의 선형적인 관계는 다음 식으로 나타낼 수 있다.

$$\sigma = E\epsilon$$

여기서 $\sigma$는 축응력, $\epsilon$은 축변형률, $E$는 재료의 탄성계수(modulus of elasticity)로 알려진 비례상수이다.

탄성계수는 선형 탄성영역에서 응력-변형률 선도의 기울기이다. 변형률은 무차원 항이므로, 탄성계수 $E$의 단위는 응력의 단위와 같다. 전형적인 $E$의 단위는 SI단위에서는 파스칼(Pa)이다. 식 $\sigma = E\epsilon$은 유명한 영국 과학자인 로버트 훅(Robert Hooke, 1635~1703)의 이름을 따라 훅의 법칙(Hook's law)으로 알려져 있다. 훅은 재료의 탄성거동을 과학적으로 연구한 최초의 인물이며 금속, 목재, 돌, 뼈, 근육 같은 다양한 재료를 시험했다. 그는 무게를 매달은 긴 와이어의 늘어난 값을 측정했고 신장량은 무게에 따라 언제나 같은 비율로 변한다는 사실을 관찰했다. 이로써 훅은 작용하중과 이에 따른 신장량의 선형 관계를 확립했다. 식 $\sigma = E\epsilon$은 봉의 단순인장과 압축에 의한 축응력과 변형률에만 관계되므로, 실제로는 매우 제한된 형식의 훅의 법칙이다. 대부분의 구조물과 기계에서 발생되는 좀 더 복잡한 응력 상태를 다루기 위해서는 더욱 확장된 훅의 법칙에 대한 식을 사용해야 한다. 구조용 금속과 같이 강성이 큰 재료의 탄성계수는 비교적 값이 크다. 전형적으로, 강의 탄성계수는 약 210 GPa이고, 알루미늄의 탄성계수는 73 GPa이다. 더 유연한 재료는 탄성계수 값이 더 낮으며, 플라스틱의 탄성계수는 0.7~14 GPa의 범위 내에 있다. 대부분의 재료에 대해, 압축 시의 $E$값은 인장 시의 값과 거의 같다. 탄성계수는 때로는 영국의 과학자인 토머스 영(Thomas Young, 1773~1829)의 이름을 따라 영계수(Young's modulus)라고도 부른다. 균일단면봉의 인장과 압축에 대한 연구에 관련하여 영은 탄성계수의 개념을 도입했다. 그러나 그때는 재료뿐만 아니라 봉의 성질이 관련되었기 때문에, 영계수는 오늘날 사용되는 값과는 같지 않았다.

### (2) 푸아송 비

균일단면봉이 인장을 받으면 축방향 신장량은 가로수축을 일으킨다. 이러한 모양의 변화는 그림 14.25에서 볼 수 있는데, 그림 (a)는 하중작용 전의 봉, 그림 (b)는 하중작용 후의 봉을 나타낸다. 그림 (b)에서 점선은 하중작용 전의 봉의 형상을 나타낸다. 봉의 임의의 점에서의 가로변형률(Lateral strain) $\epsilon'$는 같은 점에서의 축변형률 $\epsilon$에 비례한다. 이 변형률들의 비가 푸아송 비(Poisson's ratio)로 알려진 재료의 성질이다. 그리스문자 $\nu$(nu)로 표시되는 이러한 무차원 비는 다음 식으로 표시할 수 있다.

$$\nu = -\frac{\text{가로변형률}}{\text{축변형률}} = -\frac{\epsilon'}{\epsilon}$$

통상적으로 가로방향과 축방향의 변형률은 부호가 서로 다르다는 사실을 보정하기 위해 이 식에 음의 부호가 삽입된다. 예를 들어 인장을 받는 봉에서 축변형률은 양이며 가로변형률은 음이다. 압축일 때는 반대 현상이 일어나며 봉은 짧아지고 폭은 넓어진다. 따라서 정상적인 재료의 푸아송 비는 양의 값이다. 재료의 푸아송 비를 알면 축변형률로부터 가로변형률을 다음과 같이 구할 수 있다.

$$\epsilon' = -\nu\epsilon$$

푸아송 비는 유명한 프랑스 수학자인 시메옹 드니 푸아송(Siméon Denis Poisson, 1781~1840)의 이름을 따랐으며, 푸아송은 재료의 분자이론으로 이러한 비를 계산하고자 시도했다. 푸아송은 등방성재료에 대해 $\nu = 1/4$임을 발견했다. 원자구조 모델에 의해 최근에 계산된 값은 $\nu = 1/3$이다. 이 두 가지 값은 실제 측정치와 매우 근사하며, 대부분의 금속 및 기타 재료에 대해 0.25~0.35의 범위 내에 있다. 극히 작은 값의 푸아송 비를 갖는 재료에는 $\nu$값이 실제적으로 0인 코르크와 $\nu$가 약 0.1 또는 0.2인 콘크리트가 포함된다.

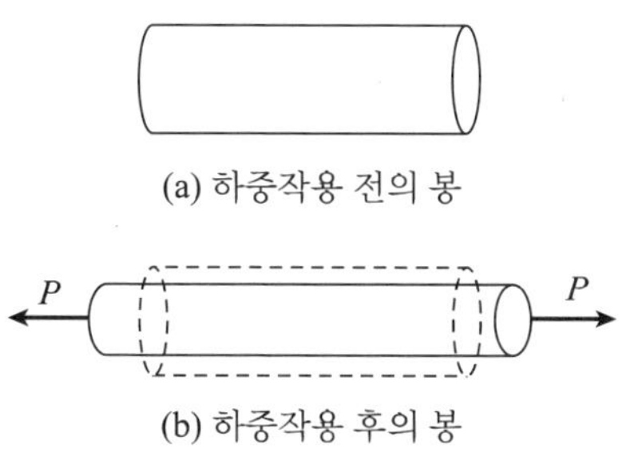


그림 14.25 인장을 받는 봉의 신장량

### (3) 전단에서의 훅의 법칙

전단을 받는 재료의 성질은 직접적인 전단시험이나 비틀림시험을 통해 결정할 수 있다. 비틀림시험은 속이 빈 원형관을 비틀어 순수전단응력 상태에 이르게 하여 실시한다. 이 시험들의 결과로부터 전단응력-변형률 선도(Shear stress-strain diagrams)를 그릴 수 있으며 이 선도로부터 비례한도, 탄성계수, 항복응력, 극한응력과 같은 재료의 성질을 얻을 수 있다. 이러한 전단의 성질들은 대체로 인장에서의 값들이 절반 정도로 전단을 받는 구조용 강의 항복응력은 인장을 받는 항복응력의 0.5~0.6배 정도이다. 많은 재료에 대해서 전단응력-변형률 선도의 초기부분은 인장에서와 같이 원점을 통과하는 직선이다. 이러한 선형 탄성영역에서 전단응력과 전단변형률은 정비례하므로 전단에 관한 훅의 법칙을 다음과 같이 구할 수 있다.

$$\tau = G\gamma$$

여기서 $G$는 전단탄성계수(Shear modulus of elasticity)이다. 전단탄성계수 $G$는 인장탄성계수 $E$와 단위가 같으며, SI단위에서는 파스칼을 사용한다. 연강에 대해서 전형적인 $G$값은 75 GPa이고, 알루미늄 합금에 대해 전형적인 $G$값은 28 GPa이다. 인장과 전단에서의 탄성계수들의 관계는 다음 식과 같다.

$$G = \frac{E}{2(1+\nu)}$$

여기서 $\nu$는 푸아송 비이다. 일반적인 재료의 경우 푸아송 비의 값이 0에서 0.5까지이므로 위 식으로부터 $G$값은 $E$값의 1/3~1/2이 됨을 알 수 있다.

## 14.14 허용응력과 허용하중

기계설비 설계에 고려해야 할 인자에는 기능성, 강도, 외관, 경제 및 환경 영향이 포함되나 재료역학 측면에서 설계의 주요한 관심사는 강도(Strength), 즉 물체의 하중지지 또는 전달할 수 있는 능력이다. 하중을 지탱해야 하는 물체에는 빌딩, 기계, 컨테이너, 트럭, 항공기, 선박 등이 있으며 이러한 물체를 구조물(Structure)이라 한다.

### (1) 안전계수

구조물의 파단이 방지되려면 어떤 구조물이 지지할 수 있는 하중이 사용 중에 작용될 하중보다 커야만 한다. 구조물의 하중을 견디는 능력을 강도라고 하며 기준이 다음과 같이 다시 설명될 수 있다. 구조물의 실제 강도는 필요 강도보다 반드시 커야 한다. 실제 강도의 필요 강도에 대한 비를 안전계수(Factor of safety) $n$이라 한다.

$$\text{안전계수 } n = \frac{\text{극한강도}}{\text{허용응력}}$$

물론 파단을 방지하려면 안전계수는 1.0보다 커야 하고 경우에 따라서 1.0보다 약간 크거나 크게는 10까지의 안전계수 값이 사용된다. 강도와 파손은 서로 의미가 다르기 때문에 안전계수를 설계에 결합시키는 일이 간단하지는 않다. 강도는 구조물의 하중전달능력으로 측정되거나 재료의 응력으로 측정된다. 파손(Failure)은 구조물의 파괴(Fracture)와 완전붕괴를 의미하거나, 또는 변형이 너무 커서 구조물이 소기의 기능을 더 이상 수행할 수 없음을 의미한다. 후자와 같은 의미의 파손은 실제 붕괴를 일으키는 파손보다 작은 하중에서 발생하기도 한다. 안전계수를 결정하는 데는 다음과 같은 사항들을 고려해야 한다. 구조물이 설계하중을 초과하는 우발적인 과대하중을 받을 확률, 하중의 형태, 하중이 한번 작용될지 반복해서 작용될지, 하중 값의 정확성, 피로파괴의 가능성, 구조의 부정확성, 세공기술의 다양성, 재료 성질의 차이, 부식이나 환경 영향에 의한 열화, 해석 방법의 정확성, 파손이 점진적으로 일어나는가 또는 갑자기 일어나는가 하는 문제, 파손의 결과 등이 있다. 안전계수가 너무 작으면 파손될 확률이 높기 때문에 구조물은 부적합하며 안전계수가 너무 크면 구조물의 재료가 낭비되고 기능 발휘에 부적합할 것이다. 이러한 복합성과 불확실성 때문에, 안전계수는 확률을 근거로 하여 결정되어야 한다. 안전계수는 통상 다른 설계자들이 사용하는 규칙이나 규격서를 작성하는 경험이 있는 엔지니어 집단에 의해 결정되며 때로는 법으로 제정되기도 한다. 규칙이나 규격서의 규정은 비합리적인 비용을 들이지 않고 합리적 안전 수준을 제공하기 위한 것이다.

### (2) 허용응력

안전계수는 여러 가지 방법으로 정의되고 시행되고 있으며 많은 구조물에 대해 하중제거 시 영구변형이 일어나지 않도록 재료가 선형 탄성영역에 있게 하는 것이 중요하다. 이러한 조건 하에서 안전계수는 구조물의 항복에 관련해서 정해진다. 구조물 내에서 항복응력이 어느 점에서든 도달할 때 항복이 시작된다. 따라서 안전계수를 항복응력에 적용해 구조물의 어느 부분에서나 초과해서는 안 되는 허용응력(Allowable stress)을 얻는다. 때로 안전계수는 항복응력 대신에 극한응력(Ultimate stress)에 적용된다. 이 방법은 콘크리트나 플라스틱 같은 취성재료 및 목재나 고강도 강과 같은 항복응력이 확실히 정의되지 않는 재료에 적합하다.

$$\text{허용응력} = \frac{\text{항복강도}}{\text{안전계수}}$$

### (3) 허용하중

허용응력이 특정한 재료와 구조물에 대해 결정된 후에, 구조물에 대한 허용하중(Allowable load)이 결정되고 허용하중과 허용응력 간의 관계는 구조물의 종류에 따라 결정된다. 이러한 종류의 구조물에서 응력들은 전 면적에 걸쳐 균일 분포된다. 허용하중은 허용응력과 면적의 곱과 같다.

$$\text{허용하중} = (\text{허용응력})\,(\text{면적})$$

직접인장과 압축을 받는 봉에 대해, 허용하중 식은 다음과 같다.

$$P_{\text{allow}} = \sigma_{\text{allow}}\, A$$

여기서 $\sigma_{\text{allow}}$는 허용수직응력이고, $A$는 봉의 단면적이다. 봉에 구멍이 있는 경우에는 봉이 인장을 받을 때, 순수단면적이 사용된다. 순수단면적은 전체 단면적에서 구멍에 의해 제거된 면적을 뺀 것이다. 압축을 받는 경우에는, 구멍이 압축응력을 전달하는 볼트나 핀에 의해 채워져 있으면 전체 단면적을 사용할 수 있다.

$$P_{\text{allow}} = \tau_{\text{allow}}\, A$$

여기서 $\tau_{\text{allow}}$는 허용전단응력이고, $A$는 전단응력이 작용하는 면적이다. 핀이 단일전단을 받는 경우 면적은 핀의 단면적이고, 이중전단을 받는 경우 면적은 핀 단면적 두 배이다.

# 14장 연습문제

**01** 인장강도가 25 kg/mm$^2$인 강판의 안전율이 4라면 허용응력은?

① 100 kg/mm$^2$ ② 6.25 kg/mm$^2$
③ 25 kg/mm$^2$ ④ 12.5 kg/mm$^2$

**02** 재료강도시험 중 항복점을 알 수 있는 시험은?

① 압축시험 ② 충격시험
③ 마모시험 ④ 인장시험

**03** 단면적 6 mm$^2$인 봉에 600 kg의 추를 달았더니 허용인장응력에 도달하였다 이 봉의 인장강도가 500 kg/mm$^2$라면 안전율은 얼마인가?

① 3 ② 4
③ 5 ④ 6

**04** 금속의 인장시험에서 지름이 6 mm인 시험편을 4 mm로 만들었을 때 단면수축률을 구하라.

① 30.5 % ② 45.5 %
③ 55.5 % ④ 65.5 %

**05** 인장강도가 80 kg/mm$^2$인 재료가 있다. 이 재료의 사용응력이 20 kg/mm$^2$이라면 안전율은 얼마인가?

① 1 ② 2
③ 3 ④ 4

인장시험편의 형태

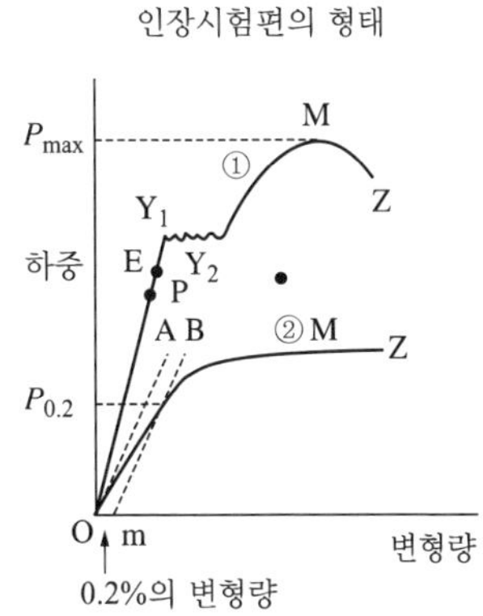

인장시험의 하중–변형량 곡선

**06** 그림은 연강의 응력–변형률 곡선이다. 훅의 법칙이 적용되는 한계점은?

① A점 ② B점
③ C점 ④ D점

**07** 2 mm×5 mm의 단면을 가진 4각봉을 2톤의 힘으로 당길 때의 응력은?

① 200 kg/mm$^2$
② 250 kg/mm$^2$
③ 300 kg/mm$^2$
④ 350 kg/mm$^2$

**08** 다음 중 허용응력에 대한 것 중 틀린 것은?

① 일명 파괴응력이라고도 한다.
② 안전율이란 허용응력과 극한강도의 비를 말한다.
③ 일반적으로 사용응력보다 허용응력이 크다.
④ 재료를 사용할 때 허용할 수 있는 최대응력을 말한다.

**09** 다음 중 허용응력에 대한 것 중 틀린 것은?

① 일명 사용응력이라고도 한다.
② 안전율이란 허용응력과 파괴응력의 비를 말한다.
③ 일반적으로 사용응력보다 허용응력이 크다.
④ 재료를 사용할 때 허용할 수 있는 최대응력을 말한다.

**10** 다음 하중의 크기가 같다고 하면 어느 것이 가장 위험한 것인가?

① 정하중
② 부분 반복하중
③ 교번하중
④ 집중하중

**11** 두께 2.4 mm의 균일한 연강판재로 바깥지름이 160 mm인 원통을 만들려고 할 때 필요한 소재의 길이는?

① 612.24 mm
② 602.36 mm
③ 509.94 mm
④ 494.86 mm

**12** 재료의 인장강도가 2,000 kg/cm$^2$일 때 안전율이 10이면 허용응력은 얼마인가?

① 1,010 kg/cm$^2$
② 200 kg/cm$^2$
③ 1,990 kg/cm$^2$
④ 20,000 kg/cm$^2$

**13** 길이 100 mm의 재료가 10톤의 인장하중을 받아 101.5 mm가 되었다면 이 재료의 연신율은?

① 15 %
② 1.5 %
③ 0.51 %
④ 0.015 %

## 해설

1. ②

허용응력 = 인장강도÷안전율 = 25÷4 = 6.25 kg/mm$^2$

2. ④

(1) 항복점을 알 수 있는 시험은 인장시험뿐이다.

(2) 항복점

① 점 P를 초과한 하중이 계속 작용하면 하중과 변형량의 관계는 비례되지 않고 점 $Y_1$에서 돌연 하중이 감소되면서 점 $Y_2$로 되고, 하중을 증가시키지 않아도 시험편이 늘어난다.

② 점 $Y_1$을 상부항복점이라 하고, 점 $Y_2$를 하부항복점이라 한다.

③ 항복점(yield point)이 뚜렷하게 나타나지 않을 때에는 아래 그림과 같이 전 변형량의 0.2%가 되는 점 m에서 탄성적으로 변하는 OA에 평행선을 그어 만난 점 B를 항복점으로 취급한다.

④ $Y_2$점 또는 B점의 하중을 시험편의 원단면적으로 나누면 항복강도(yield strength) 또는 내력(proof stress)을 얻게 된다.

인장시험편의 형태

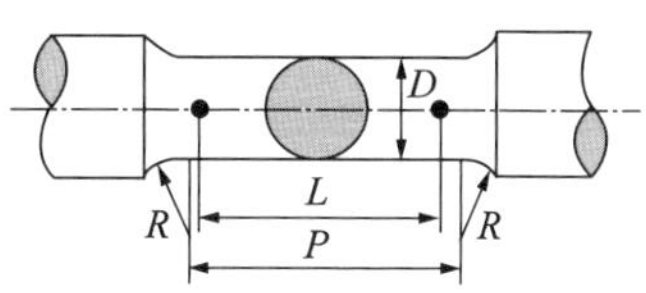


표점거리 : $L=50$ mm
평행부의 길이 : $P=$약 60 mm
지름 : $D=14$ mm
국부의 반지름 : $R=15$ mm 이상

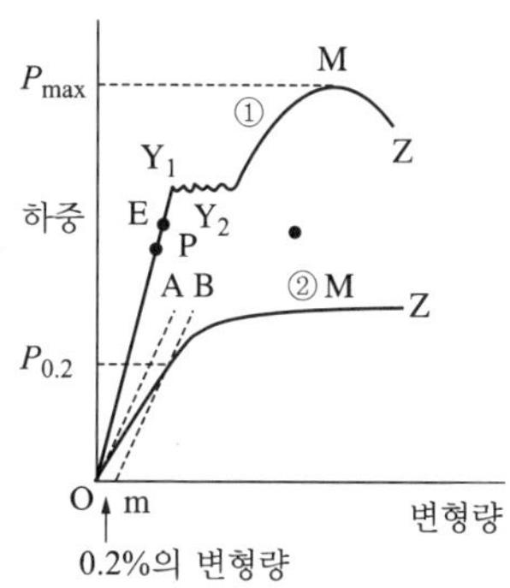


인장시험의 하중-변형량 곡선

3. ③

허용응력 $\delta_u = \dfrac{W}{A} = \dfrac{600}{6} = 100\ \text{kg/mm}^2,\quad S = \dfrac{\delta_u}{\delta_a} = 5$

4. ③

$$단면수축률 = \frac{시험후\ 시험편이\ 줄어든\ 단면적}{시험전\ 시험편의\ 단면적} \times 100\ \%$$

$$= \frac{(3\times3\times3.14)-(2\times2\times3.14)}{3\times3\times3.14} \times 100 = 55.5\ \%$$

5. ④

$$안전율 = \frac{극한강도}{허용응력} = \frac{80}{20} = 4$$

6. ①

훅의 법칙은 비례한계 내에서 변형률과 응력이 비례한다.

A : 비례한계, B : 탄성한계, C : 상항복점, D : 항복점, E : 인장강도, F : 파괴점

7. ①

응력 $= \dfrac{\text{하중}}{\text{단면적}} = \dfrac{2000}{2 \times 5} = 200\ \text{kg/mm}^2$

8. ①

사용응력 ≤ 허용응력

안전율 $= \dfrac{\text{극한강도}}{\text{허용응력}}$

9. ①

허용응력 : 주어진 부재에서 가장 위험하다고 생각되는 부분이 파괴되지 않고 안전하게 더 가할 수 있는 최대 응력

10. ③

네 가지 하중의 크기가 모두 같으나 ④의 집중하중이라는 것은 동적 특성이 나타나지 않고, 여기서는 동일 최대하중이 작용하는 것으로 보고 교번하중이 가장 위험하다.

11. ④

$(160 - 2.4) \times 3.14 = 494.86$

12. ②

허용응력 $= \dfrac{\text{인장강도}}{\text{안전율}} = \dfrac{2000\ \text{kg/cm}^2}{10} = 200\ \text{kg/cm}^2$

13. ②

연신율 $= \dfrac{\text{표점간 늘어난 거리}}{\text{표점간 거리}} \times 100\ \% = \dfrac{1.5}{100} \times 100 = 1.5\ \%$

# 참고문헌

박필수, 산업안전관리론, 중앙경제, 2005

고용노동부령 제30호, "산업안전보건기준에 관한 규칙", 2011

권오헌, 기계설비안전성공학개론, 일간공업신문사, 2001

안전공학협회, 파괴, 해문당, 1992

염영하, 기계공작법, 동명사, 1991

권오헌, 김태구, 윤우성, 기계안전공학, 신광출판사, 2012

산업안전관계법규, 동화기술, 1999

이근희, 산업안전공학, 창지사, 1990

정선모, 표준기계설계학, 동명서, 1980

김응서, 일반공구, 집현전, 1990

이영실, 알기쉬운 현장설비진단, 성안당, 1997

정명진, 우흥식, 유재환, 이근오, 추병길, 허문회, 최신기계안전공학, 동화기술, 2000

# 찾아보기


가동식 날 접촉예방장치 190
가동식 접촉예방장치 186
가드 59
가스에 의한 손상 162
가스용접 163
가스집합 용접장치 169
가용전식 안전밸브 228
간이진단기술 335
감전 160
개방 회로 방식 303
건식 안전기 171
결합제 140
고장률 40
고저수위조절장치 207
고정식 가드 59
고정식 날 접촉예방장치 186, 191
곤돌라 265
공기압축기 224, 228
공장자동화 297
공칭 응력 362
관석(Scale) 205
교류 아크용접기 159
구동체인안전장치 283
굽힘시험 364
균열 174
균열형 칩 114
균일단면봉 372
그레이징(Glazing)현상 142
극좌표 로봇 307
금형 88
급정지 제한거리 95
급정지장치 94
기계식 주차장 286
기계재해 방지 50
기계적 접합 155
기중기 249
깨진 유리창 이론 18
끼임점 28

나사와 기어의 전조 74
날 접촉예방장치 185
냉간가공 67
노통보일러 211
눈 손상 160
눈막힘 현상 142

단조 68
단조가공 69
덮개 145
동력식 수동대패기계 190
동력차단장치 184
둥근톱 182
드릴링머신 121
딤플 359
띠톱기계 193

라미네이션 213
랩핑(Lapping) 125
롤러 역회전장치 97
롤러기 92
리프트 270

마찰 프레스 75
만곡 211
만능 원통 연삭기 132
매니퓰레이터(Manipulator) 320
매달기 각도 244
목재가공용 둥근톱 183
물림점 29
밀(Mill)기 92
밀링 117

반 폐쇄 회로 방식 304
반발방지롤러 188
반발방지발톱 188
반발예방장치 186
방사선투과검사(RT) 341
방적기 230
방호의 원리 52
방호장치 53, 82
　롤러기 93
　보일러 206
　연삭기 145
　프레스 81
방호장치(안전기) 172
방호장치의 기본 54
배스텁 곡선 337
벽개 358
보일러 과열 209
보일러 균열(Crack) 212
보일러 내부부식 214
보일러 외부부식 216
보조 안내판 188
복합운동 27
부식(Corrosion) 205
분쇄기 232
분할날 187
브레이크 183
블로우 홀 175
블리스터 213
비절삭가공 67
비치마크 367
비틀림시험 370
비파괴검사 339

사출성형기 232
산소 용기 166
산업용 로봇 305, 309

산업용 로봇의 방호장치 324
상향절삭 118
샤르피 충격시험 369
선반 115
설비(안전)진단기술 334
설비진단기술 332
성형작업 78
센터리스 연삭 132
세이퍼(형삭기) 120
소결금속식 건식안전기 171
소성 67
소켓 244
송풍기 224
수공구 87
수관보일러 202
수면계 203
수봉식 안전기 170
수직 다관절 로봇 308
수직보호방벽 61
수직응력 373
수직형 평면 연삭 130
수치제어 공작기계 299
수평 다관절 로봇 308
숫돌의 타음 검사 144
슈퍼피니싱 124
스커트가드안전스위치 284
스텝체인안전장치 284
스트라이에이션(Striation) 367
스패터(Spatter) 175
스프링식 안전밸브 227
슬립면 분리 360
승강기 266
신선기 233
신장(Elongation) 357
쌍주식 플레이너 120

아세틸렌 용접장치 163
아이스플라이스 244
아크용접 157
안전계수 39, 385
안전덮개 145
안전매트 325
안전수칙
　밀링 작업 119
　비파괴시험 346
　산소용기 166
　선반작업 116
　와이어로프 246
　운반작업 238
　프레스 89
안전율 39
안전장치의 선택기준 86
안전한계치 92
안정모멘트 263
압궤 211
압력방출장치 207
압력용기 221
압력제한스위치 208
압력조정기 167
압연 68
압연가공 72
압축 379
압축기 224
압축변형률 373
압축응력 373
압축작업 79
압출 68
압출가공 71
액압 프레스 75
액체호닝 125
액추에이터 310
언더컷 174
언로더 253
언로드밸브 228
에스컬레이터 282
엘리베이터 266
연강봉 377
연삭 124
연삭 칩 136
연삭기 129
연삭기의 방호장치 145
연삭숫돌 135, 137
연성 파손 이론 366
연성파괴 357
열간가공 67
열단형 칩 114
영계수 382
오버랩 174
와류탐상검사(ET) 344
와이어로프 239, 241
와이어로프 꼬임 243
와이어로프 끝단 244
완충기 269
왕복운동 26
욕조곡선 40
용접기 158
용접법 153
용접변형 174
용접부의 명칭 156
용접장치 163
용접접합(Welding) 155
우발고장기 337
우회로식 건식안전기 171
운반기계 238
울(guard) 96
워터해머 205
원심기 231
원통 바깥지름 연삭 131
원통 안지름 연삭 132
원통보일러 202
원통좌표 로봇 307
웨지 244
위치결정제어 302
위험점 28, 31
유동형 칩 113
윤곽절삭제어 303
음향탐상검사(AE) 344
응력-변형률 선도 362, 375
응력밀도 366
응력측정법 345
이동식 가드 60
이동식 크레인 259
이상연소 205
이송 롤러의 덮개 195
이송운동 113
인발가공 72
인장강도 357
인장변형률 373
인장시험 361
인장시험기 361, 374
인젝터 토치 168
인터로크식 가드 59

자동식 가드 59
자동화 기술의 개념도 299

자분탐상검사(MT) 342
작업안전수칙
동력식 수동대패기계 192
둥근톱기계 189
띠톱기계 195
롤러기 98
보일러 208
압력용기와 공기압축장치 229
용접장치 173
컨베이어 280
잔류응력 174
재해방지 메커니즘 51
전단변형에너지이론 366
전단시험 365
전단작업 77
전단형 칩 114
전도모멘트 263
전조 68
전조가공 73
전후 이송법 134
절단점 29
절삭운동 112
절삭칩 113
점검사항 258
접선 물림점 30
접합 형상 156
정밀(안전)진단기술 336
제면기 230
조속기 269
조절식 가드 60
중독 169
지게차 272
지게차의 안정조건 277
지적생산시스템 297
직교좌표 로봇 306
직류 아크용접기 158
직립식 드릴링머신 122
직선운동 25
직선절삭제어 302

체인 240
초음파가공 125
초음파탐상검사(UT) 342
최대전단응력 365
축하중을 받는 구조 부재 371
출입문 인터록 장치 268
충격시험 368
취관(토치) 167
취성파괴 357
침투탐상검사(PT) 343
칩 114

카렌다(Calender)기 93
캐리오버(Carry over) 204
컵앤콘파괴 359
콤스위치 283
크랭크 프레스 75
크랭크식 셰이퍼 121
크레인 249
크리프(Creep) 381
크리프-피드 연삭 134
클립 244

탁상용 연삭기 147
탄성 380
탄성계수 363
탄성에너지율 363
텔레스코핑 작업 254
토글 프레스 75
톱날의 덮개 194
톱차의 덮개 194
통과 이공법 133
트래버스(Traverse)연삭 129
트루잉 작업 142
트루잉(Truing) 142
특수보일러 203
팀블 244

파괴검사 360
파단점 361
파열판식 안전밸브 227
파이널리미트스위치 269
판금 68
페이퍼 가공 124
페일 세이프 36
평면 연삭기 130
폐쇄 회로 방식 304
포밍(Forming) 204
폭발 162, 169
푸아송 비 363, 383
풀 프루프 33
프라이밍(Priming) 204
프랭크 버드 이론 17
프레스 가공 74, 77
프레스 방호장치 82
프레스의 구조 76
프로그래머블 로직 컨트롤러 311
플랜지 144
플런지(Plunge)연삭 129
플레이너(Planer) 119
피로파괴시험 367
피부 손상 161

하인리히 이론 14
하향절삭 118
항복점 361
핸드레일인입구스위치 283
허용응력 38, 385
허용하중 386
협착점 28
호닝 124
호이스트 248
화상 169
화재 162, 169
회전 말림점 30
회전운동 26
훅의 법칙 382

1 : 29 : 300의 법칙 16
4M 12
CAD/CAM 313
CIM 314
Hand in die 방식 81
Heinrich 도미노 이론 15
No-Hand in die 방식 81
PHM 331
S-N 곡선 367

저 자 : **김 의 수** (金義洙)

- 현)한국교통대학교 안전공학과 교수
- 현)한국교통대학교 법공학기술연구소 소장
- 현)경찰수사연수원 외래강사
- 현)중앙소방학교 외래강사
- 현)산업자원통상부 가스기술기준위원회 분과위원
  가스안전기술심의위원
  국가안전대진단 민관합동점검위원
- 현)고용노동부 중대재해해제심의위원
- 현)행정안전부 안전한국훈련 중앙평가단 위원
  안전정책기동단 전문위원
- 현)대한민국 안전대상 심사위원
- 전)국립과학수사연구원 공업연구관
- 전)미국 조지아텍 방문연구원
- 전)LG디스플레이/LG전자/삼성전자 선임연구원

**기계안전공학** 정가 26,000원

발 행 2022년 3월 10일 2판 1쇄
저 자 김의수
발행인 정우용
발행처 도서출판 **동 화 기 술**
경기도 파주시 광인사길 201(문발동, 파주출판도시)
Tel (031)955-4211~6 donghwapub@nate.com
Fax (031)955-4217 www.donghwapub.co.kr
(등록) 1977년 12월 19일/9-16호


ISBN 978-89-425-9348-4